"先进化工材料关键技术丛书"
编委会

龚俊波　天津大学，教授

贺高红　大连理工大学，教授

胡 杰　中国石油天然气股份有限公司石油化工研究院，教授级高工

胡迁林　中国石油和化学工业联合会，教授级高工

胡曙光　武汉理工大学，教授

华 炜　中国化工学会，教授级高工

黄玉东　哈尔滨工业大学，教授

蹇锡高　大连理工大学，中国工程院院士

金万勤　南京工业大学，教授

李春忠　华东理工大学，教授

李群生　北京化工大学，教授

李小年　浙江工业大学，教授

李仲平　中国运载火箭技术研究院，中国工程院院士

梁爱民　中国石油化工股份有限公司北京化工研究院，教授级高工

刘忠范　北京大学，中国科学院院士

路建美　苏州大学，教授

马 安　中国石油天然气股份有限公司石油化工研究院，教授级高工

马光辉　中国科学院过程工程研究所，研究员

马紫峰　上海交通大学，教授

聂 红　中国石油化工股份有限公司石油化工科学研究院，教授级高工

彭孝军　大连理工大学，中国科学院院士

钱 锋　华东理工大学，中国工程院院士

乔金樑　中国石油化工股份有限公司北京化工研究院，教授级高工

邱学青　华南理工大学／广东工业大学，教授

瞿金平　华南理工大学，中国工程院院士

沈晓冬　南京工业大学，教授

史玉升　华中科技大学，教授

孙克宁　北京理工大学，教授

谭天伟　北京化工大学，中国工程院院士

汪传生　青岛科技大学，教授

王海辉　清华大学，教授

王静康　天津大学，中国工程院院士

王 琪　四川大学，中国工程院院士

王献红　中国科学院长春应用化学研究所，研究员

先进化工材料关键技术丛书

中国化工学会 组织编写

特种及功能水泥基材料

Special and Functional Cement Based Materials

程 新 等著

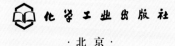

·北京·

内容简介

《特种及功能水泥基材料》是"先进化工材料关键技术丛书"的一个分册。

本书主要论述了硫铝酸钡（锶）钙水泥、硫硅酸钙硫铝酸盐水泥等新型硫铝酸盐水泥，以及富铁磷铝酸盐水泥和碱激发水泥等特种水泥的研究进展。同时，针对纳米改性水泥基材料，水泥基压电、导电复合材料，水泥基光催化材料，水泥基保温材料，超高强水泥基材料，生态水泥基材料等功能水泥基材料的发展作了较为系统的阐述，丰富了水泥基材料的组成体系，进一步完善了水泥及水泥基材料的基础理论。所涉及的新型特种水泥和水泥基功能材料已部分实现了规模化生产和工程应用，推动了水泥工程技术领域的创新发展，拓展了水泥基材料的应用领域，为水泥工业转型升级提供了新的技术途径，并为满足建筑工业对高性能特种建筑材料的需求提供了有力支撑。

《特种及功能水泥基材料》适合从事材料、化工领域，尤其是建筑材料领域科研和工程技术人员阅读，也可供高等学校无机非金属材料工程专业、功能材料专业及相关专业师生参考。

图书在版编目（CIP）数据

特种及功能水泥基材料／中国化工学会组织编写；
程新等著.—北京：化学工业出版社，2021.7
（先进化工材料关键技术丛书）
国家出版基金项目
ISBN 978-7-122-38937-4

Ⅰ.①特… Ⅱ.①中… ②程… Ⅲ.①水泥基复合材
料–研究 Ⅳ.①TB333.2

中国版本图书馆 CIP 数据核字（2021）第 067685 号

责任编辑：杜进祥 于志岩 孙凤英
责任校对：边 涛
装帧设计：关 飞

出版发行：化学工业出版社（北京市东城区青年湖南街13号 邮政编码100011）
印 装：中煤（北京）印务有限公司
710mm×1000mm 1/16 印张28¾ 字数590千字
2021年11月北京第1版第1次印刷

购书咨询：010-64518888 售后服务：010-64518899
网 址：http://www.cip.com.cn
凡购买本书，如有缺损质量问题，本社销售中心负责调换。

定 价：199.00元

作者简介

程新，济南大学教授，博士生导师，兼任中国建筑材料联合会科技教育委员会主任、中国硅酸盐学会副理事长、教育部高等学校材料类专业教学指导委员会委员、山东硅酸盐学会理事长，入选山东省"泰山学者攀登计划"，获国务院政府特殊津贴专家、全国优秀教师、山东省专业技术拔尖人才、山东省有突出贡献的中青年专家、山东省先进工作者等称号。

二十余年来，面向国家重大需求和行业转型，致力于水泥基材料新体系的发明、制备技术的设计与工程化应用，不断将具有快硬早强、防腐抗渗、智能监测与工程安全的水泥基材料新体系、新结构和新技术应用于海洋、路桥和隧涵等复杂特殊工程领域，为混凝土长寿命和安全服役提供重要保障。先后获国家技术发明二等奖 2 项（排名第一），省部级科学技术一等奖 3 项（排名第一），主持国家"863 计划"、国家自然科学基金重点项目等 20 余项；出版著作 4 部，获授权国内外发明专利 92 项，发表 SCI 论文 180 余篇。

丛书序言

    材料是人类生存与发展的基石，是经济建设、社会进步和国家安全的物质基础。新材料作为高新技术产业的先导，是"发明之母"和"产业食粮"，更是国家工业技术与科技水平的前瞻性指标。世界各国竞相将发展新材料产业列为国际战略竞争的重要组成部分。目前，我国新材料研发在国际上的重要地位日益凸显，但在产业规模、关键技术等方面与国外相比仍存在较大差距，新材料已经成为制约我国制造业转型升级的突出短板。

    先进化工材料也称化工新材料，一般是指通过化学合成工艺生产的、具有优异性能或特殊功能的新型化工材料。包括高性能合成树脂、特种工程塑料、高性能合成橡胶、高性能纤维及其复合材料、先进化工建筑材料、先进膜材料、高性能涂料与黏合剂、高性能化工生物材料、电子化学品、石墨烯材料、3D打印化工材料、纳米材料、其他化工功能材料等。

    我国化工产业对国家经济发展贡献巨大，但从产业结构上看，目前以基础和大宗化工原料及产品生产为主，处于全球价值链的中低端。"一代材料，一代装备，一代产业"，先进化工材料具有技术含量高、附加值高、与国民经济各部门配套性强等特点，是新一代信息技术、高端装备、新能源汽车以及新能源、节能环保、生物医药及医疗器械等战略性新兴产业发展的重要支撑，一个国家先进化工材料发展不上去，其高端制造能力与工业发展水平就会受到严重制约。因此，先进化工材料既是我国化工产业转型升级、实现由大到强跨越式发展的重要方向，同时也是我国制造业的"底盘技术"，是实施制造强国战略、推动制造业高质量发展的重要保障，将为新一轮科技革命和产业革命提供坚实的物质基础，具有广阔的发展前景。

    "关键核心技术是要不来、买不来、讨不来的"。关键核心技术是国之重器，要靠我们自力更生，切实提高自主创新能力，才能把科技发展主动权牢牢掌握在自己手里。新材料是国家重点支持的战略性新兴产业之一，先进化工材料作为新材料的重要方向，是化工行业极具活力和发展潜力的领域，受到中央和行业的高度重视。面向国民经济和社会发展需求，我国先进化工材料领域科技人员在"973计划"、"863计划"、国家科技支撑计划等立项支持下，集中力量攻克了一批"卡脖子"技术、补短板技术、颠覆性技术和关键设备，取得了一系列具有自主知识产权的重大理论和工程化技术突破，部分科技成果已达到世界领先水平。中国化工学会组织编写的"先进化工材料关键技术丛书"正是由数十项国家重大课题以及数十项国家三大科技奖孕育，经过200多位杰出中青年专家深度分析提炼总结而成，丛书各分册主编大都由国家科学技术奖获得者、国家技术发明奖获得者、国家重点研发计划负责人等担任，代表了先进化工材料领域的最高水平。丛书系统阐述了纳米材料、新能源材料、生物材料、先进建筑材料、电子信息材料、先进复合材料及其他功能材料等一系列创新性强、关注度高、应用广泛的科技成果。丛书所述内容大都为专家多年潜心研究和工程实践的结晶，打破了化工材料领域对国外技术的依赖，具有自主知识产权，原创性突出，应用效果好，指导性强。

　　创新是引领发展的第一动力，科技是战胜困难的有力武器。无论是长期实现中国经济高质量发展，还是短期应对新冠疫情等重大突发事件和经济下行压力，先进化工材料都是最重要的抓手之一。丛书编写以党的十九大精神为指引，以服务创新型国家建设，增强我国科技实力、国防实力和综合国力为目标，按照《中国制造2025》、《新材料产业发展指南》的要求，紧紧围绕支撑我国新能源汽车、新一代信息技术、航空航天、先进轨道交通、节能环保和"大健康"等对国民经济和民生有重大影响的产业发展，相信出版后将会大力促进我国化工行业补短板、强弱项、转型升级，为我国高端制造和战略性新兴产业发展提供强力保障，对彰显文化自信、培育高精尖产业发展新动能、加快经济高质量发展也具有积极意义。

中国工程院院士：

2021年2月

前言

　　水泥混凝土及其构件与制品等水泥基材料在基础设施建设领域具有不可替代的地位。特种水泥作为水泥体系的重要组成部分，其凝结硬化快、早期强度高、结构致密等一系列优异的性能为其提供了广阔的应用空间。许多重要建筑工程或特殊工程构件均需要特种水泥基材料，如大跨度水泥混凝土桥梁和隧道、严酷环境下高速公路和铁路工程、高强度军事防护工程及民用建筑工程特殊构件或制品等。随着社会的发展，水泥基材料的功能化赋予了该类材料更加多样化的应用领域，如水泥基导电和压电复合材料可应用于基础设施的健康监测，生态混凝土技术能够用于边坡防护和水污染处理，水泥基光催化材料能够用于空气净化，水泥基电磁波吸收与屏蔽材料在军事防护工程方面具有良好的应用前景等。

　　《特种及功能水泥基材料》系统介绍了我们团队二十多年来在特种水泥和功能水泥基材料领域的研究和应用成果，如自主研发和拥有自主知识产权的"硫铝酸钡（锶）钙"水泥在山东、河北、江西等多家水泥企业生产，并成功应用于山东烟威高速公路金山港大桥、双岛大桥，威青高速公路五龙河大桥，胶州湾跨海大桥等重大设施的修补防护工程；水泥基压电复合材料成功应用于京沪高铁、南水北调工程等重要设施的健康监测工程；纳米改性水泥基材料成功应用于机场跑道等基础设施建设工程。本书着重论述了硫铝酸钡（锶）钙水泥、硫硅酸钙硫铝酸盐水泥、富铁磷铝酸盐水泥和碱激发水泥等特种水泥的合成与制备技术，并对纳米改性水泥基材料，水泥基压电、导电复合材料，水泥基光催化材料，水泥基保温材料，超高强水泥基材料，生态水泥基材料等功能水泥基材料的研究进展进行了较为系统的阐述，进一步丰富了水泥的组成体系，促进了水泥材料领域的多元化发展，提高了水泥混凝土材料及其建筑工程的质量和服役寿命，拓展了水泥基材料的应用领域。

　　本书是 2010 年国家技术发明二等奖"硫铝酸钡（锶）钙基特种水泥的制备技术及海

工工程应用"、2016 年国家技术发明二等奖"水泥基压电复合监测材料与器件成套制备技术及在混凝土工程应用"、国家自然科学基金重点项目、"十三五"国家重点研发计划、科技部"863 计划"、科技部"973 计划"前期研究专项、"泰山学者攀登计划"、济南市"一事一议"等研究项目和成果的结晶，在此衷心感谢国家自然科学基金委、科技部、山东省科技厅、济南市政府等大力支持与资助。课题组周宗辉、芦令超、黄世峰、徐东宇、叶正茂、王守德、张丽娜、侯鹏坤、杜鹏、宫晨琛、赵丕琪、谢宁、王丹、卢晓磊、黄永波、李来波、王金邦等以严谨认真和一丝不苟的态度为书稿的撰写和编校付出艰辛的努力，在此，向他们致以崇高敬意和衷心的感谢！具体分工如下：程新、芦令超、侯鹏坤编写第一章，程新、叶正茂、黄永波编写第二章，王守德编写第三章，杜鹏、王金邦编写第四章，程新、侯鹏坤编写第五章，程新、徐东宇、王守德、黄世峰编写第六章，程新、王丹编写第七章，王守德编写第八章，李来波编写第九章，宫晨琛编写第十章。另外，在此也特别感谢中国化工学会、化学工业出版社的不断支持。

　　本书力求覆盖全面、论述系统、丰富翔实，既有基础理论、实验研究、测试分析、模拟计算，又结合实际工程应用，较好地反映了该领域目前的前沿动态和富有特色的工作，但限于著者的水平、学识，在编写或归纳过程中如有不妥和不足之处在所难免，恩请有关专家和读者不吝指正，便于在重印或再版时予以纠正！

程新

2020 年 12 月

目录

第一章
绪　论

硅酸盐水泥（OPC）混凝土材料是国民经济建设的基础材料，对人类生活质量和社会发展水平的提高具有重要影响。进入 21 世纪以来，人们对高性能绿色建筑材料的需求大幅增加，同时要求建筑材料具有高性能、多功能、环境友好、有益健康等特点，这对水泥混凝土材料特别是特种水泥及水泥基功能材料的发展和创新提出了更高要求，引起了国内外科技工作者的广泛关注。

我国作为全世界最大的发展中国家，基础设施建设发展快、规模大，对水泥混凝土需求量巨大。近年来，硅酸盐水泥年产量超过 24 亿吨，占世界总量的 60% 以上。此外，我国地理环境千差万别，严寒、高海拔、海洋等严酷服役环境大量存在，对水泥混凝土材料性能要求差异性显著。特别是随着"一带一路"和"海洋强国"等倡议的实施，开发满足不同地域环境下使用的水泥混凝土材料需求迫切。随着人们生活水平的提升，寻求传统水泥混凝土材料结构属性之外的功能特性以满足个性化需求越发显得迫切。诸如人居环境提升、环境治理、特殊功能等都为水泥混凝土材料和技术的发展提供了巨大动力。

针对国民经济建设对水泥混凝土材料发展的特殊和功能性需求，本书作者及研究团队近年来重点研发了特种和功能水泥混凝土材料。围绕材料服役环境、原材料来源等特征开发系列特种胶凝材料，如硫铝酸盐系特种水泥、磷铝酸盐水泥（PAC）、碱激发胶凝材料、纳米改性增强水泥基材料。同时，开发水泥基压电复合材料及混凝土结构健康检测系统、节能保温多孔水泥基材料、环境美化净化混凝土等材料和技术，为现代水泥混凝土适应严酷复杂服役环境并同时减轻其对优质资源、能源的消耗和降低环境负荷提供技术支持。

水泥混凝土技术的发展近年来取得了长足进步，面向复杂严酷环境开发特种和功能水泥基材料成为进一步提升传统结构材料性能、拓展其应用空间的重要动力。新材料、新技术与传统水泥混凝土材料的结合催生新的材料体系，赋予其结构功能属性之外的众多新功能，为开辟结构 - 功能一体化新体系提供关键机遇。本书重点从近年来混凝土材料新技术发展角度阐述并总结了最新研究成果。

第一节
特种胶凝材料

胶凝材料是指在物理和化学作用下，能从浆体变成坚固的石状体，并能胶结其他物料，制成有一定机械强度的复合固体的物质，包括水泥、石灰、石膏、沥青、树脂等。硅酸盐水泥是最常见的胶凝材料，其产量和用量占总量的 98% 以上。硅酸盐水泥是以 CaO、SiO_2、Al_2O_3、Fe_2O_3 为主要氧化物组成，经高温反应形成的以硅酸三钙（C_3S）、硅酸二钙（C_2S）、铝酸三钙（C_3A）和铁铝酸四钙为主要水化矿相的材料。经与水化合，形成以水化硅酸钙（C-S-H）凝胶、氢氧化钙（CH）、钙矾石（三硫型水化硫铝酸钙，AFt）等为主要产物组成的硬化水泥石，具有较高的机械和耐久性能。传统硅酸盐水泥混凝土能够较好地满足工程建设需求，但随着水泥混凝土材料服役环境的变化，既有材料难以满足工程建设需要，开发具有特殊功能如防腐抗渗、快硬早强型特种胶凝材料变得尤为迫切。

特种胶凝材料是指具有突出特性或功能的材料，其组成和性能相较于普通硅酸盐水泥有显著差异。从胶凝材料组成设计、制备工艺技术和性能发展规律入手，在满足建筑结构要求的基本性能前提下实现其特殊功能，以满足现代建筑对结构功能一体化胶凝材料的需求。一般来讲，特种胶凝材料的组成设计更加严格，制备技术及工艺控制条件更加精准，以保证其具有良好的功能特性，这也成为影响特种胶凝材料发展的重要因素。

据统计，现有开发出的特种胶凝材料多达几十种，但就原材料的相对广泛性、产量和使用量而言，硫铝酸盐水泥（SAC）无疑是广泛应用的特种胶凝材料，为提高普通硅酸盐水泥强度和耐久性发挥了关键补充作用，已成为世界范围内备受关注的新型低碳高性能水泥品种，在需要防腐抗渗、快硬早强等特性的工程领域具有突出应用。近年来，随着铝矾土等高品质原材料日益稀缺，如何利用其他低品质原料特别是工业废弃物制备高性能硫铝酸盐水泥是人们关注的焦点。

高品质原料缺乏是制约水泥基胶凝材料发展的客观现实，且该趋势随着行业的持续发展还将深入。利用量大面广的工业、农业和建筑固体废弃物制备胶凝材料成为行业发展的重大趋势。诸如碱激发胶凝材料之类的特种胶凝材料的发展也日趋活跃，铝硅质原材料在碱或碱土金属离子的激发作用下可制成碱激发特种胶凝材料，为多种固废资源化利用提供了重要途径。

一、硫/磷铝酸盐水泥

海工混凝土是近海和离岸土木工程建设的关键基础材料，对防腐抗渗要求极高。随着我国海洋开发的兴起，对海工混凝土将保持持续旺盛需求。硅酸盐海工混凝土长期受潮汐、有害离子、冻融等恶劣环境影响，性能劣化迅速：易腐蚀组分 [如 $Ca(OH)_2$] 溶蚀、水化硅酸钙（C-S-H）凝胶解聚而丧失胶凝性、腐蚀产物膨胀、钢筋锈蚀等问题往往相互诱导，形成恶性循环。

长期以来，硅酸盐水泥混凝土本征组成易腐蚀、结构疏松多孔是造成海工混凝土服役能力差的根源：服役数十年后即需要维修、加固，甚至重建。并且现代水泥细度大、硬化浆体易开裂、混凝土抗侵蚀性差等问题严重制约了海工工程建设，因此需要从水泥基材料本征角度对其组成和结构进行优化以满足防腐抗渗要求。

硫铝酸盐水泥是以无水硫铝酸钙（$C_4A_3\bar{S}$）、硅酸二钙和石膏为主要组成的特种水泥，具有水化硬化速度快、早强高强、微膨胀等特点。因其水化产物在海洋环境中稳定、易腐蚀性组分少、结构致密，具有突出的抗侵蚀性能，已成为硅酸盐水泥重要的替代胶凝材料。但由于受制于水泥生产原料的广泛性、规模化生产程度、材料价格等因素，加之材料性能仍有提升空间，硫铝酸盐水泥在海工工程中规模化应用阻力较大。

近年来，作者根据影响重大和关键基础设施用硅酸盐水泥混凝土难以满足严酷海工环境需求的重大课题，设计、研发了硫铝酸钡（锶）钙特种抗侵蚀水泥体系，通过水泥基材料新体系的基础研究、技术发明、材料制备与工程化应用，不断将特种水泥基材料新体系、新结构和新技术应用于严酷海洋环境中[1]。

类似于硫铝酸盐水泥，磷铝酸盐水泥亦是铝酸盐水泥的重要分支。受原材料来源限制，潜在应用场景是一些特殊环境和特殊工程。近年来的研究表明，磷铝酸盐水泥矿物水化活性较硫铝酸盐水泥矿物更突出，早强、抗介质侵蚀能力突出，为开发满足严酷服役环境的混凝土材料提供技术储备[2]。

二、碱激发水泥

碱激发胶凝材料是利用碱或碱土金属离子对铝硅酸盐原料进行断键和组合形成的一类新型无机非金属聚合物材料。自20世纪30年代开发以来，逐渐发展出碱激发、地聚物胶凝材料，近年来该领域的研究以指数的形式增长。除了材料自身研发以满足其工程应用条件外，水泥生产原材料贫乏、铝硅质工业固体废物无害化处置和资源化利用客观需求亦显著提高其时代特征。

我国对碱激发水泥的研究起步相对较晚，但近几年也有较大程度的发展。特别是环保压力和需求持续增加的条件下，揭示量大面广的各类工业副产物、废弃物制备碱激发胶凝材料时的性能特征，特别是加强在水化硬化速度控制、收缩控制、碱析出控制等方面的研究和技术储备，为开发利用其需水量小、强度高、耐久性好等优点，加强其在特殊领域如某些土木工程、航空航天、固核固废、高强、密封及高温材料等方面的应用具有重要价值[3]。

三、超高性能水泥基材料

硅酸盐水泥水化生成无定形水化硅酸钙（C-S-H）凝胶和氢氧化钙、钙矾石等，将松散砂、石胶结成具有承载能力的多尺度、多相复合硬化水泥混凝土。几十年来，从宏观到微观多尺度调控水泥基材料性能是推动行业进步的主脉络，也是各国关注热点和竞争焦点，亦逐渐发展了高性能和超高性能水泥基材料。

多尺度孔结构密实是持续优化水泥基材料性能的主要着力点。作为一种多孔材料，水泥混凝土性能相当程度上取决于孔隙率及孔隙分布，诸如机械强度、抗介质传输性等均与其密切相关。通过降低材料宏观孔隙、密实微观结构提高硅酸盐水泥基材料性能是常用技术方向。长期以来，人们以多尺度颗粒密实堆积理论指导优化粉料、砂、石颗粒堆积，并利用发展了诸如无宏观缺陷水泥（MDF，20世纪60年代）和超细颗粒致密填充体系（DSP，20世纪80年代）的高密实材料，但优质颗粒级配原材料的不足限制了其规模化应用。20世纪90年代，人们通过增加复合材料中粉体用量为填充孔隙、密实微结构提供了有效手段，并发展出超高性能混凝土。

微细颗粒填充密实微结构的同时，亦引入新的问题。突出表现为：①硬化水泥石微结构的均匀性难控制。高/超高性能水泥基材料微结构的均匀性决定了其性能的稳定性，但如何实现细颗粒的均匀分布、水的均匀分布是制约超高性能水泥基材料应用的首要问题。②外加剂与材料体系相容性的问题。组分的多样化使得水泥基材料组成体系十分复杂，不仅包括水泥、大量的细颗粒，还包括大量的超塑化剂、聚合物和偶联剂等外加剂组分，材料的相容性问题突出。③如何实现真正意义上基体的致密填充。颗粒特性、堆积特性和堆积理论有待进一步系统性研究，真正意义上实现致密填充。④超高性能水泥基材料的早期自收缩及微裂纹问题。水泥基材料早期自收缩较大进而导致微裂纹的产生，极大地影响了水泥基材料耐久性的发展。

四、纳米改性胶凝材料

纳米尺度演变是C-S-H凝胶组成/结构的最本质特征。C-S-H凝胶是水泥基材料胶结性能的主要来源，由水泥矿物（如硅酸三钙，$3CaO \cdot SiO_2$）遇水后表面发生"坑蚀"溶解并异相成核生长而成。C-S-H凝胶中硅氧四面体聚合链通过Ca—O键连接形成间距为5nm左右的层状纳米凝胶簇。纳米C-S-H凝胶的化学组成、聚合度/堆砌状态、杂质离子取代程度是影响凝胶形貌、密实度、微观力学和化学稳定性的根本；C-S-H凝胶簇彼此搭接，形成不同尺度纳米凝胶-毛细孔/凝胶孔复合结构。上述特征成为影响水泥宏观力学、介质传输和稳定性的本质因素。

纳米尺度调控是进一步提升水泥基胶凝材料性能的必然途径。20世纪四五十年代起，人们在水泥中掺入玻璃态铝硅质燃煤、冶金工业副产物（如粉煤灰、粒化高炉矿渣、硅灰）等辅助性胶凝材料调控性能。一方面利用其微米颗粒特性密实孔隙，另一方面与水泥石反应优化C-S-H凝胶性能，特别是近年来的研究表明，凝胶由纤维状转变为细薄片状，数百纳米的毛细孔细化，有效减少气液相、离子介质的传输通道，提高凝胶耐久性[4]。

从硅酸盐水泥基材料几十年来的发展过程可以看出，从宏观到微观的多尺度组成和结构调控是性能优化的关键，也是进一步提高材料性能的主要驱动力。近年来的研究表明，纳米材料超细颗粒特征、自身溶解反应特性、C-S-H 凝胶生长调控特性等为水泥基材料溶解、成核结晶和生长过程控制提供重要契机。其中，纳米 SiO_2 由于来源较广、参与水泥基胶凝材料性能发展调控广泛且深入，成为推动水泥基材料性能提升的新动力[5]。

纳米材料超细颗粒特性、高活性特征是优化胶凝材料水化硬化性能的重要基础，另外，纳米材料的优异纳米特性赋予其声、光、电、磁、热等多功能特性，如何基于此开发新型功能水泥基材料亦是近年来人们关注的焦点，成为开发功能水泥基材料的重要组成部分。解决纳米材料在应用过程中的性能、成本、工艺等方面的问题是推动其广泛应用的基础。

第二节
功能水泥基材料

水泥混凝土作为一种基础工程材料，通常发挥结构材料作用，鲜有探究其功能属性的动力。利用其量大面广特性，开发特种功能水泥基材料，对基础设施功能化、智能化和环保化均具有突出意义。随着社会进一步发展，特别是以万物互联为主要特征的新型智能技术发展、社会环境可持续要求的进一步提高，赋予结构水泥基材料功能特性成为重要着力点。

近年来，围绕水泥基材料导电性、压敏特性，探究材料功能属性，并以此为基础开发新型功能水泥基材料，赋予混凝土材料功能特性方面取得了突出进展，为材料的安全服役提供了重要保障。

同时，随着纳米技术等新技术的发展，以水泥基材料为依托开发的新型功能性基础设施和结构，为解决环境污染、能源节约等社会问题提供了新的技术路径。

一、水泥基压电复合材料

安全服役是现役土木工程结构的最基本要求，尤其是我国现阶段正处于大规模基础设施建设时期，对混凝土结构服役状况进行长期、实时监测更是引起人们的高度关注。欧美国家对结构监测的现实需求更迫切。意大利很多大桥修建于 20 世纪五六十年代并沿用至今，其负重如今已远超承载力。德国现有 4 万座桥梁，平均每 8 座桥梁中就有一座破旧不堪。欧美都面临严峻的基础设施安全问题，2018 年，意大利热那亚 A10 高速公路上的莫兰迪公路桥发生垮塌，数十辆车随着垮塌的桥段坠下，砸向桥下的河流、铁轨与建筑物，最终确定这起事故造成 43 人死亡。

鉴于此，本书围绕混凝土结构的在线监测特点及现有监测传感器的不足，致力发展与混凝土相容性良好且具备损伤源定位能力的水泥基压电复合监测材料与器件，通过材料组成、空间结构和电场分布设计、力 - 电 - 声模型建立及监测系统集成等，经过十多年研发和工程应用，形成了具有自主知识产权的监测材料与器件成套制备和工程应用技术，为确保我国重大混凝土工程的安全运营提供科学支撑和技术保障[6]。

二、水泥基光催化材料

赋予水泥基材料光催化特性，进而使之与环境相互作用，降解固、液、气态污染物，实现环境效益增益，是近年来混凝土功能化发展的重要方向。在人们对人居环境生活品质要求不断提升的背景下，提高水泥基材料光催化功能对提升环境质量效益显著。

鉴于混凝土结构与环境交互作用的特殊性，即只有表面混凝土与环境接触，人们通常在硬化混凝土表面喷涂光催化纳米材料实现对混凝土表面功能化改性。亦有在混凝土内部掺加纳米材料的方式赋予结构光催化功能，但显然不具有推广价值。而表面喷涂功能纳米材料需要解决其在混凝土表面的长效负载特性。因此开发对于硬化水泥混凝土具有长效黏结特性的光催化纳米材料是提高功能长效性的必然措施，也是水泥基材料功能化的必要途径。

三、水泥基保温材料

能源是人类赖以生存的基本条件之一，建筑能耗占人类总能耗的三成以上，我国建筑能耗普遍偏高，开发节能保温型建材是实现建筑节能的重要保障，也是实现我国经济社会发展转型的关键。传统有机保温材料节能效果突出，但安全性难以得到保障，无机保温材料需要协调保温性能、力学性能及微结构间的关系，有机 - 无机复合保温材料作为新型保温材料体系亦发挥其关键作用。协调水泥基保温材料组成、孔隙结构特征、组分协同及界面过渡区特性，是协调保温特性、力学特征和防火特性的关键。

四、生态水泥基材料

　　水泥混凝土材料作为性能载体，服役过程中对环境的影响通常鲜有考量，而作为环境修复材料载体应用的典型例子是生态水泥基材料，或称为植生混凝土、绿化混凝土，是一种能将工程防护和生态修复很好地结合起来的新型护坡材料。通常指利用骨料形成多孔骨架，利用胶凝材料胶黏形成具有一定机械力学性能且适合植物生长环境的水泥混凝土，因而具备固结坡面、利于生态绿化等目的。

　　这类水泥基材料通常以满足生态环境修复和防护为主要目标，因而满足植物生长的孔隙特征、孔隙液相离子环境特征是其工程化应用的关键。研选胶凝材料种类、设计水泥石结构是提供植物生长必要条件的重点考察要素。而为进一步提高植物生长所需环境的质量，特别是以水泥基材料为载体，赋予植物生长所需营养组分，是进一步提高其环境治理能力的关键。

参考文献

[1] 程新. 硫铝酸钡（锶）钙水泥 [M]. 北京：科学出版社，2013.

[2] 杨帅. BaO 对磷铝酸盐水泥合成及性能的影响 [D]. 济南：济南大学，2015.

[3] Winnefeld F, Provis J, Juengera M, et al. Advances in alternative cementitious binders[J]. Cement and Concrete Research, 2011, 41: 1232-1243.

[4] 王丹，张丽娜，侯鹏坤，等. 纳米 SiO_2 在水泥基材料中的应用研究进展 [J]. 硅酸盐通报，2020, 39(4):1003-1012.

[5] Wang D, Yang P, Hou P, et al. Effect of SiO_2 oligomers on water absorption of cementitious materials[J]. Cement and Concrete Research, 2016, 87: 22-30.

[6] 程新. 水泥基压电复合材料与应用 [M]. 北京：科学出版社，2017.

第二章
新型硫铝酸盐水泥

硫铝酸钙（$C_4A_3\bar{S}$）是快硬硫铝酸盐水泥的主要矿物，用 Ba^{2+} 或 Sr^{2+} 在 $C_4A_3\bar{S}$ 中以不同比例对 Ca^{2+} 进行取代，能形成一系列硫铝酸钡（锶）钙衍生矿物，它具有良好的早强、高强和抗蚀性能。同时，该矿物的烧成温度低，约为 1300℃，可以实现低温烧成，降低烧成能耗[1-7]。以硫铝酸钡（锶）钙为主导矿物，可获得早期强度发展快、强度增进率高、水化后期具有微膨胀等优良特性的硫铝酸钡（锶）钙水泥[8, 9]，为硫铝酸盐水泥行业带来更大的发展。

硫硅酸钙硫铝酸盐水泥以硫硅酸钙和硫铝酸钙为主导矿物[10, 11]，是一种新型硫铝酸盐水泥。传统观点认为硫硅酸钙（$5CaO \cdot 2SiO_2 \cdot SO_3$，$C_5S_2\bar{S}$）是一种惰性矿物，不与水发生反应，但新近研究发现：$Al(OH)_3$ 可与硫硅酸钙溶解产生的 SO_4^{2-} 和 Ca^{2+} 反应形成钙矾石，使水化体系孔溶液中的 SO_4^{2-} 和 Ca^{2+} 处于不饱和状态，进而提高 $C_5S_2\bar{S}$ 的溶解驱动力，激发硫硅酸钙的水化活性，且其水化活性高于贝利特[12-14]，将硫硅酸钙引入到硫铝酸盐水泥熟料体系中，可形成硫硅酸钙硫铝酸盐水泥（TCSA）熟料新体系，而且可解决硫铝酸盐水泥中后期强度增长缓慢或倒缩的难题[15, 16]，此外，硫硅酸钙水化产物还有望提高钙矾石的长期稳定性。因此，在硫铝酸盐水泥熟料中引入硫硅酸钙矿物，可形成硫硅酸钙硫铝酸盐水泥，有望改善硫铝酸盐水泥性能。

第一节
硫铝酸钡（锶）钙水泥

一、硫铝酸钡钙矿物

1. 硫铝酸钡钙矿物晶体结构

硫铝酸钡钙是硫铝酸钡钙水泥的主导矿物，它具有良好的早强、高强和抗蚀性能。通过 Ba^{2+} 部分取代硫铝酸钙矿物中的 Ca^{2+} 可以得到系列硫铝酸钡钙矿物 $(3-x)CaO \cdot xBaO \cdot 3Al_2O_3 \cdot CaSO_4$（简写为 $C_{4-x}B_xA_3\bar{S}$）。

选用 $PbCl_2$ 作为助熔剂，利用熔盐法合成了两种硫铝酸钡钙单晶 $C_{4-x}B_xA_3\bar{S}$（$x=0.25$、0.50），其尺寸多为 60～80μm，晶体外形是菱形十二面体。并利用粉末图的指标化测定了硫铝酸钡钙晶体的晶胞参数。粉晶法测定晶胞参数是一种间接测定的方法，首先求出某一面网（hkl）反射线的掠射角 θ_{hkl}，然后根据 θ_{hkl} 计

算出面网间距 d_{hkl}，进而再计算出晶胞参数。所得的 2θ 值一般都存在误差。运用最小二乘法校正误差，不仅可以消除系统误差，同时也能消除偶然误差。

粉末衍射法利用 Si 标样做出 XRD 图谱，得出相应的 d 值和 2θ 值。利用最小二乘法求出对 2θ 值的校正曲线：

$$y=0.2127622-9.485716\times10^{-3}x+1.201024\times10^{-4}x^2 \qquad (2-1)$$

以 $C_3BA_3\bar{S}$ 为例，校正结果如表 2-1。

表2-1　$C_3BA_3\bar{S}$ 的指标化

序号	实测值	校正值	校正结果［2θ/（°）］	校正结果（d）	$1/d^2$	D	$h^2+k^2+l^2$	（hkl）	I/I_0
1	19.070	0.0755	19.146	4.6355	0.0465		4	（200）	8
2	23.425	0.0565	23.481	3.7885	0.0697	1.50	6	（211）	100
3	27.120	0.0438	27.164	3.2827	0.0928	2.00	8	（220）	15
4	30.397	0.0354	30.432	2.9371	0.1159	2.50	10	（310）	14
5	33.386	0.0299	33.416	2.6814	0.1391	3.00	12	（222）	25
6	36.151	0.0268	36.178	2.4828	0.1622	3.50	14	（321）	11
7	38.756	0.0255	38.782	2.3219	0.1855	4.00	16	（400）	6
8	41.204	0.0258	41.230	2.1895	0.2087	4.50	18	（411）	45
9	42.648	0.0267	42.675	2.1187	0.2227	4.80	20	（420）	3
10	45.780	0.0302	45.810	1.9807	0.2548	5.50	22	（332）	3
11	47.957	0.0341	47.991	1.8956	0.2782	6.00	24	（422）	4

通过 XRD 图谱形貌可以初步断定 $C_3BA_3\bar{S}$ 为等轴晶系，因为具备衍射线（从低角度到高角度）数目少、强度较大的一般特征（由于多重化因子大的缘故）。这是判断晶系的第一步。第二步，由于其中低角度的第一条线的 $1/d^2$ 值可以整除其他各条线值，或第一条线的 $1/d^2$ 值的 $1/n$（$n=1$、2、3、4、5、6、7、8）可以整除其他各条线值时，晶体必定属于等轴晶系。基于上述两点，断定 $C_{4-x}B_xA_3\bar{S}$（$x=0.25$、0.5、0.75、1.00 分别用 T_1、T_2、T_3、T_4 表示）为等轴晶系。

对等轴晶系晶体，应有：$a=d\sqrt{h^2+k^2+l^2}$，求解各样品晶胞结果为 T_1：$a_0=9.028$Å（1Å=0.1nm，下同）；T_2：$a_0=9.233$Å；T_3：$a_0=9.261$Å；T_4：$a_0=9.303$Å（误差为 0.0015Å）。根据衍射系统消光法则，在体心立方晶格（I）晶体中，可能出现的衍射线必须满足 $h+k+l=$ 偶数；衍射指标 hkl 的平方和 $h^2+k^2+l^2=N$ 的比值是 $2:4:6:8:10:\cdots=1:2:3:4:5:\cdots$ 从表 2-1 的数据可以看出符合上述规律，据此，滕冰[17]认为晶体 $C_{4-x}B_xA_3\bar{S}$（$x=0.25\sim1.00$）属体心立方晶格。

在扫描电子显微镜下观察单晶为完整的晶型，属菱形十二面体，晶面有缺陷，晶体之间有微量杂质，晶粒大小多为 70～80μm。图 2-1 和图 2-2 分别是 1#、2# 单晶 SEM 照片。

硫铝酸钡钙矿物主要是通过固相反应形成，固相反应的机制较为复杂，对于不同反应乃至同一反应的不同阶段其动力学关系也往往不同。因此，确定矿物形成过程的动力学控制机制十分重要。Cheng 等[18]研究发现组成为 $2.75CaO \cdot 1.25BaO \cdot 3Al_2O_3 \cdot SO_3$（简写为 $C_{2.75}B_{1.25}A_3\bar{S}$）的硫铝酸钡钙矿物的力学性能优于 $3CaO \cdot 3Al_2O_3 \cdot BaSO_4$（简写为 $3CA \cdot BaSO_4$），并对 $C_{2.75}B_{1.25}A_3\bar{S}$ 和 $C_4A_3\bar{S}$ 矿物的分解过程和水化行为进行初步研究。

图2-1　1#单晶的扫描电镜照片[17]

图2-2　2#单晶的扫描电镜照片[17]

2. 硫铝酸钡钙矿物形成动力学

以分析纯化学试剂 $CaCO_3$、$BaSO_4$、$BaCO_3$ 和 Al_2O_3 为原料，按矿物 $2.75CaO \cdot 1.25BaO \cdot 3Al_2O_3 \cdot SO_3$ 的化学计量配料。混合均匀后压制成 $\phi50mm \times 8mm$ 试料饼，置于高温炉中煅烧，取出后在空气中急冷。煅烧制度为：在 1150℃、1200℃、1250℃、1300℃和1350℃分别保温 30min、60min、90min、120min。

采用 XRD 定量分析中的 K 值法，以 ZnO 为内标物，样品在 1350℃煅烧 240min 时为纯的矿相，并经 XRD 检测确认，对煅烧后样品中的 $C_{2.75}B_{1.25}A_3\bar{S}$ 生成率进行测试计算。结果见表 2-2。

表2-2　$C_{2.75}B_{1.25}A_3\bar{S}$的生成率 α　　　　　　　　　　　　　　　　　单位：%

煅烧温度/℃	保温时间/min			
	30	60	90	120
1150	5.86	8.12	9.47	11.09
1200	8.83	10.92	13.88	16.23
1250	13.11	16.68	21.29	23.51
1300	22.62	27.50	31.75	34.73
1350	24.07	47.21	74.57	81.09

$C_{2.75}B_{1.25}A_3\bar{S}$ 矿物形成属固相反应，涉及相界面的化学反应和物质传输，因此，反应物的化学组成、结构状态以及温度、压力等影响晶格活化和物质传递的因素均会影响反应速度。表 2-3 是固相反应控制机制和动力学方程。

表2-3　固相反应控制机制和动力学方程

动力学方程表达式	控制机制	反应类别	动力学方程
$D_1=\alpha^2=K_Tt$	扩散控制	平板模型	抛物线方程
$D_2=(1-\alpha)\ln(1-\alpha)+\alpha=K_Tt$		圆柱形模型	
$D_3=[1-(1-\alpha)^{1/3}]^2=K_Tt$		球形模型　一维扩散	Yander方程
$D_4=1-2\alpha/3-(1-\alpha)^{2/3}=K_Tt$		球形模型　三维扩散	Glinstling方程
$R_1=-\ln(1-\alpha)=K_Ct$	界面化学反应控制	球形模型　一级反应	
$R_2=1-(1-\alpha)^{1/3}=K_Ct$		球形模型　零级反应	
$R_3=1-(1-\alpha)^{1/2}=K_Ct$		圆柱形模型　零级反应	
$R_4=\alpha=K_Ct$		平板模型　零级反应	
$F_1=[-\ln(1-\alpha)]^{1/3}=Kt$	晶体成核生长控制	非扩散控制转变　结晶开始时成核	
$F_2=[-\ln(1-\alpha)]^{1/4}=Kt$		非扩散控制转变　结晶开始时恒速成核	
$F_3=[-\ln(1-\alpha)]^{1/2}=Kt$		非扩散控制转变　结晶开始时成核，在晶粒棱上继续成核	
$F_4=[-\ln(1-\alpha)]^{2/3}=Kt$		扩散控制转变　结晶开始时，在成核粒子上晶体开始长大	
$F_5=[-\ln(1-\alpha)]^{2/5}=Kt$		扩散控制转变　成核粒子开始时，结晶长大就恒速进行	
$F_6=[-\ln(1-\alpha)]^{1/5}=Kt$		非扩散控制转变　加速成核	
$F_7=[-\ln(1-\alpha)]^2=Kt$		扩散控制转变　板状晶体在晶棱接触后板片厚度增厚	
$F_8=\ln(1-\alpha)=Kt$		非扩散控制扩散控制　结晶开始时成核，在晶粒界面上继续成核　有限大小的孤立板片状和针状晶体长大	

固相反应动力学方程均可表达为函数：$F(\alpha)=K_{(T\cdot C)}t$，其中，$F(\alpha)$ 为生成率 α 的函数，K 为反应速率常数。考虑到 $F(\alpha)$ 对应着不同的动力学关系，且由于试验误差、测试条件不同等原因，试验数据不可能与动力学方程很好地吻合，因此，将 $F(\alpha)=K_{(T\cdot C)}t$ 右边加上一个修正系数 ω，得出：$F(\alpha)=K_{(T\cdot C)}t+\omega$。

将数据分别代入表 2-3 中所示的各种反应机制的动力学方程，运用最小二乘法原理，采用 $F(\alpha)=K_{(T\cdot C)}t+\omega$ 进行一元线性回归分析。如果线性拟合结果表现出相关系数 R 较大、ω 与标准方差 S 较小（当试验数据完全满足某种反应机制时，线性的拟合结果是相关系数为 1，标准方差与 ω 为 0），那么可以认为试验结果满足某种动力学控制机制。

结果表明：在 1150 ~ 1300℃温度范围内，$C_{2.75}B_{1.25}A_3\bar{S}$ 形成动力学过程由扩散控制，满足 Glinstling 方程：$F(\alpha)=1-2\alpha/3-(1-\alpha)^{2/3}=K_{(T\cdot C)}t$。当烧成温度为 1350℃时，$C_{2.75}B_{1.25}A_3\bar{S}$ 形成的动力学关系也同时能与界面化学反应方程 $F(\alpha)=1-(1-\alpha)^{1/3}=K_{(T\cdot C)}t$ 较好地吻合，这说明在 1350℃时，$C_{2.75}B_{1.25}A_3\bar{S}$ 的形成同时受扩散控制和界面化学反应控制。图 2-3 是 1150 ~ 1300℃得到的 Glinstling 方程 $F(\alpha)$-$K_{(T\cdot C)}t$ 的关系曲线。

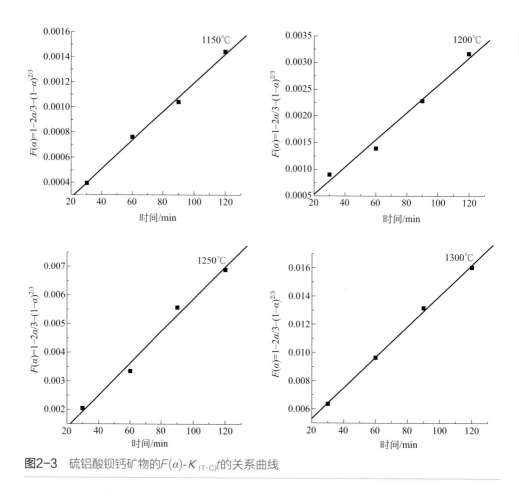

图2-3 硫铝酸钡钙矿物的$F(\alpha)$-$K_{(T\cdot C)}t$的关系曲线

从化学反应角度定义，活化能就是活化分子具有的最低能量与分子的平均能量之差。一般来说反应的速率常数随温度的升高而增大，反应速率的大小与该反应的活化能有关。Arrhenius 公式（2-2）揭示了反应速率常数与温度之间的关系：

$$K=Ae^{-E_a/(RT)}$$ （2-2）

式中　K——反应速率常数，s^{-1}；

　　　A——指前因子或频率因子；

　　　E_a——活化能，kJ/mol；

　　　R——理想气体常数，其值为 $8.314\times10^{-3}kJ/(mol\cdot K)$；

　　　T——反应温度，K。

不同温度下 $C_{2.75}B_{1.25}A_3\bar{S}$ 矿物形成反应的速率常数见表2-4。

表2-4　$C_{2.75}B_{1.25}A_3\overline{S}$矿物形成反应的速率常数

煅烧温度/℃	1150	1200	1250	1300	1350
速率常数/s⁻¹	1.14×10^{-5}	2.56×10^{-5}	5.60×10^{-5}	1.08×10^{-4}	1.46×10^{-3}

　　根据 Arrhenius 公式的不定积分式 $\ln K=\ln A-E_a/(RT)$，做出矿物的 $\ln K$-$1/T$ 关系曲线，根据直线的斜率得出 1150～1300℃温度范围内，$C_{2.75}B_{1.25}A_3\overline{S}$矿物形成的扩散活化能为 280.39kJ/mol[19, 20]。图 2-4 是扩散机制控制且符合 Glinstling 方程动力学关系的 $\ln K$-$1/T$ 关系曲线。

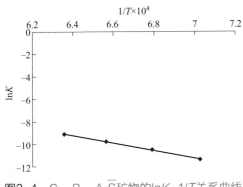

图2-4　$C_{2.75}B_{1.25}A_3\overline{S}$矿物的$\ln K$-$1/T$关系曲线

3. 硫铝酸钡钙矿物热分解特性

　　以分析纯化学试剂 $CaCO_3$、$BaSO_4$、$BaCO_3$ 和 Al_2O_3 为原料，按 $2.75CaO\cdot1.25BaO\cdot3Al_2O_3\cdot SO_3$ 的化学计量制备生料。以 $CaCO_3$、Al_2O_3 和 $CaSO_4\cdot2H_2O$ 为原料，配制 $3CaO\cdot3Al_2O_3\cdot CaSO_4$ 生料。用综合热分析仪对以上两种矿物的形成过程进行 DTA-TG 对比分析。

　　图 2-5 是 $C_{2.75}B_{1.25}A_3\overline{S}$ 和 $C_4A_3\overline{S}$ 矿物的 DTA-TG 分析。从图 2-5 可以看出，在 700～810℃范围内有一个很大的吸热峰，同时伴随着明显的失重，这是 $CaCO_3$ 分解产生的吸热峰。硫铝酸钡钙矿物 TG 曲线上在 810～1100℃左右的失重为 $BaCO_3$ 分解。从矿物的 DTA-TG 微分曲线上得知 $C_{2.75}B_{1.25}A_3\overline{S}$ 的分解温度明显高于 $C_4A_3\overline{S}$ 的分解温度。$C_4A_3\overline{S}$ 在 1300℃以上开始分解，而 $C_{2.75}B_{1.25}A_3\overline{S}$ 开始分解的温度为 1370℃附近[21, 22]。

4. 硫铝酸钡钙矿物的水化热分析

　　水泥的水化热是由熟料矿物的水化反应所产生的，因此水化热和水化速率首先决定于水泥的矿物组成。图 2-6 是 $C_{2.75}B_{1.25}A_3\overline{S}$ 不同龄期的水化放热速率曲线，图 2-7 是 $C_{2.75}B_{1.25}A_3\overline{S}$ 的水化放热量分析，表 2-5 给出了矿物在 72h 的水化放热量。

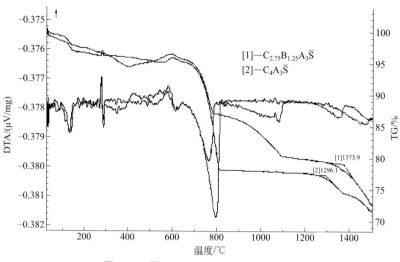

图2-5　$C_{2.75}B_{1.25}A_3\bar{S}$和$C_4A_3\bar{S}$生料的DTA-TG曲线

分析图 2-6 和图 2-7 可知，$C_{2.75}B_{1.25}A_3\bar{S}$类似于 $C_4A_3\bar{S}$，水化均有诱导期、加速期、减速期和稳定期。在大约 4h 后 $C_{2.75}B_{1.25}A_3\bar{S}$水化急剧加速，绝大部分水化热在 4 ~ 12h 内基本放出。在 72h 内 $C_{2.75}B_{1.25}A_3\bar{S}$和$C_4A_3\bar{S}$两种矿物的水化放热量大致相同，矿物基本完全水化。

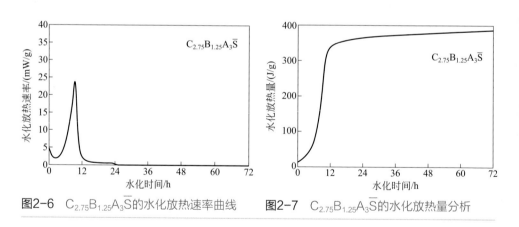

图2-6　$C_{2.75}B_{1.25}A_3\bar{S}$的水化放热速率曲线　　图2-7　$C_{2.75}B_{1.25}A_3\bar{S}$的水化放热量分析

表2-5　$C_{2.75}B_{1.25}A_3\bar{S}$和$C_4A_3\bar{S}$在 72h 的水化放热量

矿物种类	$C_{2.75}B_{1.25}A_3\bar{S}$	$C_4A_3\bar{S}$
水化放热量/（J/g）	384.7399	386.5921

$C_{2.75}B_{1.25}A_3\bar{S}$ 和 $C_4A_3\bar{S}$ 均是快硬早强型矿物。从矿物晶体结构方面分析，$C_4A_3\bar{S}$ 属于四方晶系空间群，每 4 个铝 - 氧四面体［AlO_4］以节点相连围成一个四方环，构成平行［001］晶轴方向的 4 个四方形孔道；以 8 个铝 - 氧四面体［AlO_4］的节点相连构成 8 个六方形孔道，Ca^{2+} 存在于 c 轴方向形成的长方形竖井孔里，并以离子键分别与铝 - 氧四面体［AlO_4］相连。$C_4A_3\bar{S}$ 晶体结构中具有多孔的多个孔道，形成很大的空腔，水分子容易进入，因此使 $C_4A_3\bar{S}$ 具有较高的水化活性。通过 Ba^{2+} 部分取代 $C_4A_3\bar{S}$ 中的 Ca^{2+} 得到的 $C_{2.75}B_{1.25}A_3\bar{S}$，由于 Ba^{2+} 的引入导致不规则配位，造成晶体缺陷，引起体积畸变，因而进一步提高了水化活性，因此具有良好的快硬早强性能。

5. 硫铝酸钡钙矿物水化的 ESEM 分析

采用 ESEM 对 $C_{2.75}B_{1.25}A_3\bar{S}$ 在不同时间点的水化试样进行场发射环境扫描电镜观察，观察时间点根据单矿物的水化热结果确定，分别为水化 20min、30min、45min、1h、2h、6h、12h 和 14h，结果如图 2-8 所示。

20min

30min

45min

1h

图2-8

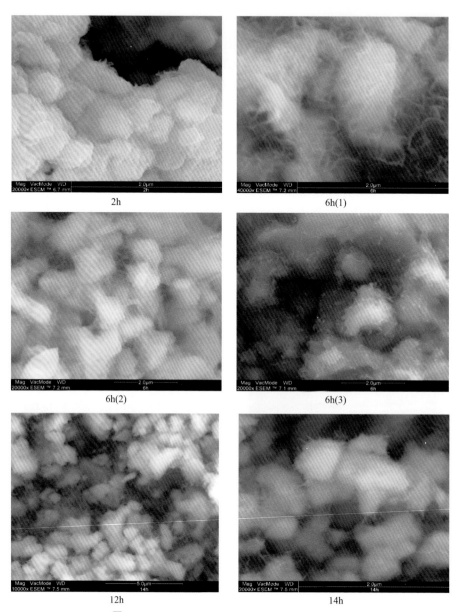

图2-8 $C_{2.75}B_{1.25}A_3\overline{S}$在不同水化龄期时的ESEM照片

样品制备过程：称取 1g 矿物，加入规定水灰比（w/c）的去离子水，搅拌后置于环境温度为 20℃ 的室内，水化 5min 时取出一小块浆体置于样品台上，放入样品室内，连续观察 20min ~ 2h 的水化，样品室湿度为 70% ~ 90%。然后分别取水化 6h、12h 和 14h 的样品置于样品室内观察，观察条件如上。

从 $C_{2.75}B_{1.25}A_3\bar{S}$ 矿物在不同水化龄期试样的 ESEM 照片可以看出：水化 20min 时，熟料的表面均匀地覆盖着一层水膜，熟料矿物逐渐溶解于这层水膜，并在熟料表面形成一层连续的水化膜；水化 30min 时，熟料矿物在水化膜内逐渐反应，形成絮状的水化产物，均匀覆盖于熟料颗粒表面；水化 45min 时，水化产物继续增多；至 1h 时，熟料颗粒已经被水化产物胶结在一起；水化 2h 时，熟料颗粒表面形成大量的絮状水化铝酸钙和铝胶，浆体结构较为致密，此时具有一定强度；水化 6h 时，熟料颗粒周围形成大量的细针状钙矾石晶体，相互交织，在水化铝酸钙和铝胶的胶结作用下形成较为致密的空间网状结构；水化至 12h 和 14h 时，钙矾石晶体逐渐长大，附着于熟料颗粒的四周并相互交织在一起，结构较为致密，熟料颗粒表面的水化膜消失，硫铝酸钡钙矿物的早期水化过程基本结束[9]。

二、硫铝酸锶钙矿物

1. 硫铝酸锶钙的制备

以分析纯化学试剂 $CaCO_3$、Al_2O_3、$SrSO_4$ 作原料，将其置于玛瑙辊磨机中磨细至全通过 200 目筛，105℃下烘干 2h，密封存放于干燥器中备用，并测定各化合物的烧失量以准确配料。由于干燥的 Al_2O_3 极易吸水，在整个称量结束前的试验过程中尽量缩短 Al_2O_3 置于空气中的时间，减少由于吸水而造成的误差。在称量时应先称 Al_2O_3，然后以 Al_2O_3 为基准逐次称量其他各化合物，所选用的助熔剂 $PbCl_2$（化学纯）也置于干燥器中备用。所用煅烧设备为硅碳棒高温炉，盛料容器为铂坩埚。值得注意的是，尽管 $SrSO_4$ 的分解温度为 1580℃，但也要考虑 $SrSO_4$ 在煅烧过程中还原气氛所引起的提前分解问题。

根据助熔剂的选择原则以及合成 $3CA \cdot CaSO_4$ 和 $C_{11}A_7 \cdot CaF_2$ 的经验，确定选用 $PbCl_2$ 作为助熔剂。$PbCl_2$ 的熔点为 498℃，沸点为 950℃。将烧成的 $3CA \cdot SrSO_4$ 粉晶和 $PbCl_2$ 按质量比 1:25（$3CA \cdot SrSO_4:PbCl_2$）混合均匀，值得注意的是，非均相成核的速率要高于均相成核的速率，在坩埚中煅烧，坩埚壁以及未熔解的粉晶颗粒都可能造成非均相成核，因此在确定坩埚中装料量时，不能追求产量而装料太多，要尽可能利用非均相成核成功地烧制出合格单晶。将称好的料加入加盖的铂坩埚中，在硅碳棒炉中加热至 850℃保温 24h，再加热至 950℃保温 12h，最后升温至 1020℃保温 36h，取出坩埚在空气中稍冷后，置于干燥器中冷却至室温，在单偏光镜下观察，发现大部分晶体尺寸为 60～120μm，最大可达 150μm，这些单晶在正交镜下全消光，折射率为 1.573，在立体显微镜下观察，它是规则的菱形十二面体，半透明、有微弱的暗黄色。

单晶制备是利用烧制的很纯的 $3CA \cdot SrSO_4$ 粉晶加上 $PbCl_2$ 作为助熔剂进行

的，单晶的成分一般没有问题，但考虑到可能的挥发以及助熔剂所带入的杂质，有必要对其做成分鉴定。可用以下分析方法：化学分析、XRD 分析、光学显微镜、扫描电镜和电子探针测试。用化学分析法测定磨细的 $3CA \cdot SrSO_4$ 的单晶粉末的组成为：$(CaO)_{2.97}(Al_2O_3)_{2.98}(SrSO_4)_{0.99}$。化学分析是整个所烧制单晶的平均结果。在正交镜下观察，发现单晶颗粒呈近似的正四面体，全消光，油浸法测其折射率为 1.573。在显微镜下观察单晶颗粒为菱形十二面体。在扫描电镜下观察大多数晶粒发育良好，棱线分明，晶面光滑平整。

利用电子探针对单晶粒进行了测定，发现其测定结果与化学分析结果非常相近，只发现晶粒中含有微量 $PbCl_2$，含量在 0.5% ～ 1.0% 之间（以分子计）。采用助熔法培养单晶，助熔剂在单晶中残留是难免的，只要含量少，且在结构中是有序置换，不影响晶体结构的分析结果。

通过上述分析测试，可以认为所烧制的单晶为 $3CA \cdot SrSO_4$。

2．硫铝酸锶钙及其衍生物的形成和水化硬化特性

关于 $3CA \cdot CaSO_4$（$C_4A_3\bar{S}$）的研究已见过诸多报道。但对锶、钡硫铝酸钙的研究所见不多，有许多工作尚待进行。在前面所合成 $3CA \cdot SrSO_4$ 单晶工作的基础上来讨论 $3CA \cdot SrSO_4$ 及其衍生物的形成、水化硬化等特性。

冯修吉、廖广林等对 $3CA \cdot SrSO_4$ 和 $3CA \cdot BaSO_4$ 的结构和性能进行了研究，确定了两种矿物的 X 射线衍射数据，认为 $3CA \cdot CaSO_4$、$3CA \cdot SrSO_4$、$3CA \cdot BaSO_4$ 的分解温度依次为 1392℃、1397℃、1391℃，通过强度对比说明 $3CA \cdot SrSO_4$ 和 $3CA \cdot BaSO_4$ 的凝胶性能优于 $3CA \cdot CaSO_4$[3, 23]。Yan 等对含 Ba、Sr 硫铝酸钙的水化进行了研究，认为 $3CA \cdot SrSO_4$ 和 $3CA \cdot BaSO_4$ 具有良好的胶凝性，其强度高于 $3CA \cdot CaSO_4$ 的强度，通过 XRD、SEM 以及水化放热量等测试，认为 $3CA \cdot SrSO_4$ 的水化产物为类似于钙矾石的三硫相、C_2AH_8 和 $SrSO_4$[24]，而廖广林认为其水化产物为类钙矾石水化产物、α-C_4AH_{13} 和铝胶[23]。冯庆革对 $3CA \cdot SrSO_4$ 的热稳定性以及掺加 TiO_2 对其结构的影响进行了研究，认为 $3CA \cdot SrSO_4$ 在 1500℃以前是稳定的[25]。赵三银对 $3CA \cdot BaSO_4$ 的热稳定性、水化性能以及掺 ZnO 对其结构的影响进行了研究[26]。

综上所述，各位学者在 $3CA \cdot SrSO_4$ 和 $3CA \cdot BaSO_4$ 是凝胶性能优于 $3CA \cdot CaSO_4$ 的材料方面取得一致。但在其他方面，例如热稳定性、水化反应及其杂质离子影响方面，还存在着差异。当然这里面有许多因试验条件的不同以及由于是初步探索，还存在一定误差而造成的影响，更由于是两者比 $C_4A_3\bar{S}$ 在结构上复杂，造成无论是对其形成还是水化体系的研究的困难所致。对此两矿物的研究还不到十年，因此有许多工作需进一步探讨。

对编号 H、B 和 D 的生料试样进行了差热失重联合分析，所用热分析仪为日

本 RIGAKU 公司的 TAS-100 热分析仪,升温速率为 20℃/min(下同),其图谱见图 2-9,其中 H 和 B 试样在 60℃ 和 130℃ 左右的两个小吸热峰是 $CaSO_4 \cdot 2H_2O$ 的脱水峰。H 试样($C_4A_3\bar{S}$)的 $CaCO_3$ 开始分解温度为 570℃ 左右,而 B 和 D 试样的开始分解温度分别为 660℃ 和 650℃。H、B 和 D 试样的 $CaCO_3$ 分解温度分别为 785℃、809.6℃、810℃,这说明 H 试样($C_4A_3\bar{S}$)的 $CaCO_3$ 分解温度和开始分解温度均较 B 和 D 试样提前,这可能是 $C_4A_3\bar{S}$ 较 $3CA \cdot SrSO_4$ 容易形成的原因之一。

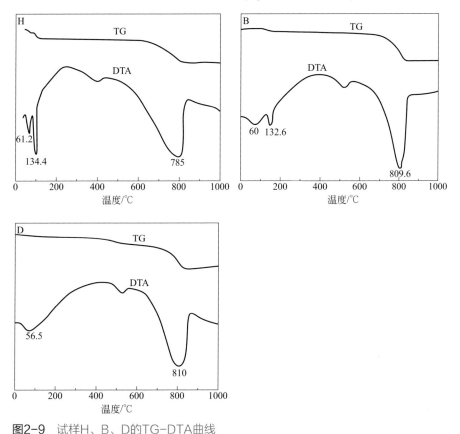

图2-9 试样H、B、D的TG-DTA曲线

用热导式量热仪对 B、D 两个试样进行了水化放热测试。水灰比(w/c)=0.5,测试温度 30℃。结果见图 2-10。从图上可以看出 B 试样水化开始有一个小峰,从 16000s 开始有较大且很尖锐的峰,这与 D 试样的水化放热曲线类似,D 试样的水化放热曲线第一个峰要比 B 试样的高(B 试样的第一个峰水化放热量为 1.63cal/g,D 试样为 3.71cal/g,1cal=4.18J,下同),而第二个峰差别较大,开始时间均在 16000s 左右,但 D 的峰是先有一尖峰后又缓慢放热,放热带比较宽,不像 B 试样那么尖锐,B 试样的水化放热量为 87.99cal/g,D 试样的水化放热量为 94.01cal/g。

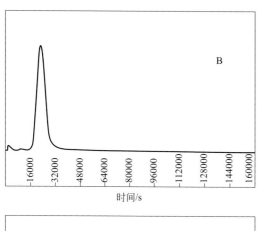

时间/s

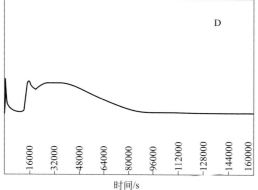

时间/s

图2-10 试样B和D的水化放热曲线

三、硫铝酸钡钙水泥

1. 硫铝酸钡钙水泥的制备

试验所用原料为铝矾土、钡渣、石灰石和石膏。其化学成分见表2-6。

表2-6 原料化学成分分析   单位：%

原料	化学组成							
	CaO	SiO_2	Al_2O_3	BaO	Fe_2O_3	SO_3	MgO	烧失量
石灰石	50.01	4.18	1.13	0.00	0.48	0.00	2.23	41.28
铝矾土	1.45	10.42	60.39	0.00	4.58	0.00	1.88	—
钡渣	3.12	14.54	5.52	44.18	1.75	17.6	0.50	12.64
石膏	33.33	4.10	1.11	0.00	0.31	41.13	0.44	19.40

准确称取各原料，混合均匀并磨制成生料，细度要求达到可全部通过 200 目筛，加适量的水，加压制成 ϕ60mm×10mm 圆柱形试饼，在（110±5）℃下烘干后置于硅钼棒高温炉中以 5℃/min 的升温速率升至设定温度 1350℃，保温 120min 后取出冷却至室温。磨细熟料采用乙二醇-乙醇法测定 f-CaO。将磨细熟料以 w/c=0.3 的比例加水经振动成型制成 2cm×2cm×2cm 的净浆小试体，进行标准养护，分不同时间段取样，烘干后测试其水化初期样品的 XRD 图。养护 1d 后脱模，然后放入（25±2）℃的水池中养护，待测各龄期抗压强度。之后将试块放在普通环境下经过两年时间，其中一组试样置于室外，测试其长期性能。

单矿物试验中发现：在 $C_{2.75}B_{1.25}A_3\bar{S}$ 的生料中加入 1.4% 的 CaF_2，在 1350℃ 下保温 2h，得到了抗压强度最佳结果。基于此，在配制水泥生料时，按计算熟料矿物硫铝酸钡钙量的 1.4% 加入 CaF_2 的量计算加入萤石矿物，按前述烧成方法制备熟料。其 2cm×2cm×2cm 的净浆小试体各龄期抗压强度见表 2-7。可以看出硫铝酸钡钙水泥经过两年长期水化、循环冻融、湿涨干缩，强度依然保持近 90MPa 的高强度。具有较好的长期水化性能、耐候性，是一种性能优异的新品种水泥。

表2-7　净浆小试体各龄期的抗压强度

编号	抗压强度/MPa				
	1d	3d	7d	28d	2a
K_1	79.4	92.8	97.3	98.9	89.6
Y	91.6	92.1	108.8	115.3	—

掺加 CaF_2 的试样抗压强度增长明显高于未掺 CaF_2 的硫铝酸钡钙水泥，CaF_2 起到了提高水泥强度的作用。

2. 硫铝酸钡钙水泥的工业化生产

根据理论的研究成果进行材料设计，经过大量的实验室研究，确定了硫铝酸钡钙水泥的矿物组成、烧成制度、控制参数、产品性能等一系列重要参数。在此基础上，选择以 $1.75CaO \cdot 1.25BaO \cdot 3Al_2O_3 \cdot CaSO_4$ 为主导矿物配料，进行工业化试生产。

生产用原材料有石灰石、铝矾土、钡渣和石膏，其化学组成见表 2-8，生产用煤的工业分析见表 2-9。工业生产是在淄博市张店特种水泥工业集团公司 ϕ1.9/1.6m×40m 回转窑生产线上进行的。主要设备有 ϕ1.9/1.6m×40m 回转窑、ϕ1.83m×6.4m 生料磨和 ϕ1.83m×6.4m 水泥磨，配料用微机电子配料系统。按照配料计算，通过微机电子配料系统准确配料，经生料磨粉磨成生料。由于硫铝酸钡钙水泥的烧成主要是固相反应，因此严格控制生料细度为 0.08mm 方孔筛筛余小于 7%。

表2-8　硫铝酸钡钙水泥原材料的化学组成　　　　　　　　　　　　　　　　　　　　单位：%

原材料	SiO_2	Al_2O_3	Fe_2O_3	CaO	MgO	SO_3	BaO	烧失量
石灰石	0.40	0.79	0.08	54.92	0.57	—	—	42.32
石膏	1.65	0.63	0.10	32.17	2.92	38.20	—	22.92
铝矾土	5.33	68.40	1.53	3.60	0.56	—	—	15.36
钡渣	15.10	5.77	1.79	3.73	0.62	16.82	42.18	13.22

表2-9　生产用煤的工业分析

SiO_2/%	Al_2O_3/%	Fe_2O_3/%	CaO/%	MgO/%	A_f/%	V_f/%	Q_{DW}^f/（kcal/mol）
47.19	21.68	11.05	8.41	3.54	20.5	36.14	5972

　　在煅烧过程中，发现由于钡离子和其他一些微量元素的引入，使得硫铝酸钡钙水泥烧成温度较快硬硫铝酸盐水泥降低。在回转窑内，出现的液相温度低而且液相黏度小，烧成能耗明显降低。熟料颗粒细小而均齐，表面疏松并呈青灰略泛红色，熟料立升重达1000g/L以上。烧成温度在1300℃左右，较快硬硫铝酸盐水泥有所下降，但烧成范围变窄。

　　根据硫铝酸钡钙水泥熟料烧成的特点，采用"薄料快转，长火焰顺烧"。该煅烧模式有如下优点：能加强生料的预烧；避免了短焰急烧，减少了局部高温，因而减少了硫铝酸钡钙矿物的分解；窑头负压大，二次风温度高，煤粉预热充分，避免了还原气氛的产生；熟料冷却速度快，易磨性好。生产过程中发现该水泥的烧成范围较窄，必须做到配料准确、配煤准确，才能生产出高质量的熟料。

　　在熟料堆中取平均样，按照快硬硫铝酸盐水泥标准做硫铝酸钡钙水泥的抗折强度、抗压强度、凝结时间、安定性和细度等试验，并确定了石膏的最佳掺量，试验结果列于表2-10，在最佳石膏掺量确定的基础上，确定混合材的最佳掺量，见表2-11。

表2-10　硫铝酸钡钙水泥中石膏掺量与强度等之间的关系

编号	掺量/%	细度/%	比表面积/（cm²/g）	安定性	抗压强度/MPa			抗折强度/MPa			凝结时间/min	
					1d	3d	28d	1d	3d	28d	初凝	终凝
A1	3	3.2	3586	合格	65.5	71.2	73.3	8.4	7.8	7.6	48	69
A2	5	3.0	3628	合格	71.6	76.7	78.2	9.0	8.3	8.4	31	51
A3	7	3.4	3673	合格	67.7	73.7	74.0	7.8	7.2	7.3	34	55
A4	8	3.5	3618	合格	57.1	63.8	65.0	7.2	6.8	7.5	37	58
A5	10	3.0	3695	合格	55.2	62.2	64.0	7.2	6.6	7.4	39	61

表2-11　硫铝酸钡钙水泥中混合材掺量与强度等之间的关系

编号	掺量 /%	细度 /%	比表面积 /（cm²/g）	安定性	抗压强度/MPa			抗折强度/MPa			凝结时间/min	
					1d	3d	28d	1d	3d	28d	初凝	终凝
B1	3	3.1	3822	合格	61.5	68.0	71.0	7.3	7.8	8.3	39	59
B2	5	3.0	3856	合格	67.0	73.0	75.0	7.8	8.2	8.4	42	61
B3	7	3.3	3762	合格	64.2	69.0	70.5	7.5	8.0	8.3	44	67
B4	8	2.9	3790	合格	60.5	65.0	68.0	7.0	7.6	7.9	45	64
B5	10	3.1	3740	合格	60.0	64.0	67.0	7.1	7.9	8.3	43	65

从表2-10、表2-11可以看出，通过掺入适量的石膏和混合材，硫铝酸钡钙水泥熟料的最佳用量为90%。由于钡离子的引入，形成了一个新的水泥熟料体系和新的矿物结构，使得硅酸二钙矿物得到活化，导致水泥的快硬早强、高强等性能。通过工业化中试，得出如下主要矿物组成：$C_{2.75}B_{1.25}A_3\bar{S}$ 55%~65%；β-C_2S（硅酸二钙）30%~35%；铁铝相5%~10%。生料和熟料的化学成分见表2-12。

表2-12　生料和熟料的化学成分

材料	化学组成/%							
	CaO	SiO₂	Al₂O₃	BaO	Fe₂O₃	SO₃	MgO	烧失量
生料	29.84	3.70	11.44	3.70	1.66	10.31	1.11	28.22
熟料	42.42	7.00	28.88	6.06	4.45	7.74	1.74	—

钡渣掺入量（生料中）15%~30%。烧成温度1250~1350℃，生产中控制在1250~1300℃。熟料的立升重平均在1050~1150kg/L。

3. 硫铝酸钡钙水泥混凝土

混凝土由砂子、石子、硫铝酸钡钙水泥、掺合料和水搅拌而成。根据工程实际需要，选用济南近郊产中砂子（细度模数为2.6）和石子（5~20mm连续级配）、济钢磨细矿渣（比表面积为400m²/kg）、某电厂一级粉煤灰，水胶比要满足抗渗性要求。按水胶比分别为0.37、0.35与0.33进行混凝土配合比设计。混凝土的砂率定为0.42，掺合料掺量为0~40%，混凝土的组成及其性能如表2-13所示：

表2-13　混凝土的组成及其性能

编号	水胶比	掺合料 /%	掺合料 /kg	石子 /kg	砂子 /kg	水泥 /kg	含水量 /kg	外加剂 /%	坍落度 /mm
1	0.37	0	0	1063	770	450	166.5	1.2	210
2	0.37	10	45	1063	770	405	166.5	0.96	230
3	0.37	20	90	1063	770	360	166.5	0.64	220
4	0.37	30	135	1063	770	315	166.5	0.61	200
5	0.37	40	180	1063	770	270	166.5	0.53	175
6	0.35	0	0	1069	774	450	157.5	1.2	195

编号	水胶比	掺合料/%	掺合料/kg	石子/kg	砂子/kg	水泥/kg	含水量/kg	外加剂/%	坍落度/mm
7	0.33	0	0	1074	778	450	148.5	1.6	200
8	0.33	10	45	1074	778	405	148.5	1.6	192
9	0.33	20	90	1074	778	360	148.5	1.6	195
10	0.33	30	135	1074	778	315	148.5	1.28	205
11	0.33	40	180	1074	778	270	148.5	1.4	220

将养护的试样分别在 1d、3d、7d 和 28d 时取出，在液压式压力试验机下进行测量，数据如表 2-14 所示。

表2-14　混凝土不同龄期的抗压强度

编号		1	2	3	4	5	6	7	8	9	10	11
抗压强度/MPa	1d	37.2	32.8	28.9	28.0	27.9	40.4	42.4	38.2	36.9	36.0	31.1
	3d	46.5	45.1	42.0	40.9	34.3	47.3	48.5	50.0	47.3	46.8	41.4
	7d	54.1	47.3	47.0	45.5	39.3	56.5	58.2	55.5	52.6	50.0	45.7
	28d	57.7	55.3	55.3	54.5	44.9	59.2	59.5	61.4	61.9	56.7	54.6

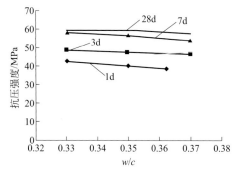

图2-11　各龄期强度随水灰比的变化

由图 2-11 可以看出，随着水灰比的降低其强度是逐渐增大的。这与水灰比越小则孔隙率越小，试样越密实从而强度越高的规律是相符的。由表 2-13 和表 2-14 可以看出掺入少量的掺合料，对试样的早期强度影响较小，但能改善混凝土拌合物的流动性；同时减少水泥用量从而减小了由于水化热过高引起的温度差裂纹的可能性，还有致密的作用；掺合料的火山灰效应，还可以提高混凝土的后期强度；消耗了工业废渣，符合绿色环保的要求。

4.硫铝酸钡钙水泥工程应用

为了将工业化生产的硫铝酸钡钙水泥进行实际工程应用，针对硫铝酸钡钙水泥的特性，与山东沿海海工工程相结合，进行了硫铝酸钡钙水泥工程应用的研究。

山东省沿海地区公路桥梁建设发展较快，在海中或海潮影响范围内建了大量的跨海湾桥梁构造物。烟台—威海高速公路（以下简称烟威高速路）是由原烟威一级路改造而成。1993年建成通车。由于特殊的地理环境，该路很多桥梁就建在内陆河入海口处，受到海水和海风的侵蚀。同时山东半岛位于我国北方，属冬季冰冻地带，淡水河在严冬季节有冰冻期。加之公路使用磨损和空气碳化效应，错综复杂的侵蚀环境对烟威高速路的桥梁体系造成了很大的损坏。侵蚀环境对水泥材料造成侵蚀的成因主要有以下几个方面：海水的侵蚀破坏、碳化效应的破坏、冻融循环的破坏、干湿交替的破坏、碱集料反应的破坏等。

采用硫铝酸钡钙水泥浇筑，强度等级确定为C45，混凝土配合比见表2-15，浇筑前应进行充分准备，确保一次浇筑成型，以免产生收缩裂缝。

表2-15　C45硫铝酸钡钙水泥混凝土配合比

水泥/（kg/m³）	砂率	水灰比	引气剂/%	中砂/（kg/m³）	粗骨料5～20mm/（kg/m³）	缓凝剂/%	高效减水剂/%
450	0.4	0.35	0.01	778	1074	0.4	1.4

方案重点保证抗冻、抗渗和抗海水腐蚀三个方面的性能，以确保其耐久性，还要确保新旧混凝土的黏结质量。原墩身所用混凝土为C20，系梁混凝土为C25，所以修补所用C45硫铝酸盐水泥混凝土与之变形协调是确保工程质量的重要前提。硫铝酸钡钙水泥混凝土3d、7d和28d抗压强度分别达到47.3MPa、52.6MPa和61.9MPa。

图2-12　桥墩修补工程照片

通过上述实际工程研究，硫铝酸钡钙水泥矿物本身具备的快硬早强、防侵抗渗等诸多特点，使之成为一种可在沿海海潮影响作用地区混凝土桥梁防护与修补工程中应用的优良水泥基修补材料，图 2-12 为硫铝酸钡钙水泥修补桥墩的工程照片。

四、硫铝酸锶钙水泥

1. 硫铝酸锶钙水泥的制备

硫铝酸锶钙水泥是在硫铝酸盐水泥的基础上研发而来的，所以，硫铝酸锶钙水泥的制备与性能也类似于硫铝酸盐水泥，即是由烧制的硫铝酸锶钙水泥熟料和适量的石膏及适量的混合材共同粉磨而得到。硫铝酸锶钙水泥熟料则是以硫铝酸锶钙矿物为主要矿物，还有部分 β 型的硅酸二钙及少量的铁相组成。硫铝酸锶钙水泥的生料则是由铝矾土、石灰石、石膏以及含锶工业原料共同组成。

主要讨论利用锶渣及其他工业原料制备硫铝酸锶钙水泥。依据前述的结果和分析，发现当 Sr^{2+} 掺入量在矿物 $C_4A_3\bar{S}$ 中对 Ca^{2+} 的取代量为 2.50 时，在较低的煅烧温度（1300℃）条件下，所得矿物的早期强度和后期强度都很高，且矿物的易磨性好。Sr^{2+} 的取代量大，使得用锶渣作为原料来烧制水泥具有很好的可行性。

所用原料均为工业原料，具体化学成分见表 2-16。

表2-16　硫铝酸锶钙水泥原料的化学组成　　　　　　　　　　　　　　　　单位：%

原料	烧失量	SiO_2	Fe_2O_3	Al_2O_3	CaO	MgO	SO_3	SrO	总计
锶渣	11.26	10.95	2.42	1.17	14.82	1.42	17.91	34.54	94.49
铝矾土	15.39	10.56	4.62	60.58	1.52	1.88	—	—	94.55
石灰石	42.10	4.73	0.30	1.19	48.78	2.44	—	—	99.54
石膏	17.62	4.21	0.35	1.09	33.51	0.39	41.24	—	98.41

设煅烧过程中生成熟料中的矿物组成为 $C_{1.50}Sr_{2.50}A_3\bar{S}$ 65%、C_2S 25%、C_4AF（铁铝酸钙）5%。利用倒推法计算出原料的配料比例为锶渣：铝矾土：石灰石 = 6.0：4.9：3.6。

水泥熟料包含多种矿物，矿物组成比例关系不仅仅取决于原料成分，还与煅烧温度和煅烧时间等因素有关。硫铝酸锶钙水泥中设计的主要矿物是 $C_{1.50}Sr_{2.50}A_3\bar{S}$，这也是水泥早期强度的主要来源，其在熟料中所占比例决定了水泥的强度等性能。理论上，硫铝酸盐水泥在 1300℃时便可烧成，$C_4A_3\bar{S}$ 矿物在 1250℃开始形成并随着温度升高数量逐渐增多，1350℃以上时 $C_4A_3\bar{S}$ 矿物开始缓慢分解，1400℃以上时开始大量分解。因此硫铝酸锶钙水泥的煅烧温度应在 1250 ~ 1350℃之间。综合考虑，确定 $C_{1.50}Sr_{2.50}A_3\bar{S}$ 含量、煅烧温度和煅烧时间三个影响因素［见表 2-17，其中熟料矿物组成（$C_{1.50}Sr_{2.50}A_3\bar{S}$）如表 2-18 所示］。

表2-17　正交试验的因素与水平

因素 水平	$C_{1.50}Sr_{2.50}A_3\bar{S}$含量/% A	煅烧温度/℃ B	煅烧时间/min C
1	55	1270	30
2	60	1300	60
3	65	1330	90

表2-18　熟料矿物组成设计　　　　　　　　　　　　　　　　　　　　　　　单位：%

矿物 编号	$C_{1.50}Sr_{2.50}A_3\bar{S}$	β-C_2S	C_4AF	其他
A1	55	35	5	5
A2	60	30	5	5
A3	65	25	5	5

比较表 2-19 中的抗压强度，三个因素以及因素内的三个水平对强度的影响一致，以 28d 强度来分析因素及水平对强度的影响。算出三个因素的极差分别为 40.78、4.18 和 1.42，因素 A（$C_{1.50}Sr_{2.50}A_3\bar{S}$含量）的极差最大，说明因素 A 的水平改变对强度的影响最大，因此因素 A 是主要因素，它的 3 个水平所对应的抗压强度平均值分别为 42.91MPa、65.52MPa 和 83.69MPa，以第 3 水平所对应的数值 83.69MPa 为最大，所以取它的第 3 水平最好。因素 B（煅烧温度）的极差仅次于因素 A，它的 3 个水平所对应的强度平均值分别为 61.77MPa、65.95MPa 和 63.25MPa，取它的第 2 水平最好。因素 C（煅烧时间）的极差为 1.42，是三个因素中最小的，说明它的水平改变时对强度的影响最小，取它的第 3 水平最好。

表2-19　正交试验方案与结果

因素 试验次数	$C_{1.50}Sr_{2.50}\bar{S}$含量/% A	煅烧温度/℃ B	煅烧时间/min C	抗压强度/MPa 1d	 3d	 28d
1	1（55）	1（1270）	1（30）	17.23	29.60	39.86
2	1（55）	2（1300）	2（60）	22.53	36.11	45.37
3	1（55）	3（1330）	3（90）	20.59	33.94	43.5
4	2（60）	1（1270）	2（60）	34.54	50.02	64.37
5	2（60）	2（1300）	3（90）	39.47	56.77	69.21
6	2（60）	3（1330）	1（30）	36.82	52.49	62.98
7	3（65）	1（1270）	3（90）	42.42	60.33	81.09
8	3（65）	2（1300）	1（30）	46.41	64.18	86.71
9	3（65）	3（1330）	2（60）	44.20	64.20	83.28

由此，各因素对强度的影响大小次序来说是 A>B>C，最佳方案应当是 A3B2C3，即 $C_{1.50}Sr_{2.50}A_3\bar{S}$含量为 65%，煅烧温度为 1300℃，煅烧时间为 90min。

但是该方案在已经做过的 9 次试验中没有出现，与它比较接近的是 8# 试验，在 8# 试验中只有煅烧时间 C 不是处在最好水平，而煅烧时间对强度的影响是 3 个因素中最小的。从实际做出的结果来看 8# 试验抗压强度是 86.71MPa，是 9 次试验中最高的，这也说明最佳方案 A3B2C3 是符合实际的。

为了检测正交试验得出的配料比例和煅烧制度，以方案 A3B2C3 进行验证试验，结果见表 2-20。经比较，验证试验的抗压强度高于正交试验中任意一组试验，1d、3d 和 28d 强度分别为 48.56MPa、67.75MPa 和 89.63MPa，所以方案 A3B2C3 即为最佳方案。

表2-20　优选试验方案与结果

试样	$C_{1.50}Sr_{2.50}A_3\bar{S}$含量/% A	煅烧温度/℃ B	煅烧时间/min C	抗压强度/MPa		
				1d	3d	28d
YZ	65	1300	90	48.56	67.75	89.63

2. 硫铝酸锶钙水泥工业化

经过实验室研究后，基本确定了硫铝酸锶钙水泥的生料配料方案、熟料矿物组成、高温烧成制度、煅烧控制参数、产品性能等一系列重要的指标要求。在此研究基础上，选择以 $Ca_{1.50}Sr_{2.50}A_3\bar{S}$ 为主导矿物，主要矿物组成为 $Ca_{1.50}Sr_{2.50}A_3\bar{S}$ 55%～65%、β-C_2S 30%～35%、铁铝相 5%～10%，进行工业化试生产。

工业化生产用原材料石灰石、铝矾土、锶渣和石膏均为工业原料，其化学组成见表 2-16，工业生产用煤的工业分析见表 2-9。

硫铝酸锶钙水泥工业化生产在石家庄某有限公司回转窑进行。

依硫铝酸锶钙水泥配料计算要求，按照下述步骤：

① 确定熟料组成。

② 计算煤灰掺入量。

$$GA= QAYS/(100QY)=PAYS/100 \qquad （2-3）$$

③ 计算要求熟料的化学成分，设定$\sum$，求解各氧化物 Fe_2O_3、Al_2O_3、SiO_2、CaO、SO_3 的含量。

④ 以 100kg 熟料为基准，用累加试凑法进行计算。

⑤ 验算率值、热耗。

⑥ 计算料耗。

⑦ 计算原料配合比（干、湿）。

通过微机配料系统准确配料，经生料磨粉磨成生料。

在煅烧过程中，发现由于锶离子等微量元素的引入，使得煅烧温度降低。在回转窑内，出现的液相温度低而且液相黏度小，煅烧能耗明显降低。硫铝酸锶钙水泥熟料颗粒细小而均齐，表面疏松并呈青灰，且略泛红色，熟料立升重为

1100kg/L。硫铝酸锶钙水泥熟料煅烧温度控制在1300℃左右，较普通硫铝酸盐水泥有所下降，但煅烧范围变得相对较窄。生料和熟料的化学成分见表2-12。

在硫铝酸锶钙水泥熟料堆中取平均样，按照快硬硫铝酸盐水泥标准进行硫铝酸锶钙水泥的强度、凝结时间、安定性和细度等试验，并确定了石膏的最佳掺量，试验结果列于表2-21，在最佳石膏掺量确定的基础上确定混合材的最佳掺量，见表2-22。

表2-21 硫铝酸锶钙水泥石膏掺量的影响

编号	掺量/%	细度/%	比表面积/（m²/kg）	安定性	抗压强度/MPa			抗折强度/MPa			凝结时间/min	
					1d	3d	28d	1d	3d	28d	初凝	终凝
1	3	3.6	363	合格	56.1	62.4	66.0	7.3	6.5	7.5	37	58
2	5	3.3	359	合格	65.6	70.1	72.1	8.2	7.8	7.6	48	69
3	7	3.0	360	合格	70.2	73.4	76.5	8.2	8.4	8.5	31	51
4	9	3.5	364	合格	66.4	70.5	72.0	77.5	7.2	7.3	34	55
5	11	3.1	368	合格	55.2	62.2	64.0	7.2	6.6	7.4	39	61

表2-22 硫铝酸锶钙水泥中混合材掺量的影响

编号	掺量/%	细度/%	比表面积/（m²/kg）	安定性	抗压强度/MPa			抗折强度/MPa			凝结时间/min	
					1d	3d	28d	1d	3d	28d	初凝	终凝
1	7	2.9	380	合格	66.4	67.2	68.0	7.8	8.2	8.0	44	65
2	9	3.0	385	合格	64.8	67.5	71.0	7.5	8.0	8.3	38	58
3	11	3.3	379	合格	63.2	68.8	70.5	7.4	7.9	8.2	45	64
4	13	3.2	375	合格	62.2	73.1	75.2	7.8	7.8	8.2	41	65
5	15	3.2	377	合格	60.9	64.0	67.7	7.2	7.5	7.9	42	66

从表2-21和表2-22可以看出，通过掺入适量的石膏和混合材，硫铝酸锶钙水泥熟料的最佳用量为80%，石膏的最佳掺量为7%，混合材的最佳掺量为13%。

因此，以石灰石、铝矾土、锶渣、石膏为原料，在回转窑1250～1300℃条件下，能够烧成以硫铝酸锶钙、β型硅酸二钙和少量铁铝相为矿物组成的硫铝酸锶钙水泥。工业化硫铝酸锶钙水泥的石膏最佳掺量为7%，混合材的最佳掺量为13%，熟料用量为80%。硫铝酸锶钙水泥具有快硬早强性能，特别是3d强度70MPa以上，其熟料的立升重平均在1100kg/L。利用锶渣为原料烧制硫铝酸锶钙水泥，煅烧温度低，节约能源；熟料疏松易磨，能提高磨机产量，同时利用废渣，节约了资源，保护了环境。

3. 硫铝酸锶钙水泥工程应用

青岛海湾大桥，东起青岛主城区308国道，跨越胶州湾海域，一期工程路线全长新建里程28.05km，2007年5月开工。经与施工方合作，使用硫铝酸锶钙水泥混凝土制作防护套箱。依据有关规定，承台套箱硫铝酸锶钙水泥混凝土配合比设计见表2-23。试样强度见表2-24。

表2-23 混凝土配合比 单位：kg/m³

水泥	矿渣	粉煤灰	砂子	粗石子 10~20mm	细石子 5~10mm	水	减水剂	缓凝剂	引气剂	含气量
200	25	25	406	408	175	66	1.88	0.25	0.025	5.5

表2-24 试样各龄期强度 单位：MPa

龄期/d	1	3	7	28
强度	48	55	57	58

施工照片如图2-13所示。

图2-13 青岛海湾大桥防护套箱工程照片

因此，根据硫铝酸锶钙水泥的特性，在现有研究成果的基础上，在青岛海湾大桥防护套箱工程中进行应用，完善了硫铝酸锶钙水泥在海工工程中的设计及应用技术，通过严格控制原材料的质量，建立施工环节的控制制度，海工工程的各项试验指标验收全部合格，为硫铝酸锶钙水泥在沿海海工工程的应用奠定了基础。

第二节
硫硅酸钙硫铝酸盐水泥

一、硫硅酸钙矿物

硫硅酸钙又称作硫硅钙石，最早发现于水泥窑或石灰窑的窑皮中。在硫铝酸盐水泥熟料煅烧过程中，由于生料中石膏含量过多或熟料煅烧温度过低，也会形成一部分硫硅酸钙。Brotherton 等对硫硅酸钙矿物的晶体结构进行了解析，图 2-14 为硫硅酸钙矿物晶体结构图，硫硅酸钙晶体结构属于正交晶系，Pnma 空间群，晶胞参数为：a=0.6863nm、b=1.5387nm、c=1.1081nm，Z=4[27]。硫硅酸钙晶体是由 Ca 将孤立的岛状硅氧四面体连接起来而形成的三维空间结构。

在硫硅酸钙硫铝酸盐水泥体系中，影响硫硅酸钙矿物水化活性的因素众多。因此，需合成硫硅酸钙单矿物，并研究其水化与胶凝性。

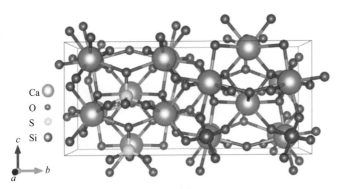

图2-14　硫硅酸钙矿物晶体结构[27]

1．硫硅酸钙矿物的合成

采用分析纯试剂碳酸钙、二氧化硅和二水硫酸钙合成硫硅酸钙矿物，硫硅酸钙矿物的生料配料组成如表 2-25 所示。为了保证硫硅酸钙矿物的充分形成，三种分析纯试剂均需过 200 目筛。

表2-25 100g硫硅酸钙矿物生料的配料组成

单位：g

原料	CaCO₃	SiO₂	CaSO₄·2H₂O
质量	46.66	25.00	28.34

硫硅酸钙矿物的形成是一个固相反应，在没有液相的情况下难以发生。因此，需要通过两次煅烧制备：一次煅烧温度为1200℃，保温4h；二次煅烧温度为1150℃，保温4h。制备的硫硅酸钙矿物的 Rietveld 定量分析图谱如图2-15所示，其纯度达到了98.36%。硫硅酸钙矿物呈淡绿色，其微观形貌如图2-16所示，硫硅酸钙矿物颗粒堆积紧密，少部分硫硅酸钙矿物呈卵粒状，大部分是形状不规则且具有棱角的颗粒。

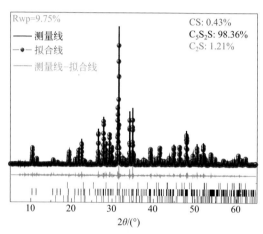

图2-15 硫硅酸钙矿物Rietveld定量分析图谱

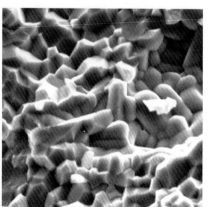

图2-16 硫硅酸钙矿物及微观形貌

2. 硫硅酸钙矿物单矿的水化

为明确硫硅酸钙矿物的水化产物，可采用加速硫硅酸钙矿物水化的方式，使其水化速度尽可能地加快。研究硫硅酸钙矿物在50℃的水环境养护下的水化，并与20℃的水环境养护作对比，研究养护温度对硫硅酸钙矿物水化和硫硅酸钙净浆试件抗压强度的影响。

图2-17为硫硅酸钙矿物在20℃和50℃水环境养护下的水化产物的SEM照片。由图可知：养护温度为20℃，水化龄期为7d时，硫硅酸钙矿物表面几乎无絮状的物质产生；水化龄期为28d和56d时，硫硅酸钙矿物表面絮状物明显增多；水化龄期到360d时，未水化的硫硅酸钙矿物被水化产物包裹，浆体形成较为致密的结构。这说明常温下硫硅酸钙矿物也具有水化活性，只是水化活性较低。水养护温度为50℃，水化龄期为7d时，硫硅酸钙矿物表面开始形成少量的絮状物；水化龄期为28d时，浆体已基本形成较为致密的结构，而在20℃的水环境养护时，硫硅酸钙矿物浆体在360d时才会形成致密的结构，这说明提高养护温度可以加速硫硅酸钙矿物的水化。随着水化龄期的进一步延长，50℃养护的硫硅酸钙浆体的致密性进一步增加，到180d时，形成了类似于硅酸盐水泥的致密结构。

图2-17　硫硅酸钙矿物在20℃和50℃水环境养护下的水化产物的SEM照片

图2-18为硫硅酸钙矿物在20℃和50℃水环境养护下的水化产物的XRD图谱。由图可知：水环境养护温度为20℃时，硫硅酸钙矿物水化缓慢，7～120d内，XRD图谱中硫硅酸钙矿物的衍射峰强度变化不是很明显，说明只有极少量的硫硅酸钙矿物发生水化。当养护龄期达到360d时，可以观察到硫硅酸钙矿物衍射峰强度明显降低，同时，二水石膏的衍射峰强度增加，这说明硫硅酸钙矿物发生了明显的水化，水化产生了二水石膏；水环境养护温度为50℃时，随着水

化龄期的延长，硫硅酸钙矿物的衍射峰强度明显降低，并且衍射图谱中出现了明显的二水石膏的衍射峰和微弱的 Ca（OH）$_2$ 的衍射峰，而且在 2θ 为约 30° 的位置出现了一个馒头峰，这可能是硫硅酸钙矿物水化产生的 C-S-H 凝胶或硅胶的衍射峰。当水化龄期到 180d 时，XRD 图谱中硫硅酸钙矿物的衍射峰基本上消失，说明硫硅酸钙矿物基本上水化完全。

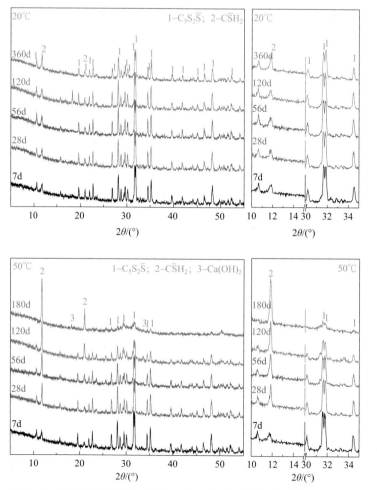

图2-18　硫硅酸钙矿物在20℃和50℃水环境养护下的水化产物的XRD图谱

为了进一步确定硫硅酸钙矿物的水化产物，对其水化产物进行热分析。图2-19 为硫硅酸钙矿物在 20℃和 50℃水环境养护下的水化产物的 DSC-TG 曲线。由图可知，将硫硅酸钙矿物水化产物加热到 500℃时，随着水化龄期的延长，水化产物的质量损失越大，说明随着水化龄期的延长，硫硅酸钙矿物水化程度增加。对比图 2-19 中的热重曲线可知，50℃水环境养护下的硫硅酸钙水化产物质量损失更大，说明高温养护加速了硫硅酸钙矿物的水化。

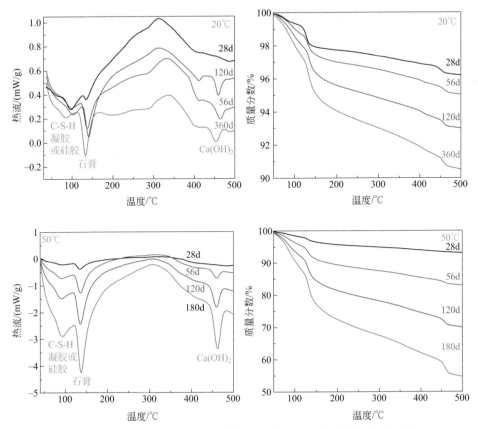

图2-19 硫硅酸钙矿物在20℃和50℃水环境养护下的水化产物的DSC-TG曲线

温度加热到约 80℃时，热流曲线上的吸热峰主要是 C-S-H 凝胶或硅胶脱水导致的；温度加热到约 120℃时，热流曲线上出现明显的吸热峰，热重曲线上伴随着质量损失，这主要是二水石膏高温脱水导致的；温度加热到约 450℃时，热流曲线上出现明显的吸热峰，热重曲线上伴随着质量损失，这主要是氢氧化钙高温分解导致的。这说明硫硅酸钙矿物水化产生二水石膏和氢氧化钙，水化产物中的硅以硅胶或 C-S-H 凝胶的形式存在，需要进一步研究确定。

为了确定硫硅酸钙矿物水化产物中硅的存在形式，对硫硅酸钙矿物及其在50℃水化环境中养护 56d 的水化产物进行 ^{29}Si MAS NMR 测试，所得到的图谱如图 2-20 所示。硫硅酸钙中的硅氧四面体以岛状形式存在，其特征峰用 Q^0 表示，位置为 -72.6；C-S-H 中的硅氧四面体与一个或两个硅氧四面体相连，其特征峰

用 Q^1、Q^2 表示，位置分别位于 $-76 \sim -82$、$-82 \sim -88$；硅胶中硅氧四面体与三个或四个硅氧四面体相连，其特征峰用 Q^3 和 Q^4 表示，位置分别位于 $-88 \sim -98$ 和 $-98 \sim -129$。由图可知，硫硅酸钙水化产物中的硅氧四面体的特征峰位于 $-77.4 \sim -87.5$ 的范围内，是 Q^1 和 Q^2 特征峰的位置。因此，硫硅酸钙矿物水化产物中的硅是以 C-S-H 凝胶的形式存在的。

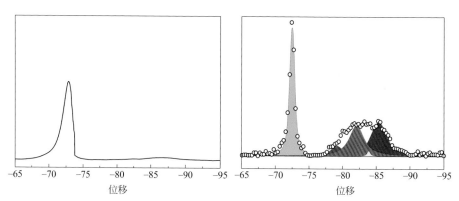

图2-20　硫硅酸钙矿物及其在50℃水化环境中养护56d的水化产物的^{29}Si MAS NMR图谱

　　硫硅酸钙矿物水化产物之一是二水石膏，而在二水石膏存在的条件下，水养护可能会降低其抗压强度。为明确二水石膏对硫硅酸钙矿物水化产物胶凝性的影响，测试了硫硅酸钙矿物净浆试件水养护条件下各龄期的抗压强度，采用 0.3 的水灰比成型净浆试件，试件尺寸为 20mm×20mm×20mm。

　　由于硫硅酸钙矿物早期水化程度低，脱模过早容易造成试件破坏，且成型的净浆试件在水养护的条件下也容易溃散。为防止硫硅酸钙矿物净浆试件损坏，先将试件在温度为（20±1）℃、湿度为（90±5）% 的养护箱中带模养护 3d 后脱模，再将硫硅酸钙净浆试件分别放置于 20℃ 和 50℃ 的水环境中养护。

　　图 2-21 为硫硅酸钙矿物净浆试件的抗压强度随养护龄期的变化。由图可知，硫硅酸钙矿物的净浆试件抗压强度与水化龄期呈现线性关系。在 20℃ 的水养护环境中，硫硅酸钙矿物也能够发生缓慢的水化，水化龄期为 360d 时，硫硅酸钙矿物试块的净浆抗压强度达到 50.47MPa。而在 50℃ 的水养护环境中，硫硅酸钙矿物水化速度明显加快，水化龄期到 150d 时，硫硅酸钙矿物试块的净浆抗压强度达到 98.98MPa。硫硅酸钙矿物的净浆抗压强度试验结果说明，硫硅酸钙矿物具有一定的水化活性，并不是以往认为的惰性矿物，只是早期水化速度较慢，但是后期活性发挥较快，而且高温养护能够加速硫硅酸钙矿物的水化；从硫硅酸钙净浆试件的抗压强度发展来看，硫硅酸钙矿物的水化产物具有良好的胶凝性。

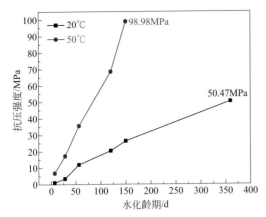

图2-21　硫硅酸钙矿物净浆试件的抗压强度随养护龄期的变化

3．硫硅酸钙－硫铝酸钙体系中硫硅酸钙的水化

$C_5S_2\bar{S}$活性的激发对硫硅酸钙硫铝酸盐水泥中后期性能具有关键影响，为充分发挥其水化活性，国内外学者开展了$C_5S_2\bar{S}$单矿物水化的研究，在此基础上，开展了硫硅酸钙硫铝酸盐水泥体系中$C_5S_2\bar{S}$水化的研究。

Montes、Shen 等[12, 13]合成了$C_5S_2\bar{S}$单矿物，并研究了$C_4A_3\bar{S}$对$C_5S_2\bar{S}$单矿物水化活性的影响，研究发现：$C_4A_3\bar{S}$可激发$C_5S_2\bar{S}$单矿物水化活性，水化龄期到28d 以后，$C_5S_2\bar{S}$发生了显著的水化。在此基础上，Shen、Skalamprinosa 等[13, 28]将$C_5S_2\bar{S}$单矿物引入到硫铝酸盐水泥中，研究了其在硫铝酸盐水泥中的水化特性，研究发现：细度影响$C_5S_2\bar{S}$在硫铝酸盐水泥水化体系中活性的发挥，水化龄期到28d 以后，$C_5S_2\bar{S}$开始水化，可显著提高硫铝酸盐水泥中后期力学性能。Montes等对比了C_3A（铝酸三钙）、$C_{12}A_7$、CA 和$C_4A_3\bar{S}$对$C_5S_2\bar{S}$单矿物水化活性的影响，受水化体系孔溶液中SO_4^{2-} 的影响，$C_{12}A_7$、CA 和C_3A 对$C_5S_2\bar{S}$单矿物水化活性的激发作用均大于$C_4A_3\bar{S}$。Shen、Bullerjahn 等[16, 29]研究了硫硅酸钙硫铝酸盐水泥体系中$C_5S_2\bar{S}$的水化，研究发现：$C_5S_2\bar{S}$的水化活性介于$C_4A_3\bar{S}$和C_2S 之间，在水化中后期发生水化，可显著提高水泥水化中后期力学性能。此外，Bullerjahn 等[29]认为水泥水化孔溶液中SO_4^{2-} 浓度是影响$C_5S_2\bar{S}$水化活性充分发挥的关键因素，但并未开展相关研究。

二、硫硅酸钙硫铝酸盐水泥

在硫铝酸盐水泥熟料烧成过程中，$C_5S_2\bar{S}$初始形成温度为1000℃，大量形成温度范围为1100 ~ 1200℃，当煅烧温度超过 1200℃时即发生分解，而$C_4A_3\bar{S}$的大量形成温度范围为 1200 ~ 1350℃。因此，$C_5S_2\bar{S}$ 和 $C_4A_3\bar{S}$ 的共存成为硫硅酸钙硫铝酸盐水泥熟料烧成的关键。

如果可降低 $C_4A_3\bar{S}$ 的大量形成温度，则有望实现 $C_5S_2\bar{S}$ 和 $C_4A_3\bar{S}$ 能够在同一温度范围内大量共存，促使硫硅酸钙硫铝酸盐水泥熟料的一次烧成，解决上述问题。磷和氟可以降低 $C_4A_3\bar{S}$ 的形成温度[30]，而磷石膏中恰恰含有这两种杂质离子，因此，磷石膏作为硫硅酸钙硫铝酸盐水泥原料时，有望实现 $C_5A_2\bar{S}$ 和 $C_4A_3\bar{S}$ 在同一温度范围内大量共存。此外，在硫硅酸钙硫铝酸盐水泥熟料体系中，原材料中的石膏要同时参与反应形成硫铝酸钙和硫硅酸钙矿物。如果石膏量不足，不仅影响水泥熟料中硫铝酸钙和硫硅酸钙矿物的形成，还会导致磷石膏利用量减少；如果石膏量过多，则会导致水泥熟料中大量的硬石膏剩余，水泥熟料煅烧过程中磷石膏高温分解率增加。因此，将研究水泥生料中磷石膏配入量对水泥熟料矿物形成的影响。

1. 水泥熟料制备

表 2-26 为硫硅酸钙硫铝酸盐水泥熟料矿物组成设计及水泥生料配料。将水泥熟料中硫铝酸钙矿物的含量固定为 35%，保持硫硅酸钙、贝利特和硬石膏总量不变，调整三者之间的含量，研究理论上石膏不足、适量和过量情况下，水泥熟料中硫铝酸钙和硫硅酸钙矿物的形成。Clin-A、Clin-B、Clin-C 和 Clin-D 分别为石膏配入量不足、适量、过量 2% 和过量 5% 的硫硅酸钙硫铝酸盐水泥生料配料，4 种水泥生料中磷石膏配入量依次增加。

表2-26　硫硅酸钙硫铝酸盐水泥熟料矿物组成设计及水泥生料配料

编号	$C_4A_3\bar{S}$/%	$C_5S_2\bar{S}$/C_2S/%	C_4AF/%	$C\bar{S}$/%
Clin-A	35	15/40	10	0
Clin-B	35	55/0	10	0
Clin-C	35	53/0	10	2
Clin-D	35	50/0	10	5
编号	石灰石/g	磷石膏/g	矾土/g	粉煤灰/g
Clin-A	86.10	12.41	19.52	30.00
Clin-B	73.81	32.43	32.29	8.76
Clin-C	72.66	34.96	33.91	6.08
Clin-D	69.91	38.74	26.33	2.05

注：水泥生料配料组成是根据 100g 熟料所需各原料质量计算。

图 2-22 为 1050℃和 1100℃保温 30min 煅烧得到的硫硅酸钙硫铝酸盐水泥熟料的 XRD 图谱。由图可以得知：当硫硅酸钙硫铝酸盐水泥熟料的煅烧工艺制度为 1050℃保温 30min 时，4 种水泥熟料的 XRD 图谱中硫铝酸钙矿物的衍射峰强度并没有变化；当水泥熟料的煅烧工艺制度为 1100℃保温 30min 时，随着水泥

生料中磷石膏配入量的增加，硫铝酸钙和硫硅酸钙矿物的衍射峰强度增强。这可能是由两个方面的原因导致的：①水泥生料中磷石膏含量越高，与形成硫铝酸钙矿物的中间产物接触越充分，越能促进硫铝酸钙和硫硅酸钙矿物的低温形成；②水泥生料中磷石膏含量越多，磷石膏引入的杂质含量就越高，越能促进硫铝酸钙和硫硅酸钙矿物的低温形成。

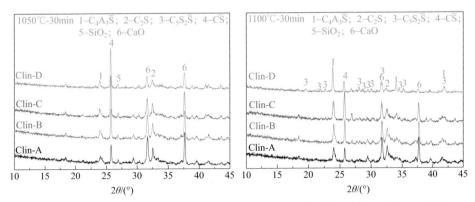

图2-22　1050℃、1100℃保温30min制备的硫硅酸钙硫铝酸盐水泥熟料的XRD图谱

　　图2-23为1150℃保温0min和30min得到的硫硅酸钙硫铝酸盐水泥熟料的XRD图谱。由图可知，当硫硅酸钙硫铝酸盐水泥熟料的煅烧工艺制度为1150℃保温0min和30min时，Clin-A的XRD图谱中硬石膏的衍射峰基本消失，但是硫铝酸钙矿物的衍射峰强度明显低于Clin-B、Clin-C和Clin-D的XRD图谱中硫铝酸钙矿物的衍射峰强度。这说明水泥生料中磷石膏配入量不足，会影响水泥熟料中硫铝酸钙矿物的形成。

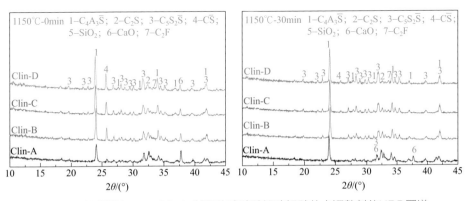

图2-23　1150℃保温0min、30min制备的硫硅酸钙硫铝酸盐水泥熟料的XRD图谱

按照理论计算，Clin-B 的水泥生料中石膏配入量能够满足硫铝酸钙和硫硅酸钙矿物的充分形成，但是在 1150℃保温 30min 得到的熟料的 XRD 图谱中仍能观察到明显的贝利特矿物的衍射峰。这主要是因为熟料中的铁铝酸四钙矿物未能充分地形成，石膏与未能形成铁铝酸四钙矿物的 CaO 和 Al_2O_3 反应形成了硫铝酸钙矿物，而在水泥生料配料时，未考虑铁铝酸四钙不能充分形成，导致形成硫硅酸钙的石膏不足。

Clin-C 和 Clin-D 的水泥生料中石膏分别过量 2% 和 5%，1150℃保温 30min 得到的 Clin-C 的 XRD 图谱中仍能观察到明显的贝利特矿物的衍射峰，而 Clin-D 的 XRD 图谱中的贝利特矿物的衍射峰已经很弱。因此，为保证水泥熟料中硫硅酸钙矿物的充分形成，水泥生料中石膏应过量 5%。

煅烧温度和保温时间是决定水泥熟料矿物形成和生长发育的重要因素。煅烧温度过低，保温时间过短，水泥熟料矿物不能充分形成；煅烧温度过高，保温时间过长，水泥熟料矿物颗粒尺寸较大，水化活性较低，单位质量水泥熟料能耗也会升高。在磷石膏制备硫硅酸钙硫铝酸盐水泥熟料时，煅烧温度过高，保温时间过长，会使得水泥熟料中的磷石膏分解量增大。因此，需要寻找合理的水泥熟料煅烧工艺制度，不仅要满足水泥熟料矿物的充分形成，而且要降低甚至是避免磷石膏的高温分解。采用前面得到的最佳水泥熟料设计配合比 Clin-D，进行水泥生料配料，研究硫硅酸钙硫铝酸盐水泥熟料最佳烧成工艺制度。

硫硅酸钙矿物在 1150℃保温 20min 的情况下共存。为了获得硫硅酸钙硫铝酸盐水泥的最佳烧成工艺制度，分别采用 1100℃、1125℃、1150℃和 1200℃保温 0min、15min、30min、45min 和 60min 制备硫硅酸钙硫铝酸盐水泥熟料，确定合理的硫硅酸钙硫铝酸盐水泥熟料煅烧温度和保温时间。

图 2-24 为不同煅烧工艺制度下制备的硫硅酸钙硫铝酸盐水泥熟料的 XRD 图谱。当煅烧工艺制度为 1100℃保温 0min 时，XRD 图谱中能够观察到明显的 f-CaO 衍射峰，硫硅酸钙和硫铝酸钙矿物的衍射峰强度很弱。当保温时间延长至 15min 时，f-CaO 衍射峰消失，水泥熟料中硫铝酸钙和硫硅酸钙矿物的衍射峰的强度明显增强，说明这两种水泥熟料矿物在 15min 的保温时间内能够快速地形成。随着保温时间的延长，硫酸钙的衍射峰强度逐渐降低，硫铝酸钙和硫硅酸钙矿物的衍射峰强度逐渐增强。当保温时间为 60min 时，硫酸钙矿物的衍射峰强度较弱，说明硫铝酸钙和硫硅酸钙矿物充分形成，但是在该煅烧温度下保温时间太长，不符合水泥熟料烧成的工艺要求。当煅烧温度为 1125 ~ 1200℃、保温时间大于 15min 时，水泥熟料中的硫硅酸钙和硫铝酸钙矿物的衍射峰强度不再变化，说明这两种矿物已经充分形成。

在水泥熟料中含硫矿物充分形成后，随着保温时间的延长，硬石膏的衍射峰强度降低，这可能是硬石膏高温分解导致的，硬石膏分解的同时会产生 SO_2 和

CaO，会影响水泥熟料的质量并增加窑炉尾气处理负担。利用磷石膏制备硫硅酸钙硫铝酸盐水泥熟料时，保温时间不宜超过 30min。因此，利用磷石膏制备硫硅酸钙硫铝酸盐水泥熟料的最佳煅烧工艺制度为：煅烧温度 1125 ~ 1200℃，保温时间 15 ~ 30min。

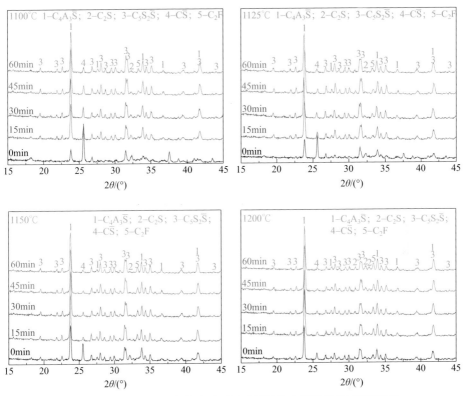

图2-24 不同煅烧工艺制度下制备的硫硅酸钙硫铝酸盐水泥熟料的XRD图谱

2. 水泥熟料表征

贝利特 - 硫铝酸盐水泥中的贝利特矿物被硫硅酸钙矿物取代，得到硫硅酸钙硫铝酸盐水泥，该水泥是一个新的水泥品种，目前关于水泥熟料的一些性质仍未见相关报道。在 1150℃保温 30min 制备的 Clin-D 水泥熟料，研究其矿物组成，并通过与 1250℃保温 30min 制备的贝利特 - 硫铝酸盐水泥熟料进行对比，分析两种水泥熟料微观形貌和易磨性的差异。

图 2-25 为硫硅酸钙硫铝酸盐水泥熟料的 Rietveld 全谱拟合图谱，误差因子 Rwp=12.15%，这说明结果具有很高的可信度。水泥熟料的主要矿物组成为：硫铝酸钙、硫硅酸钙、贝利特、硬石膏和铁铝酸四钙。水泥熟料实际矿物组成与理

论矿物组成有一定差异，水泥熟料中铁铝酸四钙只有 1.93%，远低于理论含量，硫铝酸钙矿物含量明显高于理论含量。硫铝酸钙含量偏高可能是以下两方面的原因导致的：①硬石膏与未形成铁铝酸四钙的 CaO 和 Al_2O_3 反应形成硫铝酸钙矿物；②未形成铁铝酸四钙的 Fe_2O_3 与硫铝酸钙中的 Al_2O_3 置换形成 $C_4A_{3-x}F_x\bar{S}$，置换出的 Al_2O_3 也会与体系中的 CaO 和石膏反应形成硫铝酸钙矿物。

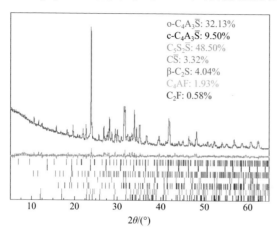

图2-25 硫硅酸钙硫铝酸盐水泥熟料的Rietveld全谱拟合图谱

目前，关于硫硅酸钙硫铝酸盐水泥熟料中硫硅酸钙矿物的形貌还未见报道。通常贝利特 - 硫铝酸盐水泥熟料煅烧温度为 1250℃，而硫硅酸钙硫铝酸盐水泥熟料煅烧温度为 1150℃，这也势必会影响水泥熟料中硫铝酸钙矿物发育的完整程度。对硫硅酸钙硫铝酸盐水泥熟料中的硫硅酸钙矿物的形貌进行分析，并与贝利特 - 硫铝酸盐水泥熟料中硫铝酸钙矿物的形貌对比。

图 2-26 为硫硅酸钙硫铝酸盐水泥熟料的 SEM 照片和 EDS 能谱。由图可知，硫硅酸钙硫铝酸盐水泥熟料中硫硅酸钙矿物呈现棒状或卵粒状，硫铝酸钙矿物颗粒尺寸细小，为 1 ~ 2μm，而贝利特 - 硫铝酸盐水泥熟料中的硫铝酸钙矿物颗粒尺寸较大，为 2 ~ 10μm，这主要是因为硫硅酸钙硫铝酸盐水泥熟料煅烧温度较低，不利于硫铝酸钙矿物的生长发育，而贝利特 - 硫铝酸盐水泥熟料煅烧温度较高，促进了硫铝酸钙矿物的生长发育。相比于大尺寸的硫铝酸钙矿物，尺寸细小的硫铝酸钙矿物在水化时与水接触更充分，这在一定程度上提高了硫铝酸钙矿物的水化速率。

水泥熟料粉磨能耗占水泥生产全过程总能耗的 30% 以上，因此，水泥熟料的易磨性备受水泥科研工作者的关注。水泥熟料的易磨性主要受水泥熟料矿物组成、矿物晶体尺寸、熟料的孔结构、煅烧温度、微量元素、生料细度以及生料的冷却速率等因素的影响。硫硅酸钙硫铝酸盐水泥熟料是将贝利特 - 硫铝酸盐水泥熟料中的贝利特矿物转化为硫硅酸钙矿物获得的，贝利特矿物是硫铝酸盐水泥熟料中易磨性最差的一种矿物，对比研究了硫硅酸钙硫铝酸盐水泥熟料和贝利特-硫铝酸盐水泥熟料的易磨性。

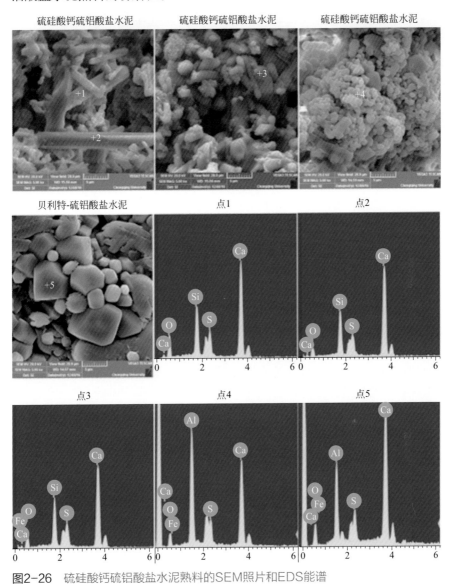

图2-26　硫硅酸钙硫铝酸盐水泥熟料的SEM照片和EDS能谱

图2-27为硫硅酸钙硫铝酸盐水泥熟料和贝利特-硫铝酸盐水泥熟料微观形貌。由SEM照片还可以观察到，贝利特-硫铝酸盐水泥熟料结构致密，而硫硅酸钙硫铝酸盐水泥熟料疏松多孔。水泥熟料的粉磨主要分为粗粉磨阶段（水泥熟

料比表面积≤150m²/kg）和细粉磨阶段（水泥熟料比表面积＞150m²/kg），水泥熟料的孔隙率影响水泥熟料在粗粉磨阶段的易磨性，熟料孔隙率越大，易磨性越高。因此，硫硅酸钙硫铝酸盐水泥熟料在粗粉磨阶段会有较好的易磨性。

图2-27　硫硅酸钙硫铝酸盐水泥熟料和贝利特-硫铝酸盐水泥熟料微观形貌

　　水泥熟料矿物组成是影响水泥熟料细粉磨阶段易磨性的主要因素。为了研究熟料中贝利特矿物和硫硅酸钙矿物对水泥熟料易磨性的影响，必须要消除熟料孔结构对熟料易磨性的影响。因此，需要先将硫硅酸钙硫铝酸盐水泥熟料和贝利特-硫铝酸盐水泥熟料粉磨至（150±10）m²/kg，然后采用相同的粉磨工艺来对比两种水泥熟料的易磨性。图2-28和图2-29分别为相同粉磨条件下得到的两种水泥熟料的粒度分布曲线和SEM照片。由图可知，硫硅酸钙硫铝酸盐水泥熟料粒度更细小、比表面积更大，贝利特-硫铝酸盐水泥熟料中仍存在较多的大颗粒、比表面积更小。因此，硫硅酸钙取代贝利特-硫铝酸盐水泥熟料中的贝利特矿物后，水泥熟料的易磨性提高。

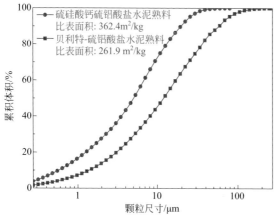

图2-28　粉磨后硫硅酸钙硫铝酸盐水泥熟料和贝利特-硫铝酸盐水泥熟料的粒度分布曲线

图2-29　粉磨后硫硅酸钙硫铝酸盐水泥熟料和贝利特-硫铝酸盐水泥熟料的SEM照片

3．水泥性能

在 1150℃保温 30min 得到硫硅酸钙硫铝酸盐水泥熟料，贝利特 - 硫铝酸盐水泥熟料在 1250℃保温 30min 制得，两种水泥熟料均是利用磷石膏制得。两种水泥熟料粉磨均过 200 目筛，筛余小于 3%，向硫硅酸钙硫铝酸盐水泥熟料中掺加 5% 和 15% 二水石膏，制得的两种硫硅酸钙硫铝酸盐水泥编号分别为 TCSA Cem 1 和 TCSA Cem 2，贝利特 - 硫铝酸盐水泥中二水石膏掺量为 15%，编号为 BCSA Cem。为了对比三种水泥的水化和性能，试验过程中保持 3 种水泥的比表面积接近，TCSA Cem 1、TCSA Cem 2 和 BCSA Cem 的比表面积分别为 357m²/kg、351m²/kg 和 362m²/kg。

表 2-27 为硫硅酸钙硫铝酸盐水泥和贝利特 - 硫铝酸盐水泥的标准稠度需水量和凝结时间。贝利特 - 硫铝酸盐水泥的标准稠度需水量为 28.9%，TCSA Cem 1 和 TCSA Cem 2 的标准稠度需水量分别为 30.9% 和 31.4%，这可能是水泥熟料的低温煅烧或硫硅酸钙矿物需水量大导致的。由图 2-27 可知，低温煅烧的水泥熟料存在大量的微孔，经粉磨后水泥颗粒中仍可能存在大量的微孔，水分会进入这些微孔，使得水泥颗粒之间的水分减少，从而导致水泥的标准稠度需水量增加。相比于贝利特 - 硫铝酸盐水泥，硫硅酸钙硫铝酸盐水泥的初凝时间和终凝时间更短。从实际应用角度来看，硫硅酸钙硫铝酸盐水泥的凝结时间需要适当地延长。

表2-27　硫硅酸钙硫铝酸盐水泥和贝利特-硫铝酸盐水泥凝结时间及标准稠度需水量

水泥	初凝时间/min	终凝时间/min	标准稠度需水量/%
TCSA Cem 1	12	19	30.9
TCSA Cem 2	11	17	31.4
BCSA Cem	17	29	28.9

图2-30为硫硅酸钙硫铝酸盐水泥净浆的抗压强度，水泥净浆的水灰比为0.3。硫硅酸钙硫铝酸盐水泥和贝利特 - 硫铝酸盐水泥的早期抗压强度都是由硫铝酸钙矿物水化产生的钙矾石和铝胶提供，硫铝酸钙矿物的水化活性越高，水泥净浆早期抗压强度就越高。

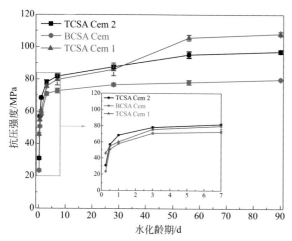

图2-30　硫硅酸钙硫铝酸盐水泥净浆的抗压强度

在水化龄期为6h时，TCSA Cem 1的抗压强度远高于TCSA Cem 2的抗压强度，这说明后掺石膏量增加会抑制硫硅酸钙硫铝酸盐水泥中硫铝酸钙矿物早期的水化。水化龄期到12h，TCSA Cem 2的抗压强度超过TCSA Cem 1的抗压强度，这主要是如下原因导致的：TCSA Cem 1中石膏含量不足，使得水泥中的硫铝酸钙矿物水化程度降低。

水化龄期从28d到56d时，TCSA Cem 1和TCSA Cem 2的抗压强度均有较多的增长，沈燕等也发现含少量硫硅酸钙的贝利特 - 硫铝酸盐水泥净浆的抗压强度28d以后持续增长，尤其是从28d到56d，水泥净浆的抗压强度增长迅速。水化龄期到56d，TCSA Cem 1的抗压强度比TCSA Cem 2的抗压强度高约11MPa，这可能是如下原因导致的：TCSA Cem 2中二水石膏过量，到后期水化体系中仍存在二水石膏，将导致水泥试件孔溶液中SO_4^{2-}浓度偏大，这在一定程度上抑制了硫硅酸钙矿物的水化。有研究也发现，孔溶液中的SO_4^{2-}浓度会抑制硫硅酸钙矿物的水化。因此，硫硅酸钙硫铝酸盐水泥中后掺石膏的配入量应适当减少。

BCSA Cem与TCSA Cem 2中硫铝酸钙矿物含量接近，在6h至90d的水化龄期中，TCSA Cem 2的抗压强度均高于BCSA Cem的抗压强度。前面的研究结果表明，与贝利特 - 硫铝酸盐水泥熟料相比，硫硅酸钙硫铝酸盐水泥熟料中硫铝酸钙矿物颗粒细小，结晶程度差，水化活性更高，这导致TCSA Cem 2早期抗压

　特种及功能水泥基材料

强度高于 BCSA Cem。到水化后期，TCSA Cem 2 中的硫硅酸钙的水化比 BCSA Cem 中贝利特的水化为强度增长贡献更大。因此，在整个水化龄期中，TCSA Cem 2 表现出了更高的抗压强度，TCSA Cem 2 的 90d 抗压强度比 BCSA Cem 高出约 17MPa。因此，从水泥净浆强度的角度来看，硫硅酸钙硫铝酸盐水泥比贝利特 - 硫铝酸盐水泥的优势更加明显。

　　硫铝酸盐水泥砂浆的膨胀主要是由膨胀性钙矾石的形成导致的，而硫铝酸盐水泥中后掺石膏和硫铝酸钙矿物的水化活性都直接影响钙矾石的形成，从而影响水泥砂浆的自由膨胀率。TCSA Cem 1 和 TCSA Cem 2 中二水石膏含量不一致，这必然会影响其砂浆自由膨胀率。硫硅酸钙硫铝酸盐水泥体系中，后期硫硅酸钙矿物水化产生二水石膏，二水石膏与未反应的硫铝酸钙或单硫型水化硫铝酸钙（AFm）反应形成钙矾石，也可能会影响水泥砂浆的自由膨胀率。此外，贝利特 - 硫铝酸盐水泥和硫硅酸钙硫铝酸盐水泥中硫铝酸钙矿物的水化活性不一致，也会在一定程度上影响两种水泥砂浆的自由膨胀率。对 3 种水泥砂浆试件的自由膨胀率进行了研究，试验结果如图 2-31 所示。

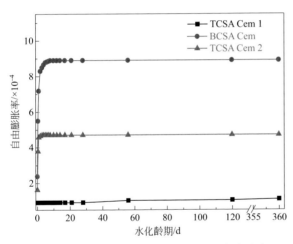

图2-31　硫硅酸钙硫铝酸盐水泥砂浆的自由膨胀率

　　由图 2-31 可知，TCSA Cem 1 的砂浆试件的自由膨胀率明显低于 TCSA Cem 2，这说明在脱模之后 TCSA Cem 1 中的二水石膏已经消耗完毕，膨胀性钙矾石形成量极少。28d 以后，TCSA Cem 1 和 TCSA Cem 2 的砂浆试件均不存在明显的膨胀，说明硫硅酸钙矿物水化产生的二水石膏不会影响硫硅酸钙硫铝酸盐水泥砂浆体积稳定性。

　　BCSA Cem 砂浆试件的自由膨胀率明显高于 TCSA Cem 2 砂浆试件的自由膨胀率。这主要是以下原因导致的：硫硅酸钙硫铝酸盐水泥熟料煅烧温度为

1150℃，低温下形成的硫铝酸钙矿物结晶程度差，晶体颗粒尺寸细小（图2-26），水化活性较高，在砂浆试件脱模之前已有大量的硫铝酸钙矿物发生水化；贝利特-硫铝酸盐水泥熟料煅烧温度为1250℃，比硫硅酸钙硫铝酸盐水泥熟料煅烧温度高100℃，硫铝酸钙矿物结晶程度良好，晶体颗粒尺寸较大（图2-26），比硫硅酸钙硫铝酸盐水泥熟料中的硫铝酸钙矿物的水化活性低。因此，脱模前贝利特-硫铝酸盐水泥砂浆中硫铝酸钙矿物的水化程度相对较低，脱模后仍有大量的硫铝酸钙矿物水化形成膨胀性钙矾石。

4. 水泥水化

硫铝酸盐水泥早期水化放热主要是由硫铝酸钙矿物的水化导致的，水化放热速率和水化放热量在一定程度上反映了硫铝酸钙矿物的水化活性和水化程度。与TCSA Cem 1相比，TCSA Cem 2中后掺石膏量较多，后掺石膏在一定程度上影响了硫铝酸钙矿物的水化。此外，图2-26中的结果表明，硫硅酸钙硫铝酸盐水泥熟料和贝利特-硫铝酸盐水泥熟料中硫铝酸钙矿物结晶程度差距较大，这必然会影响两种水泥的水化，因此，研究了硫硅酸钙硫铝酸盐水泥和贝利特-硫铝酸盐水泥的水化放热速率和累积水化放热量，试验结果如图2-32所示。

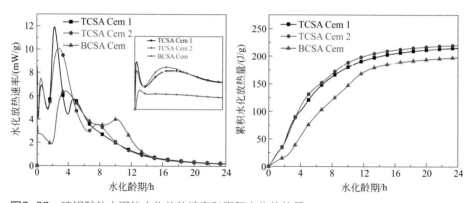

图2-32 硫铝酸盐水泥的水化放热速率和累积水化放热量

在0～0.2h内，有一个短暂的放热过程，这主要是硫铝酸钙、石膏水化以及钙矾石的形成导致的。与TCSA Cem相比，BCSA Cem水化放热速率低，说明硫硅酸钙硫铝酸盐水泥在早期硫铝酸钙和石膏溶解以及钙矾石的形成速率慢。与TCSA Cem 1相比，TCSA Cem 2的水化放热峰延迟，说明硫硅酸钙硫铝酸盐水泥中掺入的二水石膏在一定程度上延缓了硫铝酸钙矿物的早期水化。与BCSA Cem相比，TCSA Cem 2水化放热速率更高，放热峰出现得更早，说明低温下烧成的硫硅酸钙硫铝酸盐水泥熟料中硫铝酸钙矿物的水化活性较高。

从水化放热总量来看，TCSA Cem 1的1d水化放热总量略微低于TCSA Cem

2，说明在后掺石膏量较少的情况下，硫硅酸钙硫铝酸盐水泥中硫铝酸钙矿物水化程度较低。BCSA Cem 水化 1d 的放热总量明显低于 TCSA Cem 2，说明其 1d 时硫铝酸钙矿物水化程度较低，这也很好地解释了 BCSA Cem 较 TCSA Cem 2 早期抗压强度低的原因。

为了进一步证明硫硅酸钙硫铝酸盐水泥中的硫铝酸钙矿物的水化活性更高，对 TCSA Cem 2 和 BCSA Cem 水化初期产物进行了物相分析。图 2-33 为 TCSA Cem 2 和 BCSA Cem 水化初期产物的 XRD 图谱。在 BCSA 水化体系中，钙矾石（AFt）在水化 30min 时开始形成，而在 TCSA Cem 2 水化体系中，AFt［三硫型水化硫铝酸钙（钙矾石）］在 5min 时开始形成，这再次证明低温烧成的硫硅酸钙硫铝酸盐水泥熟料中硫铝酸钙矿物的水化活性更高。由于硫硅酸钙硫铝酸盐水泥中钙矾石的形成明显早于贝利特 - 硫铝酸盐水泥，因此，硫硅酸钙硫铝酸盐水泥终凝时间也明显缩短。

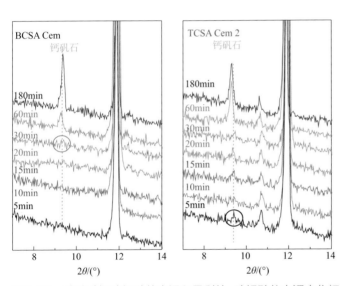

图2-33　硫硅酸钙硫铝酸盐水泥和贝利特-硫铝酸盐水泥水化初期产物的XRD图谱

图 2-34 为硫硅酸钙硫铝酸盐水泥和贝利特 - 硫铝酸盐水泥在各个龄期水化产物的 XRD 图谱。与 TCSA Cem 2 相比，TCSA Cem 1 中二水石膏含量较少，在水化龄期为 12h 时，TCSA Cem 1 中的二水石膏消耗完毕，TCSA Cem 1 水化产物的 XRD 图谱中硫铝酸钙矿物的衍射峰强度更高，说明在后掺石膏不足的情况下，硫硅酸钙硫铝酸盐水泥中的硫铝酸钙矿物的水化程度较低，因此，TCSA Cem 1 在 12h 时的抗压强度低于 TCSA Cem 2 的抗压强度。

水化龄期在 28 ~ 90d 时，TCSA Cem 1 和 TCSA Cem 2 中硫铝酸钙矿物衍

射峰强度已经不再发生变化，说明这些被水化产物包裹的硫铝酸钙矿物将不再继续发生水化。因此，TCSA Cem 1 和 TCSA Cem 2 后期强度的增长主要归功于硫硅酸钙矿物的水化。从 TCSA Cem 2 水化产物的 XRD 图谱来看，硫硅酸钙矿物的衍射峰强度并未发生明显的变化，说明体系中硫硅酸钙矿物水化程度很低；从 TCSA Cem 1 的水化产物的 XRD 图谱来看，水化龄期到 90d 时，硫硅酸钙矿物的衍射峰强度微弱地降低。对比 TCSA Cem 1 与 TCSA Cem 2 发现，TCSA Cem 2 体系中硫硅酸钙矿物的水化程度较低，这与水泥中的后掺石膏量有关，后掺二水石膏过量，导致水泥水化体系中仍存在一部分二水石膏，硬化体孔溶液中 SO_4^{2-} 浓度增大，在一定程度上抑制了硫硅酸钙矿物的水化，因此，TCSA Cem 1 后期抗压强度增长更多。为了提高硫硅酸钙硫铝酸盐水泥体系中硫硅酸钙矿物的水化

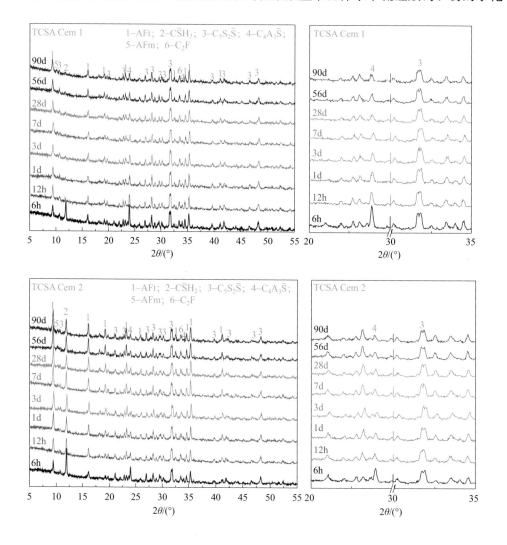

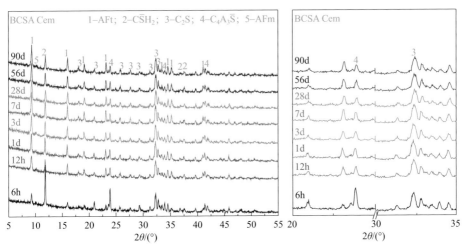

图2-34 硫硅酸钙硫铝酸盐水泥和贝利特–硫铝酸盐水泥不同龄期水化产物的XRD图谱

程度，硫硅酸钙硫铝酸盐水泥的后掺石膏不能过量。

　　水化龄期为 6h 和 28d 时，与 TCSA Cem 2 相比，BCSA Cem 的 XRD 图谱中硫铝酸钙矿物和二水石膏的衍射峰强度更高，说明 BCSA Cem 中硫铝酸钙矿物的水化程度较低，再次证明低温下制备的硫硅酸钙硫铝酸盐水泥熟料中硫铝酸钙矿物的水化活性更高，而且水化程度也更高。

参考文献

[1] 程新. 3CaO·3Al$_2$O$_3$·SrSO$_4$ 的结构与特性和计算量子化学在一些水泥矿物研究中的应用 [D]. 武汉：武汉工业大学，1995.

[2] Feng X J, Cheng X. The structure and quantum chemistry studies of 3CaO·3Al$_2$O$_3$·SrSO$_4$[J]. Cement and Concrete Research, 2016, 26(6):955-962.

[3] 程新，冯修吉. 用量子化学方法计算 3CaO·3Al$_2$O$_3$·SrSO$_4$ 的水化活性 [J]. 硅酸盐学报，1996, 24(2):126-131.

[4] 程新，于京华，冯修吉. 3CaO·3Al$_2$O$_3$·SrSO$_4$ 的合成及晶体结构 [J]. 无机化学学报，1996, 12(2):222-224.

[5] 芦令超，于丽波，常钧，等. CaF$_2$ 对硫铝酸钡钙矿物形成过程的影响 [J]. 硅酸盐学报，2005, 33(11):1396-1400.

[6] 常钧，谭文杰，黄睿，等. 硫铝酸锶钙矿物的研究 [J]. 硅酸盐学报，2010, 38(4):666-670.

[7] 程新. 硫铝酸钡（锶）钙水泥的制备及应用 [J]. 硅酸盐学报，2015, 43(10):1458-1466.

[8] 轩红钟，芦令超，杜纪峰，等. 不同养护温度对硫铝酸钡钙水化性能的影响 [J]. 山东建材，2004, 18(3):197-199.

[9] 常钧，黄世峰，叶正茂，等. 硫铝酸钡钙矿物的早期水化 [J]. 硅酸盐学报，2006, 34(7):842-845.

[10] 黄永波. 磷石膏制备硫硅酸钙硫铝酸盐水泥的研究 [D]. 重庆：重庆大学，2018.

[11] 钱觉时，刘丛振，黄永波，等. 一种硫硅酸钙硫铝酸盐水泥及其制备方法 [P]: CN 107021654 B. 2017-08-08.

[12] Montes M, Pato E, Carmon-Quiroga P M. Can calcium aluminates activate ternesite hydration?[J]. Cement and Concrete Research, 2018, 103: 204-215.

[13] Shen Y, Qian J S, Huang Y B. Synthesis of belite sulfoaluminate-ternesite cements with phosphogypsum[J]. Cement and Concrete Composites, 2015, 63: 67-75.

[14] Ben Haha M, Bullerjahn F, Zajac M. On the reactivity of ternesite[C] // 14th International Congress on the Chemistry of Cement, Beijing, China, 2015.

[15] Shen Y, Chen X, Zhang W. Influence of ternesite on the properties of calcium sulfoaluminate cements blended with fly ash[J]. Construction and Building Materials, 2018, 193: 221-229.

[16] Shen Y, Chen X, Zhang W. Effect of ternesite on the hydration and properties of calciumsulfoaluminate cement[J]. Journal of Thermal Analysis and Calorimetry, 2019, 136: 687-695.

[17] 滕冰. 含钡、锶硫铝酸钙的晶体合成及其水泥水化的研究 [D]. 武汉：武汉工业大学，1999.

[18] Cheng X, Chang J, Lu L C. Study of Ba-bearing calcium sulphoaluminate minerals and cement[J]. Cement and Concrete Research, 2000, 30(1):77-81.

[19] 黄永波. 贝利特 - 硫铝酸钡钙水泥熟料形成机制及形成动力学 [D]. 济南：济南大学，2014.

[20] Huang Y B, Wang S D, Gong C C, et al. Study on isothermal formation dynamics of calcium barium sulphoaluminate mineral[J]. Journal of Inorganic and Organometallic Polymers and Materials, 2013, 23: 1172-1176.

[21] 常钧. 新型含钡水泥的研究 [D]. 武汉：武汉工业大学，1998.

[22] Huang Y B, Wang S D, Hou P K. Mechanisms and kinetics of the decomposition of calcium barium sulphoaluminate[J]. Journal of Thermal Analysis Calorimetry, 2015, 119: 1731-1737.

[23] 廖广林，李郑辉. 含钡硫铝酸盐水泥的研究 [J]. 武汉工业大学学报，1992, 14(2): 37-42.

[24] Yan P, You Y. Studies on the binder of fly ash-fluorgypsum-cement[J]. Cement and Concrete Research, 1998, 28: 135-140.

[25] 冯庆革. 煅烧温度和 TiO_2 对 $3CA \cdot SrSO_4$ 形成的影响 [J]. 建筑材料学报，1999(1): 76-80.

[26] 赵三银. 高温下无水硫铝酸钡矿物 $3CA \cdot BaSO_4$ 稳定性的探讨 [J]. 韶关大学学报（自然科学版），1999(2): 21-25.

[27] Pryce M W. Calcium sulphosilicate in lime-kiln wall coating[J]. Mineralogical Magazine, 1972, 38: 968-971.

[28] Skalamprinosa S, Jenb G, Galana I, et al. The synthesis and hydration of ternesite, $Ca_5 (SiO_4)_2SO_4$[J]. Cement and Concrete Research, 2018, 113: 27-40.

[29] Bullerjahn F, Schmitt D, Ben Haha M, et al. Effect of raw mix design and of clinkering process on the formation and mineralogical composition of (ternesite) belite calcium sulphoaluminate ferrite clinker[J]. Cement and Concrete Research, 2014, 59: 87-95.

[30] Huang Y B, Qian J S, Kang X J, et al. Belite-calcium sulfoaluminate cement prepared with phosphogypsum: Influence of P_2O_5 and F on the clinker formation and cement performances[J]. Construction and Building Materials, 2019, 203: 432-442.

特种及功能水泥基材料

第三章

富铁磷铝酸盐水泥

随着社会的快速发展，人们越来越注重海洋资源的开发利用，海洋工程的水泥混凝土设施也越来越多。目前海洋工程中使用的结构主要为钢结构和水泥混凝土结构，就使用效果而言，水泥混凝土材料是一种比较好的结构材料。水泥混凝土结构损坏后修复困难，海水中大量的侵蚀性离子和潮汐等海洋运动[1, 2]均要求水泥混凝土材料具有良好的耐久性。国外的海工水泥混凝土材料主要使用抗侵蚀性能好的低热或中热波特兰水泥，并在其中掺加一定量的化学外加剂和辅助胶凝材料，提高水泥混凝土结构在海洋工程中的服役寿命。

磷铝酸盐水泥[3]（PAC）是我国自主研发且拥有自主知识产权的一种新型特种水泥，具有早期强度高、碱度低、抗侵蚀、耐高温等优异性能，是目前世界上特种水泥领域一个新的研究方向。李仕群、胡佳山等人[4-6]在对 C-A-P 和 C-A-P-S 体系进行系统研究时，发现 C-A-P-S 体系中的富铝区拥有较好的水硬性组成，水泥熟料组成除铝酸钙相、磷酸钙相及一定比例的玻璃相以外，还存在一种胶凝性较高的三元磷铝酸钙化合物（C_8A_6P 相），并以此为主矿相建立了磷铝酸盐水泥熟料体系，发明了磷铝酸盐水泥。杨帅[7]在研究 Fe^{3+} 对磷铝酸盐水泥熟料的特征矿相磷铝酸钙固溶体形成的影响时，发现 Fe^{3+} 的引入能够提高烧成时的玻晶比、降低液相黏度来降低矿物形成能[8]，提高矿物生成速率，发明了富铁磷铝酸盐水泥[9]，同时发现再引入少量 BaO 可进一步提升富铁磷铝酸盐水泥力学性能[10-12]。富铁磷铝酸盐水泥有着优异的抗侵蚀能力，其中的铝酸盐矿相可以固化氯离子，能有效阻碍其在混凝土内部自由传输。海工设施长期处于干湿循环的状态，干湿循环会影响氯离子在水泥混凝土结构内部的传输。海工设施也需要面对海水的冲刷与夹杂物的磨蚀等威胁。粉煤灰和硅灰等辅助胶凝材料在普通硅酸盐水泥工业中大量使用，可以改善水泥混凝土结构的性能，使其能够满足工程的要求，同时降低生产成本，受此启发，研究辅助胶凝材料[13]对富铁磷铝酸盐水泥性能的提升作用，对于其推广应用具有重要意义。

第一节
硅灰对水泥性能影响

按照组成设计进行配料、混合、成型，然后在硅钼棒高温电炉中进行高温煅烧，在 1300 ~ 1420℃保温 0.5 ~ 3h，取出后在空气中急冷。其制备过程如图 3-1 所示，作为对比样 C_8A_6P 的 Fe_2O_3 含量为 0%，但其煅烧温度为 1350 ~ 1400℃。

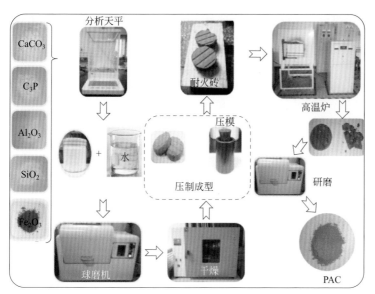

图3-1 磷铝酸盐水泥制备过程

以富铁磷铝酸盐水泥（富铁 PAC）为基体，选用硅灰与粉煤灰为辅助胶凝材料进行复掺，并研究不同硅灰掺量下水泥的抗氯离子渗透、抗硫酸盐侵蚀和抗冻性等耐久性。实验根据配合比，使用分析纯试剂进行配料，经混料、煅烧、粉磨及过筛等程序得到水泥熟料。实验应用内掺法，固定粉煤灰的掺量为9%，硅灰质量比分别为2%、4%、6%、8%、10%和12%（具体配合比见表3-1），与水泥熟料在混料机内混合 3h 至均匀后，进行成型、养护，并对水泥浆体的标准稠度需水量、凝结时间、抗压强度进行表征。以未掺加硅灰的富铁 PAC 为空白对照组，分别研究六个掺量下硅灰对含粉煤灰富铁 PAC 抗硫酸盐侵蚀、抗氯离子渗透和抗冻性等性能的影响。

表3-1 实验配合比

序号	水泥熟料/%	粉煤灰/%	硅灰/%	水灰比
0	91	9	0	0.5
1	89	9	2	0.5
2	87	9	4	0.5
3	85	9	6	0.5
4	83	9	8	0.5
5	81	9	10	0.5
6	79	9	12	0.5

图 3-2 表示了粉煤灰过 500 目筛后的粒径分布以及累积分布率，可以看出粉煤灰的粒径主要集中在 5 ~ 20μm 的范围内，大约 90% 的微粒粒径小于 20μm。图 3-3 表示了过 500 目筛之后的硅灰粒径分布以及累积分布率，由图可知，与粉煤灰相比，硅灰粒径更小，主要集中在 1 ~ 10μm 的范围内，60% 的微粒粒径集中在 10μm 以下。

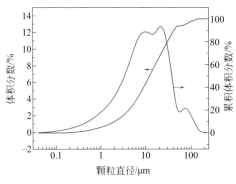

图3-2 粉煤灰熟料粒度分布　　　　图3-3 硅灰粒度分布

一、基本性能

1．凝结特性

为测定硅灰掺量对含粉煤灰富铁 PAC 凝结时间的影响，首先测定其标准稠度需水量。图 3-4 是硅灰掺量对其标准稠度需水量的影响，图 3-5 为硅灰掺量对含粉煤灰富铁 PAC 凝结时间的影响，可以看出，本实验的掺量范围内水泥标准稠度需水量随硅灰掺量的增加逐渐增加，凝结时间随硅灰掺量的增加也逐渐增加，掺量超过 6% 的时候，凝结时间增加显著。

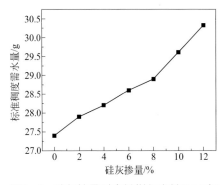

图3-4 硅灰掺量对含粉煤灰富铁PAC标准稠度需水量的影响

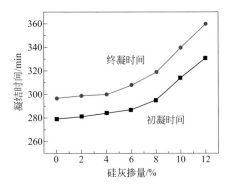

图3-5 硅灰掺量对含粉煤灰富铁PAC凝结时间的影响

图 3-6 和图 3-7 分别是硅灰掺量对含粉煤灰富铁 PAC 水化放热速率和累积水化放热量的影响。从水化放热速率图中可以看出，相对于水泥 - 粉煤灰二元胶凝材料体系，水泥 - 粉煤灰 - 硅灰三元胶凝材料体系中的第二水化放热速率提高，使得最大放热峰出现的时间提前，这是由于粉煤灰颗粒提供了大量能为二次水化产物沉积的表面，而且还使水泥矿物及硅灰的水化产物直接在该表面沉积，对水化产物有相当大的疏散作用，增加了水泥矿物的水化速度，同时由于体系中的硅灰颗粒会与富铁 PAC 水化初期释放的 Ca^{2+} 形成富硅水化产物，可作为水泥水化产物的成核中心，而此过程为放热反应，因而使得这一三元胶凝材料体系的第二放热峰相对于原先的二元胶凝材料体系高。通过累积水化放热量可知，含粉煤灰富铁 PAC 的累积水化放热量为 277.331J/g，而随着硅灰掺量的增加累积水化放热量逐渐变为 249.865J/g，241.705J/g 和 237.864J/g，三元胶凝材料体系的累积水化放热量降低，可能是因为在富铁 PAC 的水化诱导期，硅灰和粉煤灰会对 Ca^{2+} 有吸附作用，使得此三元胶凝材料体系相对于富铁 PAC- 粉煤灰二元胶凝材料体系的水化诱导期延长。

水泥的水化衰减期由扩散机理所控制，富铁 PAC 也不除外，相比纯富铁 PAC 和掺入粉煤灰的二元胶凝材料体系，硅灰掺入会加厚三元胶凝材料体系未参与水化的水泥颗粒的表面水化加速期形成的水化产物层，使得离子或离子团在水化产物层内外相互迁移的能力降低，导致三元胶凝材料体系水化放热速率也随之降低，因此整个三元胶凝材料体系水化历程累积水化放热量低于富铁 PAC- 粉煤灰二元胶凝材料体系。

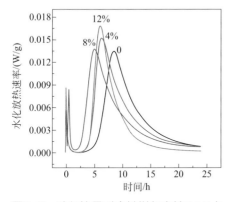

图3-6　硅灰掺量对含粉煤灰富铁PAC水化放热速率的影响

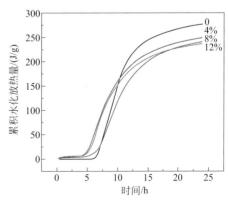

图3-7　硅灰掺量对含粉煤灰富铁PAC累积水化放热量的影响

2. 力学性能

将硅灰掺量分别为 4%，6%，8%，10% 和 12% 的富铁 PAC 经成型，标准养护 14d、28d 和 90d 之后测试硬化浆体抗压强度。图 3-8 是硅灰掺量对硬化水泥浆体抗压强度的影响，从图中可以看出，在本次实验的掺量范围内硅灰具有增强含粉煤灰富铁 PAC 抗压强度的效果，当掺量为 2% 时 14d 抗压强度达到89.45MPa，相比未掺硅灰的对照组强度增幅 6.24%。强度最优值出现在掺量为4% 时，此时水泥净浆强度达到 97.446MPa，硬化水泥浆体强度增幅为 15.74%。当硅灰掺量达到 8% 时，硬化水泥浆体后期强度开始低于对照组。由此可见硅灰对含粉煤灰富铁 PAC 抗压强度具有增强效果，但是掺量过高反而会降低硬化水泥浆体强度。养护龄期为 90d 时，水泥强度的增长随硅灰掺量增加的变化趋势与14d 时一致。

硅灰中的 SiO_2 可参与水化过程，并与熟料矿物的水化产物水化铝酸钙生成具有一定强度的水化钙黄长石即水化硅铝酸钙（C_2ASH_8），如图 3-9 所示 XRD图谱中可以明显看到 C_2ASH_8 的衍射峰。当硅灰掺量过高时各个龄期强度下降明显。这是因为硅灰掺量超过一定范围时辅助胶凝材料所占比例过大，水泥熟料的含量随之降低，导致水化产物生成量降低，硬化水泥浆体强度下降。

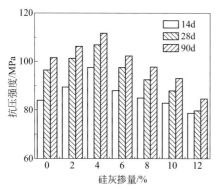

图3-8　硅灰掺量对硬化水泥浆体抗压强度的影响

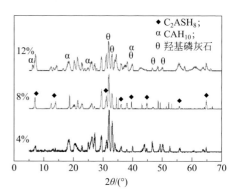

图3-9　含硅灰PAC水化产物XRD分析

3. 水化特性

为确定硅灰对含粉煤灰富铁 PAC 早期水化程度及其水化产物的影响，使用 DSC 对水泥浆体进行分析。图 3-10 是未掺加硅灰的含粉煤灰富铁 PAC 硬化浆体养护龄期为 28d 和 90d 时 DSC 曲线。从图中可以看出，在 120℃ 左右分解的为水化产物 CAH_{10}，在 270℃ 左右分解的为水化产物 C_3AH_6。水化龄期为90d 时，出现 CAH_{10} 的吸热峰且 C_3AH_6 的吸热峰减小，说明随着养护龄期的增加，水化程度增大，亚稳态的水化产物 C_3AH_6 逐渐转化为更为稳定的水化产物CAH_{10}。

图 3-11 是掺加硅灰的含粉煤灰富铁 PAC 硬化浆体养护龄期为 90d 时的 TG-DSC 曲线。从图中可以看出，主要水化产物为 CAH_{10}，C_3AH_6 的吸热峰相比未掺

加硅灰时减小，说明硅灰的加入与C_2AH_8等亚稳态的水化铝酸钙产物反应生成了C_2ASH_8，抑制了其向C_3AH_6的转化。水泥体系的改善同时改善了水泥受力时的应力分布情况，有利于强度提高。同时由于硅灰比表面积极高，可吸附大量自由水而减少泌水现象，使界面区结构密实，从而改善了面结构。掺加硅灰后生成的C_2ASH_8形状接近板状，比表面积大，表面相互黏结力大。同时硅灰可在水泥浆体中起到弥散强化作用，会增加硬化水泥浆体的强度。

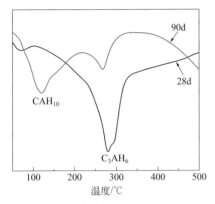

图3-10　含粉煤灰富铁PAC的DSC曲线

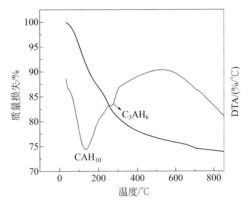

图3-11　掺加硅灰的含粉煤灰富铁PAC的TG-DSC曲线

图 3-12 为养护龄期 28d 时 6% 硅灰掺量的含粉煤灰富铁 PAC 的水化试样 SEM 图，可以看出，粉煤灰颗粒形态保持良好，颗粒的表面未出现蚀坑和覆盖凝胶水化产物，这是因为富铁 PAC 与 OPC（硅酸盐水泥）不同，其水化产物中不包含 Ca（OH）$_2$，水化浆体碱度较低，难以激发粉煤灰的火山灰活性。图 3-13 为养护龄期 90d 时 4% 硅灰掺量的含粉煤灰富铁 PAC 的水化试样 SEM 图，可以

图3-12　养护龄期28d时水化试样SEM图

看出，粉煤灰颗粒表面覆盖水化凝胶，这可能是由于粉煤灰颗粒为水化产物提供成核的作用，在诱导期后期加速了水泥水化，同时硅灰颗粒由于微粒粒径较小，可填充在水化产物之间，改善水泥浆体孔结构，使浆体结构更为致密，抗压强度进一步提高。

图3-13　养护龄期90d时水化试样SEM图

二、抗侵蚀性能

1．抗氯离子渗透

为了研究硅灰掺量对含粉煤灰富铁 PAC 抗氯离子渗透性的影响，采用电通量法和快速迁移系数法进行表征，图 3-14 是硅灰掺量对电通量测试结果的影响，图 3-15 是硅灰掺量对砂浆快速迁移系数的影响。从图 3-14 中可以看出掺加硅灰对改善含粉煤灰富铁 PAC 的抗氯离子渗透性具有良好的效果。当掺量从 2% 增加到 6% 时电通量测试值均低于未掺加的对照组，当掺量增加到 8% 时电通量测试值高于空白组，且随掺量增加各组测试结果逐渐升高[14]。从图 3-15 可以看出掺加硅灰后氯离子快速迁移系数开始降低，当掺量为 4% 时氯离子快速迁移系数最低为 $4.96 \times 10^{-12} m^2/s$，此时抗氯离子渗透性能极好，当掺量增加到 6% 时氯离子快速迁移系数开始增加。

由图 3-2 与图 3-3 可知，硅灰的平均粒径小于粉煤灰，且两者均小于水泥，因此硅灰与粉煤灰可以填充在水泥的空隙之间，对整个胶凝体系会产生填塞作用，使水泥中宏观大孔和毛细孔孔隙率降低，同时会增加凝胶孔和过渡孔，使孔径大孔减少，小孔增多，且结构也更加密实均匀，阻碍氯离子的渗入，使抗氯离子渗透能力增强。

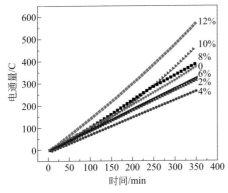

图3-14 硅灰掺量对含粉煤灰富铁PAC电通量的影响

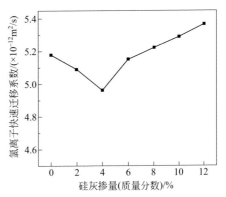

图3-15 硅灰掺量对含粉煤灰富铁PAC砂浆快速迁移系数的影响

2. 抗硫酸盐侵蚀

图 3-16 是不同硅灰掺量条件下含粉煤灰富铁 PAC 硬化浆体的抗折强度，从图中可以看出当硅灰掺量在 2% ~ 4% 的范围时，硬化水泥浆体抗折强度随掺量的增加各龄期抗折强度均增加；当掺量达到 6% 时，早期抗折强度开始下降且低于参照样；当掺量高于 10% 时，90d 后基本失去力学性能。

图 3-17 是硅灰掺量对含粉煤灰富铁 PAC 抗侵蚀系数的影响，从图中可以明显看出，对于掺量为 2% 和 4% 两组来说，在硫酸钠溶液中侵蚀 14d，28d 和 90d 的抗侵蚀系数均大于参照样。而对于硅灰掺量大于 8% 的三组抗侵蚀系数随着龄期的延长逐渐降低，在 90d 时后两组基本失去力学性能。当硅灰掺量继续提高时，硅灰替代了一部分水泥熟料，使富铁 PAC 水化程度下降，此时粉煤灰的火山灰活性未得到激发，使硬化水泥浆体的抗折强度有一定程度的下降。

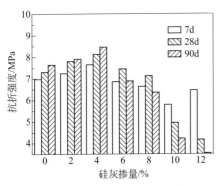

图3-16 硅灰掺量对含粉煤灰富铁PAC抗折强度的影响

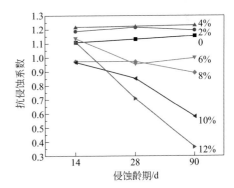

图3-17 硅灰掺量对含粉煤灰富铁PAC抗侵蚀系数的影响

图 3-18 是不同硅灰掺量的硬化水泥浆体在硫酸钠溶液中侵蚀 90d 的 XRD 图谱，从图谱中可以看出龄期 90d 时，未发现石膏、钙矾石等膨胀性物质的衍射峰，这与富铁 PAC 特有的水化体系有关，另一方面硅灰的加入可以有效改善水泥浆体的孔结构，使浆体孔隙率下降，孔径分布向小孔径方向集中，无害孔增加，有害孔减少，从而提高水泥硬化浆体的密实度，使得侵蚀性离子难以渗入[15]。

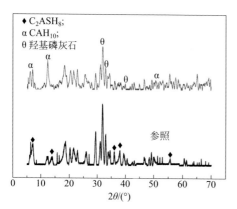

图3-18 掺加硅灰硬化浆体在硫酸钠溶液中侵蚀90d的XRD图谱

3. 抗冻性

图 3-19 ～图 3-21 分别表示了不同硅灰掺量的含粉煤灰富铁 PAC 砂浆在冻融循环作用下的动弹性模量损失、质量损失和抗压强度损失情况，从图中可以看出，随着冻融循环次数的增加，水泥砂浆的动弹性模量、质量和抗压强度呈现逐渐下降趋势。

从图 3-19 中可以看到，动弹性模量损失率随着冻融循环次数的增加而逐渐增加，在冻融循环前期动弹性模量下降缓慢，当循环次数超过 100 次时曲线斜率增大，说明动弹性模量下降的速率增大。对于七组不同硅灰掺量的试样，0、2%、4% 和 6% 掺量条件下的试样 150 次冻融循环动弹性模量仍保持在原先的 70% 以上，其余三组在冻融循环 150 次后，动弹性模量损失到原来的 70% 以下。

图 3-20 表示冻融循环作用下试样质量损失，主要表征水泥砂浆试样在冻融循环作用下的表面剥落情况，当质量损失达到一定程度时，砂浆表面剥落会带来骨料暴露等情况。从图 3-20 中可以看到，在冻融循环 25 次之前各水泥砂浆试样的质量基本保持稳定，在冻融循环 50 次之后掺量大于 6% 的水泥砂浆试样质量下降明显。这与动弹性模量损失下降规律相一致，硅灰掺量为 12% 的试样质量

损失最为严重，在冻融循环 150 次时水泥砂浆的成型面出现了明显的剥落现象，质量损失率接近 10%[16]。

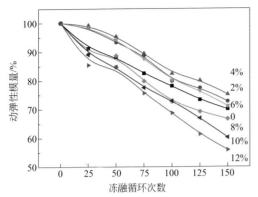

图3-19 硅灰掺量对含粉煤灰富铁PAC冻融循环动弹性模量的影响

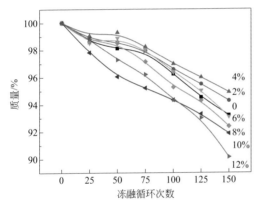

图3-20 硅灰掺量对含粉煤灰富铁PAC冻融循环质量的影响

从图 3-21 中可以看出，随着冻融循环次数的增加，水泥砂浆抗压强度逐渐下降，在冻融循环 50 次时各组水泥砂浆抗压强度下降明显。冻融循环 100 次时硅灰掺量为 12% 的水泥砂浆试样抗压强度下降严重，基本失去力学性能，在冻融循环 125 次时硅灰掺量为 12% 的水泥砂浆试样失去力学性能，在冻融循环 150 次时按抗压强度从大到小排列的掺量依次为 4%、2%、6%、0 和 8%。从动弹性模量、质量损失和抗压强度损失三个方面来看，合适掺量的硅灰对于含粉煤灰富铁 PAC 的抗冻性具有提高作用，这主要是由于硅灰和粉煤灰的填塞作用，降低了冻融循环中的静水压力，从而提高了抗冻性[17]。

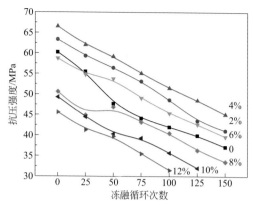

图3-21　硅灰掺量对含粉煤灰富铁PAC冻融循环抗压强度的影响

第二节
水泥中氯离子传输特性

　　海工设施长期处于干湿交替的环境中，氯离子引起的水泥混凝土构件内部钢筋的锈蚀是最常见的困扰海工混凝土长期耐久性问题之一。外界氯盐介质主要来源于海水和除冰盐水，当钢筋表面的自由氯离子含量达到浓度阈值，钢筋表皮脱钝并开始锈蚀。因此研究干湿交替环境作用下混凝土内部的传输规律具有重要的工程价值。

　　氯离子在水泥混凝土结构中的传输方式中，扩散作用占主导地位[18]。结构中的氯离子含量分布由于环境因素的不同而有所差异。国内外学者基于 Fick 第二扩散定律提出了各种条件下的预测模型[19-21]。模型原理为按照水泥混凝土表面的氯离子含量测试结果计算出水泥混凝土的氯离子扩散系数，再通过得到的氯离子扩散系数推算出水泥混凝土结构内的氯离子分布规律。自然扩散法在测定氯离子扩散参数实验中得到了广泛应用，这种测定水泥基材料的氯离子扩散参数的传统稳态扩散池法的原理较为简单，把扩散试验后的试件取出后制成粉末，用选择电位滴定法得到氯离子浓度。但自然扩散法实验周期较长且试验过程较为烦琐，重复性差。

　　实验选用自然扩散法对 PAC 构件在干湿循环环境下内部的氯离子传输问题进行了研究，并与硅酸盐水泥（OPC）和硫铝酸盐水泥（SAC）进行了对比，测试了以三种水泥为基体的试件在干湿循环环境下有效氯离子扩散系数，并通过引用模型来预测其内部的钢筋表面氯离子达到临界浓度所需要的时间。该研究明确了干湿循环条件下 PAC 抗氯离子侵蚀性能。

在实验的各个检期，将各试件进行侵蚀深度测试，按照普通混凝土长期性能和耐久性能试验方法标准（GB/T 50082—2009）RCM 法所述做侵蚀深度的测试，待测试件的表面试剂干燥后，用马克笔描绘出各试件的盐区边界，沿垂直盐区深度方向做十等分点，用游标卡尺测试各等分点处显色分界线离试件底面的距离并记录（如图 3-22），保证实验测试数据的随机性，D_{max} 为最大侵蚀深度（记取位置不受等分点限制），D_{ave} 为平均侵蚀深度，各个龄期测试每组试件的 D_{max} 与 D_{ave}，每组 3 个试件，D_{max} 与 D_{ave} 值分别为 3 个和 18 个实验数值的平均值。为方便说明，硅酸盐水泥、硫铝酸盐水泥和富铁磷铝酸盐水泥分别以 OPC、SAC 和富铁 PAC 来表示。

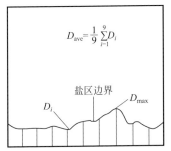

$$D_{ave} = \frac{1}{9} \sum_{i=1}^{9} D_i$$

盐区边界　　D_{max}

D_i

图3-22　氯离子侵蚀深度示意图

一、氯离子侵蚀深度

图 3-23 和图 3-24 分别为富铁 PAC 在干湿循环与氯盐侵蚀的全浸润状态下的最大侵蚀深度 D_{max} 与平均侵蚀深度 D_{ave}。从图中可看出富铁 PAC 侵蚀深度的峰值点与平均侵蚀深度 D_{ave} 一致。在侵蚀初期，无论是干湿循环试件还是氯盐溶液全浸润状态下的试件，富铁 PAC 试件的 D_{max} 与 D_{ave} 均随着侵蚀龄期的延长而增大，且早期的增长速率快于后期的增长速率。氯盐溶液全浸润状态下的试件侵蚀深度在 60d 后基本趋于稳定，而干湿循环试件到 90d 时最大侵蚀深度已超过 30mm，平均侵蚀深度为 24.99mm，是全浸润状态下的试件的 1.24 倍且仍保持继续增长的趋势。干湿循环条件下富铁 PAC 试件的最大侵蚀深度 D_{max} 和平均侵蚀深度 D_{ave} 远高于氯盐溶液全浸润状态下的试件。虽然全浸润状态下的试件比干湿循环状态下的时间长，但氯离子仅能通过扩散作用进行传输，导致试件内部的氯离子浓度上升缓慢、侵蚀深度增加的趋势降低。

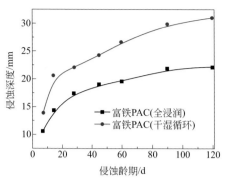

图3-23 干湿循环与全浸润状态下富铁PAC最大侵蚀深度D_{max}

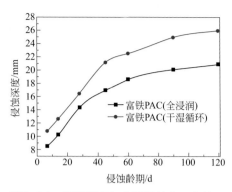

图3-24 干湿循环与全浸润状态下富铁PAC平均侵蚀深度D_{ave}

图 3-25 和图 3-26 分别为富铁 PAC，SAC 和 OPC 在干湿循环下的最大侵蚀深度 D_{max} 与平均侵蚀深度 D_{ave}。从图中可看出水泥试件的最大侵蚀深度 D_{max} 与平均侵蚀深度 D_{ave} 一致。在侵蚀初期，三种水泥试件的 D_{max} 与 D_{ave} 均随着侵蚀龄期的延长而增大，且前期的增长速率快于后期的增长速率，各试件侵蚀深度在 60d 后基本趋于稳定。侵蚀龄期 120d 时，OPC，SAC 和富铁 PAC 的最大侵蚀深度分别为 33.24mm，32.25mm 和 31.08mm，平均侵蚀深度分别为 28.71mm，27.15mm 和 25.98mm，OPC 与 SAC 的侵蚀深度都大于富铁 PAC，表明富铁 PAC 的抗氯离子传输能力大于 SAC 和 OPC。

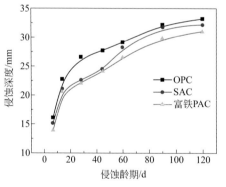

图3-25 干湿循环下水泥试件最大侵蚀深度D_{max}

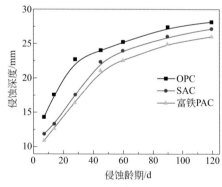

图3-26 干湿循环下水泥试件平均侵蚀深度D_{ave}

二、表层氯离子含量

富铁 PAC 在干湿循环与全浸润状态下试件表层的自由氯离子含量如图 3-27

所示。从图中可以看出，在传输实验前期，无论是干湿循环试件还是全浸润状态下的试件，试件表面的氯离子含量均随着侵蚀龄期的延长而增大，且增长速率由高到低。全浸润状态下的试件表层氯离子含量在50d传输时间后基本趋于稳定，而干湿循环试件到70d传输时间仍继续增长，且全浸润状态下的试件表层氯离子含量要远远低于干湿循环试件。原因在于开始饱水的干湿循环试件，在停止浸润时会由于外界环境相对比较干燥导致试件中水流方向逆转，使纯水从毛细孔对大气开放的那些端头向外蒸发，使试件表层孔隙液中盐分浓度增高。

OPC、SAC和富铁PAC试件表层自由氯离子含量随传输时间变化的测定数据如图3-28所示。从图中可以看出，各水泥试件表层自由氯离子含量均随着侵蚀龄期的延长而增大，根据氯离子含量曲线的走势，氯离子在三种水泥试件表层的传输过程基本一致，侵蚀龄期前30d增长速率较高，当侵蚀龄期达到60d时增长速率下降，最后趋于稳定。当侵蚀龄期达到120d时，OPC、SAC和富铁PAC试件表层自由氯离子含量分别为1.533%，1.366%和1.201%。说明氯离子在富铁PAC试件表层中的传输速率低于SAC，远低于OPC。

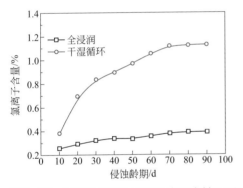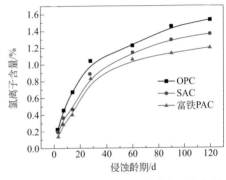

图3-27 干湿循环与全浸润状态下富铁PAC表层自由氯离子含量　　**图3-28** 干湿循环下水泥试件表层自由氯离子含量

三、氯离子传输特性

图3-29为不同龄期的OPC，SAC和富铁PAC内部自由氯离子含量随深度变化趋势曲线，图3-29（a）、（b）、（c）和（d）的侵蚀龄期分别为14d、28d、60d和120d。从图中可以明显看出，试件中的自由氯离子含量随着深度的增加而显著降低，侵蚀龄期120d时，OPC和SAC在35mm侵蚀深度依然可以检测到氯离子，而富铁PAC则无明显显色反应，说明侵蚀深度未达到。

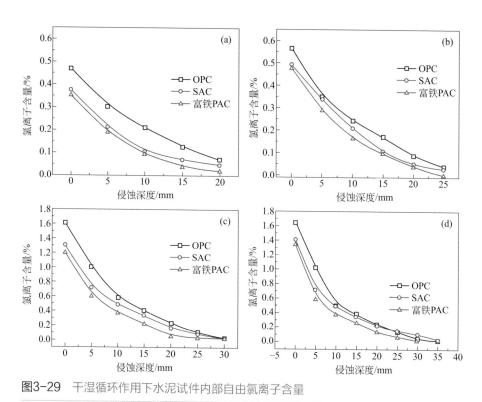

图3-29 干湿循环作用下水泥试件内部自由氯离子含量

从氯离子含量曲线的走势来看，氯离子在三种水泥试件内部的传输过程基本一致，侵蚀龄期增加，氯离子含量会有一定的提高且分布呈现出分段规律。

第一阶段为表层 0 ~ 3mm 区域的不稳定传输阶段。此区域的氯离子含量相对较高，且随深度的增加氯离子含量下降的趋势较大，这是由于水泥混凝土试件的表层直接接触外界的氯盐介质，在干湿循环的作用下，试件表层的孔隙液中的盐分浓度会不断增高，干燥持续时间的延长会使试件表层中大部分的孔隙水蒸发，含氯盐分在剩余水中持续不断饱和，导致多余含氯盐分结晶析出，此过程即为一个水分向外迁移和盐分向内迁移的过程。在下一次浸润时，更多的含氯盐分会以溶液的方式进入水泥混凝土试件的毛细孔隙中，这样水泥试件表层的盐溶液处于不停地浸润、蒸发、浓缩和结晶的循环过程中，周而复始，水泥试件表层氯离子含量便会不断增大。同时，由于充分的干燥会使得以后的浸润过程中可以把更多的氯化物带入，从而使氯离子的侵蚀深度更深，侵蚀加剧。

第二阶段为处于 3 ~ 20mm 之间区域的下降阶段，此阶段的自由氯离子含量下降较为显著，且下降趋势会趋于稳定，存在着明显的规律性，这是由于第一阶段区域中表层的含氯盐分结晶，使得自由氯离子含量明显提高，导致试件表层与内部两者之间形成氯离子浓度差，这时水泥混凝土结构内部的孔隙液中的盐分便会以扩散的机理向试件的内部进行传输，但此时的氯离子含量增加速率依然不如直接与外界氯盐介质接触的第一阶段。

第三阶段为稳定区，此阶段自由氯离子含量基本处在稳定状态，差异较小，且随深度增加呈现略微下降的趋势，曲线也趋于平稳。因此从图中可得出，干湿循环环境下氯离子在富铁 PAC 硬化浆体内部传输速率要远低于 OPC 和 SAC。

OPC、SAC 和富铁 PAC 净浆的孔径分布和孔隙率如图 3-30 和图 3-31 所示。从图 3-30 中可以看出，OPC 与 SAC 的孔径分布主要集中于 0.1μm 左右，富铁 PAC 则主要集中在 0.01μm 左右。从图 3-31 中可以看出，三种水泥的净浆总孔隙率由低到高依次为：富铁 PAC，SAC 和 OPC。吴中伟院士对孔径进行了分类，孔径小于 20nm 的孔为无害孔，孔径范围在 20 ~ 100nm 的孔为少害孔，孔径范围在 100 ~ 200nm 的孔为有害孔，孔径大于 200nm 的孔为多害孔。由表 3-2 可以看出，在大于 200nm 的尺寸范围内 OPC 占比 38.7%，SAC 和富铁 PAC 分别仅占比 3.0% 和 6.8%。SAC 主要分布在 20 ~ 100nm 之间，其占比达到 75.3%，因此富铁 PAC 与 SAC 和 OPC 相比，孔隙率较小且主要集中在无害孔和少害孔，使得富铁 PAC 具有良好的抗氯离子渗透能力，与前面所得结论一致。

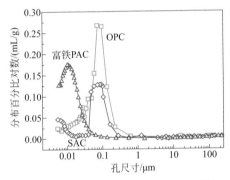

图3-30 OPC、SAC和富铁PAC净浆的孔径分布

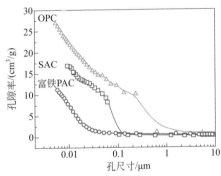

图3-31 OPC、SAC和富铁PAC净浆的孔隙率

表3-2 硬化水泥浆体孔径分布   单位：%

孔径/nm	<20	20 ~ 100	100 ~ 200	>200
OPC	31.8	21.9	7.6	38.7
SAC	20.4	75.3	3.7	3.0
富铁PAC	75.1	12.2	5.9	6.8

四、氯离子传输模型

在干湿循环作用下，氯离子在水泥混凝土结构中的传输速率通常取决于水泥

的种类、传输介质中的氯离子含量、干湿循环的次数和浸润－干燥过程结束时的湿含量差值。本书通过改变模拟实验的参数来达到加速氯离子的传输，预测实际工程中水泥混凝土结构服役寿命的目的。乔巍等人建立了相关性判定条件[22]，做以下假定用以简化问题：

（1）水泥混凝土表面外部侵蚀介质中的氯离子含量为一常数C；

（2）氯离子侵蚀前的水泥混凝土结构内部的氯离子含量为0；

（3）导致钢筋钝化膜破坏的氯离子临界浓度为水泥质量的0.4%（酸溶法所述临界氯离子含量）。

把海洋干湿循环区域氯离子在水泥混凝土结构内部的传输看作是半无限平面内传质，则其过程的模型为

$$C_{(x)} = ntC_s\Delta\theta \qquad (3-1)$$

式中　$C_{(x)}$——时间t时，深度为x的氯离子浓度，%；

　　　n——1d 干湿循环的次数；

　　　t——进行实验的时间，d；

　　　C_s——外界侵蚀介质的氯离子浓度，%；

　　　$\Delta\theta$——浸润实验结束时与风干实验结束时试件的湿含量差，%。

模拟环境的相似模型中的参数通过添加"'"符号来表示，计算单值条件的相似常数式为

$$C_{C_{(x)}} = C_{(x)}/\, C_{(x)}' \qquad (3-2)$$

$$C_t = t/t' \qquad (3-3)$$

$$C_{C_s} = C_s/\, C_s' \qquad (3-4)$$

$$C_n = n/n' \qquad (3-5)$$

$$C_{\Delta\theta} = \Delta\theta/\Delta\theta' \qquad (3-6)$$

则
$$\frac{C_{C(x)}}{C_n C_t C_{C_s} C_{\Delta\theta}} = 1 \qquad (3-7)$$

本书预测的工程背景为黄海某港口，其海水中的氯离子浓度为19×10^{-3}。涨潮和落潮过程结束时的水泥混凝土结构中靠近钢筋表面处的湿度差$\Delta\theta=0.0012\%$。平均浸没时间每天3h，以24h为1个循环，即1d的干湿循环的次数$n=1$。混凝土内部钢筋的保护层厚度40mm，基本假定钢筋钝化膜破坏的氯离子临界浓度$C_{(x)}=0.4\%C$，C为水泥的用量。将各单值条件的相似常数代入数学模型，可以得到此工程水泥混凝土结构内部的钢筋表面氯离子达到氯离子临界浓度的时间。实验测得数据及相关参数如表3-3所示。

表3-3　干湿循环作用下水泥混凝土结构单值条件的相似常数

样品	$C_{C_{C_o}}$	C_n	C_{C_s}	C_{S_0}	t/d
OPC	12.12	1/2	0.219	1.27	90
SAC	15.38	1/2	0.219	1.24	90
富铁PAC	19.05	1/2	0.219	1.17	90

将表3-3所得数据代入相关性数学模型中，算得 OPC，SAC 和富铁 PAC 混凝土结构中钢筋表面氯离子含量达到临界浓度的时间分别为 7844d，10194d 和 13383d，合 21.5a，27.9a 和 36.7a。富铁 PAC 内部钢筋表面氯离子达到临界浓度的时间比 OPC 延长了 41.39%，比 SAC 延长了 23.05%，因此在富铁 PAC 中氯离子的传输速率远远低于 OPC 和 SAC。

第三节
水泥的氯离子固化特性

海洋、盐湖和盐碱地等高氯盐环境中，混凝土内部的钢筋寿命往往达不到预期，特别是海洋工程中，海水更是强腐蚀性的天然电解质，其中以氯离子为主的腐蚀性离子是造成混凝土内部钢筋锈蚀的主要原因[23]。评估抗氯离子侵蚀性能需要考虑两个因素：一个是水泥混凝土结构本身对氯离子渗透的扩散阻碍能力[24]，另一个是水泥混凝土材料对氯离子的物理或化学固化性能[25]。

国内外众多学者研究发现，侵入混凝土的氯离子在混凝土内部传输的过程中会与混凝土发生作用，有一部分氯离子会被水泥混凝土材料固化，即结合氯离子[26]，这部分结合氯离子按照吸附机理的不同可以分为两类：一类是与水泥水化产物或一些辅助胶凝材料发生化学反应的化学结合氯离子[27]，另一类是水泥混凝土结构微孔隙吸附的物理吸附氯离子[28]。而会使钢筋表面钝化膜破坏造成钢筋锈蚀的只是混凝土结构内部孔隙溶液中游离的自由氯离子[29]。因此，为能够延长高氯环境下混凝土内部钢筋的寿命，满足海工工程的耐久性需求，需要进一步研究水泥材料对氯离子的固化能力、自由氯离子与结合氯离子之间的联系，并探讨化学结合与物理吸附两种固化方式的作用机理。

本节研究富铁 PAC 净浆的氯离子结合能力，并与 OPC 和 SAC 进行对比，讨论富铁 PAC 对氯离子的吸附、结合规律。并进一步讨论富铁 PAC 对氯离子的固化机制，为明确富铁 PAC 的抗氯离子侵蚀性能做基础理论研究。

一、氯离子固化量

试样中自由氯离子含量采用 JTJ 270—1998《水运工程混凝土试验规程》所述硝酸银溶液滴定法测定，试样中总氯离子含量采用硫氰酸铵容量法测定，通过计算得到水泥的氯离子固化率，将过滤后的滤纸及滤渣重新放入原三角烧瓶，并向其中加入 200mL 的饱和 Ca（OH）₂ 溶液，密封后振荡 3min，室温下静置 3d，此时经过结合作用物理吸附在样品表面的氯离子扩散进入溶液，因此该平衡液用于测定物理吸附的氯离子含量。取 3 份粉料测试平均值作为实验最终结果。

$$P_B = \frac{w_T - w_F}{w} \qquad (3\text{-}8)$$

式中　P_B——水泥的氯离子固化率；

　　　w_T——试样中总氯离子含量，质量分数；

　　　w_F——试样中自由氯离子含量，质量分数。

取实验室自制富铁 PAC 熟料，其基本物理性能如表 3-4 所示，分别内掺 0.4%、0.6%、0.8% 和 1.0%（水泥浆体质量分数）的 NaCl 溶液，以 0.3 的水灰比制成 40mm×40mm×40mm 的正方体试件，分别标号 C4、C6、C8 和 C10。待试件标准养护至 3d、7d 和 28d 后，取出试件放入无水乙醇中浸泡 7d 以终止其水化，然后经过磨细过筛，测定富铁 PAC 试样中自由氯离子含量 w_F、总氯离子含量 w_T，并计算氯离子固化率 P_B。

表3-4　富铁PAC水泥基本物理性能

水泥	容积密度 /（g/cm³）	比表面积 /（m²/kg）	水泥细度 （200目筛余）/%	安定性	凝结时间/min	
					初凝	终凝
富铁PAC	2.98	319	3.1	良好	230	260

图 3-32 表征了不同氯离子内掺含量富铁 PAC 固化性能，对于 4 种不同质量分数 NaCl 溶液内掺富铁 PAC 试样，不同水化龄期的试样氯离子固化率也存在着较大差异，富铁 PAC 硬化浆体对氯离子的固化率随氯离子内掺含量的增大而增大，随着水化程度的增加而增加，增加速率减小，氯离子内掺含量由 0.8% 增加到 1.0% 后，富铁 PAC 的氯离子固化率无显著增加。内掺 0.4%、0.6%、0.8% 和 1.0% 氯离子含量的富铁 PAC 水化 28d 后的氯离子固化率分别为 19.65%、23.75%、27.69% 和 27.94%。富铁 PAC 的水化反应速率较快，其水化产物会相互交织形成致密的三维网络结构，浆体连通孔数量较少，氯离子会分散在孔隙溶液中，氯离子内掺含量越高，孔隙溶液浓度越大，水泥的氯离子固化能力越强[30]。

氯离子内掺含量越小，不同水化程度所引起的差异越大；随着水化程度的增加，结合氯离子量增加率下降，原因是富铁 PAC 中铝酸盐矿相水化与氯离子反应生成

Friedel 盐，羟基磷灰石与氯离子反应生成 $Ca_5(PO_4)_3Cl$，氯离子固化率会不断增加，从 28d 水化样品的固化率增加最小可以看出富铁 PAC 水化龄期增加，其组分会不断水化，水化程度越大，水化产物的量越多，相应地生成 Friedel 盐的数量越少。

图 3-33 为富铁 PAC 内掺不同氯离子含量 28d 的 XRD 图谱，从图中可以看出，内掺氯离子的水泥水化产物中明显出现了 Friedel 盐的衍射峰，这是由于富铁 PAC 熟料矿物中有一定量的铝酸钙、磷铝酸钙和铁铝酸四钙，其水化产物可与氯离子反应生成含氯元素的 Friedel 盐。与 C6 相比，C10 水化 28d 后 Friedel 盐的衍射峰强度明显提高，说明富铁 PAC 试件内部的 Friedel 盐数量增多，与前述结果一致。

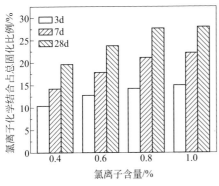

图3-32 不同氯离子内掺含量富铁PAC固化性能

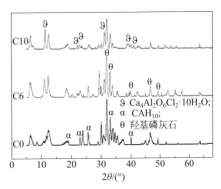

图3-33 富铁PAC内掺氯离子28d的XRD图谱

根据选取 OPC、SAC 和富铁 PAC 熟料，粉磨至规定细度后分别内掺 0.8%（水泥浆体质量分数）的 NaCl 溶液，确定各自标准稠度需水量后制成 40mm×40mm×40mm 的正方体试件。待试件标准养护至 3d、7d、28d 和 90d 后，取出试件放入无水乙醇中浸泡 7d 以终止其水化，然后经过磨细过筛，最后将制得的粉料进行氯离子固化实验。测定富铁 PAC 试样中自由氯离子含量 w_F、总氯离子含量 w_T，并计算氯离子固化率 P_B。取 3 份粉料测试的平均值作为实验最终结果。

不同水化龄期 OPC、SAC 和富铁 PAC 的氯离子固化性能实验数据如表 3-5 所示。从表 3-5 中可以看出，随着龄期的延长，三种水泥试件中的自由氯离子含量不断减少，固化态氯离子含量增多，水泥的氯离子固化率不断增加，这说明三种水泥均可固化氯离子。从表 3-5 中还可看出，三种水泥水化 90d 的氯离子固化率相比于 28d 提高不大，说明水化 28d 后的硬化浆体内部的自由氯离子含量较少，基本以结合态存在。通过计算比较氯离子固化率 P_B 可知，OPC 有着较高的氯离子固化性能，水化龄期 3d、7d、28d 和 90d 的氯离子固化率分别为 10.37%、17.53%、21.92% 和 23.11%。同时 SAC 对氯离子的固化效果最差，其水化 90d

后 P_B 仅为 21.07%，而富铁 PAC 有着远高于 OPC 和 SAC 的氯离子固化效果，其水化 3d、7d 和 28d 的氯离子固化率 P_B 为 11.59%、20.15% 和 26.32%，90d 后的氯离子固化率 P_B 更是高达 28.98%。

表3-5　不同水化龄期水泥的氯离子固化性能

水泥	侵蚀龄期/d	w_J/%	w_T/%	P_B/%
OPC	3	0.727	0.664	10.37
	7	0.741	0.611	17.53
	28	0.733	0.572	21.92
	90	0.74	0.569	23.11
SAC	3	0.723	0.662	8.42
	7	0.740	0.624	15.73
	28	0.727	0.583	19.85
	90	0.731	0.577	21.07
富铁PAC	3	0.732	0.647	11.59
	7	0.726	0.580	20.15
	28	0.733	0.547	26.32
	90	0.735	0.522	28.98

二、氯离子固化特性

众所周知，水泥固化氯离子主要分为两种形式：一种为水泥水化凝胶，例如 C-S-H 凝胶或铝胶对氯离子的物理吸附固化；另一种为水泥组分与氯离子化学固化为含氯盐类。相比而言，物理吸附固化稳定性相对差，在环境变化条件下易脱附失掉氯离子，而化学结合形成的含氯盐类更为稳定[30]，目前已知的形式有 Friedel 盐（$3CaO \cdot Al_2O_3 \cdot CaCl_2 \cdot 10H_2O$）[31]、类 Friedel 盐（$3CaO \cdot Fe_2O_3 \cdot CaCl_2 \cdot 10H_2O$）和 Kuzel's 盐（$3CaO \cdot Al_2O_3 \cdot 1/2CaCl_2 \cdot 1/2CaSO_4 \cdot 11H_2O$）[32, 33]。

富铁 PAC 熟料矿相中 C（A，P）、C_8A_6P 和 C_4AF 均为含铝矿相。在海水环境中，C（A，P）和 C_8A_6P 与氯离子反应有望形成 Friedel 盐和 Kuzel's 盐，计算表明其铝的含量高出 42.5 快硬 SAC 熟料约 12%，且磷酸钙和 C_8A_6P 还可形成氯磷灰石，这赋予富铁 PAC 突出的化学固化氯离子的能力。因此，富铁 PAC 有望大量高效化学固化氯离子，有效屏蔽氯离子对钢筋的直接侵蚀。

图 3-34 和图 3-35 分别为三种水泥硬化浆体内部以物理吸附和化学键合两种方式固化的氯离子占总氯离子结合率的百分比。从图中可以看出，富铁 PAC 等三种水泥的固化方式均以物理吸附为主，以化学固化方式结合的氯离子只占总结合氯离子的一小部分。三种水泥随水化龄期的增加，以化学键合的形式固化的氯离子结合率不断下降，这是因为随着水泥水化程度的不断增加，水泥的水化程度更高，胶凝

材料水化生成的凝胶不断增多，会吸附更多像这种氯离子带电离子或者离子团，提高其物理吸附氯离子的能力，使得以物理吸附方式固化结合氯离子占比增多。

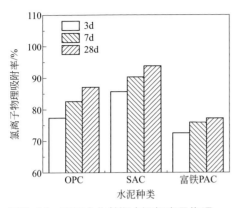

图3-34 不同水化龄期水泥氯离子物理吸附性能

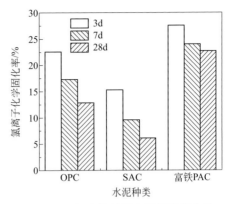

图3-35 不同水化龄期水泥氯离子化学固化性能

OPC、SAC和富铁PAC在28d时以物理吸附方式固化的氯离子占总结合氯离子数量的比例依次为87.15%、93.82%和77.31%，OPC和SAC中以化学键合的形式固化的氯离子数量在相应体系中的比例仅有12.85%和6.18%，而富铁PAC高达22.69%。而以物理吸附形式固化的氯离子，其稳定性远远低于以化学键合的形式固化的氯离子，因此说明富铁PAC不但氯离子固化能力高于SAC和OPC，其固化效果也更为优异。

图3-36为OPC、SAC和富铁PAC内掺氯离子28d的XRD图谱，从图中可以看出，OPC与富铁PAC的水化产物中出现了明显的Friedel盐的衍射峰，这是因为

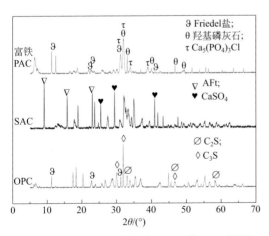

图3-36 三种水泥内掺氯离子28d的XRD图谱

OPC 的熟料矿物中存在一定量 C_3A。富铁 PAC 熟料矿物中含有 C（A，P）、C_8A_6P 和 C_4AF，它们的水化产物均可以与氯离子反应形成 Friedel 盐，且富铁 PAC 熟料矿物中也存在着一定量的磷酸钙，也可以起到固化氯离子的作用，它可以与氯离子反应生成 $Ca_5(PO_4)_3Cl$。图 3-36 中也出现了明显的 $Ca_5(PO_4)_3Cl$ 的衍射峰，实验过程中无 SO_4^{2-} 的参与，所以并没有 Kuzel's 盐生成。

参考文献

[1] 黄文，文寨军，王敏. 海洋工程用水泥研究进展 [J]. 硅酸盐通报，2017, 36(11):3708-3713.

[2] 韩恩厚，陈建敏，宿彦京，等. 海洋工程结构与船舶的腐蚀防护：现状与趋势 [J]. 中国材料进展，2014, 33(2):65-77.

[3] 胡曙光，等. 特种水泥 [M]. 武汉：武汉理工大学出版社，2010.

[4] 李仕群，张国辉. $CaO-Al_2O_3-P_2O_5$ 三元富铝区域分析及其水硬性的研究 [J]. 硅酸盐学报，1998, 26(2):142-149.

[5] 李嘉，李仕群，胡佳山，等. $CaO-Al_2O_3-P_2O_5-MgO$ 富玻璃相水泥合成及水化活性的研究 [J]. 硅酸盐通报，2002(2): 47-50.

[6] Li S, Hu J, et al. Fundamental study on aluminophosphate cement[J]. Cement and Concrete Research, 1999, 29: 1549-1554.

[7] 杨帅. BaO 对磷铝酸盐水泥合成及性能的影响 [D]. 济南：济南大学，2015.

[8] Yang S, Wang S, Gong C, et al. Constituent phases and mechanical properties of iron oxide-additioned phosphoaluminate cement[J]. Materiales de Construcción, 2015, 318(65):052.

[9] 芦令超，杨帅，王守德，等. 高铁磷铝酸盐水泥熟料 [P]: CN 104140216. 2014-11-12.

[10] Wang S, Liu Y, Yang S, et al. Effect of BaO on mechanical and hydration characteristic of C_8A_6P as predominant mineral in phosphoaluminate cement[J]. Journal of Thermal Analysis and Calorimetry, 2020, 139: 3499-3506.

[11] Zhang P, Zhang S, Wang S, et al. Effect of BaO on mineral structure and hydration behavior of phosphoaluminate cement [J]. Journal of Thermal Analysis and Calorimetry, 2019, 136: 2319-2326.

[12] Zhang W, Wang S, Li S, et al. Effect of BaO on the calcination and hydration characteristic of CA[J]. Journal of Thermal Analysis and Calorimetry, 2019, 136: 1481-1488.

[13] 张文龙. 富铁磷铝酸盐水泥的抗侵蚀及冲磨性能研究 [D]. 济南：济南大学，2018.

[14] Wang S, Zhang W, Zhang S, et al. Variation of resistance to chloride penetration of iron-rich phosphoaluminate cement with admixture materials subjected to NaCl environment[J]. Construction and Building Materials, 2020, 231: 117165.

[15] Li S, Wang S, Liu H, et al. Variation in the sulfate attack resistance of iron rich-phosphoaluminate cement with mineral admixtures subjected to a Na_2SO_4 solution[J]. Construction and Building Materials, 2020, 230: 116817.

[16] Liu H, Wang S, Huang Y, et al. Effect of SCMs on the freeze-thaw performance of iron-rich phosphoaluminate cement[J]. Construction and Building Materials, 2020, 230: 117012.

[17] Zhang S, Lu L, Wang S, et al. Freezing resistance of high iron phoasphoaluminate cement[J]. IOP Conf Series: Materials Science and Engineering, 2017, 182:012044.

[18] Dhir R, Mccarthy M. PFA concrete: chloride-induced reinforcement corrosion[J]. Magazine of Concrete Research, 1994, 46(169):269-277.

[19] 张奕. 氯离子在混凝土中的输运机理研究 [D]. 杭州：浙江大学，2008.

[20] 余红发. 盐湖地区高性能混凝土的耐久性、机理与使用寿命预测方法 [D]. 南京：东南大学，2004.

[21] Mangat P, Limbachiya M. Effect of initial curing on chloride diffusion in concrete repair materials[J]. Cement and Concrete Research, 1999, 29(9):1475-1485.

[22] 乔巍，姬永生，张博雅，等. 海洋潮汐区混凝土中氯离子传输过程的试验室模拟方法 [J]. 四川建筑科学研究，2012, 38(3):224-229.

[23] 达波，余红发，麻海燕，等. 热带岛礁环境下全珊瑚海水混凝土结构服役寿命的可靠性[J]. 硅酸盐学报，2018, 46(11):1613-1621.

[24] 杨维斌，于蕾，刘志勇，等. 迁移性阻锈剂影响钢筋锈蚀速率的量化模型及应用 [J]. 硅酸盐学报，2015, 43(6):839-844.

[25] 耿健，莫利伟. 碳化环境下矿物掺合料对固化态氯离子稳定性的影响 [J]. 硅酸盐学报，2014,42(4):500-505.

[26] 王小刚，史才军，何富强，等. 氯离子结合及其对水泥基材料微观结构的影响 [J]. 硅酸盐学报，2013, 41(2):187-198.

[27] 王绍东，黄煜镔，王智. 水泥组分对混凝土固化氯离子能力的影响 [J]. 硅酸盐学报，2000(6):77-81.

[28] Thomas M, Hooton R, Scott A, et al. The effect of supplementary cementitious materials on chloride binding in hardened cement paste[J]. Cement and Concrete Research, 2012, 42(1):1-7.

[29] 陈宇轩. LDHs 材料固化氯离子机理及其在水泥基材料中的应用 [D]. 武汉：武汉理工大学，2015.

[30] Csizmadia J, BalaÂzs G, Ferenc D, et al. Chloride ion binding capacity of aluminoferrites[J]. Cement and Concrete Research, 2001, 31(4):577-588.

[31] Florea M, Brouwers H. Chloride binding related to hydration products: Part I : ordinary Portland cement[J]. Cement and Concrete Research, 2012, 42(2):282-290.

[32] Ramírez O, Arturo E, Castellanos F, et al. Ultrasonic detection of chloride ions and chloride binding in Portland cement pastes[J]. International Journal of Concrete Structures and Materials, 2018, 12(1):20.

[33] 勾密峰，管学茂. 水泥基材料固化氯离子的研究现状与展望 [J]. 材料导报，2010, 24(11):124-127.

第四章

碱激发水泥

碱激发水泥是以主要成分为氧化硅、氧化铝等的硅铝质材料为原料，经适当的工艺处理及化学反应得到的一类新型的无机非金属聚合物材料，其基本结构是由硅氧四面体和铝氧四面体聚合而成的三维网络凝胶体[1]。20世纪30年代，Purdon[2]研究发现，少量NaOH在水泥硬化过程中可起催化作用，使水泥中硅铝酸盐溶解而形成硅酸钠和偏铝酸钠，进一步与氢氧化钙反应形成水化硅铝酸钙，使水泥硬化并重新生成NaOH，催化下一轮反应，由此提出"碱激发"理论。1979年，法国科学家Davidovits[3]开发了新型碱激发偏高岭土胶凝材料，并命名它为地质聚合物"geopolymer"；继Davidovits教授这项研究成果之后，在碱激发水泥领域的研究以指数形式快速增长[4]。

我国对碱激发水泥的研究起步相对较晚，但近几年也有较大程度的发展[5-9]。硅酸盐水泥和碱激发水泥之间的差别之一是硅酸盐水泥用pH为中性的水参与反应，未水化的水泥颗粒经历一系列反应过程生成C-S-H凝胶，溶液逐渐变成碱性，而后者需要强碱溶液去激发和促进溶解过程[10]。与硅酸盐水泥相比，碱激发水泥具有需水量小、水化热低、强度高、耐久性好等优点[11]，也存在凝结硬化速度快[11, 12]、硬化体收缩大[13, 14]等缺点，限制其大范围推广应用。然而，利用碱激发水泥的优点，可将其应用于一些特殊领域，如在某些土木工程、航空航天、固核固废、高强、密封及高温材料等方面均显示出很好的开发应用前景[15]。

第一节
碱激发水泥的组成设计

碱激发水泥的组成设计是其性能及材料服役寿命的重要保证。以凝结时间、净浆流动度、抗压强度等指标分别考察了粉煤灰、偏高岭土、钢渣及矿渣等作为碱激发水泥的可行性。其次综合考量碱激发水泥的早期强度、工作性能以及收缩等，遴选与优化碱激发水泥的组成设计。

一、原材料

1. 粉煤灰

粉煤灰是研究较多的碱激发水泥硅铝质原材料之一。其水化硬化过程中，铝硅酸盐的水化产物为N-A-S-H凝胶，它是主要反应产物，而沸石则是次要反应产物。以氢氧化钠为碱激发剂，初步测定了碱激发粉煤灰的凝结时间、净浆流动度以及抗压强度，如图4-1所示，其中氢氧化钠掺量为占比粉煤灰的质量比。

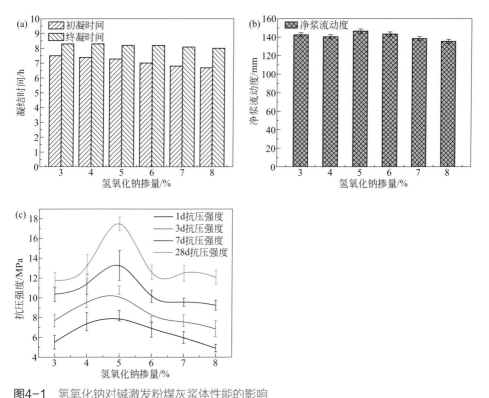

图4-1 氢氧化钠对碱激发粉煤灰浆体性能的影响

由图4-1可以看出，氢氧化钠激发粉煤灰时，浆体的凝结时间较长，初凝时间均在7h左右，随氢氧化钠掺量增加而降低。终凝时间在8h以上，可施工时间较为充裕。净浆流动度随氢氧化钠掺量增加而先增加后降低，这与粉煤灰的粒径分布有关。粉煤灰的粒径越细，其标准稠度需水量越多，净浆流动度会相应变化。氢氧化钠激发粉煤灰获得硬化浆体的1d抗压强度较低，表明1d时间内，粉煤灰未被完全水化或者仅有粉煤灰中的少部分颗粒进行水化，形成疏松的微观结构。随时间延长，粉煤灰颗粒逐渐水化，粉煤灰水化程度提升，浆体的抗压强度提高。28d时，硬化浆体的抗压强度也仅为18MPa，其强度不能满足碱激发水泥的要求。值得注意的是，5%掺量的氢氧化钠激发粉煤灰时获得最高抗压强度。

此外，还测试了氢氧化钾激发粉煤灰的各项指标，其结果记录于图4-2中。图4-2（a）表明以氢氧化钾激发粉煤灰浆体的初凝时间约为6.5h，终凝时间约为7.3h，初凝时间随氢氧化钾掺量的增加略有降低。图4-2（b）显示氢氧化钾激发粉煤灰浆体的净浆流动度在 150mm 左右，当氢氧化钾为 5% 时，达到最佳值为 153mm。图 4-2（c）表明氢氧化钾激发粉煤灰浆体抗压强度随激发剂掺量的增加先升高后降低，氢氧化钾掺量为 6% 时，其各龄期抗压强度达到最佳值。这与碱中的氢氧根离子浓度有关，碱激发剂引入的氢氧根离子与粉煤灰有最佳匹配值[16]。1d 抗压强度最高为 10.9MPa，3d 抗压强度为 14.7MPa，但仍不能满足作为快速碱激发水泥的性能要求。

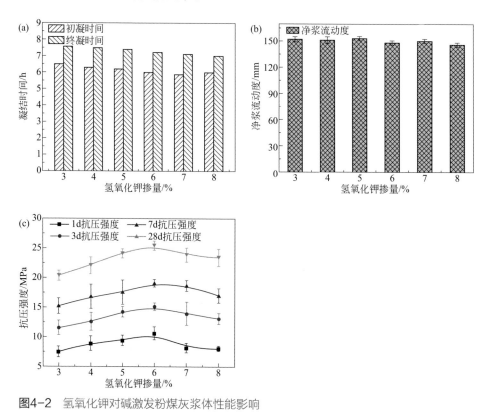

图4-2　氢氧化钾对碱激发粉煤灰浆体性能影响

粉煤灰用作硅铝质原材料时，其最佳的激发剂是硅酸钠[16]。按照 6.0% 的氧化钠质量分数加入硅酸钠的水溶液，测定了不同模数（M）的硅酸钠对粉煤灰浆体性能的影响，如图 4-3 所示。

图 4-3（a）表明，硅酸钠模数是影响浆体凝结时间的重要因素，当硅酸钠模数较低时（$M=0.75$）粉煤灰浆体的初凝时间为 4.5h，终凝时间为 5.5h，少于以氢氧化钠、氢氧化钾为激发剂时的凝结时间，其原因是硅酸钠中带入的硅酸根离子参与了水化反应，增加了前聚体的浓度，促进了水化反应。此外，随着硅酸钠模数的降低，硅酸钠的黏度增加，这也是凝结时间提前的一个原因。浆体的凝结

时间随硅酸钠模数增加而延长，当模数大于2.0时，凝结时间趋于平稳，初凝时间约为6.5h，终凝时间为7.3h。由图4-3（b）可以看出，净浆流动度与硅酸钠本身的黏度有关，硅酸钠模数越低，浆体黏度越大，越不易流动。当硅酸钠模数不小于1.5时，净浆表现出较好的流动度与工作性能，净浆流动度达到200mm。图4-3（c）表明，硬化浆体1d抗压强度最佳为18.6MPa，此时硅酸钠模数为1.0。而硬化浆体3d、7d、28d的抗压强度最佳分别为23.5MPa、35.4MPa和47.8MPa，此时硅酸钠模数为1.5。硅酸钠模数1.0 ~ 1.5是激发粉煤灰的较佳范围。以硅酸钠激发粉煤灰，其净浆流动度高，但早期抗压强度较低，无法满足快速碱激发水泥的性能要求。

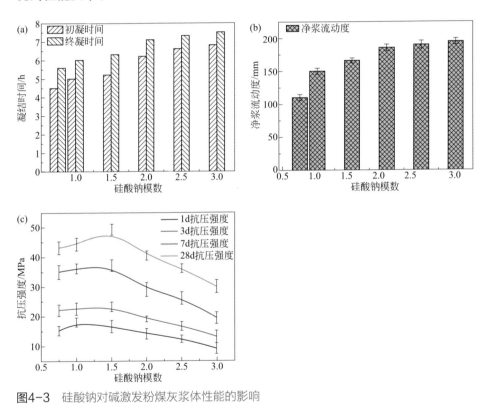

图4-3 硅酸钠对碱激发粉煤灰浆体性能的影响

2. 偏高岭土

偏高岭土是一种火山灰材料，其使用可追溯到1962年，当时它被掺入巴西朱皮亚大坝的混凝土中。偏高岭土由高岭土在650℃和800℃之间的温度下煅烧生成，是由硅酸盐和铝酸盐组成的混合物，其中硅为4配位，铝为4、5和6配位。Lee等人[17]观察到，偏高岭土的结构是通过从层状高岭石结构中除去羟基而得到，X 射线分析发现其结构是无序的。研究学者普遍认为偏高岭土反应活性的关键是由热脱羟基作用引起的键合，通过这种反应，铝的配位数从 6 变为 4、5 和 6 配位的混合物[18]。

氢氧化钠与氢氧化钾的作用相当，因此仅测定了氢氧化钠与硅酸钠为激发剂时碱激发偏高岭土浆体的各项性能，其结果记录于图 4-4 与图 4-5 中。

由图 4-4（a）可以看出，氢氧化钠激发偏高岭土的初凝时间多在 7.0h 以上，终凝时间约为 8.0h，且随着氢氧化钠掺量的增加凝结时间有下降的趋势。说明氢氧化钠掺量的增加加速了偏高岭土的解聚反应。图 4-4（b）表明净浆流动度随氢氧化钠掺量的增加而降低，且浆体的净浆流动度较粉煤灰的小，约在 100mm，这是因为其粒径较细，需水量较大，降低了其流动性。图 4-4（c）记录了净浆在各龄期的强度发展。随氢氧化钠掺量的增加，1d 抗压强度先增加后降低，在氢氧化钠掺量为 6% 时取得最佳值，为 17.6MPa，这无法满足快速碱激发水泥的强度要求。而 3d 抗压强度与 7d 抗压强度增长明显，在 6% 的氢氧化钠掺量时，分别为 26.8MPa 和 35.4MPa。28d 抗压强度仅为 43.8MPa，也无法满足碱激发水泥后期强度要求。

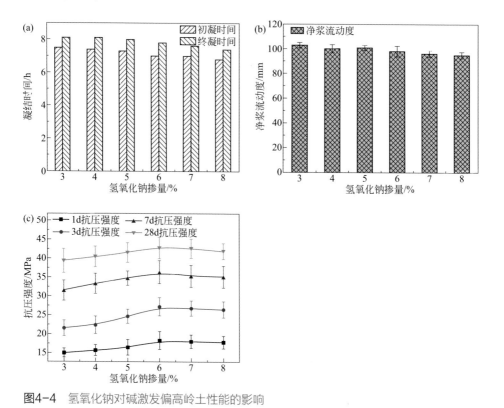

图4-4　氢氧化钠对碱激发偏高岭土性能的影响

图 4-5（a）表明硅酸钠模数越低，浆体凝结时间越短。低模数硅酸钠有效促进了偏高岭土的水化反应进程，很大程度上取决于硅酸钠提供的硅酸根离子参与反应。在模数 1.0 和 1.5 时，初凝时间为 5.5 ~ 5.8h，终凝时间为 6.2 ~ 6.6h，保证了良好的工作时间。当硅酸钠模数大于 2.0 时，其初、终凝时间升高，原因是单位体积内硅酸根离子浓度的下降及 pH 值下降。图 4-5（b）显示随着硅酸钠模数的升高，其净浆流动度增加。硅酸钠模数越低，其黏度越大，越不易流动。当硅酸钠模数在 1.5 时，其净浆流动度在 150mm 左右，满足施工要求。图 4-5（c）表明，模数 1.5 时的净浆抗压强度最佳，1d 抗压强度达到 28.5MPa，3d 抗压强度为 35.7MPa，28d 抗压强度为 46.6MPa，与相同水灰比时的 42.5 水泥净浆抗压强度相当，但不具备早期强度高的优势。

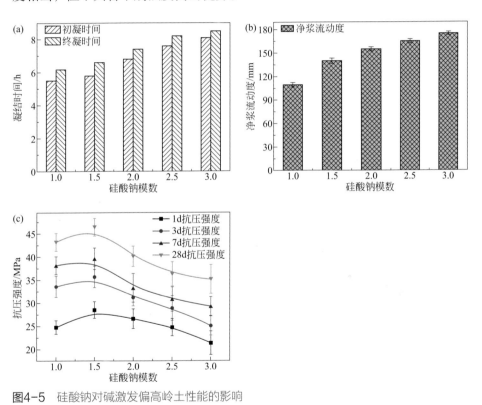

图4-5　硅酸钠对碱激发偏高岭土性能的影响

3. 钢渣微粉

据统计，2017 年我国钢铁产量达到 8.3 亿吨，产出约 9000 万吨的钢渣，因其含铁量高导致易磨性差以及钢渣中游离氧化钙与游离氧化镁的体积安定性问题难以有效解决，因此其利用率低，并引发环境污染。随着碱激发技术的发展，激发剂改善钢渣活性，使其用作资源的可行性增加。从资源短缺及环境保护的角度考虑，合理利用钢渣，解决其体积安定性不良、粉磨效率低等技术瓶颈，使其变废为宝，已经成为研究人员的科研使命。因此，开拓钢渣的新用途，以氢氧化钠、氢氧化钾以及不同模数水玻璃激发钢渣，探索其作为碱激发水泥的可行性，并开展其改善碱激发水泥收缩的研究。

首先以氢氧化钠激发钢渣微粉，以净浆凝结时间、净浆流动度及抗压强度指标评价其作为碱激发水泥的可行性，结果记录于图 4-6 中。

图 4-6（a）表明，随着氢氧化钠掺量的增加，浆体初、终凝时间均呈现下降趋势。钢渣净浆的凝结时间较粉煤灰及偏高岭土均大幅下降，其初凝时间约在 0.6 ~ 1.2h，终凝时间约在 1.1 ~ 1.7h，说明其早期水化反应剧烈，矿物溶解成单聚体的速度较快，尤其是在氢氧化钠掺量较高的情况下。其次，与钢渣的组成具有很大关系，钢渣的主要矿物组成是 C_2S，C_3S（硅酸三钙），RO 相及少量的游离氧化钙、C_4AF[19]。钢渣是活性较低的硅酸盐材料，在粉磨过程中形成较多缺陷，其活性易被激发，因此反应较为迅速，凝结时间缩短。图 4-6（b）显示钢渣净浆流动度随氢氧化钠掺量的增加而有所提高，但净浆流动度整体偏低，在

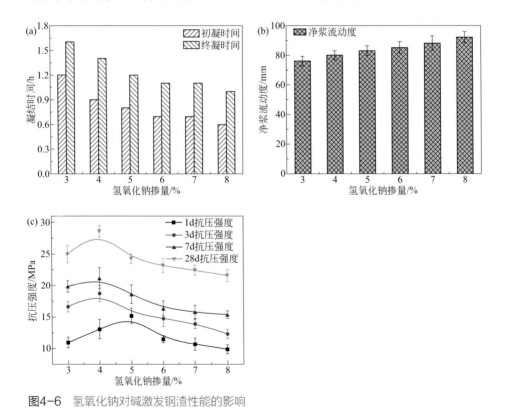

图4-6 氢氧化钠对碱激发钢渣性能的影响

76 ~ 95mm 范围，主要原因是其水化反应较快，生成的水化产物容易形成较为疏松的网络结构，造成其流动度降低。图 4-6（c）显示净浆 1d 抗压强度在氢氧化钠掺量为 5% 时取得最高值，为 14.8MPa，强度较低。验证了浆体凝结时间短，水化产物快速生成，相互搭接形成较为疏松的微观结构，造成其早期强度低。氢氧化钠激发钢渣浆体的 3d、7d、28d 抗压强度在氢氧化钠掺量 4% 时最佳，分别为 18.6MPa、21.9MPa 和 27.8MPa，早期和后期强度低，无法满足碱激发水泥要求。

测定了硅酸钠溶液激发钢渣浆体的相关性能，记录于图 4-7 中。硅酸钠溶液按照 Na$_2$O 当量加入，其质量分数为 6.0%，水灰比为 0.36。

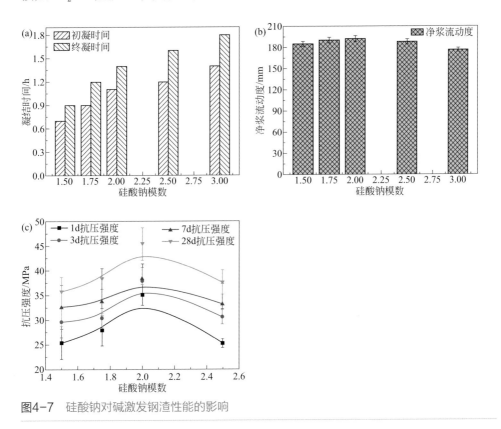

图4-7　硅酸钠对碱激发钢渣性能的影响

由图 4-7（a）可以看出，随着硅酸钠模数的升高，浆体的初、终凝时间逐渐延长。硅酸钠模数为 1.50 时，初凝时间为 0.7h，终凝时间为 0.9h，钢渣出现急凝现象。提高硅酸钠溶液模数至 2.00 时可延长凝结时间，获得足够的工作与施工时间。从图 4-7（b）可以看出，硅酸钠模数为 1.50 ~ 2.00 时，随硅酸钠模数的提高其净浆流动度略有升高，这与硅酸钠溶液的黏度相关，硅酸钠模数越高，其黏度越低，浆体越容易流动。图 4-7（c）表明浆体抗压强度随硅酸钠模数升高呈现出先增高后降低的趋势，在模数为 2.0 时，取得最高值。1d 抗压强度为 33.8MPa，高于氢氧化钠激发时的强度，表现出早期强度高的特性。其 3d、28d 抗压强度最高分别为 37.9MPa 和 47.5MPa，抗压强度均衡。硅酸钠激发钢渣可以获得早期强度高、工作性能良好的浆体。

4. 矿渣微粉

高炉矿渣是生铁生产过程中产生的，在成渣剂（例如铁矿石、焦炭灰和石灰石）添加到铁矿石中以去除杂质时形成。将铁矿石还原为铁的过程中，熔融渣形成漂浮在熔融铁顶部的非金属液体（主要由钙和其他的硅酸盐、铝硅酸盐组成），然后将熔融的炉渣与液态金属分离并冷却。根据冷却方法，会产生三种类型的炉渣。如果将熔融的矿渣用水充分快速地淬火，则磨碎的产品称为高炉矿渣。它是潜在的水硬性胶凝材料，具有火山灰胶凝特性。高炉矿渣被磨碎以提高其水化活性，并广泛用作硅酸盐水泥及混凝土的补充胶凝材料。

高炉矿渣的化学成分主要由 $CaO-SiO_2-MgO-Al_2O_3$ 系统组成，被描述为多相的混合物，其成分类似于钠钙石（$2CaO \cdot Al_2O_3 \cdot SiO_2$）和钙钛矿（$2CaO \cdot MgO \cdot 2SiO_2$）以及解聚的铝硅酸钙玻璃。研究已证明，不同矿渣在碱激发水泥中的反应性主要取决于其相组成和玻璃结构[20]。高炉矿渣的反应主要是小颗粒。在混合水泥和碱激发体系中，粒径大于 20μm 的颗粒反应非常缓慢，而粒径小于 2μm 的颗粒则在约 24h 内完全反应[21]。

基于高炉矿渣表现出的活性高、性能优良等特点，其已经成为碱激发水泥重要的硅铝质原材料，且在许多应用示范工程中使用碱激发矿渣作为胶凝材料。首先在室温条件下，以氢氧化钠激发矿渣，测定其凝结时间、净浆流动度以及净浆抗压强度，记录于图 4-8 中。

由图 4-8（a）可见，氢氧化钠激发的矿渣浆体凝结时间随激发剂掺量增加而降低，初凝时间约为 0.6 ~ 1.5h，终凝时间约为 1.1 ~ 2.2h，矿渣与钢渣基碱激发水泥的凝结时间均低于粉煤灰及偏高岭土的。原因为高钙基硅铝质原材料，在强碱环境下迅速分解出 Ca^{2+}，与 OH^- 反应生成 $Ca(OH)_2$，其作为非均匀成核基体，同时转化为低钙的 C-S-H 凝胶，促进浆体的快速凝结[22]。图 4-8（b）表明氢氧化钠激发钢渣浆体的净浆流动度随氢氧化钠掺量的增加而升高，但波动范围较窄，净浆流动度在 136 ~ 151mm 范围内。根据碱激发水泥水化热反应可知，矿渣颗粒表面开始生成层状反应产物，有利于颗粒间的滚动，这是其净浆流动度略有增加的主要原因[23]。由图 4-8（c）可以看出各个龄期的抗压强度均呈现出先增加后降低的趋势，而氢氧化钠的最佳掺量为 5%。其 1d 抗压强度可达 53.8MPa，3d 时可达 65.2MPa，早期强度较高，满足碱激发水泥对早期强度要求。28d 抗压强度可达 82.3MPa，远远高于其他硅铝质原材料的强度。

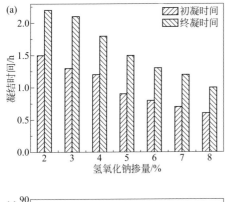

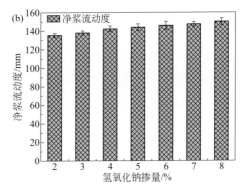

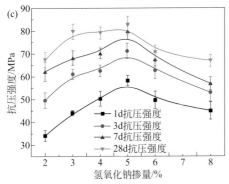

图4-8　氢氧化钠对碱激发矿渣性能的影响

文献 [23] 表明，矿渣最佳的激发剂为硅酸钠溶液。硅酸钠溶液激发矿渣，更容易获得较高的早期强度、合适的工作时间和流动度大的浆体。采用不同模数的硅酸钠溶液，按照 Na_2O 当量为 6% 的质量分数控制硅酸钠加入量，水灰比为0.36，研究了硅酸钠模数激发矿渣浆体的性能，结果如图 4-9 所示。

由图 4-9（a）可以看出，矿渣浆体凝结时间随硅酸钠模数的增大而延长。当硅酸钠模数为 0.75 时，初凝时间为 0.6h，终凝时间为 0.9h，工作时间较短，主要原因是低模数硅酸钠激发的矿渣颗粒在高碱环境下迅速反应，造成急凝。低模数的硅酸钠溶液带入硅酸根离子作为单聚体参与反应，加剧了水化反应进行。当硅酸钠模数为 1.5 及以上时，初凝时间大于 0.9h，可以获得良好的工作时间。由图 4-9（b）可以发现，随硅酸钠溶液模数的升高，矿渣净浆流动度逐渐上升，表现出较好的工作性能。当硅酸钠模数为 1.5 及以上时，净浆流动度可达 200mm以上，工作性能良好。图 4-9（c）表明矿渣净浆抗压强度随模数升高先上升后下降。1d、3d 抗压强度在硅酸钠模数 1.5 时取得最大值，分别为 55.3MPa 和83.2MPa。硅酸钠溶液模数较低时（模数为 0.75 和 1.0 时），矿渣水化反应较快，矿渣颗粒被水化产物包覆从而阻碍了其反应继续进行，造成后期强度增长缓慢。硅酸钠模数高于 1.5 时，单位体积内碱浓度不够，早期强度低。但随着养护时间的延长及水化反应的进行，后期强度逐渐升高。不同模数的硅酸钠溶液激发矿渣时，其 28d 抗压强度趋于稳定，可达 115.8MPa。

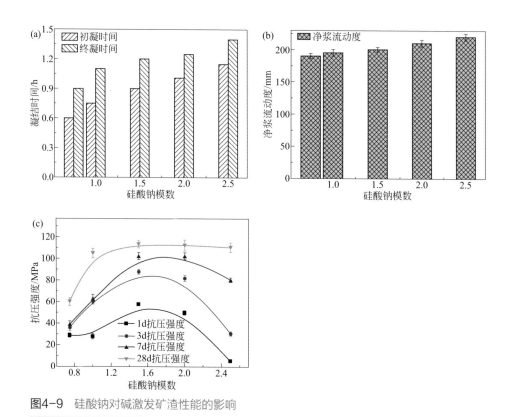

图4-9 硅酸钠对碱激发矿渣性能的影响

综上所述，以氢氧化钠及不同模数的硅酸钠溶液激发矿渣均可获得早期强度高、凝结时间合理的浆体，其中又以模数为 1.5 硅酸钠溶液激发矿渣净浆性能最佳。其 1d 抗压强度可达 55.3MPa，净浆流动度为 200mm，是制备碱激发水泥的良好硅铝质原材料。

5. 复合体系

碱激发水泥除需满足早期强度高、工作性能良好、凝结时间可控外，还要具有体积收缩小的特点。文献表明，碱激发矿渣用作胶凝材料时，其收缩较水泥基材料的高[24]。因此有必要引入其他的硅铝质原材料与矿渣复合，研发收缩小或微膨胀的碱激发水泥迫在眉睫。

钢渣因含有少量的游离氧化钙、氧化镁，与水反应生成氢氧化钙、氢氧化镁，同时产生浆体体积膨胀。利用钢渣的体积安定性不良的劣势转换为碱激发水泥中弥补收缩的优势将是非常有意义的研究。对此，米春艳等人[25]采用 25% 掺量的钢渣制备钢渣水泥，发现钢渣细度过 0.08mm 方孔筛筛余为 8.4% 时满足水泥膨胀剂要求，并且加入钢渣可提高水泥浆体的耐磨性。陈平等人[26]将钢渣粉、硫铝酸盐水泥熟料及石膏按一定比例混合制成一类新型膨胀剂，利用早期形成钙矾石产生膨胀，后期借助钢渣中游离氧化钙、氧化镁的水化反应生成氢氧化钙、氢氧化镁膨胀，获得较好的膨胀效果。考虑到钢渣的微膨胀特性，选择钢渣与矿渣复合，以减少碱激发矿渣的收缩。

钢渣在水泥中大量掺加时体积安定性不良，而钢渣在高碱性环境下水化更快，因此其早期体积稳定性是首要考虑的问题。首先测定了钢渣掺量对碱激发矿渣体积安定性的影响，如图 4-10 所示。

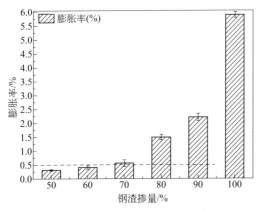

图4-10　钢渣掺量对碱激发矿渣体积安定性的影响

由图 4-10 可知，当钢渣掺量超过 60% 时，碱激发矿渣浆体的膨胀率超过 0.5%，造成碱激发矿渣胶凝材料安定性不良。当钢渣掺量超过 80% 时，其膨胀率将大幅提高，也验证了钢渣中的游离氧化钙、游离氧化镁与氢氧根离子反应，生成氢氧化钙、氢氧化镁，造成体积膨胀，因此钢渣具备膨胀剂的潜质。要保证碱激发矿渣胶凝材料的体积安定性合格，钢渣掺量应控制在 60% 以内。

分别以 5% 掺量的氢氧化钠与 1.5 模数的硅酸钠溶液为激发剂，测定了钢渣掺量对碱激发矿渣性能的影响，分别记录于图 4-11 和图 4-12 中。

由图 4-11（a）可知，增加钢渣掺量降低了浆体的凝结时间，这是由钢渣快速水化造成的。当钢渣掺量 50% 时，初凝时间仅为 0.42h，终凝时间仅为 0.7h，造成浆体快速硬化，工作性能较差。考虑到终凝时间在 1h 的有效工作时间，钢渣掺量应不高于30%。图4-11（b）表明随钢渣掺量的增加，浆体的净浆流动度快速下降，不利于碱激发水泥的施工。图4-11（c）表明硬化浆体的抗压强度随钢渣掺量的增加而快速下降，当钢渣掺量超过30%时，浆体1d抗压强度将低于30MPa，3d抗压强度低于40MPa。参考碱激发水泥1d抗压强度应高于30MPa性能要求，钢渣掺量应控制在30%内。

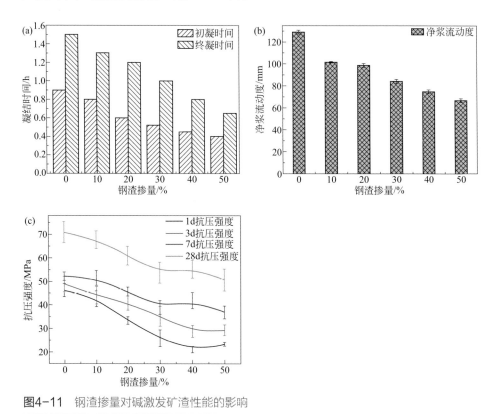

图4-11 钢渣掺量对碱激发矿渣性能的影响

从图4-12（a）可看出，以模数1.5的硅酸钠溶液激发时，随钢渣掺量的上升浆体的凝结时间下降。当钢渣掺量超过30%时，其凝结时间快速下降，归因于钢渣、矿渣在硅酸钠溶液中快速水化反应。由图4-12（b）可以发现，浆体净浆流动度随钢渣掺量增加而下降，当钢渣掺量大于30%时，下降速度加快。钢渣掺量小于30%时，浆体的净浆流动度大于180mm，具有较好的流动性。图4-12（c）表明，浆体抗压强度随钢渣掺量增加呈下降趋势。钢渣掺量30%时，硬化浆体1d、3d和28d抗压强度分别为35.2MPa、54.1MPa和82.6MPa，表现为早期强度高，且高于氢氧化钠激发矿渣的强度。说明用硅酸钠激发时可以获得优越的力学性能，当钢渣掺量大于30%时，浆体的1d抗压强度低于30MPa。

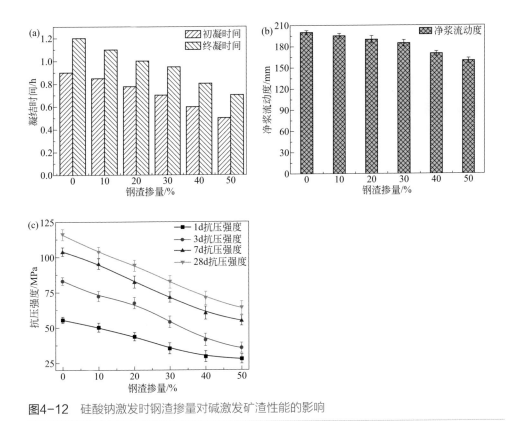

图4-12 硅酸钠激发时钢渣掺量对碱激发矿渣性能的影响

综上所述，钢渣的加入降低了浆体的凝结时间、净浆流动度以及抗压强度，以硅酸钠溶液为激发剂，且钢渣掺量在30%范围内时，浆体的凝结时间、净浆流动度可控，具有早期强度高、流动性优等特点，可获得性能优越的碱激发浆体。

二、碱激发剂

碱激发水泥主要由原材料（如高炉矿渣、粉煤灰等）和碱激发剂两部分组成。碱激发水泥的性能通常受碱激发剂种类的影响。氢氧化钠、氢氧化钾、水玻璃、碳酸钠和硫酸钠等是最常见的碱激发剂，通常单独或联合使用。研究表明，使用不同的碱激发剂（水玻璃、氢氧化钠、碳酸钠）会导致碱激发水泥的反应速率、水化产物、产物的微观结构和力学性能等存在较大程度的差异[27]。因此碱激发剂是碱激发水泥不可或缺的组成部分。

碱激发剂在碱激发水泥水化时主要起两个作用：①形成较高浓度的碱性环

境，促使硅铝质材料溶解，并释放出可以自由移动的 Si、Al 单体；②提供碱性阳离子，用来作为平衡由于四配位 Al^{3+} 造成的过剩负电荷的平衡电荷，使整个体系始终处于一定的平衡、稳定状态[28]。

根据 Provis 等[29]的研究，单组分地质聚合物混合物中的碱激发剂可以是提供碱金属阳离子、提高反应混合物的 pH 值并促进溶解的任何物质。单组分地质聚合物混合物中使用的碱激发剂包括固体 NaOH，Na_2SiO_3，$Na_2SiO_3 \cdot 5H_2O$，Na_2CO_3，$NaAlO_2$，$CaSO_4$，Na_2SO_4，KOH 等。商用碱激发剂中，固体的模数（SiO_2/Na_2O 摩尔比）是比较重要的影响参数。一般地，模数越低，性能越好。比如无水偏硅酸钠（Na_2SiO_3，模数为 0.93）比五水硅酸钠（$Na_2SiO_3 \cdot 5H_2O$，模数为 1.00）或未指定的含水硅酸钠（$Na_2SiO_3 \cdot nH_2O$）具有更高的抗压强度和更好的可加工性[30]。Choo 等人[31]使用赤泥作为 NaOH 的来源。此外，CaO、MgO、白云石［$CaMg(CO_3)_2$］和 $Ca(OH)_2$ 可以用于单组分碱激发水泥混合物中。这些材料提供的是碱土金属阳离子，而不是碱金属阳离子，与钙含量低的体系相比，它们有助于形成不同的结合相。Kim 等人[32]发现对于高炉矿渣，CaO 粉末是比 $Ca(OH)_2$ 粉末更有效的碱激发剂，尽管 CaO 会产生更高的水化热。

然而，这些碱激发剂大多具有缺点。例如，固体 NaOH 具有腐蚀性、吸湿性，并且暴露于含 CO_2 环境中会形成碳酸钠。目前，通过氯碱工艺每年可生产约 6000 万吨的 NaOH，并且在生产中会产生 Cl_2，如果扩大生产规模会加重环境污染。合成碱金属硅酸盐的一大特点就是能耗高，我们可以在 850 ~ 1088℃的温度下将砂子和碳酸钠直接熔融或将偏硅酸盐溶液蒸发来替代能耗高的生产方式。因此，用其他碱金属和二氧化硅源来合成碱金属硅酸盐是可靠的。Na_2CO_3 是一种替代性碱激发剂，能以天然碱的形式从地质资源（$Na_2CO_3 \cdot NaHCO_3 \cdot 2H_2O$）中获得。已发现，$Na_2CO_3$ 在高岭土、膨润土或钠长石的热活化中与 NaOH 一样有效。但是，如果与铝硅酸盐前体高温煅烧时一起使用，Na_2CO_3 和白云石会释放出 CO_2。

第二节
碱激发水泥性能优化

以上研究确定了制备碱激发水泥的主要激发剂与硅铝质原材料，而碱激发水泥性能的影响因素较多，本小节针对碱激发水泥的主要影响因素，以优化材料性能为目标，确定合理的配合比设计及养护条件。

一、配合比设计优化

前期研究表明，采用钢渣与矿渣复合，选用硅酸钠溶液为激发剂，可制备性能优良的碱激发水泥。下面考察钢渣/矿渣配合比、硅酸钠模数、Na_2O 当量、水灰比等对碱激发水泥砂浆性能的影响，并优化工艺参数。

1. 钢渣掺量

钢渣与矿渣的比例是确定碱激发水泥的首要因素。钢渣因易磨性差、活性低等因素造成其利用率低。从规模化和高效利用钢渣出发，在满足碱激发水泥性能要求的前提下，实现最大程度的钢渣掺量，使其变废为宝，有益于钢渣的资源化利用。为获得更多利用钢渣的途径，测定了以 6% 氢氧化钠为激发剂，水灰比为 0.50 的碱激发水泥砂浆的抗压强度，探索钢渣对力学性能的影响规律，如图 4-13 所示。以 6%Na_2O 当量及 1.5 模数的硅酸钠溶液激发矿渣砂浆时，研究了钢渣对碱激发水泥力学性能的影响，如图 4-14 所示。

由图 4-13 可以看出，随钢渣掺量的增加，碱激发水泥各龄期抗压强度呈下降趋势。氢氧化钠激发的纯矿渣砂浆抗压强度最高，1d 抗压强度为 23.1MPa，28d 抗压强度为 31.9MPa，不能满足碱激发水泥的强度要求。其原因可能是，钢渣微粉与矿渣粉不同配合比，在粒径分布上存在最佳堆积方式，浆体密实，有助于改善其抗压强度。

图 4-14 表明碱激发水泥的 1d 抗压强度随钢渣微粉掺量增加逐渐降低，在钢渣掺量 20% 范围内缓慢下降，其抗压强度高于 30MPa。3d 抗压强度先略微增加后降低，钢渣掺量 20% 时，抗压强度为 53.1MPa，随后下降趋势明显。28d 抗压强度先降低后略有上升，28d 抗压强度均高于 65MPa。

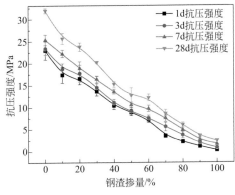

图4-13 钢渣对碱激发水泥抗压强度的影响

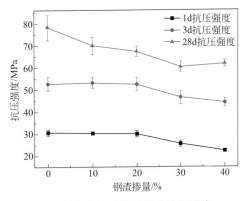

图4-14 掺入钢渣砂浆试样的抗压强度

2. 硅酸钠模数

按照相同 6%Na₂O 当量加入硅酸钠，水灰比为 0.55，钢渣微粉掺量为 30%，制备碱激发水泥，随后研究了硅酸钠模数对碱激发水泥力学性能的影响，如图 4-15 所示。

当硅酸钠溶液模数大于 2.0 时，砂浆标准养护 1d 后的强度低而无法脱模，强度无法测定。从图 4-15 可以看出，随硅酸钠溶液模数增加，碱激发水泥各龄期抗压强度逐渐降低。碱激发水泥的 1d 抗压强度均小于 30.0MPa，大于 20.0MPa，这与水灰比较大有关。硅酸钠模数小于 2.0 时，7d 龄期试件的抗压强度缓慢降低，硅酸钠模数超过 2.0 时，7d 龄期抗压强度急速下降。主要原因是硅酸钠模数过大，无法提供高 pH 值及高碱度环境，矿渣与钢渣的水化反应程度低，其抗压强度较低。28d 龄期时，试件的抗压强度随硅酸钠溶液模数的升高而先缓慢降低后急剧下降。硅酸钠模数为 2.5 时，试件 7d 抗压强度较低，仅为 3.2MPa，28d 的抗压强度恢复至 72.3MPa，其原因可能是试件养护过程中，试件内部硅酸根离子水解以及试件水分的迁移，提供更多有效 OH⁻ 浓度及高碱度环境，使矿渣及钢渣快速水化。因此，硅酸钠溶液模数最佳为 1.0。

3. Na₂O 当量

碱激发水泥中的激发剂是影响其性能的主要因素之一，而激发剂的掺量是影响其性能的关键因素。如何评价激发剂的掺量尚无统一标准，但大部分学者均认为碱激发剂的有效成分可以按照硅酸盐水泥中碱元素的换算方法，折合成 Na₂O 当量来讨论碱激发剂掺量对碱激发水泥性能的影响。水灰比采用 0.50，硅酸钠溶液模数为 1.5，研究了 Na₂O 当量对碱激发水泥抗压强度的影响规律，如图 4-16 所示。

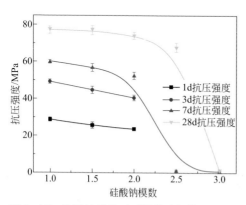

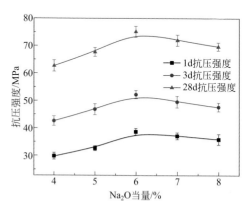

图4-15　硅酸钠模数对碱激发水泥抗压强度的影响　　图4-16　Na₂O当量对砂浆抗压强度的影响

图 4-16 表明试件各龄期的抗压强度随 Na_2O 当量的增加而先增加后降低，在 Na_2O 当量为 6% 时，取得最佳强度值。试件 1d 抗压强度在 Na_2O 当量为 5% 时可达 30MPa 以上，具备早期强度高的特性。28d 抗压强度可达 75.3MPa，强度发展较快。其原因可能是当 Na_2O 当量较低时，不足以提供较高的碱环境，矿渣与钢渣的水化反应较慢，其抗压强度较低。当 Na_2O 当量过高时，会使得矿渣与钢渣水化过快，在矿渣及钢渣颗粒表面形成水化产物的保护膜，阻碍了钢渣及矿渣的继续水化，影响其强度发展。

综上，Na_2O 当量为 6% 时，硅酸钠溶液的激发效果最好，碱激发水泥的性能最佳。

4. 水灰比

水灰比是影响碱激发水泥水化、力学性能及耐久性能的重要因素。以 1.5 模数的硅酸钠溶液为碱激发剂，30% 钢渣掺量及 6%Na_2O 当量时，研究了水灰比对碱激发水泥抗压强度的影响，如图 4-17 所示。

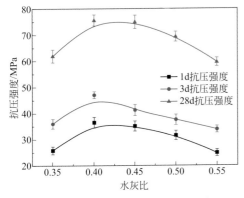

图4-17 水灰比对砂浆抗压强度的影响

图 4-17 表明碱激发水泥的各龄期抗压强度随水灰比的增大而先增加后降低。当水灰比为 0.35 时，砂浆表现较干，过低的水量导致浆体混合不均匀或颗粒不能完全润湿，矿渣及钢渣颗粒的水化程度低，仅在颗粒的表面水化，颗粒内部后期水化不完全是造成碱激发水泥抗压强度低的主要原因。随水灰比的增加，浆体中矿渣与钢渣可以被水完全润湿，水化程度提高，水化产物填充于硬化浆体中，密实砂浆，形成致密的微观结构，这是碱激发水泥抗压强度改善的主要原因。当水灰比过大时，水的蒸发将引入更多的有害孔，造成抗压强度降低。图 4-17 表明，水灰比为 0.40 时，1d 和 3d 龄期试块的抗压强度最高。而 28d 龄期时，水灰比为 0.40 的试样与水灰比为 0.45 的试样的抗压强度相接近。一定的孔隙有利于

水化产物的形成及生长，为水化产物的发育提供了充足的空间。由上述结果可以看出，碱激发水泥的最佳水灰比应在 0.40 ～ 0.45 范围内。

二、养护制度优化

碱激发水泥欲发挥优良的力学性能，适宜的养护条件是不可或缺的，尤其是对于早期强度要求高的碱激发水泥。养护湿度及养护温度决定碱激发水泥的水化程度及水化过程，也是影响硬化浆体微观结构发展的重要因素。本小节主要研究养护湿度和养护温度对碱激发水泥抗压强度的影响及作用规律，确定适宜的养护条件。

1. 养护湿度

养护湿度是影响材料性能的重要因素。养护湿度在单一变量控制时极为困难，其影响因素较多。本书依据饱和盐水在不同温度下的相对湿度稳定的特点，采用密闭空间内对制备的碱激发水泥养护至规定龄期，测定其抗压强度，如图 4-18 所示。采用的饱和盐溶液及相对湿度如表 4-1 所示。

表4-1　20℃下饱和盐溶液的相对湿度

盐种类	氯化锂	氯化镁	硝酸镁	氯化钠	氯化钡	标准养护
相对湿度/%	12	33	52	75	91	≥95

碱激发水泥制备时以 1.5 模数的硅酸钠溶液为激发剂，Na_2O 当量为 6.0%，钢渣微粉掺量 30% 及矿渣微粉 70%，养护温度为 20℃。由图 4-18 可知，碱激发水泥抗压强度随养护湿度的升高而改善，增加养护湿度利于碱激发水泥的持续水化，使抗压强度提高，尤其是早期强度的发展。对于标准养护的碱激发水泥，养护湿度充足，矿渣与钢渣微粉水化充分、均匀，抗压强度最高。低养护湿度下的试样，碱激发水泥内部的相对湿度较高，而表面养护湿度较低，表面与内部出现水分迁移，影响试样内部的水化。此外，低养护湿度易在试件表面出现干燥裂纹，加速水分迁移并降低试件抗压强度。

2. 养护温度

硅酸盐水泥提高养护温度可获得较高的抗压强度，对于碱激发水泥，提升养护温度也有利于早期强度的发展。为探索快速碱激发水泥合理且经济的养护制度，探索了不同碱激发剂时养护温度对碱激发水泥性能的影响，研究了氢氧化钠作激发剂时养护温度与碱激发水泥抗压强度的关系，如图 4-19 所示。

以氢氧化钠掺量 6.0%、钢渣掺量 40%、矿渣掺量 60% 以及 0.5 的水灰比制备了碱激发水泥浆体，在不同养护温度条件下养护 1d 后脱模，脱模后试件在标准养护箱养护至相应龄期，测定其抗压强度。由图 4-19 可知，随养护温度的升高，碱激发水泥的抗压强度并未上升，而是逐渐降低。原因可能是随养护温度的提升，碱激发水泥中的水分逐渐迁移，造成矿渣与钢渣的水化仅在颗粒的表面进行，并形成致密的水化产物保护层。而如果继续水化必然需要水分的载体作用。养护温度的升高导致水分快速蒸发，造成水分的缺失，影响矿渣与钢渣颗粒继续水化，造成水化程度随养护温度提高而降低。

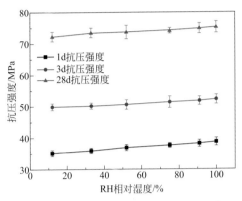

图4-18　养护湿度对砂浆抗压强度的影响

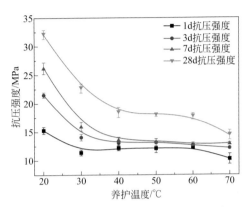

图4-19　养护温度对砂浆抗压强度的影响

依据以上所得的影响规律，采用 1.0 模数的硅酸钠溶液，Na_2O 当量为 6.0%，水灰比为 0.45，钢渣掺量 30%，矿渣掺量 70%，制备了碱激发水泥浆体，研究养护温度对碱激发水泥性能的影响规律，如图 4-20 所示。

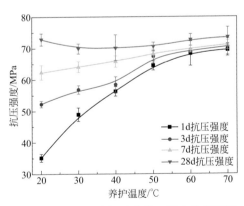

图4-20　养护温度与砂浆抗压强度的关系图

图 4-20 表明碱激发水泥的抗压强度随养护温度的升高而增加。碱激发水泥的早期抗压强度快速增长，而 28d 抗压强度变化不大。20℃时，碱激发水泥的

抗压强度随龄期呈现梯度式增长，其水化较为均匀，水化产物形成及生长发育均匀，有利于微观结构的优化。40℃时，砂浆 1d 抗压强度为 54.8MPa，28d 抗压强度为 75.6MPa，力学性能优异。碱激发水泥的抗压强度增长梯度随养护温度的升高而逐渐降低，50℃以上的养护温度其早期强度接近于其后期强度，说明提升养护温度促进碱激发水泥水化，有利于材料早期抗压强度发展，但改善材料后期抗压强度不明显。

综上，以氢氧化钠制备的碱激发水泥的性能随养护温度的提升而下降，而硅酸钠溶液制备的碱激发水泥的性能随养护温度的提高而改善，有利于改善碱激发水泥早期力学性能，但后期力学性能促进效果不明显。从碱激发水泥强度增长规律及经济性考虑，养护温度不高于 40℃，碱激发水泥内部水化产物分布均匀，有利于性能提高。

第三节
碱激发水泥水化及体积稳定性

碱激发水泥水化是放热过程，可采用等温量热仪测定其水化反应放热来研究其水化，且早期水化程度较高，研究其早期水化反应对认识碱激发水泥水化机理具有重要意义。重点探索碱激发水泥水化动力学机理，并模拟不同氢氧化钠溶液浓度激发的矿渣和钢渣的水化动力学过程。

一、碱激发水泥水化动力学模型

下面介绍的碱激发水泥水化动力学是基于目前学者普遍认可的 Krstulović-Dabić 模型[33]。碱激发水泥及水泥基材料的水化可被认为由三个过程组成：结晶成核及生长（NG）、相边界反应（I）及扩散（D）。水化过程由三个过程中最慢过程所驱动，其反应方程及微分方程如下[34]：

结晶成核及生长

$$(NG) \quad \ln[-\ln(1-\alpha)]^{1/n} = K_1(t-t_0) = K_1'(t-t_0) \tag{4-1}$$

相边界反应

$$(I) \quad 1-(1-\alpha)^{1/3} = K_2 r^{-1}(t-t_0) = K_2'(t-t_0) \tag{4-2}$$

扩散

$$(D) \quad [1-(1-\alpha)^{1/3}]^2 = K_3 r^{-2}(t-t_0) = K_3'(t-t_0) \tag{4-3}$$

NG 过程微分式

$$d\alpha/dt = F_1(\alpha) = K_1'n(1-\alpha)[-\ln(1-\alpha)]^{n-1/n} \qquad (4-4)$$

I 过程微分式

$$d\alpha/dt = F_2(\alpha) = K_2' \times 3(1-\alpha)^{2/3} \qquad (4-5)$$

D 过程微分式

$$d\alpha/dt = F_3(\alpha) = K_3' \times 3(1-\alpha)^{2/3}/[2-2(1-\alpha)^{1/3}] \qquad (4-6)$$

式中　　α——水化程度；

n——几何晶体生长指数；

t——水化时间；

t_0——诱导期结束时间；

r——反应物颗粒半径；

K_i——反应速率常数；

K_i'——表观反应速率常数；

$F_i(\alpha)$——反应机理函数。

二、氢氧根离子浓度对矿渣水化反应动力学的影响

碱溶液是促进矿渣及钢渣水化的先决条件，本小节重点研究不同氢氧根离子浓度对矿渣水化的影响，采用 Krstulović-Dabić 模型对其水化动力学过程模拟，分析水化动力学参数。首先基于等温量热法测定氢氧根离子浓度对矿渣水化热流的影响，水灰比采用 0.40，如图 4-21 ~ 图 4-23 所示。

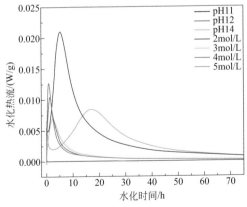

图4-21　碱溶液浓度对矿渣水化热流的影响

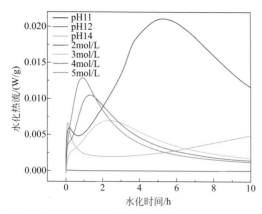

图4-22 矿渣水化热流曲线部分放大图

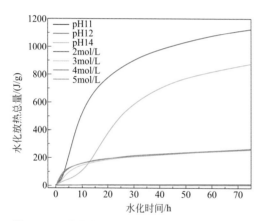

图4-23 碱溶液浓度对矿渣水化放热总量的影响

　　如图 4-21 和图 4-22 所示，矿渣在 pH 值为 11 和 12 时，水化热流几乎为 0，表明矿渣在低 pH 值条件下几乎不反应。当溶液的 pH 值升高至 14 时，矿渣开始发生水化反应。且其水化热流曲线出现两条峰值，第一条峰值代表矿渣的溶解热，第二条峰值代表水化反应中缩聚及凝固过程。当氢氧根离子浓度为 2mol/L 时，矿渣的水化反应最为剧烈，第二峰值也是最高的。从图 4-22 中可知，随氢氧根离子浓度的上升，矿渣的水化被加速，导致浆体的反应热流中第一条峰与第二条峰间隔逐渐缩小。当氢氧根离子浓度为 4mol/L 和 5mol/L 时，浆体中水化热流的第一条峰消失，表明浆体中矿渣颗粒溶解后迅速发生反应，溶解热峰值被掩盖。

图 4-23 表明，pH 值为 11 和 12 时，水化放热总量较低接近于 0，矿渣水化反应程度较低。pH 值为 14 时，矿渣的水化放热总量较高，其早期（1d）水化较为缓慢。氢氧根离子浓度为 2mol/L 时，矿渣水化放热总量最高。随氢氧根离子浓度提高，水化放热总量降低，3mol/L、4mol/L 及 5mol/L 氢氧根离子浓度时水化放热总量接近。原因可能是矿渣颗粒在高浓度氢氧根离子作用下，颗粒表面溶解较快，矿物溶解后迅速在颗粒的表面形成 C-S-H 凝胶，包覆颗粒的表面，形成较为致密的保护层，阻碍了颗粒的继续水化，导致浆体的水化热总量较低，其早期水化速率较高，与图 4-21 和图 4-22 水化热流相一致。对 pH 值 14、2mol/L、3mol/L、4mol/L、5mol/L 氢氧根离子浓度激发矿渣浆体的水化反应级数及反应速率常数求解，如图 4-24 ～图 4-28 所示，求解结果列在表 4-2 中。

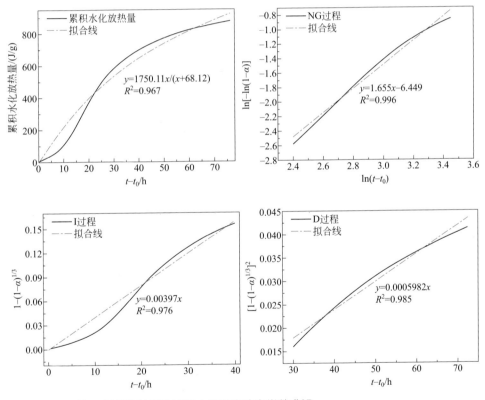

图4-24　pH值14氢氧化钠激发试样水化反应速率常数求解

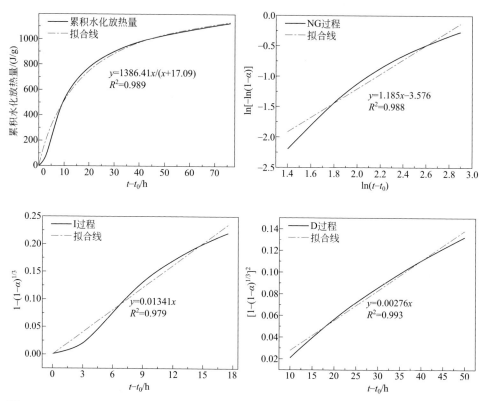

图4-25　2mol/L氢氧化钠激发试样水化反应速率常数求解

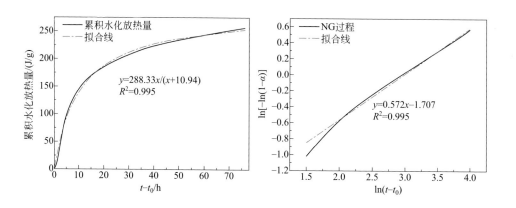

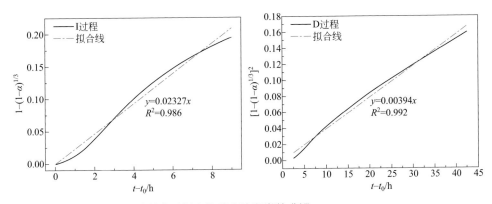

图4-26 3mol/L氢氧化钠激发试样水化反应速率常数求解

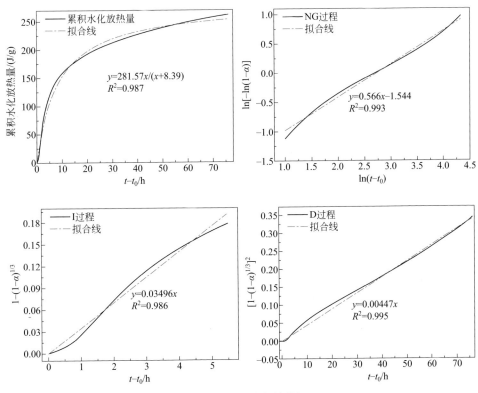

图4-27 4mol/L氢氧化钠激发试样水化反应速率常数求解

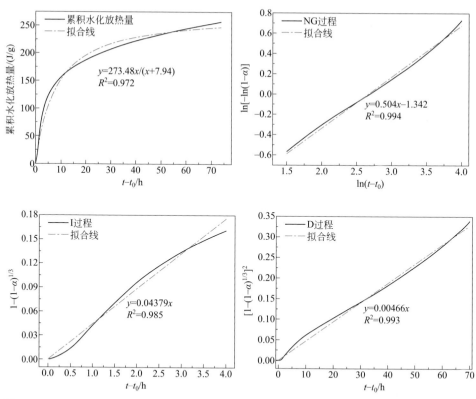

图4-28 5mol/L氢氧化钠激发试样水化反应速率常数求解

表4-2 水化反应级数及反应速率常数结果

浓度	Q_{max}/(J/g)	t_{50}/h	反应级数n	K_1	K_2	K_3	α_1	α_2
pH14	1750.11	68.12	1.655	0.0203	0.00397	0.0005982	0.15	0.18
2mol/L	1386.41	17.09	1.185	0.0489	0.01341	0.00276	0.14	0.22
3mol/L	288.33	10.94	0.572	0.0506	0.02327	0.00394	0.13	0.178
4mol/L	281.57	8.39	0.566	0.0654	0.03496	0.00447	0.12	0.165
5mol/L	273.48	7.94	0.504	0.06976	0.04379	0.00466	0.11	0.145

注：Q_{max} 表示最大累积水化放热量。

如上所示，随碱溶液浓度的增加，激发矿渣的最大累积水化放热量（Q_{max}）逐渐减小，水化热达到 Q_{max} 的时间 t_{50} 降低，说明水化过程加快，且水化程度（累积水化放热量与最大累积水化放热量比值）增加。水化反应级数 n 降低，说明反应物浓度对反应速率的影响呈下降趋势。NG 过程的水化反应速率常数 K_1 随氢氧根离子浓度的增加而增大，氢氧根离子浓度的增加促进了 NG 水化产物结晶成核及生长。I 相边界水化反应速率常数 K_2 及 D 扩散过程水化反应速率常数 K_3 均随氢氧根离子浓度的增加而增大，说明氢氧根离子浓度的增加也同时促进了碱激发矿渣水化产物相边界过程及扩散过程。此外，NG 水化反应速率常数 K_1 约是 I 水化反应速率常数 K_2 的 1.5 ~ 6.5 倍，约是 D 扩散过程水化反应速率常数 K_3 的 10 ~ 20 倍，水化反应中 NG 结晶成核及生长过程占主导地位。

根据 Krstulović-Dabić 模型以及求解的水化反应速率常数，对不同氢氧根离子浓度激发矿渣的水化动力学过程模拟，如图 4-29 ~ 图 4-33 所示。

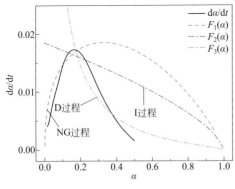

图4-29　pH14激发试样水化反应速率曲线

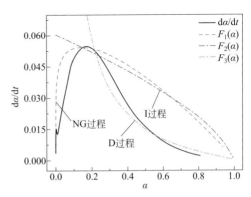

图4-30　2mol/L试样水化反应速率曲线

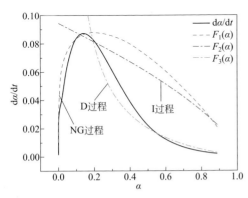

图4-31　3mol/L激发试样水化反应速率曲线

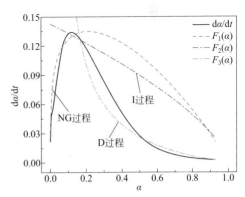

图4-32　4mol/L激发试样水化反应速率曲线

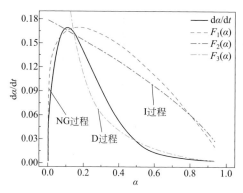

图4-33 5mol/L氢氧化钠激发试样水化反应速率曲线

由以上五图可知，随氢氧根离子浓度的增加，$d\alpha/dt$ 的最高值逐渐增加，由 pH=14 时的 0.02 增长到 5mol/L 氢氧化钠激发时的 0.17，说明水化剧烈程度增加，其原因是氢氧根离子浓度增加，矿渣溶解速度增加，达到过饱和时间缩短，水化剧烈程度提高。尽管水化过程中随氢氧根离子浓度的增加 I 过程被缩短，矿渣水化机理均沿着 NG-I-D 过程发生，这与 Fernandez 等人[35]的实验结果相一致。根据表 4-2 中 NG 与 I 过程转变点 α_1 数值由 0.15 降低至 0.11，说明随氢氧根离子浓度的增加 NG 结晶成核及成长过程被抑制，I 相边界过程提前进行，这与过高浓度氢氧化钠激发矿渣时形成致密的水化产物层，阻碍了矿渣内部颗粒的进一步水化相一致。I 与 D 过程转变点 α_2 的数值由 0.18 先增加至 0.22 后降低，逐渐降低至 0.145，且 α_2 与 α_1 的差值降低（代表 I 过程），说明 I 过程先被促进后被抑制，扩散过程提前进行，因此氢氧根离子浓度的增加不利于 NG 结晶成核及晶体生长过程和 I 相边界反应。

三、氢氧根离子浓度对钢渣水化反应动力学的影响

钢渣被氢氧化钠溶液激发时，凝结时间较短且水化反应较快。本小节探索氢氧根离子浓度对钢渣水化动力学的影响，采用 Krstulović-Dabić 模型对其水化动力学进程模拟，分析了水化动力学参数。首先基于等温量热法测定了不同氢氧根离子浓度对钢渣水化热的影响，水灰比采用 0.40，如图 4-34 ~ 图 4-36 所示。

由图 4-34 和图 4-35 可知，pH 值 12 时，钢渣水化反应热流具有第一条溶解热峰值，但峰值高度较低，说明少量细颗粒钢渣发生了水化。随氢氧根离子浓度的提高，钢渣水化热流曲线出现两条峰，且第一条峰值（溶解热）高度逐渐升高，

说明参与水化的钢渣颗粒数量增多。氢氧根离子浓度 2mol/L 时，钢渣水化热流曲线第一峰值最高，水化速率最高。氢氧根离子浓度继续增加，钢渣水化热流曲线峰值降低，说明钢渣水化被抑制，原因可能是过高的氢氧根离子浓度使得钢渣颗粒表面迅速溶解，生成的水化产物包覆在钢渣颗粒表面，阻碍钢渣颗粒的继续水化，导致钢渣浆体水化热流曲线降低。图 4-36 表明随氢氧根离子浓度的升高，钢渣水化总反应热增加，钢渣颗粒水化程度提高。氢氧根离子浓度 2mol/L 时，钢渣的水化热总量达到最高值。氢氧根离子浓度继续增加至 3mol/L 和 4mol/L 时，钢渣的水化热总量降低，水化程度降低。对不同氢氧根离子浓度激发钢渣浆体的水化反应级数及速率常数求解，求解过程如图 4-37 ~ 图 4-42 所示，求解结果如表 4-3 所示。

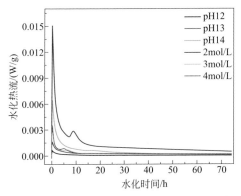

图4-34　氢氧根离子浓度对钢渣水化热流的影响　　图4-35　钢渣水化热流曲线部分放大图

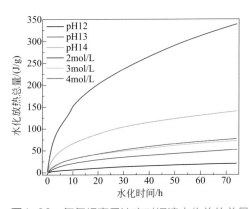

图4-36　氢氧根离子浓度对钢渣水化放热总量的影响

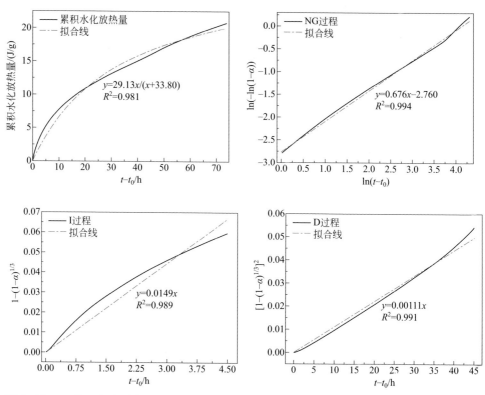

图4-37　pH值12氢氧化钠激发钢渣试样水化反应速率常数求解

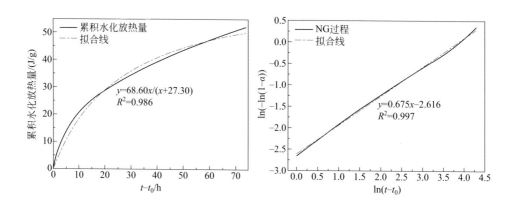

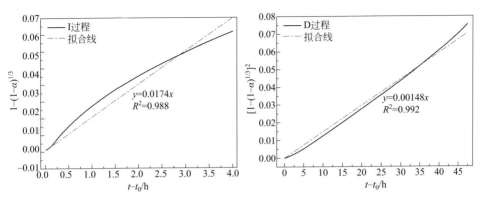

图4-38 pH值13氢氧化钠激发钢渣试样水化反应速率常数求解

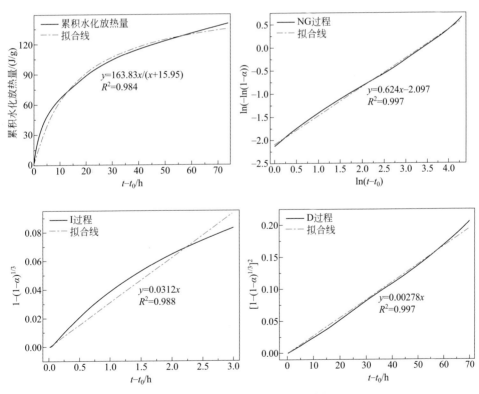

图4-39 pH值14氢氧化钠激发钢渣试样水化反应速率常数求解

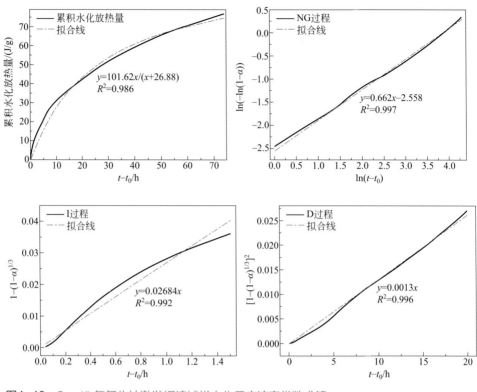

图4-40 2mol/L氢氧化钠激发钢渣试样水化反应速率常数求解

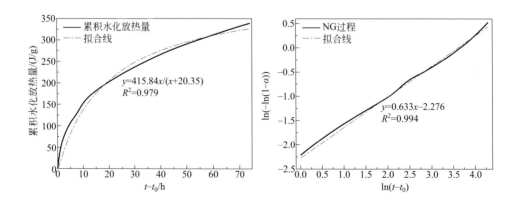

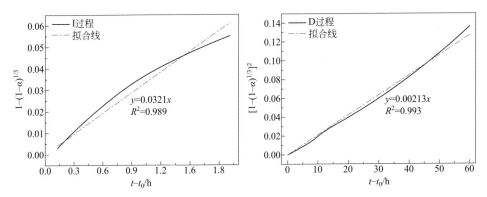

图4-41 3mol/L氢氧化钠激发钢渣试样水化反应速率常数求解

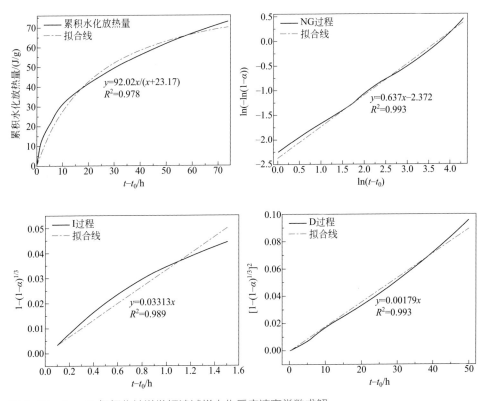

图4-42 4mol/L氢氧化钠激发钢渣试样水化反应速率常数求解

表4-3 不同浓度氢氧化钠激发钢渣试样水化反应级数及反应速率常数

氢氧根离子浓度	Q_{max}/(J/g)	t_{50}/h	反应级数n	K_1	K_2	K_3	α_1	α_2
pH12	29.13	33.80	0.676	0.01686	0.0149	0.00111	0.05	0.07
pH13	68.60	27.30	0.675	0.02074	0.0174	0.00148	0.045	0.07
pH14	163.83	15.95	0.624	0.03472	0.0312	0.00278	0.035	0.07
2mol/L	415.84	20.35	0.633	0.02745	0.0321	0.00213	0.02	0.07
3mol/L	92.02	23.17	0.637	0.02414	0.03313	0.00179	0.014	0.058
4mol/L	101.62	26.88	0.662	0.01637	0.02684	0.0013	0.013	0.049

由图表可知，随氢氧根离子浓度的增加，钢渣的最大累积水化放热量（Q_{max}）先增大后减少，在 2mol/L 时达到最大值，与水化热曲线趋势一致。水化热达到 Q_{max} 一半的时间 t_{50} 先降低后增加。碱溶液浓度低于 pH 值 14 时，增加氢氧根离子浓度水化过程加快且水化程度增加；浓度超过 2mol/L 时，增加氢氧根离子浓度水化过程放缓，原因可能是钢渣颗粒的水化形成致密的水化产物层，阻碍内部颗粒继续水化。水化反应级数 n 先降低后增加，pH 值低于 14 时，反应物浓度对反应速率的影响呈下降趋势；浓度高于 2mol/L 时，反应物浓度对反应速率的影响呈上升趋势。NG 水化反应速率常数 K_1、I 相边界水化反应速率常数 K_2 及 D 扩散过程水化反应速率常数 K_3 随氢氧根离子浓度的增加先增加后略微降低，说明 pH 低于 14 时氢氧根离子浓度的增加促进了碱激发钢渣水化 NG 产物结晶成核及生长、I 相边界过程及 D 扩散过程；当氢氧根离子浓度高于 2mol/L 时，抑制了碱激发钢渣水化 NG 产物结晶成核及生长、I 相边界过程及 D 扩散过程。此外当 pH 低于 14 时，NG 水化反应速率常数 K_1 高于 I 相边界反应速率常数 K_2 及 D 扩散过程反应速率常数 K_3，说明水化反应中 NG 产物结晶成核及生长过程占主导地位；当氢氧根离子浓度高于 2mol/L 时，I 相边界反应速率常数 K_2 高于 NG 结晶成核及生长反应速率常数 K_1 及 D 扩散反应速率常数 K_3，说明水化反应中 I 相边界反应占主导地位。

根据 Krstulović-Dabić 模型以及求解的水化反应速率常数，对不同氢氧根离子浓度激发钢渣的水化动力学过程模拟，如图 4-43 ～ 图 4-48 所示。

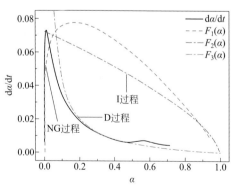

图4-43 pH12激发钢渣试样水化曲线

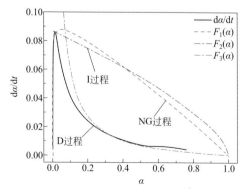

图4-44 pH13激发钢渣试样水化曲线

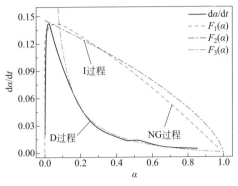

图4-45　pH14激发钢渣试样水化速率曲线

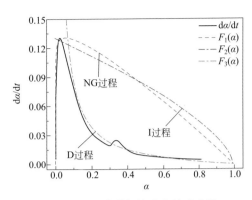

图4-46　2mol/L激发钢渣水化速率曲线

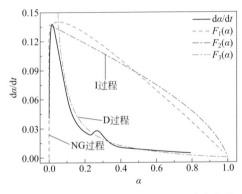

图4-47　3mol/L激发钢渣试样水化速率曲线

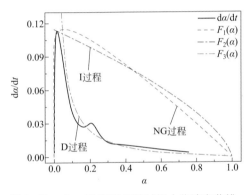

图4-48　4mol/L激发钢渣试样水化速率曲线

由图可知，氢氧化钠溶液激发的钢渣水化机理沿着 NG-I-D 过程进行。根据表 4-3 中 NG 与 I 过程转变点 α_1 数值由 0.05 降低至 0.013，增加氢氧根离子浓度 NG 结晶成核及成长过程被抑制，I 相边界过程提前进行。I 与 D 过程转变点 α_2 的数值由 0.07 降低至 0.049，I 相边界过程被抑制，扩散过程提前进行，因此增加氢氧根离子浓度不利于 NG 结晶成核及晶体生长过程和 I 相边界反应。

四、碱激发水泥收缩性能

目前关于碱激发水泥混凝土收缩的研究报道较少，更多的研究集中在碱激发矿渣净浆及砂浆的收缩上。尽管碱激发矿渣在某些性能上与普通硅酸盐水泥相比具有一定的优越性，但碱激发矿渣具有更高的收缩率，已被多位学者所证实。下面针对碱激发矿渣收缩大的问题，采用掺入钢渣补偿收缩，活性纳米材料及惰性纳米材料改性碱激发矿渣，探索降低或改善收缩的有效措施。

钢渣中含有游离氧化钙、氧化镁等，与水反应生成氢氧化钙及氢氧化镁，体积产生膨胀，因此钢渣在水泥及混凝土中应用时，掺量过多易造成体积安定性不良等一系列问题。如何控制钢渣在碱激发过程中产生均匀的微膨胀，而避免局部膨胀产生不良影响是有效合理利用钢渣的难点。前面章节中，钢渣掺量不大于30%时，碱激发水泥浆体的体积安定性良好。因此，优化钢渣颗粒细度以及控制钢渣中游离氧化钙与氧化镁总量成为控制钢渣微膨胀的关键。

通过不同粉磨时间控制钢渣颗粒细度，分别在不同粉磨时间时取样，测定其比表面积，在钢渣比表面积分别为（350±10）m²/kg、（450±10）m²/kg、（550±10）m²/kg 取样，研究了钢渣细度对碱激发矿渣化学收缩及干燥收缩的影响，碱激发水泥的化学收缩测定示意图如图 4-49 所示，碱激发矿渣砂浆干燥收缩按照 GB/T 29417—2012 进行测定。

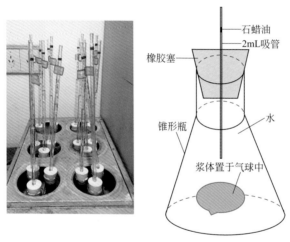

图4-49　碱激发水泥化学收缩测定示意图

采用水灰比 0.40，1.5 模数的硅酸钠溶液激发，制备了碱激发水泥浆体，钢渣掺量为 20%，测定了钢渣细度对碱激发水泥化学收缩的影响，并与相同水灰比的 PO42.5 水泥作对比，如图 4-50 所示。此外按照相同水灰比加入标准砂，制备了砂浆，测定了钢渣细度对碱激发水泥砂浆干燥收缩的影响，如图 4-51 所示。

图 4-50 表明碱激发矿渣浆体的化学收缩要高于相同水灰比 PO42.5 水泥试样的化学收缩。此外，掺加不同细度的钢渣微粉后，浆体先膨胀后逐渐收缩，最终浆体表现为收缩。主要原因是钢渣颗粒水化迅速，钢渣颗粒内部的游离氧化钙与水反应，生成氢氧化钙，产生膨胀，此外，钢渣颗粒内部的氧化镁遇水反应，生成氢氧化镁，产生膨胀。在钢渣掺入后，钢渣内部造成的膨胀效果大于矿渣水化

产生的收缩，因此早期浆体为膨胀。随着反应的进行，钢渣水化快且掺加量小，其产生的膨胀有限，掺量大的矿渣产生的收缩占优势，浆体整体表现为收缩。随钢渣微粉细度的提高，其早期产生的膨胀效果明显，迅速降至最低点后快速上升，说明钢渣细度对钢渣水化有促进作用。

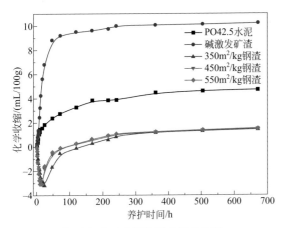

图4-50　钢渣细度对水泥化学收缩的影响

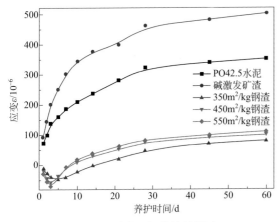

图4-51　钢渣细度对砂浆干燥收缩的影响

从图4-51可以看出，未掺加钢渣的碱激发矿渣砂浆的干燥收缩最大，高于相同水灰比的PO42.5水泥砂浆的干燥收缩。加入20%不同细度的钢渣微粉后，碱激发水泥砂浆的干燥收缩降低，且随钢渣细度的提高而降低。相比未掺加钢渣的对照组试样，掺加350m²/kg、450m²/kg及550m²/kg钢渣试样干燥收缩分别降低67.94%、68.68%和69.73%。另外从试样的收缩应变波动范围讲，掺加钢渣微粉降低了试样的收缩应变。

除测定了钢渣细度对碱激发水泥化学收缩及干燥收缩外，研究钢渣掺量对碱激发水泥化学收缩及干燥收缩的影响，分别如图 4-52 和图 4-53 所示。

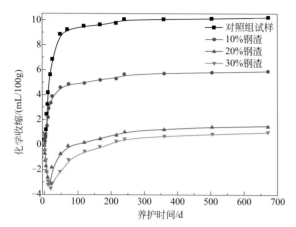

图4-52　钢渣掺量对碱激发水泥化学收缩的影响

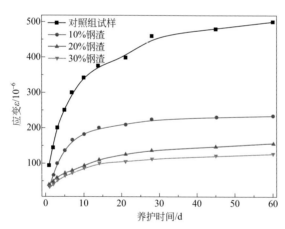

图4-53　钢渣掺量对砂浆干燥收缩的影响

图 4-52 表明随钢渣掺量的增加，碱激发水泥浆体的化学收缩降低，10% 钢渣掺量时，浆体的化学收缩大幅下降，钢渣早期水化产生的微膨胀被矿渣水化形成的收缩所抵消。当钢渣掺量为 20% 及 30% 时，浆体早期表现为微膨胀，尤其是在 48h 内。随时间的延长，碱激发水泥浆体表现为收缩，且随时间收缩逐渐增加。掺加钢渣可以大幅改善碱激发水泥浆体的化学收缩。

图 4-53 表明随钢渣掺量的增加，碱激发水泥砂浆的干燥收缩应变大幅降低，说明钢渣水化产生的微膨胀可以改善碱激发水泥的干燥收缩。此外，对照组的干燥收缩应变随养护时间一直增长，在 28d 时，趋于稳定。而掺加钢渣后，其砂浆的干燥收缩在 14d 时趋于稳定，其应变增长速率降低，其原因可能是钢渣水化较快，早期水化程度高，且早期形成微膨胀改善收缩。

第四节
碱激发水泥混凝土的应用

通过调整碱激发混凝土混合料的设计和适当的固化条件，碱激发混凝土可以表现出优异的性能，如高抗压强度，高粘接强度，耐火及耐化学腐蚀性强，固化重金属或有毒金属离子等。基于上述优点，碱激发水泥混凝土已受到广泛的关注和应用。本小节主要讲述碱激发水泥及混凝土的工程实际应用。

一、可持续发展的建筑材料

由于可持续性作为一个关键标准被广泛使用于建筑材料评价，可持续材料的开发是建筑行业发展的重点考虑问题之一。

许多工业废弃物，如冶金、工业、矿物和城市建设等产生大量废弃物，只有少量被用于水泥生产。碱激发水泥混凝土在工业副产品和废弃物利用方面具有巨大的潜力。由于工业废弃物组成不同，碱激发水泥混凝土在建筑材料领域应用呈现出多种形式。碱激发水泥黏结剂可替代普通硅酸盐水泥，具有很大的潜力，适用于建筑工程。碱激发水泥黏结剂的使用已被广泛关注，由于具有低收缩、高强度、耐硫酸盐侵蚀、耐化学腐蚀及高抗冻融性等特点，被广泛用于土木结构，可大大降低脱模时间，缩短了模板的操作周期并提高工作效率。单组分碱激发水泥是一种新型黏结剂。在单组分碱激发水泥中，预混碱激发剂在干燥混合物中，当添加水发生水化反应时，反应过程非常类似于普通硅酸盐水泥。该工艺避免了在生产过程中使用腐蚀性溶液的弊端，有利于碱激发水泥的商品化推广。研究表明，碱激发水泥黏结剂适用于深埋储井，具有碳捕集效果好、耐酸、机械强度高、耐久性优良、渗透性低[36]等优点。因此，碱激发水泥黏合剂被认为是建筑用波特兰水泥的潜在替代品。波特兰水泥与碱激发水泥的物理性能和环境影响对比见表 4-4。

表4-4　波特兰水泥和碱激发水泥的物理性能和环境影响对比表

性能		波特兰水泥	碱激发水泥	内容
性质	凝固时间	30～300min	10～60min	通常比硅酸盐水泥凝结快，但取决于原料的反应活性和碱的浓度
	压缩极限	33～35MPa	30～120MPa	强度可以通过优化原料反应活性和碱浓度来调整
	耐久性	稳定	比硅酸盐水泥更耐久	碱激发水泥体系是一种以硅酸铝为基础的体系，具有耐酸能力
环境影响	CO_2排放	800～900kg/t	150～200kg/t	碱激发水泥是在碳酸盐岩生产碱式氢氧化物和硅酸盐过程中排放二氧化碳的产物
	具体能源	4000～4400MJ/t	2200～2400MJ/t	因为它主要使用废物和副产品，没有额外的能源消耗
	水的要求	约600L/t	约450L/t	与波特兰水泥不同，碱激发水泥不需要用高水固化

　　与水泥相比，碱激发水泥具有更好的抗硫酸盐侵蚀性能和更高抗压强度。虽然碱激发水泥混凝土在工程建筑材料中具有巨大的应用潜力，但与OPC混凝土一样，它们也具有脆性，在受拉状态下容易开裂，严重影响其广泛应用。因此，多项研究均是应对碱激发水泥混凝土的脆性问题展开，并发现在控制碱激发混凝土复合材料的脆性方面，纤维具有显著（聚乙烯纤维和聚乙烯醇纤维）的增强率。纤维可控制裂纹，因为纤维的桥接作用可显著改善脆性碱激发混凝土基体的断裂韧性。

二、修补材料

　　近年来，有许多学者尝试使用碱激发混凝土作为修补材料[37]。研究表明碱激发混凝土具有较高的黏结强度，且黏结性能优于硅酸盐水泥[37]。Pacheco-Torgal等人[38]发现与商业修补材料相比，碱激发混凝土黏结剂在早期阶段具有较高的黏结强度。Phoongernkham[39]研究了高钙粉煤灰基碱激发水泥混凝土的修补效果，结果表明，碱激发水泥混凝土砂浆的界面区比混凝土砂浆的更均匀，可作为替代修补材料使用。由于高黏结强度和高界面强度，碱激发水泥混凝土可作为机场跑道的快速修补材料[37]。如用碱激发水泥混凝土建造的机场跑道，可以在1h内步行，4h内开车，6h内起降。此外，碱激发水泥混凝土具有潜在的修补裂缝和各种优异的物理性能，可通过控制固化条件和配方获得与化学矿物陶瓷体相类似的性能。

三、防护涂料

　　钢筋混凝土结构的表面由于泛碱、化学侵蚀、硫酸盐侵蚀、冻结和解冻等因素而广泛退化，可发展为表面退化结构问题，特别是在混凝土构件中。碱激发水泥可通过铝硅四面体连接成膜材料的网络结构，作为一种无机涂层，具有高抗硫酸盐、氯化物、防火、耐冻融、超高耐久性、低成本、无毒环保等特点。碱激发水泥在涂料中的应用已有许多文献报道。采用碱激发水泥制备的反光隔热涂料具有良好的力学性能、耐腐蚀性、耐久性和耐热性，反射率在90%以上，保温温差达到24℃，具有一定的建筑节能潜力。Khosravanihaghighi[40]采用不同比例的β-SiC制备碱激发水泥型涂料，并对结果进行了分析，通过增加纳米碳化硅的比例，降低了孔隙率腐蚀，提高了耐磨性。

Guerrero[41]研究了碱激发偏高岭土和粉煤灰两种类型碱激发水泥的性能。在应用过程中它被当作抗氯离子的保护层或一种防护涂层时，可防止氯离子引起的腐蚀。结果表明，基于碱激发水泥涂层将腐蚀速率降低了4个周期，与没有涂层的混凝土相比表现出良好的性能。有人制备了一种环境固化碱激发粉煤灰水泥涂层，设计工艺不需要任何添加剂，该发明可使碱激发水泥涂层成为混凝土等基础设施普遍的防护，以满足现代混凝土高耐久性需求。为抑制碱激发水泥防护涂层泛碱及提升碱激发水泥性能，周宗辉、程新等人设计了一系列纳米材料泛碱抑制剂，取得不错的效果[42-44]。因此，碱激发水泥涂料在海洋环境中具有良好的应用前景。应用碱激发水泥作为海洋混凝土结构的防护涂层见图4-54。

图4-54　应用碱激发水泥作为海洋混凝土结构的防护涂层[45]
（a）在混凝土上涂一层碱激发水泥；（b）浸在海水中；（c）硬化后的碱激发水泥涂层

四、固化材料

如今，水的质量和废物的处理是人们日常生活中两个非常关注的问题。现代工业、农业、垃圾处理等行业每年都会产生大量含有害重金属的废弃物，人体长期接触有毒重金属可导致多种疾病。因此，基于环境保护的角度，许多技术手段被用来处理废水和其他废物。长期以来，人们一直认为碱激发水泥具有固化危险废物的巨大潜力。利用碱激发技术，可以将大量的工业固体废弃物合成为有用的新产品，防止其渗入地表水，从而达到环保的目的。金属如 Cu、Cd、Pb、Zn、Pd 和 As 可以通过离子取代、金属氢氧化物沉淀或物理封装等方式被吸收固定在碱激发水泥的三维结构中[46]。在碱激发粉煤灰 - 高岭土混合体系，可以制备出抗压强度高，能固定 Cu、Pb 等重金属的新型复合材料。研究表明，重金属是通过物理和化学相互作用来固定的[47]。在偏高岭土基碱激发水泥中加入 Fe^{2+} 还原剂，有效固化了 $K_2Cr_2O_7$，重金属离子的加入还会改变碱激发水泥材料的抗压强度。重金属的固定不仅取决于金属沉淀的溶解度，还取决于碱激发水泥基体的渗透性。碱激发水泥中重金属的固化主要取决于重金属的性质、碱激发水泥原料的特性、pH 值、碱激发剂的类型以及碱激发水泥黏结剂的孔隙结构。

自 2011 年日本核灾难以来，人们对安全有效地固定或固化核废料的担忧急剧增加。水泥基材料，包括 OPC 和水泥 - 聚合物复合材料，被广泛应用于低放射性废物的封装。然而，多数水泥基材料相对浸出性强、耐酸蚀性差，热稳定性低。碱激发水泥由共价键和非晶态框架组成，被认为是材料领域废物处理的最佳材料，由于其热化学稳定性好、耐酸性优、抗压强度高等优点，因此粉煤灰基碱激发水泥可以作为一种低成本、高效率的放射性废物固化材料。

参考文献

[1] Wang Jinbang, Zhou Zonghui, Cheng Xin, et al. Effect of zeolite on waste based alkali-activated inorganic binder efflorescence[J]. Construction and Building Materials, 2018, 158: 683-690.

[2] Purdon A O. The action of alkali on blast furnace slag[J]. J Soc Chem Ind, 1940, 59: 191-202.

[3] Davidovits J. Geopolymers: Inorganic polymeric new materials[J]. J Therm Anal, 1991, 37(8):1633-1656.

[4] Wang Jinbang, Zhou Zonghui, Cheng Xin, et al. Effect of nano-silica on the efflorescence of waste based alkali-activated inorganic binder[J]. Construction and Building Materials. 2018, 167: 381-390.

[5] 史才军，何富强. 碱激发水泥的类型与特点 [J]. 硅酸盐学报，2012, 40(1):69-75.

[6] Wang Jinbang, Zhou Zonghui, Cheng Xin, et al. Effect of nano-silica on hydration, microstructure of alkali-activated slag[J]. Construction and Building Materials. 2019, 220: 110-118.

[7] 陈晓堂，徐军，郑娟荣. 4A 沸石离子交换在地质聚合物性能评价及应用 [J]. 辽宁工程技术大学学报，2013, 32(9):1256-1259.

[8] Wang Jinbang, Zhou Zonghui, Cheng Xin, et al. Accelerating the carbonation rate of hardened cement pastes: Influence of porosity[J]. Construction and Building Materials. 2019, 225: 159-169.

[9] 孙道胜，王爱国，胡普华. 地质聚合物的研究与应用发展前景 [J]. 材料导报，2009, 7: 61-65.

[10] 杨南如. 碱胶凝材料形成的物理化学基础（Ⅰ）[J]. 硅酸盐学报，1996, 24(2):209-215.

[11] 杨长辉，蒲心诚. 论碱矿渣水泥及混凝土的缓凝问题及缓凝方法 [J]. 重庆建筑大学学报，1996, 18(3):67-72.

[12] Roy D M, Silsbee M R, Wolfe-Confer D. New rapid setting alkali activated cement composites[J]. MRS Proc,

1990, 179: 203-220.

[13] Bakharev T, Sanjayan J G, Cheng Y B. Alkali activation of Australian slag cements[J]. Cem Concr Res, 1999, 29: 113-120.

[14] Wang Jinbang, Zhou Zonghui, Cheng Xin, et al. Effect of nano-silica on chemical and volume shrinkage of cement-based composites[J]. Construction and Building Materials. 2020, 247: 118529-118538.

[15] 黄风会. 废弃物基地质聚合物材料的制备及性能研究 [D]. 济南：济南大学，2014.

[16] 李芳淑. 地质聚合物材料泛碱的抑制措施研究 [D]. 济南：济南大学，2015.

[17] Lee W K W, Deventer J S J V. Structural reorganisation of class F fly ash in alkaline silicate solutions[J]. Colloids and Surfaces A, 2002, 211: 49-66.

[18] Li G, Zhao X. Properties of concrete incorporating fly ash and ground granulated blast-furnace slag[J]. Cement and Concrete Composites, 2003, 25(3):293-299.

[19] 单立福. 重构条件对钢渣中 MgO 存在形式的影响 [D]. 济南：济南大学，2009.

[20] 周宗辉，王金邦，程新. 一种碱矿渣水泥泛碱抑制剂及其制备方法 [P]: 中国，CN201710318440.5. 2017-05-08.

[21] 周宗辉，王金邦，程新. 一种废弃粘土砖基地聚物砌块及其制备方法 [P]: 中国，CN201810103231.3. 2018-02-01.

[22] 叶家元. 活化铝土矿选尾矿制备碱激发水泥及其性能变化机制 [D]. 北京：中国建筑材料科学研究总院，2015.

[23] 周同同. 纳米改性钢渣基碱激发材料的制备和性能研究 [D]. 济南：济南大学，2016.

[24] 徐振海. 纳米材料对 C_3S 水化硬化的影响 [D]. 济南：济南大学，2017.

[25] 米春艳，刘顺妮，林宗寿. 钢渣作水泥膨胀剂的初步研究 [J]. 水泥工程，2000, 6: 1-5.

[26] 陈平，王红喜，王英. 一种钢渣基新型膨胀剂的制备及其性能 [J]. 桂林工学院学报，2006, 26(2):259-262.

[27] 周宗辉，王金邦，程新. 一种碱矿渣水泥缓凝剂及其制备方法 [P]: 中国，CN201710318439.2. 2017-09-15.

[28] 周宗辉，王金邦，程新. 一种碱激发水泥及其制备方法 [P]: 中国，CN201810192741.2. 2018-07-13.

[29] Bernal S A, Provis J L, Fernández-Jiménez A, et al. Binder chemistry-high-calcium alkali-activated materials[M]. Netherlands: Springer, 2013: 59-91.

[30] 周宗辉，王金邦，程新. 一种 3D 打印的碱矿渣水泥混凝土及其制备方法 [P]: 中国，CN201810103220.5. 2018-06-19.

[31] Choo H, Lim S, Lee W, et al. Compressive strength of one-part alkali activated fly ash using red mud as alkali supplier[J]. Construction and Building Materials, 2016, 125: 21-28.

[32] Kim M S, Jun Y, Lee C, et al. Use of CaO as an activator for producing a price-competitive non-cement structural binder using ground granulated blast furnace slag[J]. Cement and Concrete Research, 2013, 54: 208-214.

[33] Krstulović Ruža, Dabić Pero. A conceptual model of the cement hydration process[J]. Cement and concrete research, 2000, 30(5):693-698.

[34] 韩方晖. 复合胶凝材料水化特性及动力学研究 [D]. 北京：中国矿业大学，2015.

[35] Fernandez-Jimenez A, Puertas F, Arteaga A. Determination of kinetic equations of alkaline activation of blast furnace slag by means of calorimetric data[J]. Journal of Thermal Analysis and Calorimetry, 1998, 52(3):945-955.

[36] 周宗辉，王金邦，程新. 一种碱激发水泥泛碱抑制剂及其制备方法 [P]: 中国，CN201810856630.7. 2018-12-04.

[37] 王金邦. 修补/防护用碱激发材料制备及性能研究 [D]. 济南：济南大学，2020.

[38] Pacheco-Torgal F, Castro-Gomes J P, Jalali S. Adhesion characterization of tungsten mine waste geopolymeric binder: Influence of OPC concrete substrate surface treatment[J]. Construction and Building Materials, 2008, 22(3):154-161.

[39] Phoongernkham T, Sata V, Hanjitsuwan S, et al. High calcium fly ash geopolymer mortar containing Portland cement for use as repair material[J]. Construction & Building Materials, 2015, 98: 482-488.

[40] Khosravanihaghighi A, Pakshi M. Effects of SiC particle size on electrochemical and mechanical behavior of SiC-based refractory coatings[J]. Journal of the Australian Ceramic Society, 2017, 53(2):909-915.

[41] Guerrero Aguirre, Ana María, Robayo-Salazar, et al. A novel geopolymer application: Coatings to protect reinforced concrete against corrosion[J]. Applied Clay Science, 2017, 135: 437-446.

[42] 周宗辉，王金邦，程新. 一种纳米氧化铝改性碱激发水泥泛碱抑制剂及其制备方法 [P]: 中国，CN201810856629.4. 2018-11-06.

[43] 周宗辉，王金邦，程新. 一种纳米碳酸钙改性碱激发水泥泛碱抑制剂及其制备方法 [P]: 中国，CN201810856512.6. 2018-11-20.

[44] 周宗辉，王金邦，程新. 一种纳米氧化钛改性碱激发水泥泛碱抑制剂及其制备方法 [P]: 中国，CN201810856480.X. 2018-12-07.

[45] Zhang Zuhua, Yao Xiao, Wang Hao. Potential application of geopolymers as protection coatings for marine concrete Ⅲ [J]. Applied Clay Science, 2012, 67-68: 57-60.

[46] Huyen VT, Nadarajah G. Mechanisms of heavy metal immobilisation using geopolymerisation techniques: a review[J]. J Adv Concr Technol 2018, 16: 124-135.

[47] Waijarean N, Asavapisit S, Sombatsompop K. Strength and microstructure of water treatment residue-based geopolymers containing heavy metals[J]. Construction and Building Materials, 2014, 50: 486-491.

第五章

纳米改性水泥基材料

127

硅酸盐水泥混凝土是最大宗建筑材料，也是关系国民经济发展、国家重大战略实施的关键基础材料，量大面广。当前，我国仍处于经济社会发展重大战略机遇期，对水泥混凝土材料需求持续旺盛，近年来水泥年产量超过 24 亿吨，由此带来的资源能源和环境问题已成为制约国民经济发展的瓶颈。

通常，延长新建或既有混凝土结构服役寿命是保障重大战略发展材料需求、实现资源可持续利用的关键。现代混凝土技术的发展使混凝土极限服役寿命由通常的几十年提升到 100 ~ 120 年。但随着材料组成、服役环境的复杂化和严酷化，现代混凝土仍难满足性能需求，人们为此提出更高混凝土耐久性发展目标，如，日本提出制备"千年混凝土"。在此背景下，如何深入挖掘混凝土性能发展潜能，拓展应用空间，成为实现混凝土高耐久化发展的迫切需求。

具有多尺度特征的水泥混凝土水化硬化伴随着微纳米尺度性能发展和演变。近几十年来，以粉煤灰、矿粉和硅灰为代表的辅助性胶凝材料在微米／亚微米尺度显著调控水泥混凝土组成和结构，优化传统水泥混凝土孔隙率大、组成易侵蚀等缺陷，已成为现代混凝土改性的主要手段。为进一步拓展现有微米／亚微米尺度混凝土性能发展空间，近年来，利用纳米材料从亚微观和纳观尺度优化水泥水化硬化过程成为重要着力点。

通常，纳米材料和技术在功能材料和先进材料开发方面发挥了关键作用，但对于水泥混凝土，人们一般只关注其结构属性，而忽略功能，以至于鲜有这方面的思考。纳米材料在水泥混凝土中性能发挥也往往受制于使用环境，加之制备工艺、材料价格等原因，导致其特性无法在结构材料中有效发挥。随着纳米材料和纳米技术的发展，通过合理设计和运用其对水泥混凝土微纳米尺度组成和结构的调控作用，展示出从根本上拓展现代水泥混凝土性能优化、耐久性提升空间的独特作用，为促进混凝土和纳米材料的发展和运用提供了重要契机。

实际上，现代混凝土发展过程也是组成材料粒径不断细化的过程。利用超细微粉（如尺寸为 0.5μm 左右的硅灰）调控水泥性能是制备现代高耐久性混凝土的常用手段，而进一步利用尺寸更小的纳米材料（小于 100nm）对水泥混凝土改性的研究结果显示，其对水泥水化硬化的调控、对耐久性的提升作用呈现与尺寸非同量级的增益效果：合理掺入少许纳米材料即有望获得较之于微米改性显著的强度和耐久性增益效能。纳米材料的颗粒结构、表面特征等赋予其超高活性、独特的 C-S-H 凝胶组成和结构调控特性，为从根本上拓展混凝土性能提供了手段。

随着纳米技术的发展，其在新材料中的应用变得越来越广泛。发挥纳米材料在纳米微观尺度的性能特征，用于调控传统多尺度分布特征的水泥混凝土材料，优化其性能发展特性的基础上，提升水泥混凝土材料耐久性，有望为现代水泥基材料发展提供新的技术途径。

本章重点介绍纳米材料［主要是纳米氧化硅（或纳米 SiO_2 或简称为纳米硅）］对水泥水化和硬化作用的调控作用，在此基础上，对其工程应用研究进行了介绍。

第一节
纳米氧化硅在水泥基材料中的分散

纳米材料是指在三维空间中至少有一维处于纳米尺寸（0.1 ~ 100nm）或由它们作为基本单元构成的材料，其明显区别于宏观材料的性质特点引起人们广泛的研究兴趣，如纳米 SiO_2、纳米 $CaCO_3$、纳米 TiO_2 等。纳米 SiO_2 因其火山灰反应活性、晶核效应和填充效应而备受广泛。众多研究表明，掺加一定量纳米材料的水泥基材料性能，如力学性能、耐久性等，明显提高。

虽然纳米材料在水泥基材料中的应用日趋广泛，但关于其研究及实际应用仍面临一些挑战，其中，如何实现纳米材料在水泥基材料中的均匀分散是最关键的问题之一。以纳米 SiO_2 为例，研究表明，其团聚体粒径分布通常为 100 ~ 400μm，纳米 SiO_2 的团聚不仅阻碍其特有优势的发挥，而且团聚体与水化产物氢氧化钙［$Ca(OH)_2$，CH］生成的水化硅酸钙（C-S-H）凝胶的胶结作用有限，甚至会在水泥基材料中形成较弱的界面过渡区进而影响其性能。

一、纳米材料在水泥基材料中的分散理论

纳米材料在水泥基材料中难分散可归因于两方面：纳米材料自身的高表面能以及水泥基材料水化体系高碱度和高离子强度等特点。

首先，纳米材料自身的高表面能。纳米材料在水中或分散剂中形成的分散液属胶体系统中的溶胶溶液。颗粒与水或分散剂的碰撞使其具有与周围颗粒相同的动能，不断地做布朗运动（被分子撞击的悬浮微粒做无规则运动的现象）。与其他颗粒相比，纳米颗粒粒径小，运动速度快，因此纳米颗粒之间碰撞吸引进而团聚的概率大大增加。式（5-1），式（5-2）表明，布朗运动引起的位移随着粒径的减小而增大，粒径越小的颗粒彼此移动和靠近的趋势越明显。此外，不同颗粒之间的平均表面距离［式（5-3），式（5-4）］也需要考虑，如图 5-1（a）所示，不同固体分数体系中，粒径为 20nm 的小颗粒之间的平均表面距离 h 远小于粒径为 300nm 的颗粒。从图 5-1（b）可知，在体积分数为 20% 的体系中，如果粒径超过 10μm，则平均表面距离远大于平均转移距离，若为纳米颗粒，颗粒的平均

转移距离ΔX则远大于平均表面距离h，表明与其他尺度颗粒相比，纳米颗粒有更强的聚集倾向。

$$\Delta X = \sqrt{6 D_B \Delta t} \tag{5-1}$$

$$D_B = \frac{kT}{3\pi \mu d_p} \tag{5-2}$$

$$h = d_p \left[\sqrt{\frac{1}{3\pi F} + \frac{5}{6}} - 1 \right] \tag{5-3}$$

$$h = d_p \left[\left(\frac{\pi}{3\sqrt{2}F} \right)^{1/3} - 1 \right] \tag{5-4}$$

式中　ΔX——平均转移距离；

D_B——爱因斯坦的布朗扩散系数；

Δt——扩散时间；

k——玻尔兹曼常数；

T——温度；

μ——介质黏度；

d_p——颗粒粒径；

h——平均表面距离；

F——悬浮液中颗粒的体积分数。

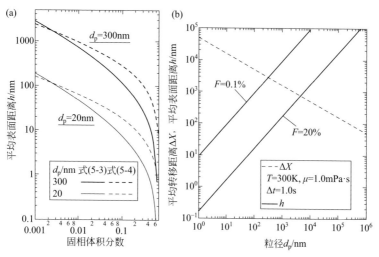

图5-1　（a）由布朗运动引起的颗粒粒径与颗粒平均表面距离之间的关系；（b）固体体积分数与颗粒平均表面距离、转移距离之间的关系[1]

DLVO 理论基于扩散双电层理论对溶胶稳定性进行了阐述，即材料总位能等于范德华吸引位能与双电层引起的静电排斥位能之和。图 5-2 展示了带电粒子表面在电解质中相互作用位能与彼此距离的关系，曲线 U_A、U_R 分别表示吸引位能和排斥位能随粒子间距离的变化情况，相斥为正，相吸为负，曲线 U_T 表示总势能（吸引位能 U_A 与排斥位能 U_R 之和）随粒子间距离的关系，其中 U_m 被认为是粒子团聚所必须跨越的位能势垒。当颗粒间距离较大时，范德华引力占优势，U_T 曲线在横轴之下，随着颗粒间距离的减小，颗粒间的斥力开始发挥作用，总势能逐渐上升为正值，到某特定距离时出现一个势能峰值 U_m，势能的上升表明颗粒不能进一步靠近，若能越过此势能峰，则引力占优势，总势能急剧下降，此时颗粒将发生不可逆聚集。

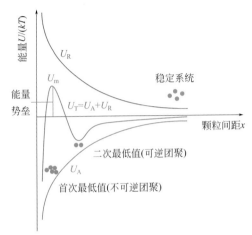

图5-2 两个带电粒子表面在电解质中相互作用位能与其距离的关系图[2]

其次，水泥浆体的水化本身就是一个动态体系。水泥颗粒一旦与水接触，便会释放大量离子，如 Ca^{2+}，Mg^{2+}，Na^+，K^+，OH^-，SO_4^{2-} 等。整个体系呈现的高 pH 和高离子强度（I_c）特点会进一步加剧水泥浆体中所掺加纳米颗粒的团聚情况。

对纳米材料而言，如纳米 SiO_2，其微米级的团聚体不仅不能发挥其纳米颗粒的特有优势，而且其通过火山灰反应形成的 C-S-H 凝胶也不具有胶凝特性，会在水泥基材料中形成弱的界面过渡区进而损害性能。因此，如何提高纳米颗粒在水泥基体系中的分散及分布就变得尤为重要。

二、纳米氧化硅在水泥基材料中的分散性

纳米 SiO_2 是粒径小于 100nm 的无定形材料，因其比表面积大，具有自发团聚的趋势，水泥基材料中的纳米颗粒团聚体可能成为基体的薄弱部位，降低基体的力学性能，因此，纳米硅的分散性直接影响了其对水泥基材料的改性效果。图 5-3

总结了纳米硅改性水泥砂浆、净浆及混凝土的 28d 抗压强度增幅，从图中可以看出，不同粒径的纳米硅对水泥基体的改性效果差距较大，相同粒径的纳米硅对水泥基体改性效果的波动性较显著，这凸显了纳米硅在水泥基体中分散的重要性。

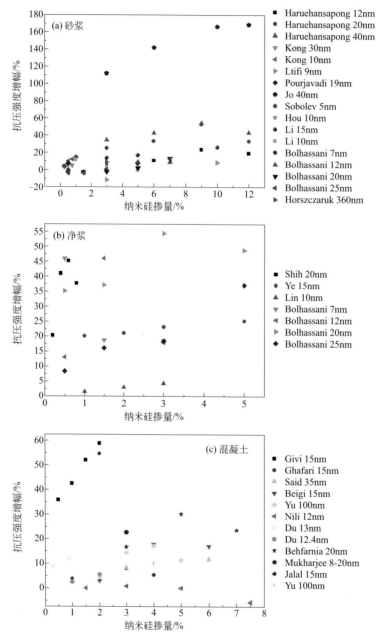

图5-3 纳米硅对水泥基材料28d抗压强度的影响[3]

为了增加纳米硅的分散性，目前研究者采用的分散技术如下：

（1）物理分散。常用的物理分散方式为机械搅拌和超声分散。超声分散比机械分散的力度大，是利用超声空化时产生的局部高温、高压、巨大冲击力和微射流等，弱化纳米颗粒间的纳米作用能，可有效地分散纳米团聚体，是目前常用的分散方式。但是过热的超声分散，使分散体系的热能和机械能增加，颗粒的碰撞概率随之增加，从而导致纳米颗粒的再团聚，因此要选择合适的超声分散时间、功率等参数。

（2）化学分散。化学分散是选择一种或多种适当的表面活性剂分散纳米颗粒。利用表面活性剂在固液界面上的吸附作用，形成一层分子膜，从而阻碍纳米颗粒之间的相互接触；利用吸附在纳米颗粒表面的活性剂产生的静电排斥和范德华力之间的竞争平衡，改善纳米分散体系的稳定性。此外，表面活性剂可以降低表面张力，增加相溶性，提高分散效果。高分子表面活性剂还可以通过空间位阻作用减少纳米颗粒之间的接触。但由于纳米材料的结构差异性大，并没有单一的表面活性剂适用于各种纳米材料的分散，且某些表面活性剂的使用可能会延迟水泥水化和硬化过程，降低基体的早期性能。

以上常用的纳米硅分散方式，可以实现纳米硅在水溶液中的分散，但当纳米硅的水分散液加入水泥体系中，稳定的纳米硅分散体系可能会被破坏。图5-4为用10000r/min离心纳米硅的分散液，计算纳米颗粒沉降率，比较不同分散方式的纳米硅水溶液的分散程度，图5-5为不同分散方式的纳米硅水溶液与孔溶液相互混合5min后沉降率的比较。比较图5-4和图5-5可以看出，水溶液中分散程度差别较大的三种纳米硅溶液，与一定量的孔溶液相互混合5min后，沉降程度相似；且随着孔溶液比例的增加，沉降率均随之增加。这可能是由于纳米硅与水

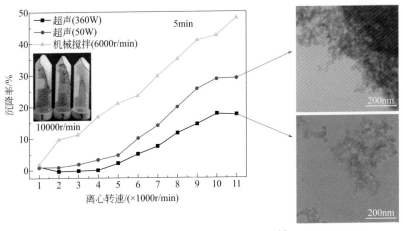

图5-4　不同分散方式的纳米硅水介质分散程度的比较[4]

泥水化产生的 Ca^{2+}，Na^+ 和 K^+ 发生交联作用，使得已经分散开的纳米硅颗粒再团聚。因此，改善纳米硅在水泥基体中的分散/分布更为重要。

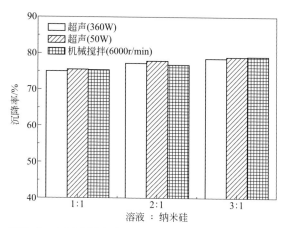

图5-5　不同分散方式的纳米硅水溶液与不同量孔溶液混合后沉降对比（纳米硅与孔溶液混合时间：5min）

为了改善纳米颗粒在水泥体系中的分散性，Horszczaruk 等人[13]将纳米硅先在丙酮中分散均匀，再加入水泥中搅拌均匀，待内酮挥发后，再加水拌合水泥和纳米硅的混合体。该研究表明，与添加了常规分散纳米硅水溶液的水泥砂浆相比，使用此方法分散纳米硅后，砂浆的抗压强度提高了6.7%（尽管少量残留的丙酮一定程度上阻碍了水泥的水化和硬化过程）。但是，考虑到该方法所使用的丙酮易燃、易制毒、易制爆，对身体危害极大，并非是增加纳米硅在水泥基体中分散的较好选择。

与纳米材料相比，微米材料在水泥基体中更容易达到较好的分散，采用微米材料 - 纳米材料吸附分散方式，将纳米颗粒吸附到微米材料上，可以使纳米材料在水泥基体中达到较均匀的分布。

通过表征纳米硅在硅灰表面的吸附率［图 5-6（a）］可知，当硅灰与纳米硅的质量比从 1∶1 增加到 6∶1，纳米硅在硅灰表面的吸附率均较少，这可能是由于硅灰与纳米硅表面同时带负电荷［如图 5-6（a）中 Zeta 电位所示］，相互排斥。为了使硅灰吸附纳米硅，对硅灰表面进行了氨基化处理，硅灰氨基化处理后的 Zeta 电位如图 5-6（b）所示，由原来的 −32.56mV 变为 +2.35mV，与纳米硅表面带有相反电荷（−22.75mV）。随着氨基化硅灰（AFSF）与纳米硅质量比的增加，纳米硅在氨基化硅灰表面的吸附率随之增加，当两者比例为 1.8∶1 时，氨基化硅灰表面达到了饱和吸附。

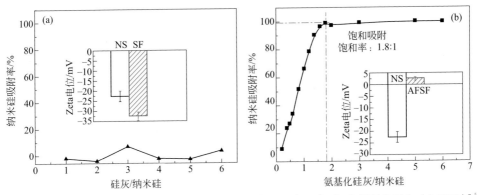

图5-6 纳米硅（NS）在硅灰表面的吸附率 [（a）硅灰（SF）;（b）氨基化硅灰（AFSF）][3]

图5-7为微纳米吸附分散和常用超声分散纳米硅的流程示意图。如图5-7所示，普通的超声分散作为对照组，如过程A所示，将纳米硅置于水中，先超声5min，后超声3min，加入含有水泥、砂子及氨基化硅灰的搅拌锅中搅拌成型。吸附分散过程如B所示，纳米硅先在水中超声5min，将氨基化硅灰加入该溶液中，再超声3min，使纳米硅充分地吸附到硅灰表面，再将吸附混合液倒入含水泥及砂子的搅拌锅中搅拌成型。

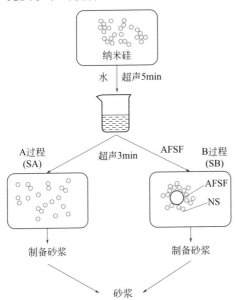

图5-7 微纳米吸附分散和超声分散纳米硅的流程示意图[3]

从图5-8纳米硅在氨基化硅灰表面吸附对砂浆扩展度的影响可以看出，3%硅灰（3% SF）取代水泥，砂浆扩展度降低了3.1%，而当3%氨基化硅灰（3% AFSF）取代水泥，砂浆的扩展度增加了2.7%，这可能是氨基化硅灰所用的表面活性剂（KH550）对硅灰进一步地分散所致。

当超声分散的3%纳米硅（3%NS+0%AFSF）取代水泥时，扩展度降低，需要添加1.9%的萘系减水剂才可以满足成型要求，这可能是因为纳米硅团聚体包裹了较多的自由水，降低了扩展度。当3%纳米硅与氨基化硅灰复掺，且无单独的预吸附处理时（SA试样），砂浆的扩展度仅由135mm增加到139.5mm，而当纳米硅与氨基化硅灰吸附处理后（SB试样），扩展度大幅增加，相较于3%纳米硅试样，增加13%，说明有大量包裹的自由水被释放，该吸附分散有利于纳米硅在水泥基体中的分散。

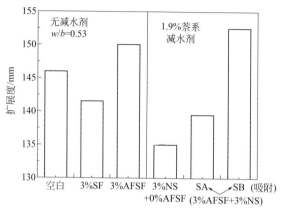

图5-8 纳米硅在氨基化硅灰表面吸附对砂浆扩展度的影响[4]

氨基化硅灰吸附预分散纳米硅对水泥净浆孔隙率的影响如表5-1所示。从表5-1可以看出，当龄期为7d时，空白组的孔隙率为32.00%，而3%SF、3%AFSF、3%NS、3%AFSF+3%NS（SA）和3%AFSF+3%NS（SB）的孔隙率分别为31.05%（SF）、26.11%（AFSF）、24.99%（NS）、26.93%（SA）和19.88%（SB），均低于空白组；当龄期为28d时，空白组孔隙率为24.33%，而上述各组的孔隙率分别为20.80%（SF）、18.62%（AFSF）、16.23%（NS）、18.53%（SA）和17.62%（SB），也均低于空白组。这说明，硅灰或纳米硅的添加，细化了基体孔结构，且微纳米吸附分散后（SB）对孔结构的密实作用更显著。可见，高分散程度的纳米硅堵孔密实的效果更好。

表5-1 水泥净浆孔隙率

样品	孔隙率/%	
	7d	28d
空白组	32.00	24.33
3%SF	31.05	20.80
3%AFSF	26.11	18.62
3%NS	24.99	16.23
SA	26.93	18.53
SB	19.88	17.62

第二节
纳米改性水泥基材料的流变性

流变学涉及复杂流体的流动。流体不同于固体，当施加应力时，流体会连续变形，而固体变形后停止，固体具有"弹性"响应，可以抵抗施加的应力，而流体则没有弹性响应，并且在应力作用下会不断变形。从宏观角度看，液体和气体对施加应力的响应在本质上相似。混凝土在许多重要的过程中涉及流变学概念，例如运输、泵送、浇筑、注入、喷涂、铺展、自流平、抹平、成型和压实等。

根据大量的理论和实验工作，流变学的许多研究致力于建立流体的应力历史和应变历史之间的本构关系。但是，由于流体的复杂性，无法将单个模型视为通用或足够精确以涵盖整个范围的流体特性。当流动几何形状、剪切表面之间的间隙以及它们的摩擦力发生变化时，情况将变得更加复杂。水泥基材料常用的描述流体特征的是 Bingham 模型和 Herschel-Bulkley 模型，如图 5-9。

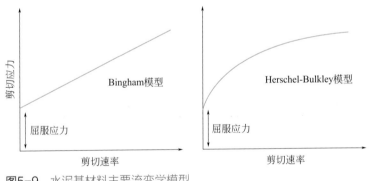

图5-9 水泥基材料主要流变学模型

从图中可获得表述流体流变性能的屈服应力（动态和静态）、塑性黏度等。Herschel-Bulkley 模型可以充分描述水泥基材料的非线性流动行为，但主要缺点是确定模型参数需要烦琐的过程。Bingham 模型是最简单的模型，但通常用于水泥浆的流变研究仅包含两个固有的流变参数：动态屈服应力和塑性黏度。

水泥浆的屈服应力源自胶体相互作用或直接接触的颗粒 - 颗粒网络的微观

作用。微观结构在破裂并开始流动之前会承受一定量的应力，即屈服应力。静止时，由于胶体絮凝和水泥水化键合（例如 C-S-H）而形成微结构，从而导致较高的屈服应力。在剪切作用下，结构和黏结网络破裂，从而导致屈服应力减小。

纳米改性改变水泥基材料水化硬化过程和微结构特性，对新拌材料的流变性产生显著影响。一般而言，纳米的掺入会使屈服应力和塑性黏度增加。例如 Hou 等 [5]、Sonebi 等 [6]、Senff 等 [7] 均发现，随着纳米 SiO_2 掺量的增加，屈服应力和塑性黏度均有所增加。但是有些研究结果则与之不同。例如 Durgun 等人 [8] 发现，在不同粒径下，随着纳米 SiO_2 掺量的增加，屈服应力和塑性黏度先下降后上升，在 35nm、17nm 和 5nm 的粒径时，最小流变参数所对应的掺量分别是 1.5%、1.0% 和 0.3%。García-Taengua 等人 [9] 研究了含纳米 SiO_2 和粉煤灰的水泥砂浆的流变性能，发现只有减水剂掺量的变化会影响屈服应力，而塑性黏度则受减水剂、纳米 SiO_2 和粉煤灰三者的影响。当单掺纳米 SiO_2 量为 2% 时，塑性黏度最大，而当同时使用纳米 SiO_2 和粉煤灰时，塑性黏度随着粉煤灰掺量的增加而增加。

在工作性方面，纳米 SiO_2 因其超高的比表面积，掺入到砂浆或者混凝土中降低坍落度和扩展度，增大需水量和减水剂掺量。在高性能混凝土中，胶凝材料的比表面积随着纳米 SiO_2 掺量的增大而逐渐增大，导致纳米 SiO_2 因为填充效应所降低的填充水的量小于因为比表面积效应所增加的润滑水的量，由此会造成混凝土的坍落度和扩展度均降低，达到相同的坍落度或扩展度时就需要掺加更多的减水剂。Senff 等 [10] 研究了纳米 SiO_2 颗粒对水泥砂浆扩展度的影响。结果表明，在水胶比一定的情况下，纳米 SiO_2 颗粒悬浮液分别替代水泥质量的 0%、1.0%、1.5%、2.0% 和 2.5% 时，砂浆扩展度逐渐降低。Tobón 等 [11] 也有类似的研究结果，随着纳米 SiO_2 掺量的增加，为了保证相似的扩展度，减水剂掺量也应相应增加，并且增加幅度逐渐变大。

纳米 SiO_2 的掺入会导致拌合物流变及工作性降低，这将不利于纳米改性混凝土的制备及应用，特别是在模板复杂、布筋密集的情况下，纳米改性制备高流动性混凝土，如自密实混凝土（SCC），能否完整填充模板更加充满不确定性。

SCC 的工作性主要包括填充性（流动性）、间隙通过性和抗离析性三个方面的内容，评价其工作性的方法主要有流动扩展度试验、J 形环试验、V 形漏斗试验、L 形箱试验、U 形槽试验以及湿筛稳定性试验等。尽管评价方法多种多样，但是每种方法仅能评价 SCC 工作性某一方面的内容，例如：流动扩展度试验仅能评价填充性；J 形环和 L 形箱试验仅能评价其间隙通过性；湿筛稳定性试验仅能评价其抗离析性。此外，众多评价方法也无法真实预测其在模板中的流动情况。当试件尺寸较小时尚可通过试浇筑法，但在大尺寸试件中则不具备可实施性。

数值模拟方法可模拟纳米改性自密实混凝土的坍落度、在 L 形箱以及大尺寸试件中的流动情况，同时依据力学性能找出了最适于工程应用的纳米改性自密实混凝土配合比，为后续研究提供借鉴。选择工程中配合比，并通过试拌和调整后得到自密实混凝土基准配合比，如表 5-2 所示。

表5-2 自密实混凝土基准配合比

水胶比	砂率/%	胶材用量/(kg/m^3)	水/(kg/m^3)	石/(kg/m^3)	砂/(kg/m^3)	减水剂掺量/%
0.3	45	550	165	712	583	1.2

根据基准配合比，在掺入水泥质量 1% 纳米 SiO_2 的基础上，选择硅灰和矿粉按质量取代水泥，其中单掺时硅灰（S）取代率为 3%，复掺矿粉（G）和硅灰取代率分别为 30% 和 3%，同时单掺和复掺均选择 43%、45%、47% 三种不同的砂率来配制纳米改性自密实混凝土，而后进行扩展度、L 形箱以及流变参数的测试，试件硬化后测试其 3d、7d 和 28d 抗压强度。测试结果见表 5-3。

表5-3 SCC 的密度、流动性参数及抗压强度

样品组	密度/(kg/m^3)	流动性参数				抗压强度/MPa		
		扩展度/mm	L形箱H_2/H_1	屈服应力τ_0/Pa	塑性黏度η_{pv}/Pa·s	3d	7d	28d
S3/43	2364.1	552	0.548	122.7	23.5	38.5	58.1	69.1
S3/45	2383.5	610	0.655	83.5	30.4	35.9	55.2	66.8
S3/47	2387.8	641	0.791	64.7	27.2	32.2	50.3	61.8
G30S3/43	2341.4	620	0.735	93.4	21.8	27.5	53.9	71.0
G30S3/45	2359.6	647	0.754	67.6	20.3	25.6	51.4	68.6
G30S3/47	2378.2	678	0.892	48.9	18.6	23.0	45.9	62.8

由表 5-3 中数据可知，随着砂率的增大，拌合物的扩展度均有不同程度的增加，且基本符合 SCC 扩展度的要求。同时，通过 L 形箱测得 H_2/H_1 的值也呈增大趋势。

屈服应力相比于塑性黏度的变化更明显，其数值随砂率增大而降低，也反映出屈服应力与最终的流动状态之间的关系更紧密。进一步对比在相同砂率下，不同胶凝材料对流变性能产生的影响，当掺加 30% 矿粉和 3% 硅灰时的各实验组

具有更大的流动度。在力学强度方面，G30S3 组在早期阶段对应的抗压强度较低，但水化后期强度与 S3 组大致相当。

针对 SCC 的常规流动性测试方法，建立相应的流动模型并使用测得的流变参数赋值，最终对比模拟流动性能数值与实际测定数值是否吻合，并基于此进行下一步的模拟浇筑分析。坍落 / 扩展度模型建立过程如下：第一步，在数值模拟软件 Flow 3D 中先建立网格并保证计算域尺寸大于混凝土可能达到的最大流动尺寸。同时因为混凝土主要在下层网格处发生流动，所以在下层插入额外的网格面，并设置更小的网格尺寸，以增大在此区域网格的密度。因单元尺寸定义了域内的解析精度，因而会对所需计算资源有强烈的影响，所以网格尺寸需要在精度与计算时间之间取得平衡。第二步，选择国际单位制。第三步，物理模型分别选择重力模型和黏度模型，其中在重力模型中设定 Z 方向数值为 −9.81 以及黏度模型中选择流动类型为层流。第四步，对流体材料进行设定时，除输入材料密度外，使用 $\eta_{av}=\tau/\gamma$ 对可能出现的表观黏度无穷大进行处理。第五步，计算域共需设置的六个边界条件中，五个边界直接与空气接触，因此设置为 Specified pressure，并设置 Fluid fraction 为 0，Pressure 为 0，即表示标准大气压下的空气状态；下层边界与地面接触，设置为 Wall。第六步，初始条件在此模型中主要指初始流体域的确定，通过在 AutoCAD 中绘制几何并输出 STL 文件，再导入 Flow 3D 中，可定义出流体域。第七步，输入流动的模拟时间以及确定输出数据的类型，尝试第一次模拟，并根据所得出的数据查看以上步骤是否需要修改。坍落 / 扩展度的模拟分析如图 5-10 所示，设定整体网格尺寸为 0.01m，并对 Z 轴底面区域进行加密，此部分网格尺寸设为 0.005m。图 5-10（b）为 S3/43 组在 $t = 0.30$s 时的流动情况，混凝土在一定时间下均匀摊开，最终的形状近似为圆形，与实际的流动情况相一致。

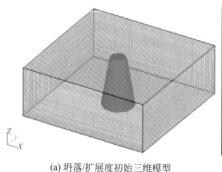

(a) 坍落/扩展度初始三维模型

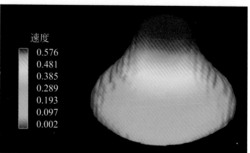

速度
0.576
0.481
0.385
0.289
0.193
0.097
0.002

(b) S4/43组在 $t = 0.30$s时的流动情况

图5-10 坍落/扩展度模拟分析

通过图 5-10 中混凝土停止流动后所对应的尺寸，可以计算得混凝土的最终扩展度为 578mm。对剩余五组纳米改性自密实混凝土采取同样的方法，最终对比实际扩展度与模拟扩展度之间的相对误差，如表 5-4 所示。

表5-4 纳米改性自密实混凝土实际与模拟扩展度结果对比

扩展度/mm	S3/43	S3/45	S3/47	G30S3/43	G30S3/45	G30S3/47
测试值/mm	552	610	641	620	647	678
模拟值/mm	578	633	674	639	675	698
相对误差/%	4.7	3.8	5.1	3.1	4.3	2.9

通过表 5-4 中数据可得，模拟扩展度与实际扩展度之间存在部分差值，但在可接受的范围之内，且模拟所得到的数值基本都大于实际的扩展度，可能是因为实验所采用的为单相流模型，未考虑粗细骨料摩擦及碰撞所产生的阻力。

以相同的建模流程对 L 形箱进行分析，设置左侧单个网格尺寸为 10mm，下层单个网格尺寸为 5mm。其中钢筋是作为固体域存在的，同时为了对比钢筋的影响，对相同条件不存在钢筋的情况进行模拟。L 形箱的初始三维模型与模拟流动图如图 5-11 所示。

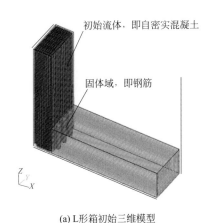

(a) L形箱初始三维模型

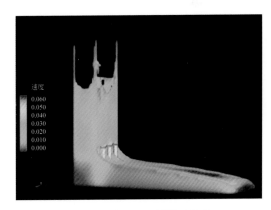

(b) S3/43组在t=7.50s时的流动状态

图5-11 L形箱模拟分析

图 5-11（b）为 S3/43 组拌合物通过钢筋阻隔流出的状态，可以看出钢筋部分影响着混凝土的流动，其中部分混凝土黏附在壁面上，并未发生流动。由最终的流动状态输出的数据得到 H_1 和 H_2 的值，并计算 H_2/H_1，同时与实际的测量值进行对比。在模拟中代入剩余五组的数据，可得 L 形箱测试与模拟结果的对比，如表 5-5 所示。

表5-5 L形箱测试结果与模拟结果对比

H_2/H_1	S3/43	S3/45	S3/47	G30S3/43	G30S3/45	G30S3/47
实际值	0.548	0.655	0.791	0.735	0.754	0.892
模拟值（有钢筋）	0.574	0.706	0.829	0.787	0.801	0.943
相对误差/%	4.74	7.79	4.80	7.07	6.23	5.72
模拟值（无钢筋）	0.513	0.718	0.841	0.797	0.793	0.945
相对误差/%	−6.39	9.62	6.32	8.44	5.17	5.94

由表 5-5 数据可知，通过模拟大致能分析出混凝土在 L 形箱中的流动情况，无论是否存在钢筋，相对误差都在允许的范围之内。同时，当无钢筋时的 H_2/H_1 及对应的相对误差基本都大于存在钢筋的情况，由此可以推出，当实验的要求不高时，可以不考虑钢筋的影响；反之，将钢筋考虑其中则更为准确。

通过上述的模型验证，Flow 3D 能够较为准确地分析混凝土的流动情况，因此可以借助其对复杂构件的浇筑过程进行模拟。实验选择的构件为 Roussel 等[12] 推荐的预弯梁，在梁的周围布置大量横向与纵向钢筋，如图 5-12（a）所示，确保一次性能够完整浇筑存在一定的困难，进而借助流体模拟进行分析。选择单位长度并通过 AutoCAD 绘制三维图，导入至 Flow 3D 中建模，其模型图如图 5-12（b）所示，网格尺寸统一设置成 5mm。在初始条件设定时不同于前者，因为混凝土由喷管流入模具中，因此使用 Flow 3D 中的质量动量源模块来对这一过程进行模拟。假设质量动量源的形状为矩形，混凝土体积流量为 $0.01\text{m}^3/\text{s}$，其中工字梁和钢筋作为固体域，其余部分均为流体域。

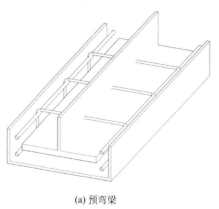

(a) 预弯梁

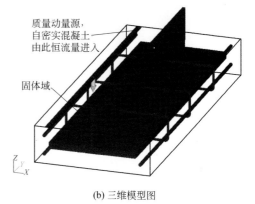

质量动量源，自密实混凝土由此恒流量进入

固体域

(b) 三维模型图

图5-12 预弯梁与Flow 3D模型图

不同配合比的 SCC 在预弯梁模具中浇筑的最终状态及所对应的时间，如图 5-13 所示。以 G30S3/45/6.53s 为例，前面部分表示组别，最后的 6.53s 表示混凝土达到翼缘附近时的时间。

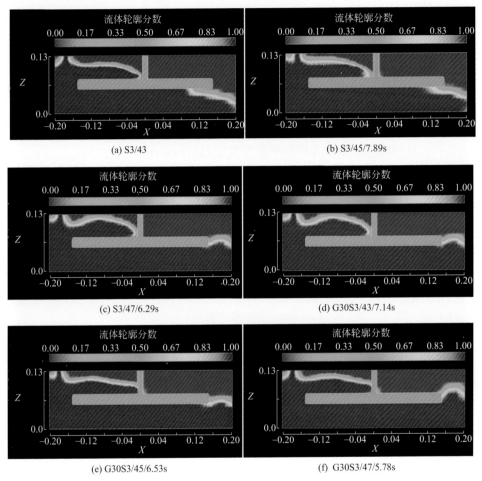

(a) S3/43

(b) S3/45/7.89s

(c) S3/47/6.29s

(d) G30S3/43/7.14s

(e) G30S3/45/6.53s

(f) G30S3/47/5.78s

图5-13　不同配合比纳米改性自密实混凝土最终的流动状态及对应时间

通过图5-13中不同组混凝土的最终流动情况可得，S3/43组因为流动性不佳，不能够完整填充至工字梁翼缘处，其余五组均可填充至指定位置，但所需时间不同。其中 G30S3/47 组所需的时间最短，为 5.78s；S3/45 组所需的时间最长，为 7.89s。从是否满足浇筑性要求来看，除 S3/43 组外其余五组均满足要求，但同时应该考虑力学强度的发展。同时将不同组混凝土在不同龄期的抗压强度与其对应的浇筑时间进行对比，如表 5-6 所示。

表5-6　不同配合比混凝土抗压强度及浇筑时间对比

项目		S3/43	S3/45	S3/47	G30S3/43	G30S3/45	G30S3/47
抗压强度/ MPa	3d	38.54	35.98	32.15	27.48	25.63	22.92
	7d	58.07	55.23	50.31	53.98	51.37	45.94
	28d	69.08	66.75	61.81	71.03	68.60	62.84
浇筑时间/s		—	7.89	6.29	7.14	6.53	5.78

通过流变和力学的综合分析，S3/43 组虽然具有较高的力学性能，但是不能满足试件浇筑的要求。在剩余配合比中，当对混凝土早期强度发展要求较高，则可选择 S3/45 组；反之，可选择 G30S3/43 或 G30S3/45 组，因为这两组配合比的混凝土可在保证后期稳定力学性能的前提下，具备更佳的流动性能，且大比例掺合料的使用降低了纳米改性自密实混凝土的材料费用。

综上，尽管纳米 SiO_2 会降低混凝土的工作性和流变特性，但是通过适宜的配合比仍然可以满足自密实混凝土的要求以达到实际工程应用的目的。

第三节
纳米氧化硅改性水泥基材料的力学性能

力学强度是结构材料性能的综合反映，大量研究结果表明，纳米氧化硅的火山灰活性、微纳填充特性显著调控硅酸盐水泥基材料的力学性能，为高强、高性能和绿色低碳材料的开发提供基础[14]。

一、对水泥胶砂强度的影响

采用不同方式分散纳米材料，其中物理分散包括机械分散、机械预分散和超声分散，实验中用这三种方式对纳米氧化硅进行预处理，将纳米 SiO_2 等量取代水泥的 3%，水灰比固定为 0.5，胶砂比为 1∶3，通过统一掺加 0.8% 的减水剂（聚羧酸粉剂减水剂）来达到一定的流动度。NS 表示纳米氧化硅，SP 表示减水剂，下同。

从图 5-14 中可以看出，纳米材料不同分散方式中，超声分散的效果最好，对比 G2 组，抗压强度明显提升，28d 强度提高 5.72%。

通过研究，获得最佳工艺方法：①将所有的纳米 SiO_2 与 75% 的水混合后，用超声分散的方式分散 5min；②将水泥、砂子和减水剂加入到搅拌锅中，慢速搅拌 2min；③将超声后的纳米 SiO_2 溶液和剩余的水加入到混合好的原料中，用标准搅拌机搅拌成型。

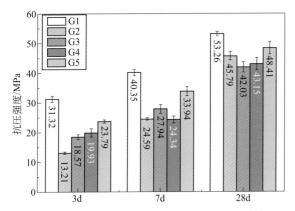

图5-14　纳米材料物理分散方式对强度的影响[14]

[G1基准组（不掺加减水剂，不掺加纳米 SiO_2），G2对照组（掺加减水剂，不掺加纳米 SiO_2），G3机械分散，G4机械预分散，G5超声分散]

表5-7　纳米氧化硅（NS）掺量对矿粉（BFS）水泥砂浆抗压强度的影响　　　　单位：MPa

编号	3d	7d	28d
0BFS0NS	32.43	40.66	50.73
0BFS3NS	39.47	47.65	56.15
10BFS0NS	29.15	41.95	54.17
10BFS3NS	35.76	46.56	54.88
20BFS0NS	27.65	40.42	53.88
20BFS3NS	34.66	46.88	56.32
30BFS0NS	23.97	38.92	56.33
30BFS3NS	31.56	45.82	59.42
40BFS0NS	21.72	37.19	55.4
40BFS3NS	33.22	47.69	58.26

从表 5-7 中可以看出，纳米氧化硅能有效提高强度，其中 30BFS3NS 在 3d，7d，28d 抗压强度较对比试样分别提高了 31.66%，17.73%，5.49%。

为研究纳米材料与辅助胶凝材料矿粉的协同作用，将纳米氧化硅掺入矿粉，浸在饱和石灰水中，然后测试其重量随时间的变化，并与矿粉、纳米氧化硅单组分体系进行比较，以此反映活性的协同作用，材料的配合比如表5-8，结果见图 5-15。

表5-8　在饱和石灰中胶凝材料的配合比

项目	1	2	3	4	5	6
组分	NS	BFS	10BFS3NS	20BFS3NS	30BFS3NS	40BFS3NS
质量/g	0.6	4	1+0.3	2+0.3	3+0.3	4+0.3

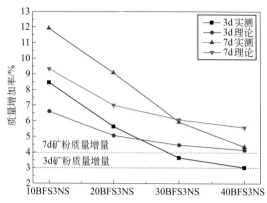

图5-15　纳米氧化硅与矿粉掺量活性的协同作用

图 5-15 中理论值是指将相同配合比的矿粉和 3% 的纳米氧化硅按照第一组测试数据进行推算，得出的相应配合比下胶凝材料的理论增加值，用以与实测值进行对比。可以发现，在 20% 的矿粉掺量以下，胶凝材料在 3d 和 7d 时胶凝材料总量增加，说明在此掺量以下，纳米氧化硅激发了矿粉发生二次水化，提高了 C-S-H 凝胶的生成量，且可以看出，随着龄期的增加，相应掺量下的实测值与理论值增加，说明在 3～7d 龄期内对矿粉激发速率加快，且在 20% 的矿粉掺量时增加率更大，纳米氧化硅作用的发挥更加明显。

研究比较了细度对微纳米组分协同作用的影响。实验室制备细度为 380m²/kg 和 810m²/kg 的矿粉，将 810m²/kg 矿粉的 20% 和 50% 分别掺加到 80% 和 50% 的 380m²/kg 中混合，可以得到另外两种比表面积的矿粉，分别为 510m²/kg 和 640m²/kg。将不同细度的矿粉混合后，组成不同比表面积的矿粉掺加到水泥中。按照表 5-9 的配合比进行实验。

表5-9　纳米氧化硅与不同细度矿粉水泥的协同作用配合比

编号	C/g	W/g	S/g	BFS/%	NS/%	FDN/%	扩展度/mm
C1	450	0.5	1350	0	0	0	236
D2	436.5	0.5	1350	0	3	2.5	180
D3	301.5	0.5	1350	30（380）	3	2.5	187
D4	301.5	0.5	1350	30（510）	3	2.5	188
D5	301.5	0.5	1350	30（640）	3	2.5	189
D6	301.5	0.5	1350	30（810）	3	2.5	180

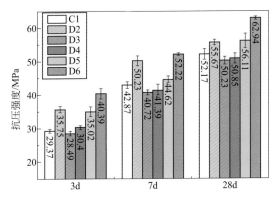

图5-16　纳米氧化硅对不同矿粉水泥砂浆抗压强度的影响

图 5-16 显示，在 28d 龄期时，掺加 810m^2/kg 的矿粉与纳米氧化硅的辅助作用依然明显，强度超过普通水泥（52.17MPa）的 20.64%，两者协同效应更明显。

将不同掺量的粉煤灰按照内掺的方式等量取代水泥，掺量分别为 10%，20%，30%，40%，纳米氧化硅内掺量为 3%。实验配合比如表 5-10 所示。

表5-10　纳米材料对粉煤灰掺量的影响

编号	C/g	W/g	FA/%	NS/%	S/g	FDN/%	扩展度/mm
F1	450	225	0	0	1350	0	223
F2	436.5	225	0	3	1350	2.5	168
F3	391.5	225	10	3	1350	2.5	181
F4	346.5	225	20	3	1350	2.5	181
F5	301.5	225	30	3	1350	2.5	182
F6	256.5	225	40	3	1350	2.5	185

表5-11　不同龄期的力学性能结果　　　　　　　　　　　　　　　　单位：MPa

编号	3d	7d	28d
F1	28.94	41.05	56.14
F2	29.72	46.41	57.34
F3	26.09	42.74	54.06
F3-0NS	23.86	35.99	54.04
F4	22.80	39.86	51.74
F4-0NS	21.12	31.55	50.19
F5	16.20	34.61	48.31
F5-0NS	16.33	26.51	45.17
F6	12.08	28.01	45.22
F6-0NS	13.3	21.96	36.84

表 5-11 显示，28d 龄期时，掺有 20%，30% 和 40% 的粉煤灰中掺加纳米氧化硅分别提高强度达 3.09%，6.95% 和 22.75%，相对于纳米氧化硅对水泥体系强度增幅（2.14%），粉煤灰体系（掺量 20% ~ 40%）强度增幅更大。

二、对混凝土强度的影响

图 5-17 和图 5-18 是纳米氧化硅（NS）掺量对两种尺寸粗集料混凝土抗压强度的影响结果，其中矿粉取代水泥量为 30%[15]。

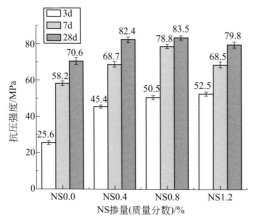

图5-17　纳米氧化硅混凝土抗压强度的影响（20mm粗集料）

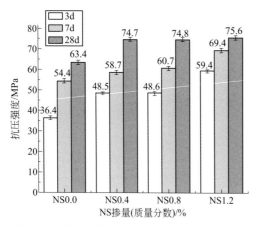

图5-18　纳米氧化硅混凝土抗压强度的影响（16mm粗集料）

纳米氧化硅掺量分别占胶凝材料的 0%、0.4%、0.8%、1.2%，显著影响混凝土 3d、7d、28d 抗压强度。图 5-17 显示，3d 龄期时，随 NS 掺量的增加，强度提高，掺量 1.2% 时，强度提高 105%，提高幅度 26.9MPa；7d 及 28d 龄期时，0.8% 的 NS 为最佳掺量，其中 7d 强度提高 35.4%，提高幅度 20.6MPa，28d 强度提高 18.3%，提高幅度 12.9MPa。对于 16mm 粗集料粒径混凝土，随着 NS 掺量的增加，各个龄期的强度也随之提高，掺量 1.2% 时，3d 强度提高 63.2%，提高幅度 23MPa；7d 强度提高 27.6%，提高幅度 15MPa；28d 强度提高 19.2%，提高幅度 12.2MPa。

第四节
纳米改性水泥基材料的耐久性

一、对微结构的影响

1. 纳米氧化硅对胶凝材料孔隙率及孔径分布的影响

纳米材料显著提升水泥水化硬化速度，进而可能对水泥石孔结构产生影响[16]。将 3% 的纳米 SiO_2 外掺入胶凝材料中，测试 3d 和 28d 龄期样品孔隙率，水灰比为 0.4，结果如图 5-19。

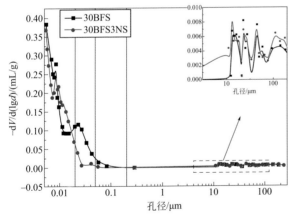

图5-19　纳米氧化硅对30%矿渣水泥孔孔结构的影响（28d）

从图 5-19 可以看出，掺入纳米氧化硅后，孔隙分布曲线左移，孔径减小。孔隙率计算后发现，总孔隙率从 20.51% 下降到 16.41%，水泥基体的少害孔向无害孔转化，无害孔逐渐被填充，进一步改善了水泥基体的孔径分布，优化了水泥基材料的孔结构。

2. 纳米氧化硅对硬化水泥浆体形貌的影响

图 5-20 是水泥掺入纳米 SiO_2 前后，水化 28d 时样品的扫描电镜照片，从中可以看出，基准试样水化产物整体结构疏松，有大量、定向排列的 $Ca(OH)_2$ 晶体镶嵌在孔洞内部，界面明显，且各水化产物间呈分散分布。掺加纳米 SiO_2 的水泥水化产物呈凝胶状，结构致密且难发现 $Ca(OH)_2$ 晶体。凝胶状的水化产物已连成一个整体分布，硬化浆体呈现整体化结构，增加了水泥浆体的致密度，优化了水泥浆体微观结构。

(a) 基准样　　　　　　　　　　　　(b) 掺3%纳米SiO₂

图5-20　纳米氧化硅对水泥形貌的影响（28d）

二、对抗介质传输性的影响

微观孔结构和形态的变化显著影响介质传输性，进而影响其耐久性[15]。

1. 纳米改性混凝土对抗氯离子渗透性的影响

图 5-21 显示，纳米氧化硅（NS）与矿粉 / 粉煤灰（FA）协同对混凝土抗氯离子渗透性显著提高。其中，NS 与 FA 协同作用时，NS 掺量为 1.5% 时效果最好，抗氯离子渗透系数由 $11.41 \times 10^{-12} m^2/s$ 下降到 $3.71 \times 10^{-12} m^2/s$，抗氯离子渗透性提高 67.5%；NS 与矿粉协同作用时，NS 掺量同样为 1.5% 时效果最好，抗氯离子渗透系数由 $9.63 \times 10^{-12} m^2/s$ 下降到 $1.31 \times 10^{-12} m^2/s$，抗氯离子渗透性提高 86.4%。由此可见，纳米氧化硅与矿粉、FA 协同对提高混凝土抗氯离子侵蚀作用明显。

图 5-21（b）是纳米氧化硅（NS）矿粉协同作用对 C60 混凝土抗氯离子渗透性的影响。其中，NS 掺量为 0.8% 时效果最好；石子最大粒径为 20mm 的混凝土抗氯离子渗透系数由 $4.18×10^{-12}m^2/s$ 下降到 $0.71×10^{-12}m^2/s$，抗氯离子渗透性提高 83%；石子最大粒径为 16mm 时，抗氯离子渗透系数由 $3.63×10^{-12}m^2/s$ 下降到 $1.17×10^{-12}m^2/s$，抗氯离子渗透性提高 67.8%。由此可见，纳米氧化硅与矿粉协同作用对提高混凝土抗氯离子侵蚀作用明显。

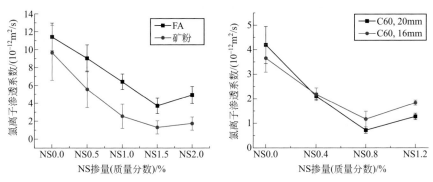

图5-21　纳米氧化硅掺量对混凝土抗氯离子渗透的影响

2. 纳米改性对混凝土抗冻性影响

图 5-22 表示纳米氧化硅（NS）与矿粉、粉煤灰（FA）协同作用对混凝土抗冻融性能的影响。NS 与矿粉协同作用时，NS 掺量为 1.0% 时的抗冻效果最佳，强度损失由 23.9MPa 下降到 16.5MPa，抗冻耐久性提高 31%；掺量继续增多，强度损失反而增大。纳米硅与粉煤灰协同对抗冻性无明显作用，其强度损伤增加可能是由于混凝土强度增加，变形能力变差引起的。

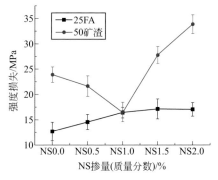

图5-22　纳米氧化硅掺量对混凝土抗冻性的影响

三、对抗硫酸盐侵蚀性的影响

火山灰材料（如粉煤灰、矿粉等）具有显著提高混凝土抗离子侵蚀（如硫酸盐离子）的能力。下面重点比较了传统粉煤灰与纳米氧化硅提高混凝土抗硫酸盐离子侵蚀的能力[17-20]。以不同配合比的粉煤灰（FA）和纳米氧化硅（NS）分别单独掺加或者两者复合掺加到水泥基材料中，探究其对水泥净浆抗硫酸盐侵蚀的效果。

实验配合比见表5-12。实验使用的水泥是由中国联合水泥集团有限公司（CUCC）生产的基准水泥，所用标号为PI 42.5。本实验所内掺原材料为粉煤灰（FA）、纳米氧化硅（NS）。

表5-12　水泥净浆配合比

项目	水灰比	FA/%	NS/%	减水剂/%
C	0.4	0	0	0
NS1	0.4	0	1	0.15
NS3	0.4	0	3	0.4
FA30	0.4	30	0	0
FA30-NS1	0.4	30	1	0.15
FA30-NS3	0.4	30	3	0.4

主要是研究单独掺加辅助性胶凝材料和纳米氧化硅，以及复合掺加两种材料对水泥净浆抗硫酸盐侵蚀能力的影响，通过微观测试对不同试样的抗硫酸盐侵蚀能力进行分析。

样品初始养护7d后浸泡到5%Na_2SO_4溶液中，分析浸泡一定龄期试样的矿物组成和含量，以对不同试样的抗硫酸盐侵蚀性能进行分析。

观察图5-23和图5-24的XRD曲线可知，经过硫酸盐侵蚀后的各组试样中，侵蚀28d和90d时，FA组试样AFt含量最多，这是因为FA有大量的活性Al_2O_3，内掺到水泥基材料中易被硫酸盐侵蚀生成AFt，其侵蚀初期侵蚀产物的积累，密实孔结构，提高抗压强度，后期会产生膨胀破裂；而单掺NS组和复掺NS和FA组的AFt含量皆小于单掺FA组，证明它们抗硫酸盐侵蚀能力皆优于单掺FA组；特别是单掺NS组，其相对于FA而言，掺加的NS早期火山灰活性更高，部分CH被NS转化为C-S-H凝胶，被硫酸盐侵蚀的水化产物更少，同时其生成的C-S-H凝胶使得结构更为致密，阻止了侵蚀离子的进入。因此，相比于单掺FA，复掺NS和FA的试样抗硫酸盐侵蚀效能更佳。

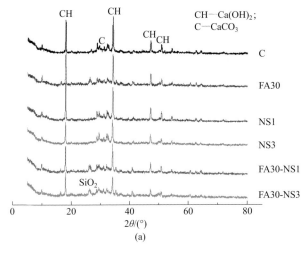

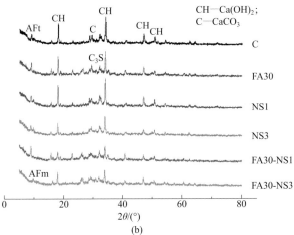

图5-23 试样浸泡在Ca（OH）$_2$（a）和5% Na$_2$SO$_4$溶液（b）中28d的XRD

图 5-25 和图 5-26 为各组试样分别浸泡在饱和 Ca（OH）$_2$ 和 5% Na$_2$SO$_4$ 溶液中 28d 和 90d 的 DTG 曲线，图 5-27 为试样在不同龄期时的 CH 含量。其中，可以明显观察到红色线（FA 组）CH 含量下降最多，这是由于 FA 早期活性低，致使水化早期试样结构不致密，有更多的侵蚀离子进入试样内部，因此导致硫酸盐侵蚀最严重。NS 组 CH 含量变化比 FA 组小，其中 NS1 组 CH 变化量最小，结合图 5-23 和图 5-24 中较少的 AFt 的生成，结构致密，抗硫酸盐侵蚀性能提高；而 NS3 组前期 CH 消耗量较少，后期侵蚀加剧，这是由于 NS 掺量过多，可能导

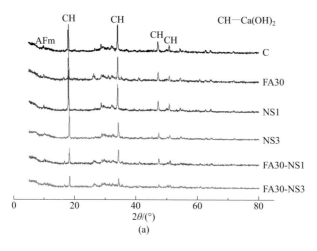

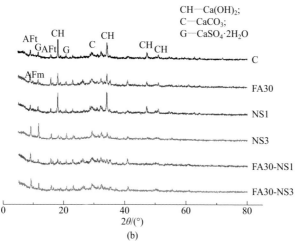

图5-24 试样浸泡在Ca（OH）$_2$（a）和5% Na$_2$SO$_4$溶液（b）中90d的XRD

致结构过于密实，前期可以阻碍侵蚀离子进入试样内部，后期侵蚀产物更容易堆积导致结构开裂加剧侵蚀，因此其CH消耗量只是略低于FA组，图5-24（b）中较多石膏的生成也可以证明这一观点。复掺的两组较FA组，有较少的CH被消耗，但消耗量均大于NS1组。

综上所述，通过XRD观察，FA组试样中AFt侵蚀产物生成最多，热重分析显示其侵蚀过程中CH消耗量最多。分析原因为FA早期活性低，致使水化早期试样结构不致密，有更多的侵蚀离子进入试样内部，侵蚀了更多的水化产物，生成了更多的侵蚀产物。

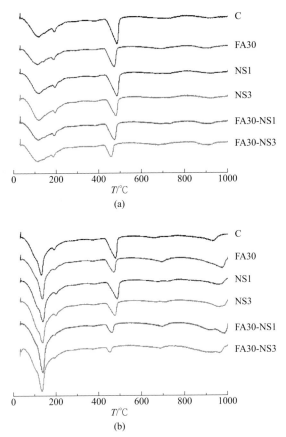

C

FA30

NS1

NS3

FA30-NS1

FA30-NS3

$T/°C$

(a)

C

FA30

NS1

NS3

FA30-NS1

FA30-NS3

$T/°C$

(b)

图5-25 试样浸泡在Ca（OH）$_2$（a）和5% Na$_2$SO$_4$溶液（b）中28d的DTG曲线

单掺 NS 的试样抗硫酸盐侵蚀性能最佳，而且与掺量有关，掺加 1%NS 的试样其抗硫酸盐侵蚀性能要优于 3%NS 掺量的试样。由 XRD 和 DTG 图可以看到，相较于 NS1 组，在侵蚀后期，NS3 组有更多的 CH 被消耗，更多的 AFt 生成，这是由于 NS3 组的试样有更多的 CH 被转化为了 C-S-H 凝胶，从而使结构更为致密，侵蚀初期可以阻碍侵蚀离子进入，但是随着侵蚀产物生成，其结晶压力也更大，更容易开裂膨胀，方便侵蚀介质进入，加剧侵蚀，故其抗侵蚀能力低于 NS1 组。

复掺 NS 和 FA 组的试样抗硫酸盐侵蚀性能要优于单掺 FA 组净浆试样，但不如单掺 NS 的净浆试样。比起单掺 FA 的试样，NS 的掺加补偿了 FA 早期活性低的劣势，密实了孔结构，且其较高的火山灰活性消耗了部分氢氧化钙，使侵蚀产物生成量减少，所以抗侵蚀能力提高。

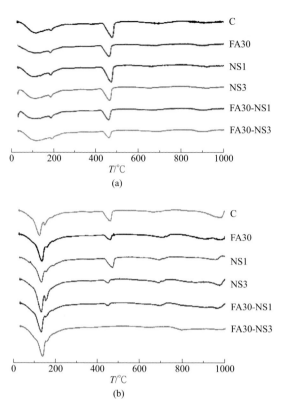

图5-26 试样浸泡在Ca（OH）₂（a）和5% Na₂SO₄溶液（b）中90d的DTG曲线

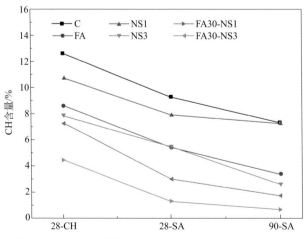

图5-27 水泥净浆浸泡在Ca（OH）₂28d，Na₂SO₄28d、90d的CH含量

按照 GB/T 50082—2009《普通混凝土长期性能及耐久性能试验方法标准》进行混凝土抗硫酸盐侵蚀试验。试验用基准配合比如表 5-13：

表5-13　抗硫酸盐等级试验混凝土配合比　　　　　　　　　　　　　　　　　　单位：kg

试验编号	水	水泥	砂	石	减水剂	纳米复合组分
JZ-1	165	500	744	986	1.0	0
CS-1	165	425	744	986	1.0	75
FC-1	165	410	744	986	1.0	75

混凝土抗压强度随干湿循环次数变化结果如图 5-28。

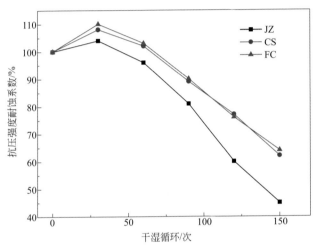

图5-28　不同干湿循环次数下混凝土干湿循环强度变化
（JZ—基准组；CS—掺纳米复合组分；FC—掺辅助胶凝材料）

由图 5-28 试验结果发现：干湿循环初期，混凝土抗压强度有所增加，这可能是混凝土在连续浸泡后，硫酸根与水泥水化产物形成钙矾石、石膏等膨胀性侵蚀产物，这些侵蚀物质有效地填充了混凝土内部空隙，导致强度有所增加；30 次以后混凝土抗压强度持续降低，这是由于混凝土干湿循环，导致硫酸盐对混凝土内部结构产生侵蚀，硫酸盐与水泥石中的氢氧化钙与硫酸钙反应分别形成膨胀性石膏与钙矾石，导致性能结构破坏，而掺入纳米复合组分与阻锈组分的混凝土由于其活性效应、形态效应及微集料效应的影响，对混凝土抗硫酸盐侵蚀具有良好的改善效果，掺入纳米复合组分 CS 与纳米辅助胶凝材料 FC 实验组的 120 次抗压强度耐蚀系数分别达到 77% 与 76%。

第五节
纳米改性水泥基材料的工程应用

一、纳米改性高耐久混凝土在深圳前海冠泽金融中心的应用

在国家"863"计划项目的支持下，项目研究团队开展纳米改性混凝土技术在结构工程混凝土中的应用研究。参与的单位包括济南大学、中国建筑材料研究总院、浙江合力海科新材料有限公司、中国华西企业有限公司等。项目位于深圳市南山区前海片区，拟建的海滨大道以北、临海路以西、听海路以东，东侧临近地铁 5 号线与 11 号线。

图5-29 前海冠泽金融中心项目规划图

该工程占地面积 4.9 万平方米，总建筑面积约 52.2 万平方米。该工程建成后将成为集办公、商业、酒店、公寓于一体的大型综合体。地下室 4 层（局部 5 层），主要建筑功能为车库及设备房，建筑面积 20.2 万平方米，地上建筑面积约 32 万平方米，由 5 栋塔楼组成。见图 5-29。

该项目位于前海区核心地带，根据工程选址的环境条件分析，冠泽金融中心墙、柱等关键混凝土构件所处的环境类型为海水氯化物引起钢筋锈蚀的近海或海洋环境（Ⅲ类），构件所处具体环境为大气区轻度盐雾区（Ⅲ-D）。考虑到混凝土实际部件在实际环境中不但会受到氯离子侵蚀，还要承受一定的压载荷，研究压应力与氯离子共同作用下墙、柱等关键混凝土构件的服役性能，并评估其服役寿命。

现有工程应用中，主要通过提高混凝土的致密度和抗渗性、混凝土裂缝控制以及外加防腐措施等来提高混凝土抗氯离子渗透性。实践证明，在实验室内具有高抗渗性能的混凝土，很多情况下并没有完全达到预期的服役期限而产生过早破坏。研究载荷与氯盐环境作用下混凝土的耐久性能，比只考虑氯离子侵蚀更具有实际意义。利用力学载荷与氯离子作用下混凝土的研究成果指导实际工程应用，可以更安全、更有效地提高混凝土的耐久性，延长实际服役年限，减少后期维护和维修费用，同时保障人民群众的生命和财产安全，具有重大的经济和社会效益。

本工程为地下一层的混凝土柱、混凝土挡土墙，工程实施部位的选择充分考虑到地下结构受严酷环境侵蚀的特点，以凸显改性胶凝材料高耐环境侵蚀特征。示范区位于工程 B1 层 7 区，混凝土强度等级为 C60，混凝土用量为 137m³，其中，混凝土柱子（规格：800mm×800mm×8300mm）为 105m³；混凝土挡土墙（规格：7400mm×500mm×8300mm）为 32m³。混凝土表层处理柱子面积 10m²，挡土墙面积 20m²。

1．原材料及配合比

试验原材料分别为华润水泥（开封）有限公司生产的 PO 42.5 水泥，28d 抗压强度度为 55.1MPa；粉煤灰为深圳新资源建材生产的妈湾电厂Ⅱ级粉煤灰，45μm 方孔筛筛余为 23.1%，需水量比为 83%，烧失量为 2.5%，三氧化硫含量为 0.88%，含水量为 0.1%；纳米复合粉体来源于浙江合力建材有限公司；砂子产地为惠州，细度模数为 2.7，表观密度为 2600kg/m³，堆积密度为 1470kg/m³，含泥量为 1.2%，泥块含量 0.2%；碎石产地为惠州，最大粒径为 25.0mm，针片状含量 4.0%，压碎指标为 7.9%，含泥量 0.4%，泥块含量为 0.1%；拌合水为饮用水；减水剂（Ⅰ）产地为佛山华轩，为 FST-2 高效缓凝减水剂，含固量为 29.51%，减水率为 16.5%；减水剂（Ⅱ）为项目组自制纳米改性剂，含固量为 29.51%，减水率为 34.4%；缓凝剂为葡萄糖酸钠。

试验中墙体混凝土的水灰比为 0.39，设计强度为 C40；试验中柱体混凝土水灰比为 0.28，设计强度为 C60；另外采用纳米复合粉体取代 15% 胶材配制了微纳米粉体改性混凝土；三种混凝土试件编号分别为 C1、C2 和 C3。

三种混凝土的配合比见表 5-14。

表5-14　掺纳米复合粉体混凝土的配合比

编号	水泥/（kg/m³）	砂子/（kg/m³）	石子/（kg/m³）	粉煤灰/（kg/m³）	纳米复合粉体/（kg/m³）	减水剂/（kg/m³）	缓凝剂/（kg/m³）	水/（kg/m³）	水胶比
C1	336	692	1050	95	—	4.8（Ⅰ）	—	168	0.39
C2	470	558	1082	80	—	7.4（Ⅰ）	—	155	0.28
C3	387.5	558	1082	80	85.2	2.3（Ⅱ）	0.275	155	0.28

2．试验方法

试验用混凝土梁的配合比见表 5-14。将原材料按表准确称取后拌合 3min，然后成型 100mm×100mm×100mm 的混凝土立方试件和 100mm×100mm×400mm 的混凝土试件。24h 后拆除成型模具，将混凝土试件放入相对湿度≥95%、温度 20℃±2℃ 的标准养护室内养护 28d，然后分别测试立方试件的抗压强度和小梁试件的轴心抗压强度。试验测得 C1、C2 和 C3 试件的立方抗压强度分别为 54.1MPa、74.6MPa 和 82.3MPa；三种小梁试件的轴心抗压强度分别为 49.2MPa、68.4MPa 和 74.0MPa。

由于所选取部件的实际承载状况无法准确预测，在考虑安全余量的情况下，课题组选取 30% 的应力水平进行加载，即取峰值压载荷的 30%。

试验试件在养护至 28d 后，将试件擦至饱和面干状态，并在表面粘贴两层铝箔胶带，仅在侧面留下 80mm×160mm 的开口，在开口处粘贴尺寸为 80mm×160mm×50mm 的透明水箱（用于储存氯盐溶液，便于观测溶液状态）。为了防止溶液渗出，可先用密封材料对混凝土表面进行密封，再粘贴铝箔。将处理好的混凝土试件安放好后，用液压伺服压力机对整个装置进行加压至设定的应力水平，然后拧紧坚固螺栓。采用质量分数为 3.5% 的 NaCl 溶液作为侵蚀溶液，连接导管，开启恒流泵，调整溶液循环速率为（5±1）mL/s。每周至少测试一次氯离子浓度，及时更换溶液，从而保证溶液池中的氯离子浓度恒定。该装置可以实现力学载荷与氯离子扩散的协同作用，模拟混凝土的实际服役条件。作用至暴露龄期后，用切割机切下与氯盐溶液接触的部分混凝土试件；采用磨粉机沿氯离子扩散方向打磨混凝土试件，每 1～2mm 收集一次粉样，每个试件至少取 7 层粉样进行氯离子浓度测试。按照标准 EN 14629 测试总氯离子含量，以占混凝土质量的百分比表示。

3．载荷与氯盐作用下混凝土的服役行为

图 5-30 是压应力与氯盐侵蚀作用 6 周后混凝土试件不同深度处的氯离子浓度变化情况，其中图例 C1-0-6w-1 分别代混凝土配合比编号、试验压应力比、试验暴露龄期和试件编号。

从图中可以看出，在持续压应力作用下，混凝土试件经过 6 周后，随着深度的增加，混凝土中氯离子浓度逐渐减小，并趋近于初始氯离子浓度。当施加 30% 压载荷时，相同深度处的氯离子浓度比不加应力时略低。按照 EN 12390-11：2015 Annex F 中的方法，用 Fick 第二定律对氯离子浓度随深度变化图进行了拟合，得到了相应的表观扩散系数 D_{app} 和表观表面氯离子浓度 C_a。表观扩散系数 D_{app} 和表观表面氯离子浓度 C_a 数据如表 5-15～表 5-17 所示。

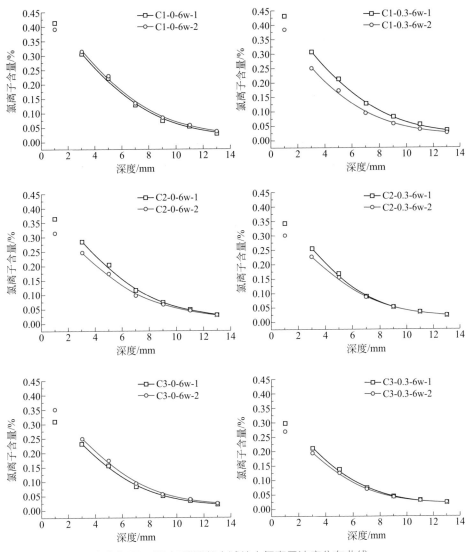

图5-30 不同压应力作用下经过6周混凝土试件中氯离子浓度分布曲线

表5-15 不同压应力作用下C1混凝土试件氯离子扩散系数拟合数据

编号	C1-0-1	C1-0-2	C1-0.3-1	C1-0.3-2
C_a/%	0.496	0.497	0.488	0.421
D_{app}/（×10⁻¹²m²/s）	4.83	5.16	4.84	3.97
R^2	0.993	0.995	0.998	0.996

表5-16 不同压应力作用下C2混凝土试件氯离子扩散系数拟合数据

编号	C2-0-1	C2-0-2	C2-0.3-1	C2-0.3-2
C_a/%	0.462	0.398	0.443	0.384
D_{app}/（×10⁻¹²m²/s）	4.66	4.47	3.59	3.86
R^2	0.995	0.996	0.996	0.996

表5-17 不同压应力作用下C3混凝土试件氯离子扩散系数拟合数据

编号	C3-0-1	C3-0-2	C3-0.3-1	C3-0.3-2
C_a/%	0.394	0.415	0.373	0.343
D_{app}/（×10⁻¹²m²/s）	3.86	4.16	3.373	3.29
R^2	0.996	0.995	0.996	0.998

从上面三表数据可以看出，当施加30%压应力时，拟合得出的氯离子扩散系数比不加载时要稍小，说明30%压应力作用下混凝土中氯离子扩散受到抑制。对不同配合比的混凝土试件来说，C2和C3混凝土试件的氯离子扩散系数比C1小，这是由于C2和C3混凝土水灰比较C1试件小，混凝土相对更加密实。C2与C3混凝土试件水灰比相同，但C3中添加了纳米复合粉体，使得混凝土基体更加密实，因此得出的氯离子扩散系数更小，这与测试得出的强度数据规律一致。

通过留样、送样检测等形式对该纳米改性混凝土的性能进行测试，测试结果显示，纳米改性混凝土较之于普通混凝土性能有较大提升。改性前混凝土泛黄，而改性后混凝土结构密实、质感厚实。见图5-31和表5-18。

施工留样检测纳米改性混凝土强度结果显示，设计强度等级为C60的混凝土强度达到82.1MPa，比设计强度等级高2个等级。相关送检样品耐久性研究结果表明，纳米改性混凝土氯离子扩散系数为0.48×10⁻¹²m²/s，抗冻耐久性指数达0.93，抗硫酸盐侵蚀性能达KS150级别。

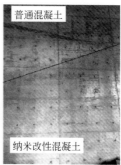

普通混凝土

纳米改性混凝土

图5-31 纳米改性技术在深圳前海工程中的应用

表5-18　纳米改性混凝土质量评估

项目	评估	
	普通	纳米改性
颜色	泛黄	清水
回弹值（受表面碳化影响）	44.7MPa	54.8MPa
裂缝	4条/m²	很少

二、纳米氧化硅改性在预制混凝土构件中的应用

纳米改性具有显著提升水泥基材料水化硬化速度、提高硬化体强度，特别是早期强度的能力。基于纳米改性提升水泥混凝土早期强度的研究结果，围绕我国正大力推进的建筑结构预制化的迫切需求，在山东省平安建设集团的"国家装配式建筑产业基地"开展纳米改性混凝土（图 5-32）制备管桩生产。该公司主要生产混凝土预制构件、管桩、预拌混凝土、预拌砂浆等产品，年销售额 4.5 亿元，混凝土管桩产量为 80 万米。

图5-32　纳米改性技术在山东平安建设集团"国家装配式建筑产业基地"工程应用

管桩是混凝土结构安全服役的重要保障。桩基在全寿命服役过程中受地下水、各类离子影响显著，特别是在侵蚀性环境较突出的区域，桩基的服役性能更为人们关注。采用高致密、高耐久混凝土可显著降低桩基受侵蚀性，纳米改性可显著提高混凝土密实性和耐久性，具有突出的性能优势。除此之外，构件生产企业对新拌混凝土工作状态、构件养护温度、早期强度等指标要求较高。纳米材料的高比表面积、高水化反应活性对改善新拌混凝土抗分散、抗板结，以及早期性能发展的促进发挥了独特作用。

纳米改性混凝土在混凝土管桩的示范地点为山东济阳龙港清华园二期桩基工程,该工程混凝土桩基地下服役环境较恶劣,侵蚀性介质浓度较高,对混凝土抗渗性和耐久性的要求较高。本次工业化生产示范是在原有混凝土管桩生产基础上进行的,重点解决混凝土拌合物易团聚、板结问题,以及提高混凝土经蒸养后早期力学性能。研究团队与企业工程技术人员在大量实验试配基础上,调整出工作性良好、拌合料松散易成型的纳米改性混凝土料。工业化生产过程中掺入占总胶凝材料质量千分之二的纳米氧化硅对混凝土进行调质,生产采用的材料配合比如表5-19。

表5-19　混凝土配合比　　　　　　　　　　　　　　　　　　　　　　单位:kg/m³

项目	水泥	矿渣粉	水	砂子	小石子	大石子	减水剂	纳米SiO₂
基准组	380	40	120	760	270	870	9.2	0
纳米SiO₂改性	380	40	120	760	270	870	9.2	0.84

采用表5-19配合比进行混凝土制备,并用于预制管桩的生产,同条件(蒸养蒸压)养护下混凝土试块抗压强度如表5-20,从中可以看出,纳米氧化硅显著提升热养护混凝土的早期强度,对缩短预制混凝土构件生产周期、降低胶凝材料用量等具有突出作用。

表5-20　预制管桩混凝土试块抗压强度　　　　　　　　　　　　　　　　单位:MPa

项目	3d强度	7d强度
基准组	45.2	53.4
纳米SiO₂改性	50.3	55.4

参考文献

[1] Kamiya H, Iijima M. Surface modification and characterization for dispersion stability of inorganic nanometer-scaled particles in liquid media[J]. Science Technology Advanced Materials, 2010, 11(4):044304.

[2] 沈钟, 赵振国, 王果庭. 胶体与表面化学 [M]. 北京:化学工业出版社, 2004.

[3] Cai Y, Hou P, Cheng X, et al. The effects of nanoSiO₂ on the properties of fresh and hardened cement-based materials through its dispersion with silica fume[J]. Construction and Building Materials, 2017, 1481: 770-780.

[4] 蔡亚梅. 纳米 SiO₂ 的分散性及其改性水泥基材料防护层的制备及性能研究 [D]. 济南:济南大学, 2017.

[5] Hou P, Kawashima S, Wang K. Effects of colloidal nanosilica on rheological and mechanical properties of fly ash-cement mortar[J]. Cement and Concrete Composites, 2013, 35(1):12-22.

[6] Sonebi M, Bassuoni M T, Kwasny J, et al. Effect of nanosilica on rheology, fresh properties, and strength of cement-based grouts[J]. Journal of Materials in Civil Engineering, 2015,27(4) .

[7] Senff L, Hotza D, Lucas S, et al. Effect of nano-SiO$_2$ and nano-TiO$_2$ addition on the rheological behavior and the hardened properties of cement mortars[J]. Materials Science and Engineering A, 2012, 532: 354361.

[8] Durgun M Y, Atahan H N. Rheological and fresh properties of reduced fine content self-compacting concretes produced with different particle sizes of nano SiO$_2$[J]. Construction and Building Materials, 2017, 142: 431-443.

[9] García-Taengua E, Sonebi M, Hossain K M A, et al. Effects of the addition of nanosilica on the rheology, hydration and development of the compressive strength of cement mortars[J]. Composites Part B, 2015(81):120-129.

[10] Senff L, Labrincha J A, Ferreira V M, et al. Effect of nano-silica on rheology and fresh properties of cement pastes and mortars[J]. Construction and Building Materials, 2009, 23(7):2487-2491.

[11] Tobón J I, PayáJ, Restrepo O J. Study of durability of Portland cement mortars blended with silica nanoparticles[J]. Construction and Building Materials, 2015, 80(1):92-97.

[12] Roussel N, Geiker M R, Dufour F, et al. Computational modeling of concrete flow: General overview[J]. Cement and Concrete Research, 2007, 37(9):1298-1307.

[13] Horszczaruk E, Mijowska E, Cendrowski K, et al. Effect of incorporation route on dispersion of mesoporous silica nanospheres in cement mortar[J]. Construction and Building Materials, 2014, 66: 418-421.

[14] 刘明乐. 纳米 SiO$_2$ 与混凝土掺合料的协同作用与机理研究 [D]. 济南 : 济南大学，2016.

[15] 袁连旺. 纳米 SiO$_2$ 改性混凝土的抗氯离子渗透和抗冻性能研究 [D]. 济南 : 济南大学，2017.

[16] 徐振海. 纳米材料对 C$_3$S 水化硬化的影响 [D]. 济南 : 济南大学，2017.

[17] 郭照恒. 纳米 SiO$_2$ 对水泥基材料抗硫酸盐侵蚀性能的影响研究 [D]. 济南 : 济南大学，2019.

[18] Hou P, Guo Z, Li Q, et al. Comparison study on the sulfate attack resistivity of cement-based materials modified with nanoSiO$_2$ and normal SCMs: Pore structure and phase composition[J]. Construction and Building Materials, 2019, 228: 116764.

[19] Guo Z, Wang Y, Hou P, et al. Comparison study on the sulfate attack resistivity of cement-based materials modified with nanoSiO$_2$ and conventional SCMs: Mechanical strength and volume stability[J]. Construction and Building Materials, 2019, 211: 556-570.

[20] Guo Z, Hou P, Huang S, et al. Surface treatment of concrete with tetraethyl orthosilicate, Na$_2$SiO$_3$ and silane: Comparison of their effects on durability[J]. Ceramics-Silikáty, 2018, 62(4):332-341.

第六章
水泥基压电、导电复合材料

167

随着科学技术的迅速发展，功能单一的传统水泥材料，已不能满足日新月异的多功能工程需要，现代建筑的革新对水泥基复合材料的性能提出了新的挑战，不仅要求水泥基复合材料要有传统的高载荷功能，而且还应具有声、光、电、磁、热等功能，以适应多功能和智能建筑的需要。尤其是近年来，在各类建筑向智能化发展的背景下，水泥基功能复合材料的研究和开发已逐渐成为热点，人们开发出了各种类型的水泥基功能复合材料，如碳系水泥基机敏复合材料、电磁屏蔽水泥基材料、相变水泥基材料、光催化水泥基材料等。本章主要对水泥基压电和导电复合材料进行介绍。

第一节
压电材料

一、压电效应

当晶体不受外力作用时，正、负电荷的重心重合，整个晶体的总电矩等于0，因而晶体表面没有电荷，如图 6-1（a）所示。当晶体在一定方向上受外力作用产生压缩或拉伸时，晶体就会由于发生变形而导致正负电荷中心不重合，导致电矩发生变化，在它的两个相对表面上产生了正负相反的电荷，这种效应称为压电效应，如图 6-1（b）和（c）所示。这种没有电场作用，由机械力的作用而使电介质晶体产生极化并形成晶体表面电荷的现象，即这种由"压力"产生"电"的现象称为正压电效应[1]。

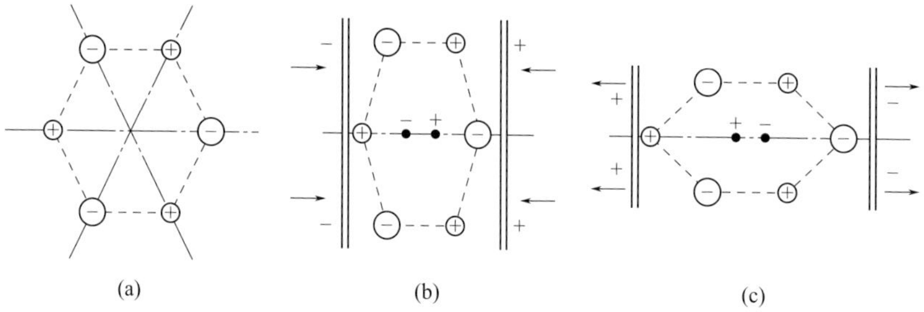

图6-1　正压电效应机理示意图

与上述情况相反，将具有压电效应的电介质晶体置于电场中，电场作用会引起晶体内部正负电荷中心的位移，这一极化位移又导致晶体发生形变，这种由"电"产生"机械形变"的现象称为逆压电效应，如图 6-2 所示。

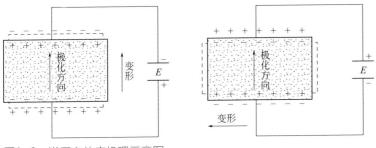

图6-2　逆压电效应机理示意图

具有对称中心的晶体，不会表现出压电性，这是因为其正负电荷的中心在形变后还是重合的。因此，在 32 类晶体中，只有不具有对称中心的 21 个点群的晶体才可能具有压电性。

经过极化的压电陶瓷具有压电效应，极化过程如图 6-3 所示。压电陶瓷[2]体内具有类似铁磁材料"磁畴"结构的"电畴"结构，未经极化的压电陶瓷电畴内自发极化方向是任意的，在宏观上不显电性，如图 6-3（a）所示。在一定温度下，当对压电陶瓷施加强直流电场并叠加一个小的交流电场时，由于交流电场的场强很弱，电畴受到的电场力不足以使其方向发生偏转，但可以引起边界的移动，电畴的极性会转向极化电场的方向，如图 6-3（b）所示；当撤去电场后，各电畴的自发极化方向在一定程度上趋向于原来外加电场方向，压电陶瓷内部仍存在着很强的剩余极化强度，如图 6-3（c）所示；剩余极化强度在压电陶瓷内部所建立的电场使其表面出现异号束缚电荷，如图 6-3（d）所示。由于束缚电荷被其从外界

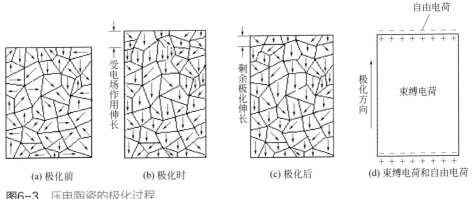

图6-3　压电陶瓷的极化过程

吸引来的表面电荷层屏蔽，极化后的压电陶瓷在自由状态下不显电性。但一旦对极化后的压电陶瓷施加外力，使压电陶瓷发生形变，会使其剩余极化强度发生变化，引起陶瓷表面吸附的自由电荷数量发生变化，造成充放电现象，这就是压电陶瓷所表现出的正压电效应。当对极化后的压电陶瓷施加与极化方向平行的电场时，剩余极化强度随电场强度的改变而相应地增大或减小，即陶瓷内部束缚电荷间的距离发生变化，从而使压电陶瓷产生形变，这就是压电陶瓷的逆压电效应。

压电体都具有介电性质和弹性性质，两者之间的耦合作用可以非常近似地用电变量和机械变量之间的线性关系来描述，联系电变量和弹性变量的物态方程，可表示为：

$$\begin{cases} D = dT + \varepsilon^T E \\ S = s^E T + dE \end{cases} \qquad (6\text{-}1)$$

式中　　T——应力，Pa；

S——应变；

D——电位移，C/m^2；

E——电场，N/C；

d——压电应变常数；

s^E——恒电场（$E=0$ N/C）时的弹性柔顺常数；

ε^T——恒应力（$T=0$ Pa）时的介电常数。

其中，第一个方程表示正压电效应，第二个方程表示逆压电效应。

二、压电材料

1. 压电晶体

1880 年，法国物理学家居里兄弟首次发现石英（SiO_2）晶体具有压电性。经过两次世界大战的发展与应用，石英晶体压电技术从理论到实践均得到了迅速发展。目前，石英晶体已经被广泛应用于通信、电子及军事等方面，成为用量仅次于单晶硅的电子材料。石英晶体是一种无色透明晶体，在正常大气压下，其熔点为1713℃，在不同的热力学条件下具有 12 种晶态。石英晶体属于无对称中心的晶体，当其在某一方向受到应力作用时，电平衡被破坏，从而产生压电效应。石英晶体的这种压电性与其内部结构有关，其压电效应机理在图 6-1 中已经做以阐释。由于结晶度良好的天然水晶储量有限，符合应用需求的压电水晶更为稀少，人们开始探索采用人工合成的方法获得高品质的压电水晶，因此有时也将这种在人为控制的理想环境中人工合成的石英晶体称为"养晶"或"人造水晶"。目前，人造石英晶体主要是利用水热合成法在特制的高压反应釜内合成，经过不断的研究创新，目前人工培育出来的水晶质量已经可以和天然水晶相媲美，也正是由于高压反应釜的出现，使得人造水晶能够得以大批量生产，从而满足了现代工业对压电石英晶体的需求。

自压电石英晶体发现及应用之后，人们又相继发现了数千种具有压电效应的晶体，但并不是所有的压电晶体都具有实用价值，而是要综合考虑压电晶体的压电常数、机电耦合系数、化学稳定性、机械强度、可加工性和晶体生长难易程度等因素。由于铁电性晶体一般都有良好的压电、热释电和电光性能，故根据铁电性单晶的晶体结构划分原则可将压电晶体大致分为以下三大类。

（1）含氧八面体的铁电晶体。如具有钙钛矿结构的钛酸铅晶体、钛酸钡晶体、锆钛酸铅晶体，具有铌酸锂型结构的铌酸锂晶体和钽酸锂晶体，以及具有钨青铜型结构的铌酸锶钡晶体等。钛酸钡（$BaTiO_3$）是 20 世纪中叶由美国、苏联、日本等国科学家先后各自独立发现的具有优良压电性能的单晶材料。W.G. Candy 和 W.P. Mason 等人对晶体的对称效应进行了系统研究，认为压电参数独立变量数随对称性提高而减少，一些高对称性的压电晶体和陶瓷的独立参量数目较少。由于 $BaTiO_3$ 具有耦合系数高、化学性能稳定、工作范围宽、易于批量生产和成本较低等特点，早在 20 世纪 40 年代末已经在拾音器、换能器和滤波器等方面得到应用。同时，$BaTiO_3$ 也是一种良好的光折变材料，由单晶制作的器件可用于光学图像识别、光学信息处理、光计算机和光通信等领域。$BaTiO_3$ 的出现推翻了压电和铁电性起源于氢键的假设，而且大大促进了带氧八面体的 $KNbO_3$，$KTaO_3$，$LiNbO_3$，$LiTaO_3$ 和 $PbTiO_3$ 等新型压电晶体的研制。1954 年，在研究氧八面体结构特征和离子置换改性的基础上，B. Jaffe 发现了锆钛酸铅（PZT）固溶体在类质异晶相界附近具有优异的物理性能，并公布了锆钛酸铅固溶体陶瓷的压电性能研究结果，促使人们进行锆钛酸铅单晶的制备研究。铌酸锂和钽酸锂晶体在结构与性能上很相似，属于铌酸锂型结构，它们具有很高的居里温度，因而又称为高温铁电体，其具有良好的压电、热释电、铁电、电光和非线性光学性能，常用来制作高温换能器、滤波器、热释电红外探测器、激光调制器和激光倍频器等多种功能器件，是目前用量最大的铁电性压电晶体。对于钨青铜型结构的铁电晶体来说，由于其压电性能往往不及电光性能，因而多应用于电光学方面。

（2）含有氢键的铁电晶体。如磷酸二氢钾（KH_2PO_4，简写为 KDP），磷酸氢铅（$PbHPO_4$，简写为 LHP）和磷酸氘铅（$PbDPO_4$，简写为 LDP）。苏黎世的 G. Busch 和 P. Scherrer 研制出水溶性压电晶体磷酸二氢钾（KH_2PO_4）和磷酸二氢铵 $[(NH_4)H_2PO_4$，简写为 ADP]。19 世纪 40 年代，KDP 等晶体在声呐换能器、水听器、拾音器、微音器和晶体喇叭等电声和水声领域发挥了重要作用。但与钨青铜型结构的铁电晶体一样，含有氢键的铁电晶体的压电性能不及其电光性能，因而多应用于电光学方面的应用。

（3）含层状结构的铁电晶体。如钛酸铋（$Bi_4Ti_3O_{12}$，简写为 BTO），钽酸锶铋（$SrBi_2Ta_2O_9$，简写为 SBT）。铋层状结构铁电材料具有居里温度高、电学各向异性明显等特点，尤其适用于高温、高频等极端环境下的压电器件，而且其无铅的优点也使之成为替代传统含铅材料的主要对象之一，是一类具有潜在发展前景的晶体材料。

2. 压电陶瓷

压电陶瓷[2]的发展始于 $BaTiO_3$ 的发现。为了进一步改善 $BaTiO_3$ 陶瓷谐振频率的温度稳定性，1950 年后，人们研究了锆钛酸铅（PZT）体系，其压电性能和温度稳定性以及居里温度等都大大优越于其他陶瓷，而且通过改变组分或变换外界条件能使其物理性能在很大范围内进行调节，以适应不同需要，因此 PZT 系列压电陶瓷在水声、电声、超声等领域都得到了迅速发展和应用。例如，具有收发两用功能的 PZT-4 型压电陶瓷具有较高的耦合系数和介电常数，较小的介电损耗，在超声、水声、高电压发生元件等方面具有较好应用；PZT-5 型压电陶瓷压电常数大、机械品质因数低，更适合作为水声、超声换能器的接收元件。

20 世纪 70 年代，随着各种新效应、新材料和新器件的层出不穷，压电陶瓷研究也日趋完善。1970 年，Haertling 和 Land 等人研制出了掺镧锆钛酸铅（PLZT）透明铁电陶瓷，利用 PLZT 的电控光折射效应和光散射效应，进行光调制、光存贮和光显示，并做成各种光阀和光闸；利用掺 Fe_2O_3 的掺镧锆钛酸铅（PLZT）铁电陶瓷的光色效应制成各种光色器件等等。目前，PZT 基压电陶瓷在压电领域应用中处于统治地位，但铅是一种对人体和环境有危害材料，有毒成分 PbO 占 PZT 基压电陶瓷的 50% 以上，在加工及烧结过程中容易挥发，对环境造成污染，且对人体健康不利，寻找一种能够与 PZT 陶瓷性能媲美又不含铅的压电陶瓷是近年来压电材料领域的研究热点。目前，国内外的研究热点主要集中于两大类，即含铋层状 $[(Bi_2O_2)^{2+}(A_{x-1}B_xO_{3x+1})^{2-}]$ 压电陶瓷和具有钙钛矿结构的钛酸铋钠（Na_xBi_x）TiO_3（简称 BNT）。铋层状压电陶瓷具有介电常数低、居里温度高、机电耦合系数各向异性明显、老化率低、介电击穿强度大以及低烧结温度等优点，适用于高温高频场合，但其缺点是压电活性较低且矫顽场过高，不利于极化。

压电陶瓷作为一种重要的高新技术材料，已广泛应用于电子、雷达、微位移控制、航天技术及计算机等高技术领域中，随着这些领域的飞速发展和一些特殊的需要，对压电陶瓷的性能也提出了更高的要求，高居里点压电陶瓷、晶粒取向压电陶瓷、PLZT 透明铁电陶瓷、多功能铁电陶瓷、纳米压电陶瓷等将是未来的研究热点。

3. 压电复合材料

单相压电材料由于具有响应速度快、测量精度高、性能稳定等优点，成为智能材料结构中使用最广泛的传感材料和驱动材料之一。但是，单相压电材料也存在明显的缺点，例如，脆性很大，经不起机械冲击和非对称受力，极限应变小、密度大，与结构黏合后对结构的力学性能会产生较大的影响。这些缺点导致压电材料在实际应用中受到了很大的限制。压电聚合物虽然柔顺性好，但是使用温度范围很小，一般不超过40℃，而且其压电应变常数较低，因此作为驱动器使用时驱动效果较差。为了克服单相压电材料的上述缺点，人们发展了压电复合材料。压电复合材料不但可以克服单相压电材料的缺点，而且可以根据使用需求设计出单向压电材料所没有的性能，因此越来越引起人们的重视。压电复合材料是由压电相材料与非压电相材料按照一定的连通方式组合在一起而构成的一种具有压电效应的复合材料。早期的压电复合材料是用烧结过的压电陶瓷微粒作为填料加入到聚氨酯中，制成聚氨酯压电橡胶。研究显示，这种将压电陶瓷粉末与有机聚合物按一定比例机械混合的方法，虽然可以制备出具有一定性能的压电复合材料，但这种材料远未能发挥两组分的长处，原因是在材料设计中未考虑两组分性能之间的"耦合效应"。

通常，压电复合材料的特性如电场通路、应力分布形式以及各种性能如压电性能、机械性能等主要由各相材料的连通方式来决定。美国宾夕法尼亚州立大学的 Newnham 教授根据复合材料中各组分之间的"连通性"，提出将压电复合材料分为 10 种基本类型，即 0-0、0-1、0-2、0-3、1-1、1-2、1-3、2-2、2-3、3-3型（图6-4），其中，第一个数字代表压电相，第二个数字代表非压电相，例如0-3 型压电复合材料是指压电陶瓷颗粒 0 维连通，而非压电基体在 3 维均连通。

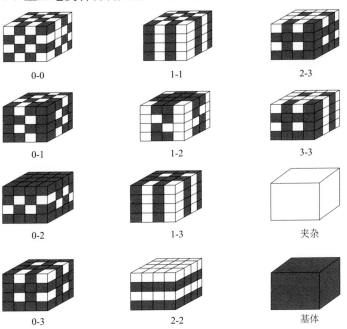

图6-4　压电复合材料连通性的10种基本类型

压电复合材料由于集中了各相材料的优点，互补了单相材料的缺点，因此自20世纪70年代出现以来，便在医疗超声、无损检测等领域得到了广泛的应用。目前，常用的压电复合材料连通类型主要为0-3型、1-3型、2-2型等。

0-3型压电复合材料是指在3维连通的聚合物基体中填充压电陶瓷颗粒而形成的压电复合材料。在0-3型压电复合材料中，压电陶瓷相主要以颗粒状呈弥散均匀分布，其电场通路的连通性明显差于1-3型压电复合材料[3]，同时使复合材料中无法形成压电陶瓷相的应力放大作用。因此，与单相压电陶瓷和1-3型压电复合材料相比，0-3型压电复合材料的压电应变常数就要低很多；但是，由于0-3型压电复合材料的介电常数极低，其压电电压常数较高（PZT体积分数为60%的0-3型PZT/环氧压电复合材料的压电电压系数 g 要比压电陶瓷的高数倍），其柔顺性也远比压电陶瓷的好，因此其综合性能要优于压电陶瓷。

2-2型压电复合材料[4]是由陶瓷片与聚合物层叠而成，其中，压电相和非压电相均以2维方式自连，二者间隔排列，压电相和非压电相各占一个平面，形成层叠结构，如图6-5所示。根据连通性定义，2-2型压电复合材料分为串联型和并联型两种连接模式，串联2-2型中陶瓷为薄片且与极化方向垂直；并联2-2型中陶瓷为薄片但与极化方向平行。

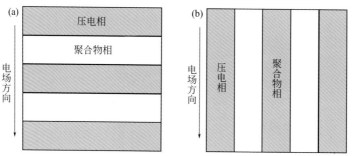

图6-5　2-2型压电复合材料连接模式 [（a）串联；（b）并联]

与压电陶瓷相比，2-2型压电复合材料具有显著的优点。例如，2-2型压电复合材料具有较好的柔韧性，在两相连接的方向有很好的自由度，能够适度弯折，而且由于聚合物相具有很好的可塑性，可以根据实际需要将复合材料做成各种形状，用在声透镜、聚焦换能器等领域；由于压电陶瓷普遍具有声阻抗大的问题，导致其在需要满足声阻抗匹配要求的领域具有很大局限性，2-2型压电复合材料由于具有密度小、声阻抗低的特点，可以大大降低复合材料的声阻抗，使其在水声、超声等领域具有良好应用；由于2-2型压电复合材料的横向被有机物间断，横向振动被有机物吸收，同时由于其宽度通常小于长和厚度，与复合材料的工作模态耦合少，横向耦合很弱，适合于纵波换能器和水听器的制作[5]。

1-3 型压电复合材料是 1 维的压电陶瓷柱平行地排列于 3 维连通的聚合物中而构成的两相压电复合材料。它具有低密度、低介电常数、较高的等静压压电性能、低机械品质因数值、较小的平面机电耦合系数、声阻抗易于与水和生物组织匹配及材料参数在一定范围内可定制等特点，是目前研究和应用较为广泛的一种压电材料[6,7]。

虽然 1-3 型压电复合材料的压电应变常数和机电转换系数均低于压电陶瓷，但是其压电电压系数和柔韧性却得到了明显的改善。以 1-3 型 PZT/ 环氧压电复合材料[8]为例，当 PZT 的体积分数达 40% 时，压电复合材料的压电电压常数不但大大高于 PZT 陶瓷，甚至比 PVDF 的还要高，而其柔韧性则与 PVDF 相当。因此，1-3 型压电复合材料的综合性能要优于 PZT 压电陶瓷和 PVDF 压电薄膜，是一种很有发展前途的压电复合材料。

第二节
水泥基压电复合材料的制备与性能

以水泥为基体，掺入压电陶瓷材料作为功能体而制备的水泥基压电智能复合材料[8]，其耐久性与混凝土相当，它可以像一个大骨料一样埋在混凝土中，与混凝土具有较好的相容性；其制备工艺简单，造价低；它不但具有感知功能，而且还具有驱动功能，非常适合监测混凝土内部应力和应变分布情况，从而有效预防一些灾难的发生。因此，研究与开发水泥基压电智能复合材料不但拓展了传统水泥基材料的应用领域，而且对于推动各类土木工程结构向智能化方向发展方面更具有广泛的工程应用意义和学术价值。

2002 年，李宗津等人[9]以白水泥为基体，采用常规的搅拌和扩展成型技术制备了 0-3 型水泥基压电复合材料。研究结果表明，通过调节复合材料组分的比例，可以使 0-3 型水泥基压电复合材料与混凝土之间具有良好的相容性。当压电陶瓷体积分数在 40% ~ 50% 之间时，即可将复合材料的声阻抗特性调节到与混凝土母体结构材料相匹配的状态 [$9.0×10^6kg/（m^2·s）$ 左右]；在 PZT 含量相同的情况下，其极化电压远远小于聚合物基 0-3 型压电复合材料的，而压电性能和机电耦合系数却高于后者。张东、李宗津等人[9,10]制备了 2-2 型水泥基压电复合材料，探讨了其作为驱动器和传感器的性能，研究发现，2-2 型水泥基压电复合材料的传感性能和驱动性能均具有明显的频率依赖性，在超低频范围内，2-2 型水泥基压电复合材料的压电电压系数的模值随频率线性增大，相角随频率增大开始时增大较快，随后趋于一常数，通过对 2-2 型水泥基压电机敏复合材料的逆压电效应，即驱动性能的研究结果表明，2-2 型水泥基压电机敏复合材料具有令人满意的逆压电效应。Lam 等人[12] 采用切割浇筑法，以 PZT 为压电功能组分、普通硅酸盐水泥为基体，在制备 2-2 型水泥基压电复合材料的基础上，通过二次切割制备了 1-3 型水泥基压电复合材料并获得了较高的机电耦合系数，进一步证实了该类复合材料作为传感器在土木工程领域应用的可行性。Chaipanich 等人[13, 14] 分别对以普通硅酸水泥、含硅粉的硅酸盐水泥为基体的 0-3 型水泥基压电复合材料进行了进一步深入的研究，探讨了微量元素 Sr、Sb 的掺杂对 0-3 型水泥基压电复合材料性能的影响，以寻求改善 0-3 型水泥基压电复合材料性能的方法。

笔者很早便开始进行水泥基压电复合材料与器件的研究工作[15-18]，以硫铝酸盐水泥为基体，采用压制成型法制备了 0-3 型水泥基压电复合材料，并系统研究了成型压力、陶瓷功能体及温度等对复合材料的介电、压电及机电性能的影响，结果表明，采用压制成型法制备的 0-3 型水泥基压电复合材料，结构更为致密，而且有利于提高材料的压电应变常数和介电常数。以硫铝酸盐水泥为基体、铌镁锆钛酸铅陶瓷（PMN）为压电功能组分，采用切割 - 浇筑法制备了 2-2 型、1-3 型等不同连通类型的水泥基压电复合材料，并系统研究了水灰比、环境湿度、体积分数、形状参数等因素对其性能的影响，并在水泥基压电复合材料的研究基础上，开展了水泥基压电传感器及其在混凝土工程领域的应用研究。

作为一种新型多功能复合材料，水泥基压电复合材料在改造传统水泥基材料、拓展其应用领域并促使其成为结构功能一体化材料的同时，对于推进各类土木工程结构向智能化方向发展方面也具有广泛的工程应用意义。它可以有效提高建筑结构的可靠性和耐久性，降低结构的故障率和维修量。例如在大跨桥梁、核电站、大型水坝和超高电视塔等重要建筑的一些关键的结构部位用水泥基压电机敏复合材料浇筑，对这些部位内部应力和应变分布情况进行在线监测，并同时产生驱动力，中和有害应力和应变，可以有效防范地震和大风等灾害构成的威胁，从而保护人民的生命和财产安全。

一、水泥基压电复合材料的制备

1. 0-3 型水泥基压电复合材料的制备

0-3 型水泥基压电复合材料的原材料主要为水泥和压电陶瓷粉，压电陶瓷粉体分散于 3 维连通的水泥基体中，采用的成型工艺为压制成型法，水泥和压电陶瓷分别为硫铝酸盐水泥和 PLN 压电陶瓷，制备工艺流程如图 6-6 所示。

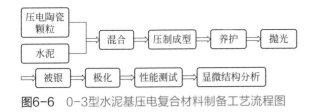

图6-6　0-3型水泥基压电复合材料制备工艺流程图

由于压电陶瓷与水泥的密度相差较大，为使铌锂锆钛酸铅陶瓷（PLN）和水泥充分混合，首先将 PLN 和水泥球磨混合，研磨介质为无水乙醇，干燥后过筛备用。然后，按一定的水灰比加入一定量的水，采用压制成型法压制成 ϕ15mm×1mm 的圆片，成型压力为 80MPa，在标准养护箱内（20℃，100%RH）养护 3d 后，用丙酮擦洗试样表面，然后在圆片两面薄薄地均匀地涂上低温导电银浆，在干燥箱内烘干 2h，干燥温度为 80℃，于硅油中进行极化。最后，极化后的水泥基压电复合材料在室温放置 24h 后进行测试。极化处理前的四种 0-3 型水泥基压电复合材料如图 6-7 所示，其中 PLN 的质量分数分别为 60%，70%，80%，85%。

图6-7　极化处理前的0-3型水泥基压电复合材料

2．2-2型水泥基压电复合材料的制备

2-2 型压电复合材料是由陶瓷片与聚合物层叠而成的一种压电复合材料。分别采用水泥和压电陶瓷作为复合材料的基体和功能体，通过切割-浇筑工艺制备 2-2 型水泥基压电复合材料，制备工艺流程图如图 6-8 所示，制备示意图如图 6-9 所示。

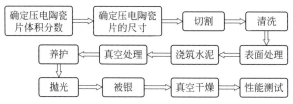

图6-8　2-2型水泥基压电复合材料的工艺流程图

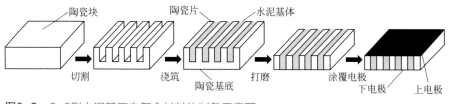

图6-9　2-2型水泥基压电复合材料的制备示意图

首先，在经过极化处理的压电陶瓷块上，采用划片机沿着与压电陶瓷极化轴相平行的方向，依次准确切割出所需尺寸的压电陶瓷片，切割深度略小于陶瓷块厚度，保留一个底座，从而防止陶瓷片的整体散落破坏。切割完毕后，将切割后的陶瓷块进行反复清洗，去除其中残留的陶瓷残渣，减少残渣对性能的影响。然后，将其置入模具中，按照一定的水灰比，将水泥与水充分搅拌并浇筑。在浇筑的过程中，压电陶瓷块始终保持振动。浇筑结束后，将试样连同模具共同置于真空干燥箱抽真空，从而减少成型后试样中的气孔。

将制备好的试样放入标准养护室中养护，养护温度控制在（20±1）℃，相对湿度≥90%，养护7d后，用磨片机将试样上下两个平行表面分别进行打磨，使两面完全露出压电陶瓷片。然后分别用粒度为W20和W10的Al_2O_3磨料进行细磨，同时保证两陶瓷面的平整，之后进行抛光处理。

3. 1-3型水泥基压电复合材料的制备

1-3型水泥基压电复合材料是1维的压电陶瓷柱平行地排列于3维连通的水泥基体中而构成的两相压电复合材料。采用切割-填充法制备1-3型水泥基压电复合材料，制备工艺流程如图6-10所示。

首先，分别在极化好的压电陶瓷块上，切割长×宽×高为1mm×1mm×5mm的一系列陶瓷柱，压电陶瓷柱占复合材料的体积分数分别为：21.31%，27.26%，34.95%，47.2%。将压电陶瓷柱用丙酮彻底清洗干净后，用钛酸四丁酯将其浸泡，使其表面具有一定的粗糙度，便于提高水泥基体与压电陶瓷相的界面结合强度。然后，将其固定在模具内，放在振动台上。按水灰比为0.28～0.30将水泥充分搅拌后，在不断振动的情况下，将水泥浇筑到模具内，为使水泥基体致密度提高，一方面可往水泥基体中加入适量的消泡剂，另一方面也可在浇筑水泥后，进行抽真空处理，然后再放在振动台上振动，以消除基体中的气泡和裂纹。将制备好的试样在标准养护箱内（20℃，100%RH）养护28d后，将养护好的水泥基体的上下两个平行表面分别进行打磨，待两面完全露出压电陶瓷柱后，再进行抛光，并用丙酮擦洗试样表面，然后在两面薄薄地均匀地涂上低温导电银浆或真空镀金，在真空干燥箱内烘干1 ~ 2h，干燥温度为80 ~ 100℃，即可得到1-3型水泥基压电复合材料。

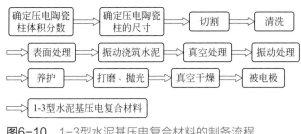

图6-10 1-3型水泥基压电复合材料的制备流程

二、水泥基压电复合材料的性能

1. 极化工艺对0-3型水泥基压电复合材料性能的影响

极化是制备压电复合材料的关键工序之一，不同的压电复合材料其极化条件不同。压电复合材料的电性能参数与极化过程密切相关。极化过程是压电陶瓷中畴结构运动和发展的过程，未经极化的复合材料几乎没有压电性，极化后的压电复合材料的压电、介电、机电性能与其极化程度有关。在极化过程中，影响压电性能的主要因素是极化电场强度（E）、极化时间（t）和极化温度（T）。要使压电复合材料具有很高的极化程度，并充分发挥其潜在的压电性能，就必须采用最佳的极化条件，即选择合适的极化电场强度、极化温度和极化时间。极化工艺的这三个条件是相互关联的，如果极化电场强度弱，则可用提高极化温度和延长极化时间来弥补；如果电场强度较强、极化温度较高，则极化时间可缩短。极化工艺和压电复合材料的组分也有着密切关系，如压电陶瓷的百分含量，复合材料基体的种类等，同时压电复合材料自身的形状、厚度、电导率等对其极化效果也都有较大的影响。

在极化电场强度为4kV/mm、极化时间为20min、极化温度低于130℃的条件下，探讨极化温度对复合材料压电性能的影响，极化温度对压电复合材料压电应变常数（d_{33}）的影响如图6-11所示。

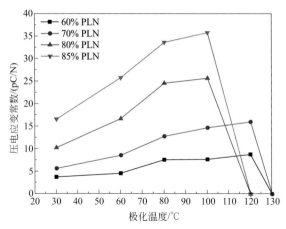

图6-11　极化温度对压电复合材料压电应变常数的影响

当温度 $T<80℃$ 时，随着温度的升高 d_{33} 值呈近似线性增加，在 $80 \sim 100℃$ 之间，d_{33} 值变化较小，而 $100℃$ 以后，d_{33} 迅速下降，试样开始被击穿。这是因为在极化电场和极化时间一定的情况下，复合材料中温度越高，压电陶瓷颗粒的活性越大，电畴转向的动力增加，电畴取向排列越容易，极化效果越好；同时，压电陶瓷结晶各向异性随温度升高而降低。当极化温度升高时，晶体的晶轴比 c/a 变小，电畴作 $90°$ 转向造成的内应力变小，即电畴转向所受到的阻力变小，所以极化较容易。另外，由于复合材料中含有大量的杂质和缺陷（界面气孔和水泥基体中气孔等），在外电场作用下，硫铝酸盐水泥基体中的 OH^-、Ca^{2+}、SO_4^{2-} 和 Al^{3+} 等弱导电离子会在此积累，从而产生一个很强的电场，该电场对外加极化电场有屏蔽作用。极化温度越高，电阻率越小，由空间电荷产生的电场的屏蔽作用就越小，故极化效果越好。当极化温度到达一定程度后，d_{33} 值基本保持不变。若再升高温度，硫铝酸盐水泥水化产物就会开始脱水，复合材料结构变得疏松，同时，弱导电离子迁移率增大，试样电阻率变小，漏电电流增大，试样很容易被击穿。实验研究表明，对硫铝酸盐水泥基压电复合材料而言，适宜的极化温度应在 $80 \sim 100℃$ 之间。

在极化时间为 20min、极化温度为 100℃ 的条件下，对压电复合材料施加不同的电场强度进行极化。压电应变常数（d_{33}）随极化电场强度（简称极化场强）的变化规律如图 6-12 所示。

在相同的极化时间和极化温度下，d_{33} 随极化场强的增大而增大；但当极化场强超过 4kV/mm 时，试样开始被击穿。这是因为在极化过程中，极化电场是使电畴转向的外驱动力，极化场强越大，促使电畴取向排列的作用就越大，极化程度就越完全，压电性能就越好。在低压下难以偏转或重新取向的电畴在高压下更容易发生偏转或重新取向，使极化更为完善，故极化场强越大，d_{33} 值越大。尽管极化电场对压电材料的 d_{33} 值的影响很大，提高极化电场强度可以较大地提高材料的 d_{33} 值，但任何材料都有一耐压强度极限，否则材料将被击穿。对 0-3 型硫铝酸盐水泥基压电复合材料来说，当极化场强超过 4kV/mm 时，试样开始被击穿。一方面，这是由于复合材料中含有一些气孔，当极化场强增大到一定程度后，引起气体放电，导致介电 - 机械 - 热击穿。另一方面，硫铝酸盐水泥基体中含有 OH^-、Ca^{2+}、SO_4^{2-} 和 Al^{3+} 等弱导电离子，这些弱导电离子在较高的极化场强下会发生迁移，从而使材料的击穿电压下降。

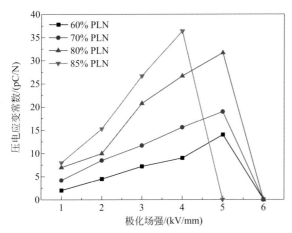

图6-12 极化场强对压电复合材料压电应变常数的影响

在极化场强为 4kV/mm、极化温度为 100℃ 的条件下，采用不同的极化时间对 0-3 型水泥基压电复合材料进行极化，压电复合材料的压电应变常数 d_{33} 随极化时间的变化规律如图 6-13 所示。在极化初期，压电复合材料 d_{33} 值随极化时间的增大而迅速增大，当极化时间达到 30min 后，d_{33} 趋于平缓，再延长极化时间，d_{33} 变化很小。这是因为极化初期主要是 180° 电畴的反转，180° 电畴的反转不引起内应力，短期内即可实现，而后期主要是 90° 电畴的转向。90° 电畴的转向伴随着应力和应变的产生，阻力较大。因此适当延长极化时间，可提高极化程度，但当极化时间超过一定的时间后，由于电畴的定向排列已经完成，故 d_{33} 变化很小。

2. 水灰比对 2-2 型水泥基压电复合材料性能的影响

采用不同水灰比制备复合材料，其压电性能如图 6-14 所示。随着水灰比的增大，当水灰比小于 0.40 时，压电应变常数 d_{33} 和压电电压常数 g_{33} 变化较小，当水灰比大于 0.40 时，d_{33} 和 g_{33} 则明显增大。

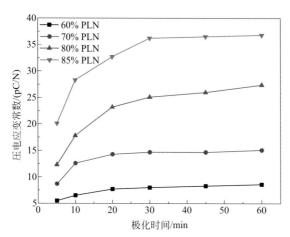

图6-13　极化时间t对压电复合材料压电应变常数d_{33}的影响

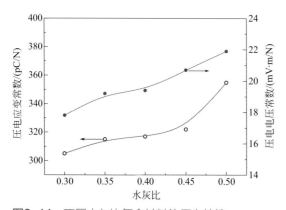

图6-14　不同水灰比复合材料的压电特性

　　这可能是因为，随着水灰比增大，水含量逐渐增大，水泥净浆的流动性增加，易于浇筑成型；同时，水泥颗粒得到了充分水化，有利于陶瓷与水泥水化产物的界面结合。但是随着水灰比继续增大，水含量过多，导致未水化水散失后产生较多的气孔，引起复合材料整体力学性能的降低，而不利于实际的应用。

　　采用不同水灰比制备的复合材料及硬化硫铝酸盐水泥浆体的介电性能如表6-1所示。随着水灰比的增大，复合材料的ε_r及$\tan\delta$呈现逐渐降低的趋势。这可能是因为随着水灰比的增大，硬化水泥浆体的介电常数和介电损耗也相对减小，从而导致复合材料的介电常数减小。同时，随着水灰比的增大，水泥净浆的流动性变好，其水化产物与压电陶瓷的界面结合越好，减少了因界面结合引起的损耗，因而其介电损耗逐渐降低。

表6-1　不同水灰比复合材料及硫铝酸盐水泥的介电性能

| 水灰比 | 2-2型水泥基压电复合材料 | | 硬化SAC浆体 | |
	相对介电常数ε_r	介电损耗tanδ	相对介电常数ε_r	介电损耗tanδ
0.30	2530	0.671	18.9	0.193
0.35	2510	0.422	19.9	0.190
0.40	1970	0.245	13.2	0.212
0.45	2270	0.450	2.29	0.169
0.50	1920	0.132	0.80	0.112

不同水灰比复合材料的相对介电常数-频率特性如图6-15所示。在相同的实验条件下，各复合材料的相对介电常数ε_r随频率的变化均呈相同的变化趋势。复合材料的谐振吸收峰和反谐振吸收峰出现在频率为250kHz附近。这主要是由单相的PMN陶瓷贡献，对应偶极子的取向极化。在高频段，复合材料的介电常数ε_r随频率的变化较平稳，表现出良好的介电频率稳定性，这是因为随着频率的继续升高，由于存在介质弛豫，取向极化已跟不上频率的变化，所以在高频段介电常数较稳定。

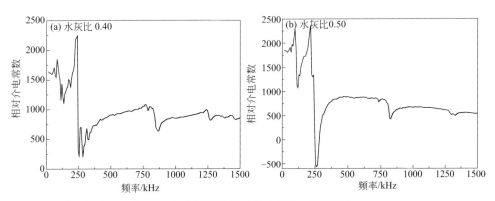

图6-15　水灰比为0.40与0.50复合材料的相对介电常数−频率特性

不同水灰比复合材料的介电损耗-频率特性如图6-16所示。复合材料的介电损耗峰一般出现在频率为250kHz附近，这主要是由于介质弛豫极化所引起的。在低频段和高频段，曲线介电损耗随频率的增大基本没有变化。这与相对介电常数峰随频率的变化基本相对应。在高频段，随着频率的增大，由于复合材料的界面极化跟不上频率的变化，表现出良好的高频稳定性。由图还可以看出，随着水灰比的逐渐增大，频率为250kHz附近复合材料的介电损耗峰值也依次减小。这说明水灰比越大，水泥基压电复合材料谐振峰值处的能量损耗也就越高。

采用不同水灰比制备了压电复合材料，其阻抗和相位随频率的变化如图6-17所示。随着频率增大，阻抗及相位曲线上依次出现了序列峰，这些峰表明了水泥基压电复合材料表现了机电耦合效应。复合材料的平面振动谐振频率在

90kHz 附近，厚度振动谐振频率在 250kHz 附近。随着水灰比的增大，复合材料的平面及厚度振动所对应的峰值均呈增大趋势。

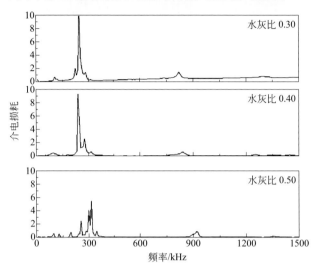

图6-16　水灰比分别为0.30、0.40、0.50的复合材料的介电损耗-频率特性

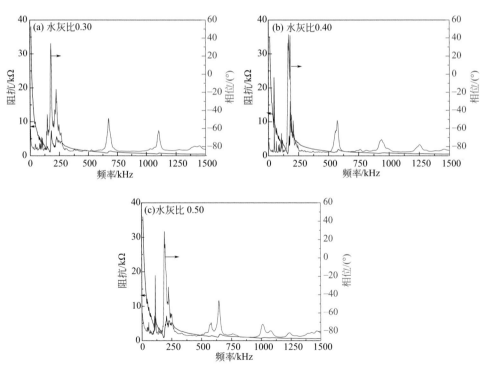

图6-17　不同水灰比复合材料阻抗频率谱及相位频率谱

不同水灰比 2-2 型水泥基压电复合材料的机电耦合性能如表 6-2 所示。随着水灰比逐渐增大，复合材料的平面机电耦合系数 k_p 变化幅度很小；厚度机电耦合系数 k_t 呈逐渐增大的趋势，而且水灰比越大，这种增大趋势也越趋于平缓；复合材料的机械品质因数 Q_m 呈明显下降趋势，水灰比越大，这种下降趋势越趋于平缓。这表明增大水灰比有利于提高水泥基压电复合材料的厚度机电耦合系数，进而提高机械能与电能的转换效率，同时增大水灰比也降低了复合材料的机械品质因数，这对于制作以检测为目的的换能器来说，在展宽频带、改善波形、提高分辨率等方面都是有利的。

表6-2　不同水灰比2-2型水泥基压电复合材料的机电耦合性能

水灰比	0.30	0.35	0.40	0.45	0.50
$k_p/\%$	43.1	43.1	41.7	43.1	41.7
$k_t/\%$	54.8	53.5	56.5	57.8	58.5
Q_m	5.5	5.3	4.7	4.9	4.1

采用不同水灰比制备的 2-2 型水泥基压电复合材料的声阻抗如表 6-3 所示。不同水灰比复合材料（PMN 体积分数为 53.85%）的声阻抗在 16 ~ 18M rayl 之间波动。随着水灰比的增大，复合材料的声阻抗基本不变。由此可见，水灰比的变化对复合材料声阻抗的影响较小。

表6-3　不同水灰比2-2型水泥基压电复合材料的声阻抗

水灰比	f/kHz	t/mm	ρ/（10^3kg/m³）	v_c/（m/s）	Z/M rayl
0.30	277.538	6.6	4.8	3663.50	17.58
0.35	270.038	6.4	4.8	3456.49	16.59
0.40	240.038	7.0	4.8	3360.53	16.13
0.45	270.038	6.3	4.8	3402.48	16.33

3. 压电陶瓷体积分数对 1-3 型压电复合材料性能的影响

PMN 压电陶瓷柱的长 × 高 × 宽选取为 1mm×1mm×2.5mm，对体积分数分别为 21.31%，27.26%，34.95%，47.2% 的 1-3 型水泥基压电复合材料进行研究。复合材料的压电应变常数（d_{33}）与 PMN 陶瓷体积分数的关系如图 6-18（a）所示。随着 PMN 体积分数的增加，d_{33} 值呈近似线性增大。当 PMN 的体积分数为 21.31%，复合材料的 d_{33} 即可达到 213.5pC/N。

压电电压常数（g_{33}）与 PMN 体积分数的关系如图 6-18（b）所示。随着 PMN 体积分数的增加，g_{33} 呈下降趋势。与单相 PMN 的 g_{33} 相比，复合材料的 g_{33} 明显要大得多。这是因为 $g_{33}= d_{33}/（\varepsilon_{33}\varepsilon_0）$，而 $d_{33}=v_1 s_{11} d'_{33}/（v_1 s_{11}+v_2 s_{33}）$，其中 v_1 和 v_2 分别为水泥基体和 PMN 的体积分数；s_{11} 和 s_{33} 分别为水泥基体和 PMN

的弹性柔和系数；d'_{33} 为 PMN 的压电应变常数。在整个体积分数变化范围内，复合材料的介电常数均比单相 PMN 压电陶瓷的介电常数（3800）小得多，同时，由于水泥基体的 s_{11} 大于 PMN 的 s_{33}，使得 d_{33} 随 PMN 体积分数的减少下降较慢，故压电复合材料的 g_{33} 比单相 PMN 压电陶瓷的 g_{33} 大。当 PMN 体积分数为 21.31% 时，复合材料的 g_{33} 值就高达 86.8mV·m/N，而单相 PMN 压电陶瓷的 g_{33} 值仅为 18.95mV·m/N。正是由于压电复合材料的 g_{33} 较大，其传感性能大大提高。

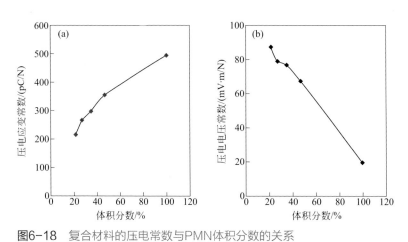

图6-18 复合材料的压电常数与PMN体积分数的关系

硫铝酸盐水泥与 PMN 陶瓷复合后，对复合材料性能的影响主要是通过控制径向模振动，改善厚度模振动等相关参数。图 6-19 给出了 PMN 压电陶瓷以及 PMN 体积分数分别为 21.31%、27.72%、34.95% 和 47.2% 的复合材料的阻抗谱，所有试样厚度均为 2.5mm。由图可看出，在 0～1MHz 频率范围内，PMN 压电陶瓷存在一系列高阶径向振动模引起的谐振峰，以及径向振动模与厚度振动模耦合产生的谐振峰。与 PMN 陶瓷相比，在 0～1MHz 频率范围内，各复合材料的阻抗谱要平滑得多，只有厚度模式振动，径向模式振动非常微弱。

1-3 型水泥基压电复合材料的机电耦合性能如表 6-4 所示。随着 PMN 压电陶瓷体积分数的增加，复合材料的谐振频率不断减小，而平面机电耦合系数（k_p）和厚度机电耦合系数（k_t）不断增大。单相 PMN 压电陶瓷的 k_p 大于 k_t，说明单相 PMN 压电陶瓷的径向振动模对厚度模干扰大，而不同 PMN 体积分数的 1-3 型水泥基压电复合材料，其 k_p 均比单相 PMN 压电陶瓷的 k_p 小，这说明压电复合材料的径向振动模式受到了抑制。这是因为水泥基复合材料径向模共振时，声能从高阻抗的 PMN 传播到低阻抗的硫铝酸盐水泥，透射率很低；另外，由于硫铝酸盐水泥黏滞系数大，且与 PMN 相比，含有较多的气孔，这样声波从高声阻抗的 PMN 压电陶瓷柱传播到低声阻抗、高吸收系数的硫铝酸盐水泥时，只有小部分声能透过硫铝酸盐水泥，大部分声能在水泥基体中被衰减，从而抑制了径向模式振动。因此，复合材料的 k_p 均小于单相 PMN 压电陶瓷的 k_p，而随着 PMN 体积分数的逐渐增大，硫铝酸盐水泥含量逐渐降低，对声能的衰减不断减弱。因此，PMN 体积分数高的复合材料的 k_p 逐渐增大。

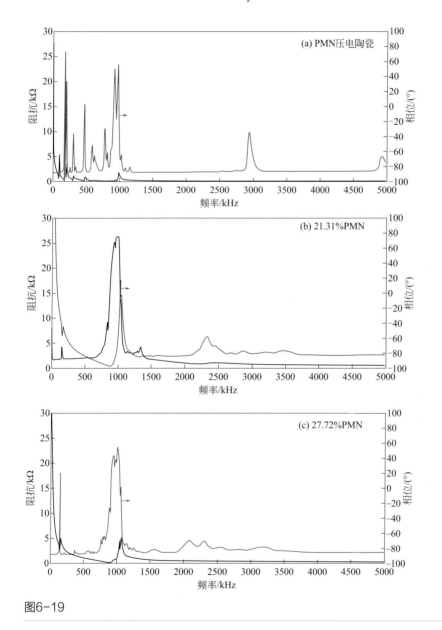

图6-19

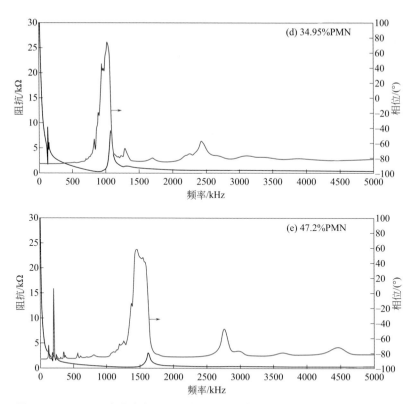

图6-19 PMN压电陶瓷与1-3型水泥基压电复合材料的阻抗谱

表6-4 1-3型水泥基压电复合材料的机电耦合性能

PMN体积分数/%	21.31	27.26	34.95	47.2	100
f_m/kHz	157.539	150.039	135.039	112.539	97.539
f_n/kHz	165.039	157.539	142.539	120.039	105.039
k_p/%	33.45	34.26	35.92	38.98	41.72
k_t/%	32.73	33.46	35.09	38.06	40.51

复合材料的介电常数与 PMN 压电陶瓷体积分数的关系如图 6-20 所示。随着 PMN 压电陶瓷体积分数的增加，复合材料的介电常数基本呈线性增加。这是因为，PMN 压电陶瓷的介电常数 ε_1（3800）远大于水泥基体的介电常数 ε_2，因此，复合材料的介电常数基本与 PMN 压电陶瓷的体积分数成正比。

不同 PMN 陶瓷体积分数的复合材料的介电常数 ε_r 随频率的变化如图 6-21 所示。在相同的实验条件下，各复合材料的介电常数 ε_r 随频率的变化均呈相同的变化趋势，即在低频段和高频段，复合材料的介电常数 ε_r 随频率的变化较平稳，表现出良好的介电频率稳定性。图中出现的一系列介电常数峰值主要由单相PMN贡献，对应偶极子的取向极化，随着频率的继续升高，由于存在介质弛豫，取向极化已跟不上频率的变化，所以在高频段介电常数较稳定。由图还可看出，在介电常数峰值的附近一般都存在一个吸收峰，这个峰值一般处于谐振频率附近，是介电材料的谐振吸收峰。

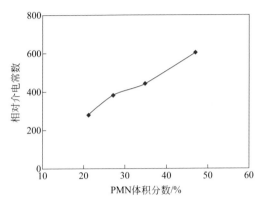

图6-20 1-3型水泥基压电复合材料的介电常数随PMN体积分数的变化曲线

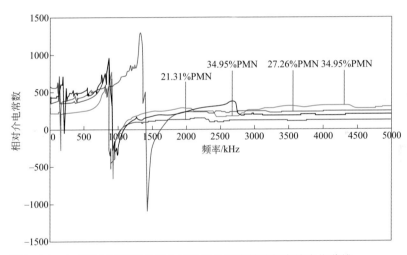

图6-21 1-3型水泥基压电复合材料的介电常数随频率的变化曲线

图 6-22 为具有不同 PMN 陶瓷体积分数的复合材料的介电损耗 tanδ 随频率的变化曲线。由图可看出，在低频段，随频率的增大，各复合材料的介电损耗几乎没有改变，这说明水泥基压电复合材料的低频稳定性很好。图中出现的一系列介电损耗峰值，主要是由于介质弛豫极化所引起的。在高频段，随频率的增大，

介电损耗几乎没有变化，表现出良好的高频稳定性。

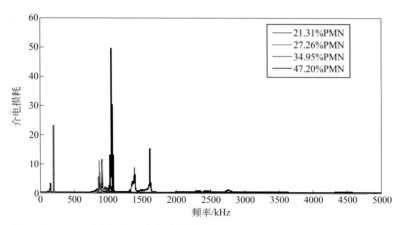

图6-22　1-3型水泥基压电复合材料的损耗随频率的变化曲线

　　PMN 陶瓷、硫铝酸盐水泥和复合材料的介电常数 ε_r 与温度的关系如图 6-23 所示。1-3 型水泥基压电复合材料的相对介电常数（ε_r）对温度有较好的稳定性。随着温度的升高，ε_r 略有增加，这是由于温度很低时，质点热运动动能很小，松弛时间很长，松弛极化完全跟不上频率的变化，对介电常数的贡献主要是电子位移极化和离子位移极化，而固有电矩的转向极化对介电常数的影响不明显，所以介电常数小。随着温度的升高，复合材料中的一些弱导电离子分布更加混乱，获得一定能量开始移动使其分布不对称，而且松弛时间逐渐缩短，松弛极化也开始逐渐发生，固有电矩的转向就比较容易，致使这部分极化对介电常数有较大的贡献，所以介电常数逐渐增大。

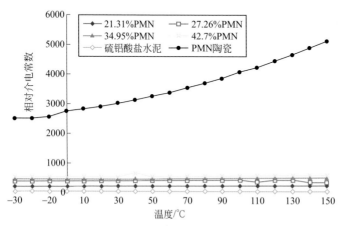

图6-23　PMN陶瓷、硫铝酸盐水泥和复合材料的介电常数与温度的关系

在 −30 ~ 150℃温度范围内，硫铝酸盐水泥的介电常数基本保持不变，而 PMN 陶瓷的介电常数 ε_r 则随着温度的升高而增大。这表明 1-3 型水泥基压电复合材料的介温特性的变化主要是受 PMN 陶瓷功能体的介温特性所影响。由于本研究所用的 PMN 压电陶瓷的居里点为 200℃，在本研究对应的温度范围内，复合材料的介电温度曲线很平缓，这说明 1-3 型水泥基压电复合材料的温度稳定性较好，工作温度范围较宽。

PMN 陶瓷、硫铝酸盐水泥和复合材料的介电损耗（tanδ）随温度变化的关系如图 6-24 所示。随着温度的升高，单相 PMN 的介电损耗变化较小，表现出优异的稳定性。硫铝酸盐水泥的介电损耗随温度变化复杂，波动较大，且损耗值较大，这是因为水泥是一种多相的电介质，产生了各种不同的极化机制。在外加电场的作用下，除了水泥中的水化产物、水及未反应的水泥颗粒等产生电子、离子和偶极子极化外，还可能有激活载流子，如自由电子、离子、空位等产生运动，从而使电导电流增大，将一部分电能转化为热能，致使电导损耗增大。而各水泥基压电复合材料的介电损耗则随着温度的升高先升高再降低，但下降幅值并不大。随着 PMN 含量越多，复合材料的介电损耗受温度影响变小。一方面，这是由于硫铝酸盐水泥和 PMN 复合后，界面气孔增多，在外电场作用下，气孔内气体电离要吸收能量，温度越高，气体电离越容易，致使损耗增大。另一方面，介电损耗是由 PMN 和硫铝酸盐水泥共同贡献的结果，在测试温度范围内，单相 PMN 的介电损耗受温度影响较小，而硫铝酸盐水泥的介电损耗受温度影响较大，所以复合材料的介电损耗主要来源于硫铝酸盐水泥基体中离子运动所引起的电导损耗，且 PMN 含量越多，即硫铝酸盐水泥含量越少，复合材料的介电损耗随温度的变化越小。

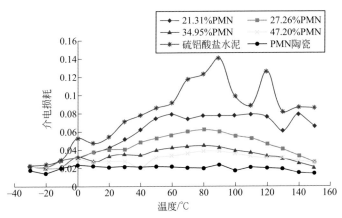

图6-24　PMN陶瓷、硫铝酸盐水泥和复合材料的介电损耗与温度的关系

第三节
水泥基压电传感器及其应用

一、压电超声换能器及其在混凝土中的应用

压电元件是超声换能器的主要元件，其主要作用是实现换能器中电能和声能的相互转换。换能器在埋入混凝土结构中使用时，要尽量消除换能器与混凝土材料的相容性问题。所谓的相容性，主要体现在以下几个方面：①强度相容，埋置的材料与原材料的强度尽量一致，对原材料的应力场分布影响较小；②界面相容，埋入材料与原材料的界面可以共同受力，而且不会在受力过程中剥离失效；③尺寸相容，埋入材料的体积相对于原构件应该非常小，不致影响原来构件的局部材料组成。

为了满足换能器和混凝土的相容性要求，采用水泥和环氧树脂的混合物为封装材料，从而使换能器和混凝土不存在接触面不连续的问题，并具有一定的承载能力，可以作为大骨料的形式任意布置在混凝土结构内部，而不会影响主体结构的受力性能。

在超声换能器的设计中，为了减少声波在工作介质表面的反射，增大声波的有效透射能量，需要在换能器和工作介质之间加入声学匹配层。在超声检测中，为了使声波能量最大限度地向负载介质进行辐射，同时对压电元件起到保护作用，合理选择匹配层的厚度是非常重要的。根据四分之一波长理论，认为匹配层的厚度选取应取其声波波长的四分之一，计算公式如下：

$$t_\mathrm{m} = \frac{\lambda}{4} = \frac{v}{4f} \qquad (6\text{-}2)$$

式中　t_m——匹配层的厚度，m；

　　　λ——波长，m；

　　　v——声波在匹配层中的传播速度，m/s；

　　　f——压电元件的谐振频率，Hz。

选用水泥 / 环氧树脂复合材料作为匹配层材料，声速约为 2100m/s，选用的 PZT-41 型压电陶瓷的谐振频率为 195kHz，代入公式计算得到匹配层的最佳厚度为 2.7mm。

背衬层位于压电元件后面，它能改善电 - 声特性产生的声信号指向性，增强

发射信号的能量，拓宽换能器的带宽，图 6-25 为发射型压电超声换能器的结构示意图。

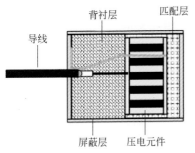

图6-25 发射型压电超声换能器的结构示意图

将超声换能器埋置在混凝土试件中，通过监测换能器信号的变化情况对混凝土的损伤状况进行评估，得出超声信号的变化规律与混凝土损伤的定量关系，为实际应用提供检测依据。混凝土的设计大小是 100mm×100mm×100mm，混凝土设计强度为 30MPa；混凝土配合比等参数列于表 6-5 中。

表6-5 混凝土配合比

水：水泥：砂：石	砂率/%	水泥标号
0.47：1：1.86：3.29	32	425

在混凝土成型完成以后初凝结束之前，将压电超声换能器放入混凝土中，埋置方式如图 6-26 所示。压电换能器埋置在混凝土结构的正中心，换能器中心距离混凝土结构上下表面的距离均为 50mm。换能器埋置好后，压实、固定，放入养护室养护 28d，待养护好以后进行测试。测试时冲击载荷的方向垂直于 YZ 平面，施加载荷的增量为 5N/mm²，直至混凝土完全损坏。在对混凝土施加各级载

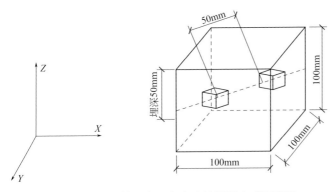

图6-26 压电超声换能器在混凝土中的埋置方式示意图

荷的过程中，采集换能器的声学信号。在实验系统中，采用信号发生器产生脉冲波信号，脉冲信号的幅度为10V，脉冲信号的激励频率为110kHz。使用示波器采集由发射型换能器激发的脉冲波信号通过混凝土内部传播时变化趋势。

首先，利用埋置在混凝土内部的换能器采集完好混凝土的超声波信号，如图 6-27（a）所示。然后利用实验机对混凝土施加不同载荷，采集处于不同损伤状况的混凝土中产生的超声波信号，如图 6-27（b）~（j）所示。研究发现，随着载荷的增加，声波信号的峰 - 峰值呈衰减趋势。

在施加载荷未达到混凝土设计强度（30N/mm²）之前，声波信号的峰 - 峰值的衰减随着载荷的不断增大而增大。在施加的载荷大于混凝土设计强度（30N/mm²）时，声波信号的峰 - 峰值衰减非常明显，并且波形发生了畸变。这是因为施加载荷未达到混凝土设计强度（30N/mm²）时，随着载荷增大，混凝土中微观裂缝的产生和扩展使得声波传播的阻尼增大，在时域图中则表现为除首波以外的声波能量逐渐减弱；当施加载荷超过混凝土设计强度（30N/mm²）以后，混凝土内不断产生宏观裂缝，时域图中的幅值衰减更加显著，波形的畸变程度随载荷的增加而增加。

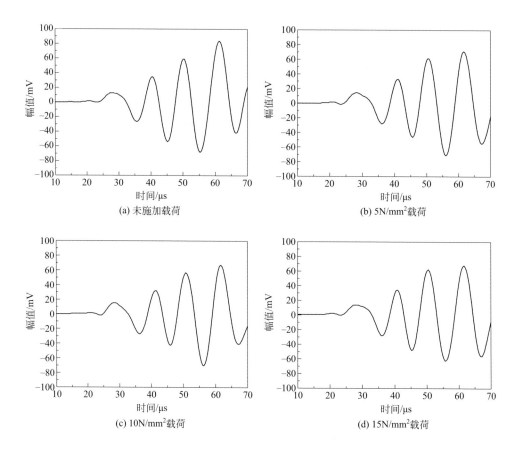

(a) 未施加载荷

(b) 5N/mm²载荷

(c) 10N/mm²载荷

(d) 15N/mm²载荷

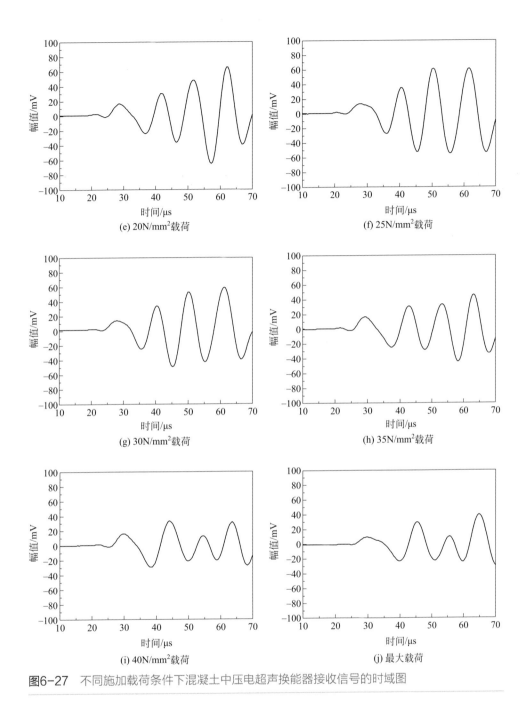

图6-27　不同施加载荷条件下混凝土中压电超声换能器接收信号的时域图

　　不同施加载荷条件下压电超声换能器接收信号的频谱如图 6-28 所示。压电换能器在脉冲电压激励下的响应信号包含丰富的频率成分，频谱的整体分布呈现出高斯状分布，主要频率均集中在 100kHz 左右；另外，频谱分布在左半部分的频率成分相对比较丰富，频谱分布在右半部分的频率成分较少。这是因为超声信号在混凝土结构中传播时，频率较大的成分衰减现象更严重。

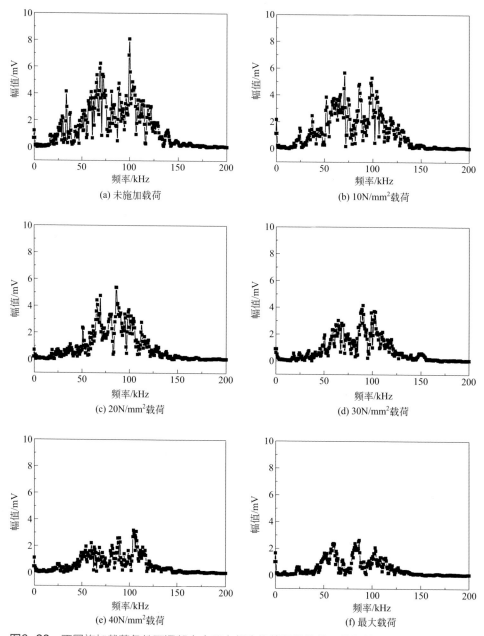

图6-28　不同施加载荷条件下混凝土中压电超声换能器接收信号的频域图

由图 6-28 可以看出，未施加载荷时，混凝土完好，超声信号的一阶、二阶和三阶谐振幅值逐渐增加；当施加的载荷逐渐增大，混凝土试件内部逐渐产生微裂纹，并不断扩展，超声信号的一阶、二阶和三阶谐振幅值逐渐减小，其中三阶谐振幅值减小的程度最大。未施加载荷时，压电超声换能器接收信号的三阶谐振幅值为 8.10mV，而当施加载荷为 10N/mm^2 时，三阶谐振幅值为 5.32mV，减小了 34.3%。由此可见，超声信号的三阶谐振幅值对混凝土微观裂纹的产生非常敏感。当施加载荷大于混凝土设计强度 30N/mm^2 时，一阶、二阶和三阶谐振幅值都减小了一半多，主要是因为宏观裂纹的出现。因此，从时域图和频谱上来看，用频率幅值的衰减情况来表征混凝土的损伤状况是可行的。

二、压电声发射传感器及其在混凝土中的应用

声发射（acoustic emission）[19, 20] 是一种"应力波发射"。这种应力波是由材料应变能量快速释放而产生的瞬时弹性波，这种弹性波承载着丰富的材料损伤过程中的声源信息。声发射技术是一种可以实时有效反映被测材料内部微观结构变化的一种动态检测方法，与其他常用的无损检测方法相比，声发射技术具有动态、实时、灵敏等特点，检测原理如图 6-29 所示。

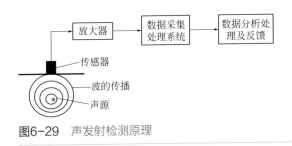

图6-29 声发射检测原理

声发射传感器是声发射技术及应用的首要环节，主要包括传感元件、匹配层及背衬层三部分，如图 6-30 所示。水泥基压电声发射传感器照片如图 6-31 所示。

根据 GB/T 19801—2005《无损检测 声发射检测 声发射传感器的二级校准》对传感器进行检测标定，传感器标定曲线如图 6-32 所示。传感器的工作频率为 20 ~ 400kHz，而混凝土断裂频率一般都低于 500kHz，因此水泥基压电声发射传感器能有效地满足混凝土检 / 监测要求，传感器具有较好的信号响应。

$$幅值 = 20 \lg \frac{U}{U_{ref}} \qquad (6-3)$$

式中　U——输入的电信号，μV；

U_{ref}——参考电压，其值为 1μV，在声发射技术中，将前置放大器的输入 1μV 定义为 0dB。

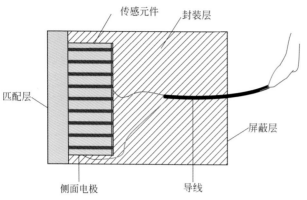

图6-30 声发射传感器结构示意图

图6-31 水泥基压电声发射传感器

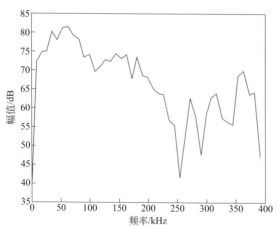

图6-32 传感器标定曲线

通过 MTS 810 对 C30 素混凝土试件进行加载，通过参数相关性分析方法，对幅值、能量、撞击数等声发射特征参数进行研究。制备尺寸为 100mm×100mm×100mm 的标准混凝土立方体试件，制备混凝土试件过程时，将传感器埋入试件中心位置，制备的混凝土试件如图 6-33 所示。

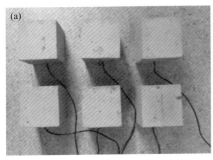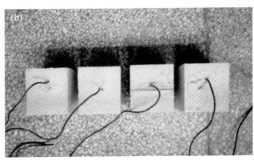

图6-33　混凝土试件

把养护完成的试件分成两组，对其进行编号，取出其中一组在信号接收面的侧面进行预制裂缝处理，带裂缝的混凝土试件如图 6-34 所示。

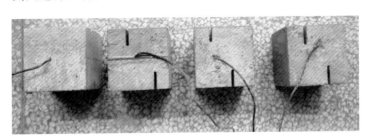

图6-34　带裂缝的混凝土试件

采用疲劳循环加载方式和力的阶梯式加载方式对无预制裂缝的试件进行加载，采用疲劳循环加载方式和直线加载方式对有预制裂缝的混凝土试件进行加载至破坏，运行声发射采集仪对加载全程进行监测，然后再运行实验机对试件进行加载，并记录实验现象，按照 0.3kN/s 的加载速度加载到 50kN，具体的力加载方式如图 6-35 所示。

1. 幅值分布特征

声发射监测系统幅值分布如图 6-36 所示，试件开始加载时，幅值先急剧增大，再减小，并平稳连续存在。这说明在施加载荷的过程中，混凝土声发射是持续的，这主要是因为在刚加载时，混凝土表面虽经过打磨处理，但仍然存在一些微小凹凸不平的点，受力时伴随着摩擦、挤压产生声发射现象，因此，声发射幅值参数会有一个突变，而当混凝土受力稍均匀时，声发射源主要来自混凝土内部空隙等受挤压产生，并没有明显的声发射现象，幅值会减小。

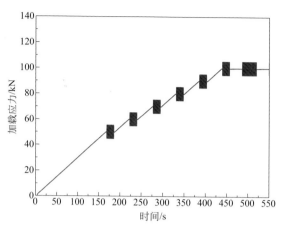

图6-35　应力与时间关系图

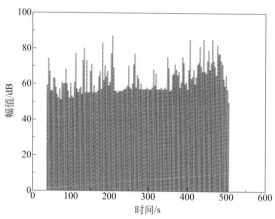

图6-36　声发射幅值分布

在进行第一个疲劳循环时，混凝土已经完全受力，产生明显的声发射现象，这不仅仅是由于混凝土内部存在的空隙以及微裂纹，更是因为混凝土试件在循环加载时混凝土产生弹性形变，混凝土内部的石子、砂子、水泥以及其他掺加物相互挤压、摩擦、甚至产生界面滑移。

在阶梯式疲劳加载中期，声发射信号并不明显，幅值呈现出较平稳的一个阶段，只有当力由一个循环周期到下一个循环过渡时才有明显的声发射现象，这主要是因为混凝土已经被充分压实，并且混凝土的加载形变值超过了弹性形变值，但混凝土尚未受到损伤，因此产生了一个相对平稳的阶段。

在混凝土加载后期，随着载荷的不断增大，轴向力逐渐增大，混凝土边缘出现裂纹并有部分混凝土脱落现象，声发射信号变强，幅值变大并且出现集中的现象，其主要是因为施加的力超过了混凝土强度的30%时，混凝土会出现明显声发射现象。

2．撞击数分布特征

声发射信号撞击数分布如图6-37所示。随着力的加载不断地增大，声发射处于活跃期。在加载初期，混凝土所受应力并不大，声发射信号不是混凝土内部损伤产生的，而是混凝土内部的微裂纹、空隙、初始裂纹或是局部受力不均匀而产生的声发射信号。在加载的前期，声发射撞击数与加载应力有着明显的线性关系，声发射撞击数随时间延长不断变大；在加载中期，声发射撞击数出现一个比较平稳缓慢变化的阶段，而且撞击数处于一个相对较高的阶段，说明混凝土内部损伤开始累积；在加载后期，声发射撞击数出现集中累积现象，其变化率变大，同时经过观察混凝土边缘出现裂纹并有部分混凝土脱落现象，这说明混凝土出现损伤。

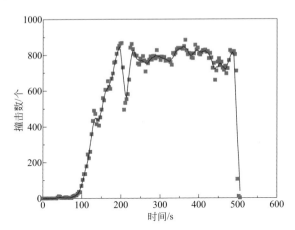

图6-37 声发射撞击数分布特征

3．预制裂缝混凝土特征参数分析

刚开始加载时，混凝土的形变量较小，声发射信号较少。随着载荷的不断增大，轴向的形变量不断增大，在试件的表面出现细微的裂缝，声发射信号的幅值强度明显增强；裂纹不断拓展延伸，直至混凝土破坏，如图6-38所示。

图6-38 混凝土试件破坏图

4. 特征参数与疲劳应力关系

疲劳循环载荷的加载方式如图 6-39 所示。首先以 0.3kN/s 的加载速度将力加载到 50kN，然后以 50kN 为平衡位置，叠加幅度为 5kN（频率为 6Hz）的正弦疲劳，循环 60 次，再以 0.3kN/s 的加载速度将力从 50kN 依次加载到 60kN、70kN、80kN、90kN、100kN，每一个平衡位置均叠加幅值为 5kN 的正弦疲劳载荷，各循环 60 次，完成阶梯式疲劳循环加载后，保持 100kN 加压 30s，再以 100kN 为平衡位置，叠加振幅为 5kN 的疲劳载荷，循环加载，直至混凝土断裂为止。

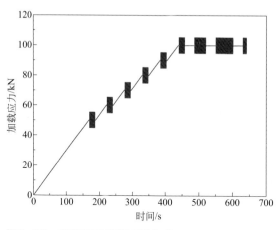

图6-39 疲劳循环载荷加载方式

5. 材料断裂幅值分布特征

预制裂缝混凝土受力声发射幅值分布如图 6-40 所示。幅值强度随着加载的进行，呈现出逐渐增强的趋势。与无裂缝的混凝土受力声发射幅值特征相比，预制裂缝混凝土的幅值表现出较大强度，这主要是因为混凝土裂缝断裂，产生的声信号较大。在加载初期过后，幅值表现出一个幅值较大、过程较长的平稳的阶段，这主要是由于混凝土材料断裂的过程是一个持续的过程。

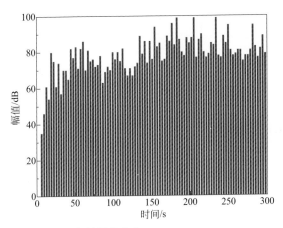

图6-40 声发射幅值分布

6. 撞击数与能量分布特征

混凝土受力破坏过程的撞击数如图 6-41 所示。加载初期，混凝土材料受外力产生较多的撞击数，这主要是因为材料刚受到外力的作用时，混凝土内部的微裂纹处于开裂的临界状态，声发射撞击数明显，随着加载的进行，撞击数进入一个平稳期，当混凝土内部所能承受的内应力到达极限时，材料产生断裂，即为表现出撞击数的突然增加，这时信号的能量几乎达到最大值，如图 6-42 所示。混凝土断裂过程是一个能量累积的过程，并且当能量累积到一定的程度，断裂释放的一个过程。

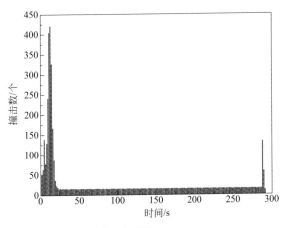

图6-41 撞击与时间关系图

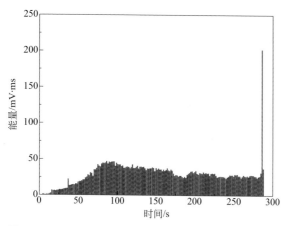

图6-42 声发射能量分布图

第四节
水泥基导电复合材料

　　水泥基材料是目前世界上使用量、需求量最大的材料之一。在新世纪，水泥基材料已经向功能化、智能化方向快速发展。导电水泥基材料不仅具有出色的导电性能，还具有优异的功能特性，例如压阻灵敏性、电磁屏蔽能力和电热性等。在未来，导电水泥基材料可广泛用于道路压力检测，建筑结构的健康监测，电磁屏蔽，自发热除冰道路、桥梁等等。因此水泥导电复合材料应用前景广阔，对其功能性的开发和研究成为当前科研工作者的研究热点，下面将对水泥基导电材料的几种功能特性[21]及其影响因素[22-26]展开论述。

一、碳纤维硫铝酸盐水泥基材料压阻特性

1．压阻效应模型

　　对一定形状大小的碳纤维水泥复合材料，从微观结构上来说，其电阻的形成可视为有许多微小的隧道势垒串联所形成的隧道电阻和碳纤维本身的电阻两部分构成的，碳纤维是电的良导体，可以忽略不计，因此碳纤维水泥复合材料的电阻

可以近似认为是材料的隧道电阻。材料的电阻率可以写为：

$$\rho = \frac{1}{n_0 q \mu} \left| \frac{2ik_1}{ik_1 - k_2} \right|^{-2N_0} e^{\frac{2}{h}\sqrt{2m(U_0 - E)}\sum_{j=1}^{j=N_0} a_j} \qquad (6\text{-}4)$$

$$k_1^2 = \frac{2mE}{h^2}, \quad k_2^2 = \frac{2m(U_0 - E)}{h^2}$$

式中　　m——电子的质量，kg；

　　　　E——载流子的能量，J；

　　　　U_0——隧道势垒高度，m；

　　　　a_j——隧道势垒宽度，m；

　　　　h——普朗克常数，其值为 $6.62607015 \times 10^{-34}$J·s；

　　　　n_0——电子浓度，m^{-3}；

　　　　q——电子带电量，C；

　　　　μ——电子迁移率，$m^2/(V·s)$。

假定长度为 l、截面积为 S 的材料沿长度有 N_0 个相同隧道势垒串联而成，且穿越隧道势垒前电子浓度为 n_0，E 代表所有载流子的能量[22]。

2. 净浆压阻特性

图 6-43 是浇筑净浆碳纤维增强硫铝酸盐水泥（CFSC）试样的压阻特性曲线。由图 6-43 可以看出，随着压应力的增大，不同碳纤维掺量净浆 CFSC 试样的电阻率变化均不断下降。但是不同净浆 CFSC 试样的压阻特性曲线是有区别的。当碳纤维掺量较少时（CS1# 试样和 CS2# 试样），其电阻率变化幅度较小；当碳纤维掺量较大时（CS4# 和 CS5# 试样），其电阻率变化幅度也不大；只有当碳纤维掺量为 0.5% 时（CS3# 试样），净浆 CFSC 的电阻率变化曲线近似呈线性，同时其曲线的斜率也最大。

这是因为，当碳纤维掺量较小时，净浆 CFSC 内部的碳纤维之间的距离较远，此时净浆 CFSC 主要靠水泥水化离子导电为主。在压应力作用下，碳纤维与水泥基体结合更加紧密，同时水泥内部原有的裂纹部分闭合，使得净浆 CFSC 的电阻率逐步减小，降低幅度较小。当碳纤维掺量较大时，净浆 CFSC 内部的碳纤维形成导电网络，此时净浆 CFSC 主要靠碳纤维含有的 π 键电子导电为主，材料的导电能力很强，因此在压应力作用下，净浆 CFSC 的电阻率变化幅度较小。在合适的碳纤维掺量下，此时碳纤维之间间隔距离近，但没有搭接在一起。在压应力作用下，碳纤维之间距离进一步接近，由于隧道效应，载流子穿越水泥势垒参与导电，压力越大，复合材料的导电率越大，因此只有当碳纤维掺量合适时净浆 CFSC 电阻率变化幅度最大，CFSC 的压阻特性最好。

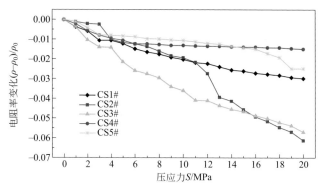

图6-43　净浆CFSC试样的压阻特性曲线

　　图 6-44 为循环载荷下净浆 CFSC 的压阻特性曲线（碳纤维掺入量为 0.5%）。循环载荷中最大载荷为 10MPa，加载速度为匀速，速度为 1MPa/min，加载循环次数为 10。由图 6-44 可以看出，在第一循环过程中，卸载时净浆 CFSC 的电阻率没有恢复到初值，这主要是由于 CFSC 在压应力作用下产生一定的材料损伤，同时材料内部结构也在应力作用下产生调整造成的；在随后的循环中，净浆 CFSC 试样在循环压应力作用下电阻率变化的重复性较好，在每个循环过程中，加载时净浆 CFSC 电阻率随载荷增大而成近似线性关系降低，卸载时，净浆 CFSC 电阻率随载荷减小近似成线性增大，电阻率变化与载荷之间具有鲜明对应关系，表明碳纤维掺量为 0.5% 时，净浆 CFSC 具有良好压阻特性。

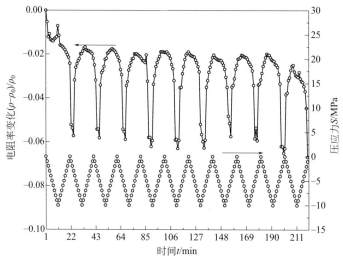

图6-44　循环载荷下净浆CFSC的压阻特性

图 6-45 为碳纳米管对净浆 CFSC 压阻性能的影响曲线，此时碳纤维掺量为 0.5%。由图 6-45 可以看出，不同碳纳米管掺量的净浆 CFSC 的压阻性能非常有规律，曲线表现出良好的线性变化。解释如下：碳纳米管的外形与碳纤维相似，具有大的长径比，在压应力作用下对净浆 CFSC 的电阻起到明显的降低作用；其长度远远小于碳纤维，因此可以在尺度更小的范围内增强净浆 CFSC 的导电性能。碳纳米管具有纳米效应，在微观上改善了 CFSC 的导电能力，表现出良好的导电特性，在压应力作用下，碳纳米管对净浆 CFSC 的压阻特性起到了明显的改善作用，大大提高了净浆 CFSC 压阻特性，并使得净浆 CFSC 的电阻率更趋向于线性变化。

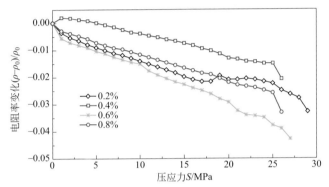

图6-45　碳纳米管对净浆CFSC压阻性能的影响曲线

硝酸氧化碳纤维可以使碳纤维的表面产生有机氧化基团，这些氧化基团可以与水泥中的某些组分结合，增加了碳纤维与水泥之间的结合力；同时氧化腐蚀在碳纤维表面产生凹凸不平的起伏，增加了碳纤维的粗糙度，增大碳纤维与水泥基体的接触面，使得碳纤维与水泥基体在外力作用下不容易滑动[23]。图 6-46 为在单调压应力作用下，硝酸处理碳纤维前后净浆 CFSC 的压阻特性，可以看出，碳纤维经硝酸氧化处理后，净浆 CFSC 的电阻率变化幅度有所降低，但压阻特性保持良好，这是由于碳纤维经硝酸氧化处理后，表面变得凹凸不平，增大了与外界接触的面积，当与水泥接触时，结合力和结合面积都大大增加，这样碳纤维和水泥结合得更加牢固。在压应力作用下，CFSC 的电阻率变化趋于稳定，因此碳纤维经硝酸氧化处理后，CFSC 的压阻特性有所降低。图 6-47 为循环压应力下，硝酸处理后净浆 CFSC 的压阻特性，可以看出，碳纤维经硝酸处理后，净浆 CFSC 具有较好的压阻特性，4 个压应力循环后净浆 CFSC 的电阻率变化趋于稳定，比纯净浆 CFSC 的电阻率变化更早趋于稳定。这是由于碳纤维经硝酸处理后，碳纤维与水泥基体结合得更加牢固，在循环压应力作用下更早完成结构调整的缘故。

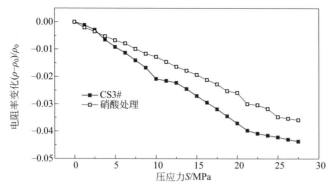

图6-46 硝酸处理碳纤维前后净浆CFSC的压阻特性

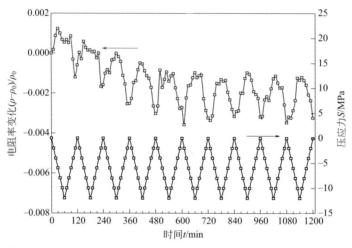

图6-47 循环压应力下硝酸处理后净浆CFSC的压阻特性

3. 砂浆和混凝土压阻特性

图6-48为砂浆CFSC的压阻特性曲线，可以看出，当碳纤维掺量为0.5%时，随压应力的增大，砂浆CFSC不断降低，砂浆CFSC表现出良好的压阻特性；当碳纤维掺量为0.7%和0.9%时，在压应力作用下砂浆CFSC的电阻率变化幅度出现明显降低，其压阻特性不明显。这主要是因为：随着碳纤维掺量的增大，当到达一定数值时，碳纤维在砂浆CFSC内部已经形成良好的导电网络，此时砂浆CFSC电阻率主要受碳纤维导电控制[24]，碳纤维掺量为0.7%和0.9%时，砂浆CFSC的导电网络已经形成，因此在压应力作用下它们的电阻率变化不明显。与净浆CFSC的压阻特性相比，砂浆CFSC的压阻特性变化幅度要小。这是因为，砂子的掺入使得CFSC中碳纤维的分布趋于不均匀，同时在碳纤维分散过程中也

增加了纤维的折断概率，使得砂浆 CFSC 的压阻性能有所降低。

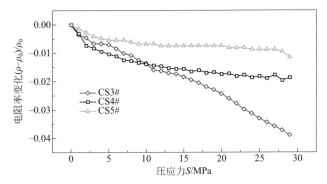

图6-48 砂浆CFSC的压阻特性曲线

图 6-49 为混凝土 CFSC 的压阻特性曲线，可以看出，当碳纤维掺量为 0.5%时，随压应力的增大，混凝土 CFSC 表现出良好的压阻特性；当碳纤维掺量为 0.7%和 0.9%时，混凝土 CFSC 的电阻率变化趋缓，其变化规律与砂浆 CFSC 的压阻特性相似，但混凝土 CFSC 的压阻特性变化幅度要小于砂浆 CFSC。这是因为，在压应力作用下，石子粗骨料使得混凝土 CFSC 更不容易变形，同时石子的加入使得碳纤维的均匀分散更加困难，降低了混凝土 CFSC 的压阻特性。

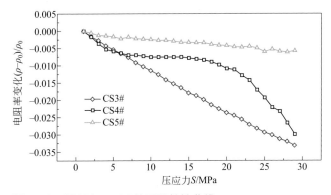

图6-49 混凝土CFSC的压阻特性曲线

二、浇筑CFSC压容特性

1. 压容效应模型

碳纤维增强水泥试样是电介质，与其试样两端的电极构成电容。随着应力、应变的变化，电容也发生变化，碳纤维增强水泥在受压时的电容测量同样能反映碳纤维水泥复合材料的压敏性[25]。实验中单调压应力下的机敏性能是通过测量CFSC 材料在压应力作用下的电容变化率来获得的，也就是压容特性。碳纤维水泥复合材料试样受压时电容改变主要是由于相对介电常数 ε_r 改变而引起的，可表示为

$$dC = \frac{\varepsilon_0 A}{\lambda} d\varepsilon_r \qquad (6\text{-}5)$$

式中　C——电容量，F；

　　　ε_r——相对介电常数；

　　　ε_0——真空中介电常数，其值为 8.85×10^{-12}F/m；

　　　A——极板面积，m^2；

　　　λ——极板间距，m。

在一定频率和温度下，CFSC 的介电常数可用经验公式表示[26]：

$$\varepsilon_r = V_1\varepsilon_1 + V_2\varepsilon_2 + V_3\varepsilon_3 + \cdots + V_q\varepsilon_q + V_x\varepsilon_x \qquad (6\text{-}6)$$

式中　ε_r——系统总的介电常数；

　　　V_q——各相的体积，m^3；

　　　ε_q——各相介电常数；

　　　V_x——裂纹和气孔的体积，m^3；

　　　ε_x——裂纹和气孔的介电常数，也就是空气的介电常数，其值为 1。

固定频率和温度，试样处在单调压应力作用下，随着压应力的增大，试样内部的裂纹和气孔会不断增多，即 V_x 不断增大，则其他各相的体积 V_q（q=1、2、3…）保持不变，如果此时其他各相的相对介电常数 ε_q 保持不变，对于单位体积的 CFSC 试样来说 V_x 的增大将导致整个材料的相对介电常数 ε_r 变小；但在单调压应力作用下 CFSC 试样的两电极板间距不断变小，即 λ 变小，材料中各个物相的电极化率会不断增大，材料的相对介电常数 ε_r 和电极化率 X_e 有如下的关系：$\varepsilon_r = X_e + 1$，由此可见 ε_r 的变化取决于 CFSC 中各物相在压应力作用下其 X_e 的变化。

引起水泥基材料极化的因素主要有以下几种[27]：①电子离子位移极化，电子位移极化可以以光的频率随外电场变化，离子位移极化的建立时间为 $10^{-12} \sim 10^{-13}$s；②弛豫极化，极化建立时间为 $10^{-2} \sim 10^{-3}$s；③取向极化，极化建立时间为 $10^{-2} \sim 10^{-10}$s；④空间电荷极化，建立时间大约为几秒到数十分钟，甚至数小时等；⑤某些介电晶体（无对称中心的异极晶体），当其受各种应力作用时，除了产生相应的应变外，还在晶体中诱发出介电极化，导致晶体两端表面出现符号相反的束缚电荷（即产生了压电效应），该电荷密度与外力成正比。

实验中电容的测试频率为 150kHz，在此频率下能引起水泥基材料极化的因

素仅为电子、离子位移极化和某些正负电荷不重合的晶体。碳纤维含有大量的 π 键电子，硫铝酸盐水泥基体中含有 Ca^{2+}、Na^+、K^+、OH^-、SO_4^{2-} 等离子。由此可以看出，实验中 CFSC 电容的变化与 π 键电子，Ca^{2+}、Na^+、K^+、OH^-、SO_4^{2-} 等离子的极化率以及某些正负电荷不重合的晶体有关。

2．净浆压容特性

图 6-50 是碳纤维掺量对净浆 CFSC 压容特性曲线的影响，可以看出，随着压应力的增大，不同碳纤维掺量净浆 CFSC 的电容变化率均不断上升，但是碳纤维掺量不同，其电容变化率的改变幅度有差别。其中碳纤维掺量为 0.5% 时，净浆 CFSC 电容变化率最大，其余碳纤维掺量的电容变化率均小于此掺量。原因可能如下：碳纤维掺量越高，带入净浆 CFSC 的可供极化的偶极子越多，但是，碳纤维的引入同时也形成了大量碳纤维 - 水泥界面，在压应力的作用下碳纤维 - 水泥界面容易开裂，形成大量裂纹。裂纹的产生，不但降低了净浆 CFSC 的介电常数，同时也使得外界极化电场作用到偶极子的有效电场降低，使得偶极子的极化程度降低。因此，碳纤维的掺入量应该有一个最佳值，过少或过多都能降低净浆 CFSC 的电容变化率。

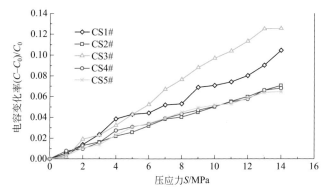

图6-50 单调压力下净浆CFSC电容变化率曲线

图 6-51 为循环载荷对净浆 CFSC 压容特性曲线的影响（碳纤维掺量为 0.5%）。循环载荷中最大载荷为 10MPa，加载速度为匀速，速度为 1MPa/min，加载循环次数为 10。由图可以看出，净浆 CFSC 试样在循环压应力作用下电容变化率的重复性较好，在每个循环过程中，加载时净浆 CFSC 电容变化率随载荷增大而近似呈线性关系增大，卸载时，净浆 CFSC 电容变化率随载荷减小近似呈线性降低，电容变化率与载荷之间具有鲜明的对应关系，这表明当碳纤维掺量为 0.5% 时，净浆 CFSC 具有良好的压容特性可逆性。

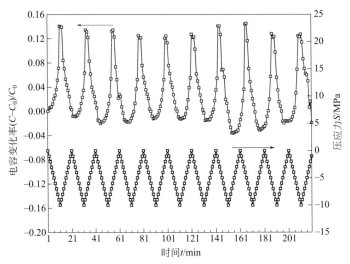

图6-51 循环载荷对净浆CFSC压容特性曲线的影响

图 6-52 为碳纳米管掺量净浆 CFSC 电容变化率的影响曲线（碳纤维掺入量为 0.5%）。由图可以看出，不同碳纳米管掺量的净浆 CFSC 电容变化率曲线近似平行变化，当碳纳米管掺量为 0.4% 时，净浆 CFSC 的电容变化率曲线数值最大。与净浆 CFSC 相比，掺入碳纳米管后，复合材料的电容变化率得到较大幅度的提高。这可能是因为净浆 CFSC 掺入碳纳米管以后，纳米材料明显地改善了复合材料内部的导电能力。材料极化的原因是材料内部偶极子正负电荷不重合，作用在偶极子上的电场越强，偶极子的极化率越强。材料由于整体结构缺陷较多，裂纹、气孔以及晶体发育不完善等原因，使得外界电场作用到偶极子上的有效电场大大削弱，如果能够改善材料本身的导电性，增强材料的导电能力，则可以改善有效电场。纳米材料的掺入使得作用在净浆 CFSC 内部偶极子的有效电场得到明

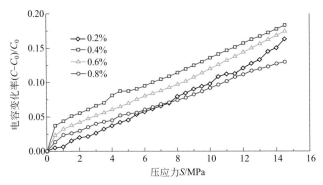

图6-52 碳纳米管掺量对净浆CFSC压容特性曲线的影响

显改善，因此大大增加了净浆 CFSC 的极化率。在一定压力范围内，净浆 CFSC 受到的压力越大，隧道效应越明显，作用在偶极子上的有效电场就越强。因此，纳米材料的引入明显地提高了净浆 CFSC 的电容变化率。

图 6-53、图 6-54 和图 6-55 分别为在循环压应力作用下，粉煤灰对 CS2#、CS3# 和 CS4# 试样压容特性的影响。循环载荷中最大载荷为 10MPa，加载速度为匀速，速度为 1MPa/min，加载循环次数为 10。

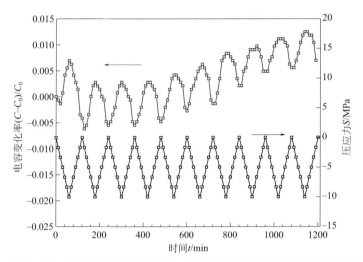

图6-53 最大循环载荷为10MPa时粉煤灰对CS2#试样压容特性的影响

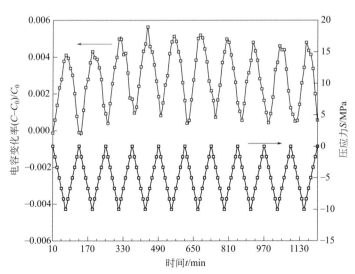

图6-54 最大循环载荷为10MPa时粉煤灰对CS3#试样压容特性的影响

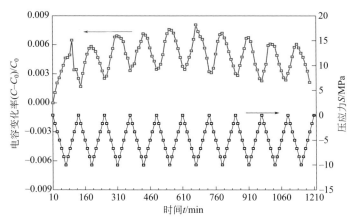

图6-55　最大循环载荷为10MPa时粉煤灰对CS4#试样压容特性的影响

　　由图可以看出，掺加粉煤灰后，CS2#、CS3# 和 CS4# 试样在开始的几次循环中其电容变化率的可逆性明显增强，也就是说粉煤灰的加入提高了材料电容变化率的可逆性。浇筑净浆 CFSC 材料在开始的几个循环中电容变化率出现不可逆变化，是因为浇筑净浆 CFSC 材料内部的结构调整处于调整阶段，经过最初的几个循环后，试样内部结构基本稳定，对外表现出良好的机敏特性；而掺加 10% 粉煤灰后 CFSC 材料不用经过结构调整就能表现出良好的机敏特性，缺点是降低了材料的抗压强度，高压下材料容易遭到破坏。

　　图 6-56 为碳纤维氧化处理对浇筑净浆 CFSC 压容特性的影响。硝酸氧化处理过程为：首先将碳纤维氧化，称取一定量的碳纤维置于锥形瓶中，加入浓硝酸，室温条件下氧化 4h，经氧化后的碳纤维用蒸馏水浸泡洗涤 5 次，每次洗涤后在蒸馏水中浸泡 0.5h，于 80℃下烘干至恒重备用。可以看出，碳纤维经硝酸氧化处理后 CFSC 试样压容特性受到明显损害，其压容特性曲线随压应力的增大不升反降，同时材料的断裂强度也明显下降（电容变化率最大值对应的压应力值为材料最大抗压力值），这主要是由于碳纤维经硝酸氧化后其抗拉强度明显下降造成的，碳纤维容易断裂，材料在压应力作用下容易产生裂纹大大影响了其电容的变化，因此 CFSC 的压容特性受到明显损坏。同时由图中还可以看出，CFSC 的电容变化率在开始受压时其数值几乎保持不变，这与图 6-57 中试样的电容变化率是不同的，这可能是因为碳纤维表面受硝酸氧化腐蚀较重，并在表面形成许多氧化基团，削弱了碳纤维中 π 键电子的极化率，同时受氧化腐蚀的碳纤维在压力作用下容易折断，虽然氧化基团与水泥结合得更加牢固，但是 CFSC 的总极化率在压力作用下没有明显变化。

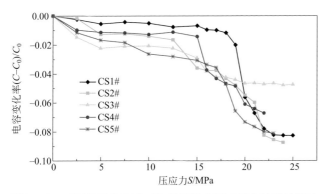

图6-56　碳纤维氧化处理对浇筑净浆CFSC压容特性的影响

3. 砂浆压容特性

图 6-57 为碳纤维掺量对浇筑砂浆 CFSC 压容特性的影响曲线，可以看出，当碳纤维掺量为 0.5% 时，随压应力的增大砂浆 CFSC 表现出良好的压容特性，其电容变化率幅度也最高；当碳纤维掺量为 0.7% 和 0.9% 时，在压应力作用下砂浆 CFSC 的电容变化率幅度有所降低。与净浆 CFSC 的压容特性相比，砂浆 CFSC 的电容变化率幅度变小。这是因为，砂子的掺入使得净浆 CFSC 界面和气孔更多，在压应力作用下容易产生裂纹，造成砂浆 CFSC 的电容变化率变小。

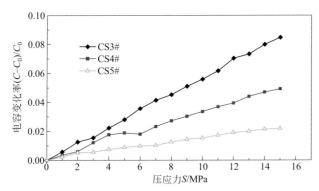

图6-57　碳纤维掺量对浇筑砂浆CFSC压容特性的影响

图 6-58 为碳纤维掺量对混凝土 CFSC 压容特性曲线的影响，可以看出，当碳纤维掺量为 0.5% 时，随压应力的增大，混凝土 CFSC 表现出良好的压容特性；当碳纤维掺量为 0.7% 或 0.9% 时，混凝土 CFSC 的电容变化率趋缓，其变化规律与砂浆 CFSC 的压容特性相似，但混凝土 CFSC 的压容特性变化幅度要小于砂浆 CFSC。这是因为，在压应力作用下，石子粗骨料使得混凝土 CFSC 更不容易

变形，同时石子的加入使得混凝土的界面和气孔明显增多，降低了 CFSC 的电容值，影响了混凝土 CFSC 的压容特性。

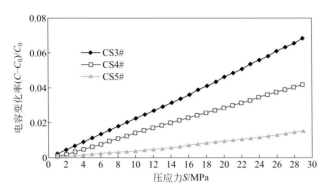

图6-58　碳纤维掺量对混凝土CFSC压容特性曲线的影响

图 6-59 为净浆、砂浆和混凝土 CFSC 的孔结构分布图（碳纤维掺量为0.5%），可以看出，净浆、砂浆和混凝土 CFSC 复合材料的气孔率相差很大，净浆复合材料的气孔率最小，砂浆复合材料的气孔率次之，混凝土复合材料的气孔率最大。这是因为，砂浆复合材料是在净浆复合材料的基础上掺入了一定比例的砂子，砂子的引入使得复合材料内部的界面大大增加（主要增加了砂子和水泥之间的界面和砂子与碳纤维之间的界面），造成砂浆复合材料的气孔率明显增加；混凝土复合材料是在净浆复合材料的基础上掺入了一定比例的砂子和石子，使得复合材料内部的界面和气孔进一步增加，因此混凝土复合材料的气孔率最大。

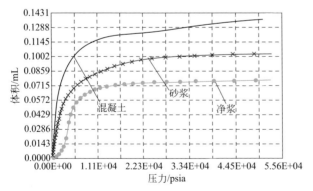

图6-59　净浆、砂浆和混凝土CFSC的孔结构图

1 psia=6894.76Pa，下同

三、浇筑CFSC温阻特性

有关碳纤维混凝土电阻与温度之间关系的研究文献较少。2002年，武汉理工大学的唐祖全等[28, 29]对碳纤维混凝土的温阻特性进行了详细研究。发现含0.5%和0.6%纤维的碳纤维混凝土同时具有较高的敏感性和稳定性，在此基础上，对在普通混凝土路面结构中埋入碳纤维混凝土试块，利用碳纤维混凝土电阻率的温敏特性，来实施混凝土路面结构温度的在线实时自诊断进行了初步研究。利用碳纤维混凝土电阻随温度的变化规律，通过测量电阻值可对混凝土结构进行温度自诊断。

另外，由于实际结构都处于一定的应力场和温度场中，当利用碳纤维混凝土电阻的压敏性对结构进行应力自诊断时，必须考虑温度对电阻的影响，因此，开展碳纤维混凝土电阻-温度规律研究，对碳纤维混凝土温度自诊断、压敏温敏解耦、电阻的长期稳定性、电加热过程中的电阻稳定性等相关问题的研究均有重要意义。在本章节中主要研究 CFSC 的温阻特性，为混凝土结构的温度自诊断和电阻的长期稳定性做一些基础性的研究工作。

1. 温阻特性范围

对碳纤维硫铝酸盐水泥复合材料而言，由于硫铝酸盐水泥本身特性的限制，其使用温度不可太高。这是因为，硫铝酸盐水泥主要水化产物之一是钙矾石，即高硫型水化硫铝酸钙。该化合物在碱性溶液中的稳定温度是 90℃，超过此温度就转变成低硫型水化硫铝酸钙。在剩余石膏存在的常温条件下，低硫型水化硫铝酸钙又会转变成高硫型水化硫铝酸钙，人们普遍称之为二次钙矾石。二次钙矾石形成时固相体积增大一半以上。在水泥硬化过程中，如果存在过量低硫型水化硫铝酸钙转化为二次钙矾石，晶体膨胀与强度增长不能协调发展，就会造成水泥石强度下降，甚至开裂。许仲梓等人研究了硫铝酸盐水泥体系在高温条件下的稳定性，结果表明该体系水泥在 120℃下容易形成单硫型水化硫铝酸钙，冷却到常温下转化为高硫型水化硫铝酸钙，此时由于膨胀将产生结构破坏，但在 100℃条件下硫铝酸盐水泥的结构是稳定的。因此，碳纤维硫铝酸盐水泥复合材料安全的使用温度应该低于 100℃。同时还因为，硫铝酸盐水泥水化产物主要是 $3CaO \cdot Al_2O_3 \cdot 3CaSO_4 \cdot 32H_2O$、$3CaO \cdot Al_2O_3 \cdot CaSO_4 \cdot 12H_2O$、$Al_2O_3 \cdot 3H_2O$ 凝胶和 $CaO\text{-}SiO_2\text{-}H_2O$ 凝胶，这些水化产物中含有大量结晶水，若温度过高，这些结晶水会迅速脱出，从而使晶体结构发生较大变化，最终导致材料性能恶化。

图 6-60 是 CFSC 的 DSC-TG 曲线，由图 6-60 中的 TG 曲线可以看出，CFSC 随着温度的升高，其质量不断下降，在 60℃水分挥发速度较慢，超过 60℃，水分挥发较快，这主要是由于 CFSC 气孔中的水分不断挥发造成的，温度越高水分

挥发越快。由图的 DSC 曲线可以看出，CFSC 在 86.7℃存在一个脱水的反应过程，同时在此处质量也下降较快，这应该是硫铝酸盐水泥水化产物结构水挥发反应造成的。这表明 CFSC 的使用温度应该低于 86.7℃。

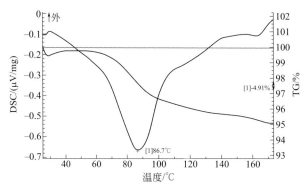

图6-60 净浆CFSC的DSC-TG曲线

CFSC 在 0℃以下仍然保持良好的温度特性，这与硫铝酸盐水泥具有良好的抗冻性能是分不开的。普通硅酸盐水泥在 0℃以下容易冻裂，强度明显下降。而硫铝酸盐水泥在较低的温度下仍然保持较好的力学性能。这是因为：水泥材料中不同孔直径的气孔中含有的水分的冰点相变温差是不同的，孔的直径越小，气孔中水分的冰点相变温度越低。毛细孔中的水的冰点为 0℃左右，而凝胶孔中的水，冰点可达到 -40℃左右 [30]，这是由于孔的直径不同造成的。根据拉普拉斯方程：

$$\Delta p = 2\sigma/r \tag{6-7}$$

式中　Δp——内外压力差，Pa；
　　　σ——水分的表面张力，N/m；
　　　r——气孔半径，m。

对已经制备好的复合材料而言，σ 可以认为是定值。

复合材料中含有的水分与孔壁之间是相互润湿的，孔内液面呈凹形。由式（6-7）可以看出，复合材料中气孔尺寸越小，Δp 越大，即气孔中的气压越小，造成其中的水分的饱和蒸气压越小，所以气孔中水分冰点越低。

图 6-61 是 CFSC 气孔率分布图，可以看出，CFSC 的孔结构主要分布在 0.01 ~ 1μm 之间。CFSC 气孔率非常小，当环境温度下降到 -40℃时，材料内部的水分仍然保持液态，CFSC 没有因为水分成冰产生相变造成 CFSC 体积膨胀而强度受到损坏。因此采用 CFSC 除了作为土木建筑结构的胶结材料外，还可以作为温度自感知材料，测量低至 -40℃的寒冷温度。

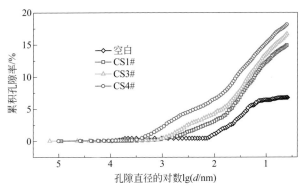

图6-61　CFSC气孔率分布图

2．温阻特性

浇筑净浆 CFSC 水化 14d 后，碳纤维掺量对 CFSC 温阻特性的影响如图 6-62 所示（温度范围为 -40 ～ 90℃），由图 6-62 可以看出，随着温度的升高，不同碳纤维掺量的浇筑净浆 CFSC 电阻率不断下降，不同碳纤维掺量的 CFSC 试样的电阻率变化趋势都是一样的。这是因为：随着环境温度的升高，载流子不断从环境中吸取能量，所以其能量 E 也不断增强。这会使得越来越多的载流子越过碳纤维之间的水泥隧道势垒而参与导电过程。结合公式（6-4），可以看出，正是载流子能量 E 的增加，造成材料电阻率不断减小。

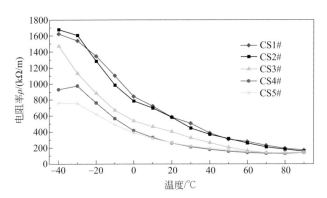

图6-62　碳纤维掺量对浇筑净浆CFSC温阻特性曲线的影响

从图 6-62 还可以看出，随着环境温度的提高，CFSC 电阻率的下降趋势趋缓。这是因为环境温度的提高使得 CFSC 的体积膨胀不断增加，体积膨胀拉开了碳纤维之间原有的距离。碳纤维之间的隧道势垒的宽度增加了，使得载流子不容易越过隧道势垒而参与导电[31]。结合公式（6-4），可以看出，正是由于隧道势

垒宽度 a_j 的增加，使得 CFSC 的电阻率不降反升。实际在升温过程中，载流子的能量增加和 CFSC 的体积膨胀是同时进行的，温度越高，体积膨胀因素越来越占主要因素。同时，在 CFSC 升温过程中，一部分气孔中的水分会挥发，水分的损失会使得部分水化载流子数量减小，降低了载流子的数目，n_0 减小，因此随着环境温度的增加，CFSC 的电阻率降低趋缓。

利用 CFSC 有规律的温阻特性，可以采用 CFSC 电阻率与温度的关系来测量材料的环境温度。图 6-62 中 CFSC 的电阻率与温度的关系曲线不是线性的，测量环境温度时不方便使用。经研究发现，CFSC 的温阻特性符合 Arrhenius 方程，也就是说 CFSC 的电阻率与环境温度的关系符合 Arrhenius 方程，如图 6-63 所示。CFSC 的温阻特性 Arrhenius 方程曲线近似呈线性变化。利用此线性变化特性，可以用来感知 CFSC 所处的环境温度。首先确定线性方程的斜率，再根据常温下材料的电阻率完全确定线性方程曲线。测量出待测环境温度下 CFSC 的电阻率，根据确定的方程曲线即可计算出待测的环境温度。

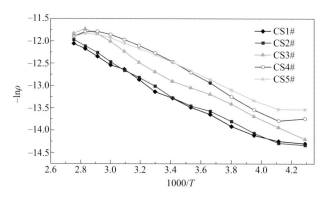

图6-63　净浆CFSC的温阻Arrhenius方程曲线

图 6-64 是碳纳米管掺量对 CFSC 温阻特性的影响曲线，可以看出，随温度的升高，不同碳纳米管掺量的碳纤维 CFSC 的电阻率有规律地降低。这是因为，分散在水泥基体中的碳纤维形成网络，并通过隧道效应连通网络间的绝缘而传导。此外，碳纳米管和碳纤维均含有 π 键电子，是电的良导体。碳纤维分散在水泥基体中，当其数量低于一定数值时，纤维之间不能搭接成导电网络，而是受绝缘的水泥基体阻隔，造成纤维与纤维之间形成一定的势垒。碳纳米管的掺入，在碳纤维之间的水泥基体中起到了载流子传输的作用，故而能降低 CFSC 的电阻率。当碳纤维水泥试块的温度升高时，由于升温使载流子受热激发而获得能量，使得更多的载流子能克服水泥基体阻隔形成的势垒而参与导电，大大降低了 CFSC 的电阻率。由图 6-64 还可以看出，碳纳米管的掺入明显地提高了 CFSC 电阻率的线性变化。

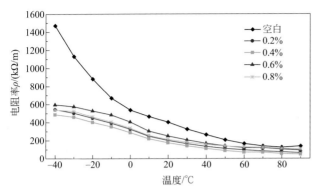

图6-64 碳纳米管掺量对CFSC温阻特性的影响

3. 恒温和循环影响

图 6-65 是 50℃下恒温 150min 过程中 CFSC 的电阻率随时间的变化曲线。图 6-66 是 70℃下恒温 150min 过程中 CFSC 的电阻率随时间的变化曲线。由图 6-65 和图 6-66 可以看出，不同碳纤维含量试样的电阻值在 50℃和 70℃下基本保持不变。从结构上看，水泥基复合材料是由固相、液相和气相组成的三相多孔体。水泥石中的水以吸附水、结晶水和化合水三种形态存在。结晶水以中性水分子 H_2O 的形态存在，但是它参与水化物的晶格，有固定的配位位置；化合水也称为结构水，它并不是真正的水分子，而是以 OH^- 的形式参与组成水化物的结晶结构，并且有固定的配位位置和确定的含量比。结晶水和化合水由于与晶格结合较牢固，因此需要较高的温度才能使它从水化物中脱去。但吸附水不参与组成水化物的结晶结构，而是在分子力或表面张力的作用下被吸附于固体粒子的表面或气孔中，以中性水分子 H_2O 的形态存在，可以随着环境的变化而产生变化。但是由于净浆 CFSC 的孔结构非常密实，气孔率较小，导致复合材料内部的吸附水分不

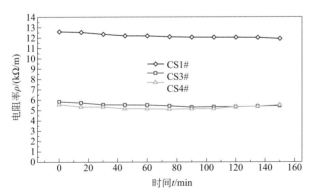

图6-65 50℃下恒温过程中CFSC的电阻率变化曲线

易通过 CFSC 的气孔进入到空气中去，因此 CFSC 的电阻率在保温过程中基本保持恒定，这对于开发 CFSC 的温阻特性具有重要的意义。

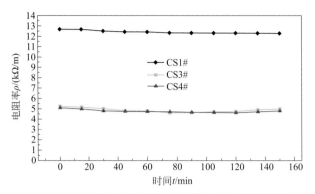

图6-66　70℃下恒温过程中CFSC的电阻率变化曲线

图 6-67 是温度循环对 CS3# 温阻特性的影响，可以看出，CS3# 试样的电阻率随热循环次数的增加均呈下降趋势；同时随循环次数增多，电阻下降趋势逐渐减缓。第二与第三次的曲线比较接近，这是由于随着热循环次数的增加，试样中的吸附水基本蒸发完全，试样的结构趋于稳定。在循环的升温 - 降温过程中，体系的温阻曲线趋向稳定，这为开发水泥基温控器件和火灾预警系统提供了材料基础。

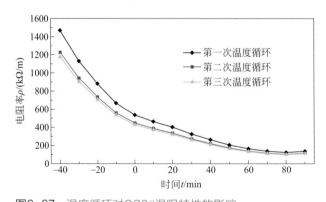

图6-67　温度循环对CS3#温阻特性的影响

四、浇筑CFSC温容特性

在交流电场下，CFSC 中存在以下四种极化形式[32]，不同极化形式存在的频率范围是不同的：碳纤维与水泥基体之间存在大量界面，复合材料内部存在气泡、裂纹等缺陷会造成空间电荷极化，这种极化也叫界面极化，主要是由材料的宏观不均匀性造成的。界面电荷极化到 10^3Hz 就消失了，此种极化随温度的升高而下降，原因是温度升高，离子运动加剧，离子容易扩散。碳纤维中含有大量的 π 键电子，可以产生电子极化，电子极化从直流到光频均存在，但温度变化对电子极化不起作用。硫铝酸盐水泥中含有 Ca^{2+}、Na^+、K^+、OH^-、SO_4^{2-} 等水化离子，可以产生离子位移极化和离子弛豫极化。离子位移极化，存在于直流到红外频（10^{12}Hz）范围内，其极化率随温度升高极化增强；而离子弛豫极化率随温度升高应该下降，但温度的升高同时减小了极化建立所需的时间，所以一定温度下离子热弛豫极化的电极化强度有极大值。

以上四种极化形式中界面极化由于测量频率高于 10^3Hz 而对电容值无贡献，π 键电子极化与温度无关，离子位移极化率随温度升高其变化很小，可以忽略不计，所以复合材料中随温度升高对电容值有贡献的主要为离子弛豫极化。离子弛豫极化对复合材料电容的贡献可解释如下：温度很低时，质点热运动动能很小，离子松弛时间很长，弛豫极化完跟不上频率的变化，所以其对电容值贡献较小；随着温度的升高，质点获得能量，运动动能增大，松弛时间逐渐缩短，虽然温度升高降低了松弛极化的极化率，但其极化建立的时间大大缩短，所以其对电容值的贡献逐步增大。由水泥特性可知，CFSC 的使用温度范围为 -40 ~ 90℃，因此 CFSC 温容特性温度范围与温阻特性温度范围一致。

1. 温容特性

图 6-68 是碳纤维掺量对 CFSC 温容特性曲线的影响，测量频率为 20kHz，可看出，低温时 CFSC 电容值变化较慢，随温度升高电容值变化加快，同时所有试样的电容值随温度的升高均逐步增加。材料中含有的可供极化的偶极子的极化率越高，材料的电容值越大。还可以看出，碳纤维含量越高，CFSC 的温容特性变化幅度越高，当碳纤维含量为 0.5% 时，CFSC 的温容特性变化幅度最大。这是因为[33]，碳纤维含量的提高可以增大 CFSC 材料内部的可供极化的偶极子，单位体积内偶极子数量越多，在压力作用下 CFSC 的电容变化幅度也就越大。继续提高碳纤维含量，CFSC 的温容特性变化幅度反而降低，CFSC 的温容特性变化趋于稳定。这是因为，碳纤维的大量引入使得 CFSC 内部的碳纤维 - 水泥界面大大增加，界面处存在大量缺陷和孔隙，使得作用到 CFSC 上的有效电场大大降低，导致部分偶极子难以充分极化。

图 6-69 是碳纳米管掺量对 CFSC（碳纤维掺量为 0.5%）温容特性曲线的影响，可以看出，随温度的升高，不同碳纳米管掺量 CFSC 的电容均不断升高，碳纳米管的掺入明显地提高了 CFSC 的电容值；与水泥空白试样相比较，碳纳米管明显

地提高了 CFSC 温容特性曲线的线性变化。这是因为，碳纳米管含有 π 键电子，在电场作用下能形成偶极子[34]，因此碳纳米管的掺入能明显地提高 CFSC 的电容值。同时，碳纳米管的掺入，在碳纤维之间的水泥基体中起到了载流子传输的作用，故而能降低 CFSC 的电阻率，使得外界电场作用在材料内部偶极子的有效场强大大提高，进一步提高了 CFSC 的电容值。由于碳纳米管具有纳米效应，可能由于其良好的电学性能，明显地改善了 CFSC 温容特性的线性变化。

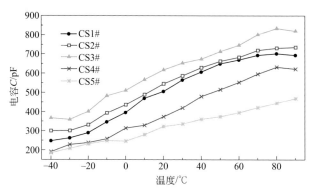

图6-68 碳纤维掺量对CFSC的温容特性曲线的影响

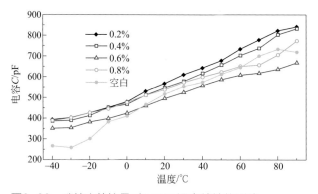

图6-69 碳纳米管掺量对CFSC温容特性的影响

2. 恒温影响

图 6-70 是在 70℃下 CFSC 在恒温过程中其电容值随时间变化曲线图。由图可以看出，在恒温过程中，不同碳纤维掺量的复合材料的电容值基本保持不变，表明碳纤维硫铝酸盐水泥复合材料在确定的温度下具有长时间的电容稳定性，这对于开发水泥基温控器件和保证温控器件测量数据的准确性来说是决定性的因素[35]。保温过程中电容值的变化主要与 CFSC 材料内部的水分变化有关。Powers

把水泥石中的水分为两大类，即蒸发水与非蒸发水。吸附水和一部分结合较弱的结晶水属于蒸发水，而化合水（结构水）和一部分结合比较牢固的结晶水属于非蒸发水。吸附水以呈中性的水分子 H_2O 的形态存在，它不参与组成水化物的结晶结构，而是在分子力和表面张力的作用下被机械地吸附于固体粒子的表面或孔隙之中。结晶水以呈中性的水分子 H_2O 的形态存在，但它水化物的晶格，由于受到晶格的束缚，结合较牢固，使它从水化物中脱去就需要较高的温度。化合水也称结构水，它并不是真正的水分子，而是以 OH^- 的形式参与组成水化物的结晶结构，只有在较高温度下当晶格破坏时才能释放出来。层间水一般存在于层状结构的硅酸盐水化物的结构层之间。CFSC 的气孔率较小，整个材料结构密实，恒温过程中非蒸发水分保持稳定，即使结合较弱的蒸发水分也很难挥发出来，同时在此温度下硫铝酸盐水泥的各种水化产物结构稳定，无相变产生，因此 CFSC 的电容值基本保持不变。

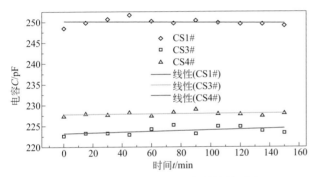

图6-70 恒温过程中对CFSC的温容特性的影响

3．温度循环影响

在超低温实验箱中首先将试样冷却到 $-40℃$，然后逐步升温，同时测量试样的电容值变化，当温度升至 $90℃$ 后，将试样重新冷却至 $-40℃$，然后再进行下一次升温过程。测得温度循环对 CFSC 温容特性的影响曲线（CS2# 和 CS3#），见图 6-71，由图可见，CFSC 的温容特性曲线在温度循环作用下表现出相同的规律，温度循环次数越多，试样的温容特性曲线越稳定，仅是第一次循环与其他三次循环的温容特性曲线相差较大。这是因为第一次温度循环试样内部蒸发水分基本全部挥发，其他三次温度循环对非蒸发水分没有影响，CFSC 电容值保持稳定[11,36]。

由图 6-71 还可看出，随着循环次数的增加，CFSC 材料的温容特性曲线线形保持不变，表现出良好的重复性。这表明利用碳纤维水泥基材料的温容特性，开发水泥基温控器件具有较好的应用前景。

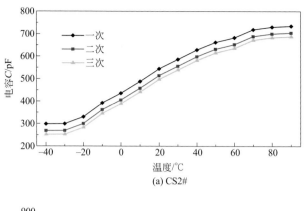

(a) CS2#

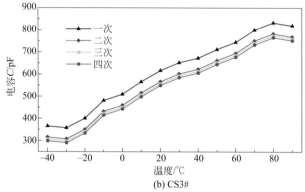

(b) CS3#

图6-71 温度循环对CFSC温容特性的影响

同时水化龄期、环境湿度、成型压力和制备工艺等因素将不可避免地影响上述机敏特性,要想充分利用碳纤维水泥基材料的机敏特性,有必要对上述条件展开详细讨论,该内容将在后面展开论述。

参考文献

[1] 王春雷,李吉超,赵明磊. 压电铁电物理 [M]. 北京:科学出版社,2009.

[2] B. 贾菲. 压电陶瓷 [M]. 林声和译. 北京:科学出版社,1979.

[3] 水永安,薛强. 2-2 结构压电复合材料的机电耦合系数研究 [J]. 中国科学 (E 辑),1996, 26(4):304-310.

[4] Xu Dongyu, Cheng Xin, Huang Shifeng, et al. Electromechanical properties of 2-2 cement based piezoelectric composite[J]. Current Applied Physics, 2009, 9(4):816-819.

[5] 党长久,李明轩. 1-3 型压电复合材料 [J]. 应用声学,1994, 14(1):1-6.

[6] 李邓化,张良莹,姚熹. 压电陶瓷相体积分数对 1-3 型压电复合材料性能的影响 [J]. 电子元件与材料,

1999, 8: 24-26.

[7] 李邓化，李光. 1-3 型压电复合材料的机械品质因素 [J]. 功能材料与器件学报，2004, 10(1):71-73.

[8] 黄世峰. 水泥基压电复合材料的制备及其性能研究 [D]. 武汉：武汉理工大学，2005.

[9] 张东，吴科如，李宗津. 0-3 型水泥基压电机敏复合材料的制备和性能 [J]. 硅酸盐学报，2002, 30(2):161-166.

[10] 张东，吴科如，李宗津. 水泥基压电机敏复合材料的可行性分析和研究 [J]. 建筑材料学报，2002, 5(2):141-146.

[11] 王守德，陈文，黄世峰，等. 碳纤维 / 硫铝酸盐水泥复合材料的温度 - 电容特性 [J]. 建筑材料学报，2007, 010(006):687-691.

[12] Lam Kwok Ho, Wang Chan Hua Li. Piezoelectric cement-based 1-3 composites[J]. Applied Physics A, 2005, 81: 1451-1454.

[13] Chaipanich Arnon. Dielectric and piezoelectric properties of PZT-cement composites[J]. Current Applied Physics, 2007, 7: 537-539.

[14] Chaipanich Arnon. Dielectric and piezoelectric properties of PZT-silica fume cement composites[J]. Current Applied Physics, 2007, 7: 532-536.

[15] 黄世峰，常钧，程新，等. 0-3 型 PZT/ 硫铝酸盐水泥压电复合材料的制备及其极化工艺研究 [J]. 压电与声光，2004, 26(3):203-205.

[16] 黄世峰，常钧，程新，等. 0-3 型压电陶瓷 - 硫铝酸盐水泥复合材料的压电性能 [J]. 复合材料学报，2004, 21(3):73-78.

[17] Huang Shifeng, Xu Dongyu, Chang Jun, et al. Influence of water-cement ratio on the properties of 2-2 cement based piezoelectric composite[J]. Materials Letters, 2007, 61(30):5217-5219.

[18] Huang Shifeng, Xu Dongyu, Cheng Xin, et al. Dielectric and piezoelectric properties of 2-2 cement based piezoelectric composite[J]. Journal of Composite Materials 2008, 42: 2437.

[19] 纪洪广. 混凝土材料声发射性能研究与应用 [M]. 北京：煤炭工业出版社，2004.

[20] 纪洪广，裴广文，单小云. 混凝土材料声发射技术研究综述 [J]. 应用声学，2002, 21(4):1-5.

[21] 王守德，黄世峰，陈文，等. 碳纤维水泥基机敏复合材料研究进展 [J]. 硅酸盐通报，2005, 24(4):000075-84.

[22] 程新，黄世峰，等. 水化龄期对 CFSC 电阻率及压敏性能的影响 [C] // 硅酸盐学报创刊 50 周年暨中国硅酸盐学会学术年会. 2007.

[23] 王守德，黄世峰，陈文. 等. 成型工艺对 CFSC 压敏性能的影响 [J]. 建筑材料学报，2008, 011(001):84-88.

[24] Wang Shoude, Huang Shifeng, Chen Wen, et al. Influence of preparation process on piezo-conductance effect of carbon fiber sulfoaluminate cement composite[J]. Journal of Composite Materials, 2011, 45(20):2033-2037.

[25] Wang Shoude, Huang Shifeng, Chen Wen, et al. The Influence of forming pressure on piezo-resistivity and temperature-resistivity effects of CFSC[J]. Journal of Composite Materials, 2008, 42(3):309-314.

[26] Cheng Xin, Wang Shoude, Lu Lingchao, et al. Influence of preparation process on piezo-conductance effect of carbon fiber sulfoaluminate cement composite[J]. Journal of Composite Materials, 2011, 45(20) 2033-2037.

[27] 姚武，王瑞卿. 基于隧道效应的 CFRC 材料的导电模型 [J]. 复合材料学报，2006, 023(005):121-125.

[28] 王守德，黄世峰，陈文，等. CFRS 机敏复合材料压敏性能的研究 [J]. 济南大学学报 (自然科学版)，2005, 019(003):189-192.

[29] 王守德，黄世峰，程新，等. 碳纤维硫铝酸盐水泥基复合材料的机敏性能 [J]. 建筑材料学报，2006, 9(6):705-710.

[30] 王守德，芦令超，黄世峰，等. 干燥处理对 CFSC 电阻率及压阻特性的影响 [J]. 建筑材料学报，2009(04):16-19.

[31] 王守德，黄世峰，陈文，等. 碳纤维硫铝酸盐水泥基机敏复合材料 [J]. 复合材料学报，2005, 22(6):114-119.

[32] 王守德. 碳纤维硫铝酸盐水泥复合材料的制备及其机敏特性 [D]. 武汉：武汉理工大学，2007.

[33] Fu Xuli, Chung D D L. Improving the strain-sensing ability of carbon fiber reinforced cement by ozone treatment of the fibers[J]. Cement and Concrete Research, 1998, 28(2):183-187.

[34] MarianDragos, Chung D D L. Damage in carbon fiber-reinforced concrete, monitored by electrical resistance measurement[J]. Cement and Concrete Research, 2000, 30(4):651-659.

[35] 王守德，黄世峰，陈文，等. 环境湿度 CFSC 电阻率及压敏性能的影响 [C] // 硅酸盐学报创刊 50 周年暨中国硅酸盐学会 2007 年学术年会论文摘要集. 2007.

[36] Wang Shoude, Lu Lingchao, Cheng Xin. Temperature capacitance effect of carbon fibre sulfoaluminate cement composite[J]. Advances in Cement Research, 2012, 24(6):313-318.

第七章
水泥基光催化材料

纳米技术的不断发展，给人们生活带来了日新月异的变化。同时纳米科技是一门新兴并迅速发展的交叉科学，研究内容已经涉及并应用在现代科技所有领域。纳米材料具有特殊的结构与性能，在开始研究后的较短时间内，就已广泛应用在各领域，并具有在革命性的意义的同时带来了可观的经济效益。

第一节
表面改性研究基础

一、表面处理研究背景

对于建筑材料领域，纳米技术与纳米材料的应用可以很大程度地提高水泥基材料的物理和化学性能。作为建筑材料中最重要的材料之一，混凝土具有多孔结构，因此对水和有害物质具有高渗透性，会诱发碳化、氯离子侵蚀等现象的发生，最终导致劣化问题的产生。纳米材料可以显著改善水泥基材料的性能，如提高机械强度、水化速率、耐久性等，使水泥基材料具有革命性的改变。

对于纳米材料在水泥基材料中的应用，目前研究较多的是使用内掺的方法。但是这种方式会有一些缺点：①纳米材料的成本相对较高，内掺的方式所需的纳米材料相对较多，会大大提升使用成本；②纳米材料在水泥基材料中的分散性差一直是影响其广泛应用的主要因素，特别是当掺量相对较高时，容易发生团聚，最终导致水泥基材料的性能反而降低；③对于现有的建筑材料，无法使用内掺的方式将纳米材料进行应用，应用范围受到限制；④对于一些功能性的纳米材料，内部的部分无法满足应用要求，发挥其作用。如光催化纳米材料，发生光催化反应的前提条件是需要光源的照射，水泥基材料内部的光催化材料无法接受到光源，且无法与污染物接触，最终达不到良好的降解效果。

水泥基材料的表面处理方法不但可以解决以上内掺方法存在的缺点，同时还可以对基体表面进行防护。在工程中，表面处理后可以有效抑制基体劣化的产生，提高基体的耐久性。很多国内外学者用"五倍定律"说明耐久性的重要性，减少维修成本，取得了良好的经济收益。在现实的工程应用中，也对表面防护方面做了大量预算，如杭州湾跨海大桥，投资预算共 118 亿元，用于表面防护费用 1 亿多，占总投资的 1% 左右，但大量资金投入表面防护后会为基体 100 年的服役寿命提供保障。在海洋混凝土工程中，使用高黏附力和渗透力的有机涂层对混凝土进行表层防护，相比于采用其他的修复手段，相同费用的前提下，可使桥梁寿命达到 75 ~ 100 年。我国的行业标准 JTJ 275—2000《海港工程混凝土结构防腐蚀技术规范》将硅烷浸渍这种表面处理技术作为混凝土的一项重要防护措施，并且这种表面处理技术也广泛应用于铁路、公路、桥梁等工程中，对主体结构进行耐腐蚀防护，例如青岛海湾大桥部分湿接缝、广深高速湿接缝、福州宁德高速下部结构的维修和加固工程、上海崇明岛长江大桥防撞隔离墩等。

目前对水泥基材料的表面处理剂根据作用机理大体分为三类：

（1）非渗透型表面处理剂　此类表面处理剂不会渗透到水泥基材料的内部，也不会和基体发生化学反应。多为有机材料如环氧树脂类、丙烯酸树脂、聚硅氧烷、氯丁橡胶等材料，通常会使基体具有憎水和抗粒子渗透的能力。

（2）渗透型表面处理剂　此类表面处理剂可以渗透到水泥基材料的内部，且可以和基体内的组分发生化学反应，形成防护层，从而达到减少有害物质入侵的作用。此类典型材料为有机硅类材料，如硅烷、硅氧烷等。通常用于轻腐蚀环境下水泥基材料的防护和修护。

（3）半渗透型表面处理剂　此类处理剂介于渗透型和非渗透型处理剂之间。可以渗透到水泥基材料内部一定深度并在表面形成防护层。主要的材料有亚麻籽油、环氧树脂、丙烯酸树脂等材料。

以上材料大多数为有机材料，与水泥基材料的基体匹配性较差，从而使其耐久性相对较差，且大多数有机材料的燃点较低，应用到水泥基材料表面后存在潜在的火灾风险。目前有一部分研究学者研究纳米 SiO_2 对水泥基材料的表面改性，通过纳米 SiO_2 与水泥基材料的火山灰反应提高表面的结构和性能，从而减少外部有害物质的入侵，提高基体的耐久性。

Hou 等人[1]将溶胶的纳米 SiO_2 利用涂刷的方式应用到水泥基材料的表面，处理后的样品吸水率明显降低，且表面结构更加密实，孔结构也有一定程度的降低。上述关于憎水性能的部分中提到，有一部分研究学者利用硅烷对纳米 SiO_2 进行改性，并将其应用于水泥基材料中，使水泥基体表面具有憎水性，有效减少了有害物质随水分进入到基体，提高了水泥基材料的性能。

很多研究学者将功能性材料应用到水泥基材料的表面，使基体具有功能性。如将光催化材料应用到水泥基材料的表面，使光催化材料具有较高的利用率和良好的光催化性能。

二、硅基材料的表面改性

用于改性水泥基材料的纳米材料中，具有火山灰活性的 SiO_2 是目前最热门的研究材料之一，在近五年的相关研究数量迅速增加，并且研究中报道了 SiO_2 纳米材料可以提高水泥基材料的机械性能和耐久性，改善孔结构和微观结构等，上述性能提高的主要原因之一是由于 SiO_2 纳米材料与水泥水化产物发生火山灰反应，形成 C-S-H 凝胶，提高了混凝土的性能。由于此特性，SiO_2 纳米材料可应用于水泥基材料的表面提高其表面结构与性能。溶胶-凝胶法是制备 SiO_2 的一种最常见方法，正硅酸四乙酯（TEOS）是制备 SiO_2 最常用的前驱体，分子式为 $Si(OC_2H_5)_4$，酸作为催化剂的条件下，在水和乙醇中，发生水解和缩合反应，其水解反应速率快于缩合反应速率。在反应过程中，产物表面会带有大量的羟基，与水泥基材料颗粒的结合性更强，且中间产物相比较于二氧化硅颗粒的尺寸更小，渗入水泥基材料的深度更深。

SiO_2 低聚物是通过正硅酸四乙酯的水解和缩合过程合成。将正硅酸乙酯、乙醇、水按照 $1:10:15$ 的摩尔比混合，用醋酸调控混合溶液的 pH 值。为对比不同实验参数对合成样品的性质影响，控制 pH 值和反应时间，具体实验参数见表 7-1（其中 10 号样品未添加水）。

表7-1 实验参数

样品	正硅酸四乙酯:乙醇:水（摩尔比）	pH值	反应时间/h
1	1:10:15	4.0	1
2	1:10:15	4.0	3
3	1:10:15	4.0	5
4	1:10:15	4.0	24
5	1:10:15	4.0	48
6	1:10:15	—	—
7	1:10:15	3.0	3
8	1:10:15	3.5	3
9	1:10:15	4.5	3
10	2:3:N	4.0	3

将养护 8 个月后的净浆和砂浆用切割机切成 4cm×4cm×2cm 的片，然后将其放入到 50℃的烘箱中烘干。烘干后的净浆和砂浆片放入到制备好的二氧化硅低聚物混合液中浸泡 12h，再放入到 50℃的烘箱中烘干，待测试。

溶胶 - 凝胶法的优势在于在室温下便可以合成，无需加热，制备过程简单，且通过控制实验参数，可以调控 SiO_2 的尺寸、形貌。正硅酸四乙酯在酸和碱作为催化剂的条件下，在水和乙醇中发生水解和缩合反应，具体反应过程如下所示：

水解：

$$Si(OC_2H_5)_4(TEOS) + nH_2O \longrightarrow Si(OC_2H_5)_{4-n}(OH)_n + n\,C_2H_5OH$$

醇缩合：

$$\equiv Si-OC_2H_5 + HO-Si \equiv \longrightarrow \equiv Si-O-Si \equiv + C_2H_5OH$$

水缩合：

$$\equiv Si-OH + HO-Si \equiv \longrightarrow \equiv Si-O-Si \equiv + H_2O$$

在未发生水解和缩合反应之前，TEOS 分子结构中，硅原子与四个—OCH_2CH_3 基团相连，在水解的过程中，—OCH_2CH_3 基团会被—OH 代替，随着水解程度的不同，被代替的数量也不同，直至四个基团全部被替换。TEOS 的水解和缩合反应是个非常复杂的过程，用酸和碱作为催化剂，反应过程和机理是不同的。从生成中间 SiO_2 聚合物的结构分析，在酸性体系中，酸会诱导 SiO_2 聚合物沿着低维度的线性结构发展，而在碱性体系中，碱催化剂会使 SiO_2 聚合物形成三维枝杈状结构。对于酸和碱催化剂对水解和聚合速度方面的影响，在酸性体系中，TEOS 的水解速度相对于缩合的速度较快，更有利于形成 SiO_2 低聚物，而在碱性体系中，TEOS 的缩合速度快于水解速度，形成 SiO_2 低聚物的时间很短，很快继续缩合形成 SiO_2 网络结构。因此，酸性体系更适合制备相对稳定的 SiO_2 低聚物。但是当体系中有过多的酸存在时，作为催化剂会同时加速水解和缩合过程，促进 SiO_2 的快速形成。

在酸性体系中，正硅酸四乙酯的水解是 H^+ 对硅原子的亲核反应。正硅酸四乙酯的水解和缩合反应的进行是通过一个快速的去质子化过程，随后形成硅醇基团和羟基基团。线型低聚物首先形成，然后随着聚合反应的进行，聚合形成 SiO_2。

1. 二氧化硅低聚物的表征与分析

拉曼测试有很多优点，不需要对样品进行前处理，无二次加工过程，测试过程操作简便，测定时间短，可减少由于样品不稳定而造成测试过程中组成变化所引起的测试误差。因此，此方法是分析硅烷水解和缩合反应很有效的测试手段，目前也有一些文献报道。Matos 等人利用拉曼光谱研究了在酸性体系中 TEOS 水解和缩合形成 SiO_2 凝胶的过程[2]。Gnado 等人也利用拉曼测试手段分析在 HCl 作为催化剂的条件下，TEOS 逐渐水解和缩合的过程为探索 SiO_2 低聚物的形成过程，制备过程中，在经过不同的反应时间时取出样品，利用拉曼测试对样品进行表征[3]。首先测试正硅酸四乙酯、乙醇和 SiO_2 的拉曼光谱作为对比，数据如图 7-1（a）所示。在正硅酸四乙酯的拉曼光谱中，$656cm^{-1}$ 处的峰为极化 Si—O的对称偏振峰，这意味着一旦正硅酸四乙酯水解，此峰便会消失。乙醇的拉曼光谱中，在 $882cm^{-1}$ 处有很强的峰，此处峰位对应的是 C—C—O 对称振动峰。而 SiO_2 的主要特征峰位于 $473cm^{-1}$，$1458cm^{-1}$ 和 $1520cm^{-1}$ 处。

测试样品 1，2，3 的拉曼光谱，即溶液 pH 值为 4，反应时间分别为 1h，3h，5h 的样品拉曼光谱如图 7-1（b）所示。样品 1 的拉曼光谱中在 $882cm^{-1}$ 处有很强的峰位，其对应的是乙醇的特征峰。在 $656cm^{-1}$ 处有很弱的峰位，对应的是正硅酸四乙酯的特征峰。在 $645cm^{-1}$ 处出现新的峰位，说明正硅酸四乙酯中 OCH_2CH_3 基团被 OH 代替，一部分的正硅酸四乙酯水解形成低聚物。在样品 2 的拉曼光谱中，出现 $644cm^{-1}$ 和 $667cm^{-1}$ 的峰位，说明具有 OH 基团的低聚物仍然存在。当反应时间为 5h 时，样品 3 的拉曼光谱中出现 3 个很强的峰位，分别在 $475cm^{-1}$，$1458cm^{-1}$ 和 $1520cm^{-1}$ 处，对应的是 SiO_2 的特征峰。以上结果说明当反应时间为 1h 时，正硅酸四乙酯开始水解成为低聚物。当反应进行到 5h 时，低聚物已经聚合形成 SiO_2。

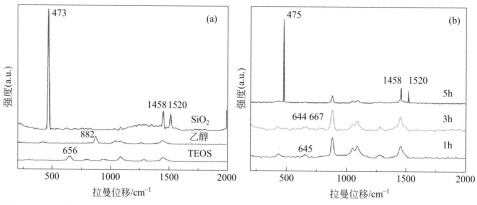

图7-1 （a）正硅酸四乙酯、乙醇和 SiO_2 的拉曼光谱，（b）样品在反应时间为1h，3h和5h（即样品1，2和3）的拉曼光谱

为了探索在水解和缩聚过程中样品形貌的变化，通过透射和扫描电镜进行测试和表征。实验溶液 pH 值为 4，测试反应时间分别为 1h，3h，24h 和 48h 时样品的形貌。当反应时间为 1h 时，样品 1 的微观形貌无法呈现在透射和扫描电镜中，可能是因为 TEOS 水解过程中只有部分 OCH_2CH_3 基团被 OH 代替，水解和聚合程度较弱，因此形成的样品尺寸较小。当反应时间延长至 3h 时，样品 2 的透射电镜照片如图 7-2（a）所示。由图中可以发现，样品的平均尺寸约为 4nm，且具有很好的分散性。当反应时间为 24h 时，样品 4 的扫描电镜照片如图 7-2（b）

所示。由图中可以看出，样品的形貌为薄膜结构，且表面比较光滑。当反应时间延长到48h时，样品5的扫描电镜照片如图7-2（c）所示。样品的形貌仍为薄膜结构，但是厚度明显增加，从放大图7-2（d）可以看出薄膜由纳米颗粒组装而成。综上所述，TEOS在水解和缩合的过程中形成的SiO_2低聚物为纳米颗粒，且随时间的延长尺寸逐渐增加，当反应进行到5h，低聚物已经聚合形成SiO_2，且大量的纳米颗粒迅速生成，并聚集。随着反应时间的延长，纳米颗粒尺寸增加且聚集成薄膜形貌，继续延长反应时间，纳米颗粒继续聚集，薄膜厚度增加。

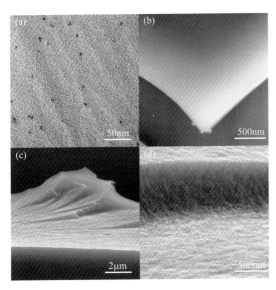

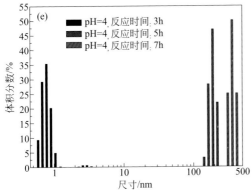

图7-2　（a）实验反应时间为3h后样品的透射电镜照片，（b）实验反应时间为24h后样品的扫描电镜照片，（c），（d）实验反应时间为48h后样品的扫描电镜照片，（e）实验反应时间为3h，5h，7h后样品的尺寸分布

在水解和缩聚过程中，样品的尺寸分布可以通过激光粒度分析仪测试。当反应溶液pH值为4，反应时间分别为3h，5h和7h时，测试样品的粒度分布如图7-2（e）所示。当反应时间为1h时，样品的尺寸无法探测出，由于样品的尺寸过小，因此也无法在透射电子显微镜中发现。样品2的尺寸为（0.8±0.3）nm，对应的透射电子显微镜照片中尺寸约为4nm，由于纳米颗粒的尺寸过小且表面能较高，容易发生团聚，在透射照片中看到的纳米颗粒多为团聚后的形貌。当反应进行到5h后，样品由低聚物转变为SiO$_2$，尺寸为（190±25）nm。当反应进行到7h后，样品的尺寸增加到（342±50）nm。从以上结果可以看出，样品由低聚物转变为SiO$_2$后，尺寸急剧增加，且随着时间的继续延长，样品尺寸不断增加。不同的反应时间合成的样品尺寸分布与对应的形貌照片所述相一致，当低聚物转变为SiO$_2$后，尺寸迅速增加并聚集成膜。

2. 表面处理后净浆与砂浆的表征与分析

将样品通过浸泡的方式对水泥净浆及砂浆进行表面处理，对其吸水性及孔隙率进行测试。由于净浆的吸水性较高，测试时间相对较短，误差相对较高，因此对于样品吸水率的测试选择砂浆样品，减少误差值。对于孔结构测试，选择净浆样品，避免其他集料（如砂和石子）对孔结构带来的误差。

（1）吸水率及孔结构　根据文献报道，TEOS 和 SiO$_2$ 纳米颗粒也用来做表面处理剂。侯鹏坤等人研究了 TEOS 与 SiO$_2$ 溶胶作为表面处理剂，将其应用在砂浆的表面，并分别在20℃和50℃的条件下养护后，测试处理后砂浆的吸水率。实验结果为用 SiO$_2$ 溶胶处理的砂浆在50℃的条件下养护后，吸水率有一定的降低。但是，在20℃的条件下养护后，其吸水率并没有降低。用 TEOS 作为表面处理剂，处理后的砂浆在20℃和50℃的条件下养护后，其吸水率均有明显的降低。为充分说明 SiO$_2$ 低聚物对水泥基材料吸水性的作用效果，在本书实验中，将购买的 SiO$_2$ 纳米颗粒和 TEOS 表面处理剂作为对比，其中 SiO$_2$ 纳米颗粒分散在水中，保证与样品硅浓度一致。图7-3（a）为用 SiO$_2$ 低聚物（样品2）、SiO$_2$ 纳米颗粒和 TEOS（样品6）处理砂浆表面后测得的吸水率。从图中可以看出，用三者处理后的砂浆相对于未处理砂浆的吸水率都有降低，吸水率分别降低了45.4%，14.3%和27.1%，且 SiO$_2$ 低聚物处理的砂浆吸水率降低最为明显。可能是归因于以下两种原因：SiO$_2$ 低聚物是 TEOS 水解和缩合形成 SiO$_2$ 的中间产物，相对于 TEOS，在水泥表面中更容易形成 SiO$_2$，从而形成 SiO$_2$ 凝胶，或进一步发生火山灰反应，起到堵孔和降低吸水率的效果。且 SiO$_2$ 低聚物尺寸会比纳米 SiO$_2$ 小很多，更容易进入水泥表面剂内部，作用效果更加明显；SiO$_2$ 低聚物表面具有大量的羟基，因此具有亲水性，会与水泥颗粒具有很高的亲和性。而 TEOS 是微溶于水，与水泥颗粒的结合性较差。因此，与 TEOS 和 SiO₂ 相比较，SiO₂ 中间产物可以更大程度地降低水泥基材料的吸水率。

处理后样品吸水率的降低，表明其对应的孔结构可能会有一定变化。采用压汞法测试未处理砂浆与用 SiO₂ 低聚物（样品2）和 SiO₂（样品3）处理净浆的孔结构，结果如图 7-3（b）所示。从图中可以看出，用 SiO₂ 处理净浆与未处理净浆的孔结构大致相同。而用 SiO₂ 低聚物处理净浆的孔结构中，在 0.05 ~ 0.13μm 范围内，孔隙率相比未处理的净浆有明显的降低。在 0.02 ~ 0.05μm 范围内，孔隙率有明显的增加。以上结果表明 SiO₂ 低聚物可能与水泥基体发生火山灰反应生成 C-S-H 凝胶而具有堵孔的效果，使结构中的大孔变成小孔，达到细化净浆孔结构的作用。

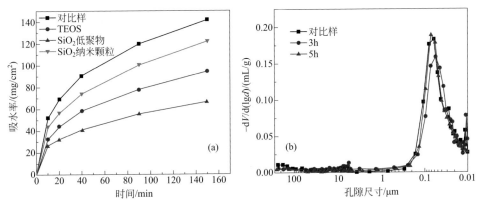

图7-3　（a）用SiO₂低聚物（样品2）和SiO₂纳米颗粒和TEOS（样品6）处理砂浆的吸水率，（b）用SiO₂低聚物（样品2）和SiO₂（样品3）处理净浆的孔径分布

（2）微观形貌　样品的内部结构和微观形貌对样品性能具有很大的影响，同时通过形貌的变化可以辅助说明水泥基材料中其他添加材料对性能的影响。Clach 等[4] 通过电镜研究了水泥基材料从 3min 到 3 个月内水泥水化过程中形貌的变化，结果表明在水化过程中形貌发生了明显的变化，同时说明了在体系中的两种添加剂的作用。我们的研究中发现，样品处理后吸水率和孔隙率的降低，说明其微观结构可能也发生了改变。净浆处理前后的微观形貌通过扫描电镜进行表征。图 7-4（a）为未处理的净浆扫描电镜照片，处理后净浆的扫描电镜照片如图 7-4（b），（c），（d）所示。从图中可以看出，处理后的净浆表面有层薄膜状结构，图 7-4（c）是其放大图，膜表面较光滑，与上述合成的 SiO₂ 膜状形貌一致。薄膜下的形貌如图 7-4（d）所示，有大量的针状结构形成。

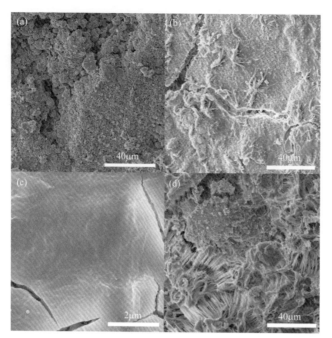

图7-4　（a）未处理净浆的SEM图谱，（b）~（d）用样品2处理净浆的SEM图谱

（3）溶液 pH 值对砂浆吸水率的影响　在制备 SiO$_2$ 低聚物的过程中，酸的加入起到了至关重要的作用，相对于碱性环境，TEOS 的水解速度较快，聚合速度较慢，SiO$_2$ 低聚物可以相对稳定地存在。

在实验中用到的酸为醋酸，加入量是影响产物性能的重要参数之一，因此探索了 pH 值对样品性能的影响。分别在 pH 值为 3，3.5，4，4.5 的条件下合成样品，在反应 3h 后，将其处理在砂浆的表面。处理后砂浆的吸水率如图 7-5（b）所示，从图中可以看出，四种不同 pH 值的条件下得出的样品均可降低砂浆的吸水率。当 pH 值分别为 3，3.5，4 的条件下合成的样品并处理在砂浆表面，吸水率随着 pH 值的增加而减少。这是由于在合成 SiO$_2$ 低聚物的过程中，酸作为催化剂，加速 TEOS 的水解和缩合过程。过多的酸会同时加速两个过程，造成 SiO$_2$ 低聚物不稳定，很快会转变为 SiO$_2$，降低吸水率的效果会减弱。另一个原因可能是过多的酸会破坏水泥基内部的结构，如中和水化产物氢氧化钙，或溶解钙矾石等，造成孔隙率降低。但是比较 pH 值分别为 4 和 4.5 的条件下合成样品处理砂浆后测得的吸水率结果，可以发现在 pH 值为 4 的条件下合成的样品具有更好的降低吸水率的效果，这是因为在反应 pH 值为 4.5 的条件下，体系中的酸过少，不足以催化 TEOS 水解形成一定量的 SiO$_2$ 低聚物，因此无法达到最佳的效果。

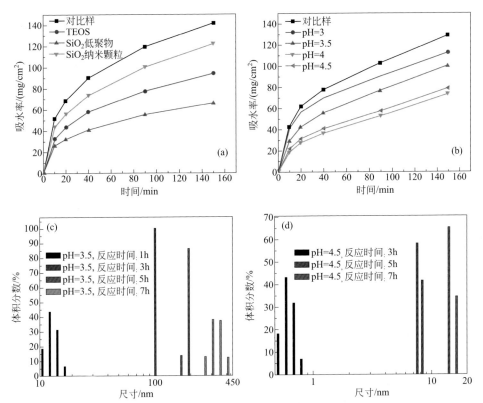

图7-5 （a）用正硅酸四乙酯、SiO₂纳米颗粒、SiO₂低聚物处理砂浆的吸水率，（b）不同pH值合成样品处理砂浆的吸水率，（c）当反应pH值为3.5，不同反应时间合成样品的尺寸分布，（d）当反应pH值为4.5，不同反应时间合成样品的尺寸分布

（4）溶液pH值对样品尺寸的影响 为了探索pH值对样品性质的影响，利用动态光散射粒度仪测试样品在不同反应时间的粒度分布。当反应溶液pH值为3.5，反应时间分别为1h，3h，5h和7h时，样品的平均尺寸分别为（13.5±2）nm，102nm，（185±15）nm和（340±60）nm。相比较于溶液pH值为4的样品，样品2在反应3h的尺寸为（0.8±0.3）nm，而溶液pH值为3.5的样品在反应时间为1h时，平均尺寸已经达到13.5nm，当反应3h时，样品平均尺寸已经增加到100nm。在体系中pH值越低，酸的含量越多，会同时催化加速TEOS水解和缩合反应的进行，使样品的尺寸增加，也会加快由SiO₂低聚物向SiO₂的转变时间。当反应溶液的pH值为4.5时，样品在反应时间分别为3h，5h，7h的尺寸分别为（0.7±0.2）nm，（7.9±0.6）nm，（14.0±1.5）nm。当pH值为4.5时，此时溶液中酸的含量相对较少，生成的样品尺寸较小，但是体系中的SiO₂低聚物较少。因此即使样品尺寸小，但其产量较低，仍无法达到最佳的效果。

（5）溶液 pH 值对净浆组成的影响　　水泥基材料体系为碱性环境，由水化产物如氢氧化钙、钙矾石等控制体系的 pH 值，加入酸性样品后，体系中的组成可能会发生变化，用不同 pH 值的样品处理净浆后的组成成分通过 XRD 进行表征，结果如图 7-6 所示。$CaCO_3$ 的主要峰位为 29.4°，39.4°，48.5°，相比较未处理的净浆图谱，$CaCO_3$ 峰的强度几乎没有什么改变。氢氧化钙（CH）的峰强有相对的减弱，有两种原因可以解释以上结果：①酸与水化产物 CH 发生中和反应；②SiO_2 低聚物在水泥的碱性环境中继续聚合生成 SiO_2，然后与水泥水化产物 CH 发生火山灰反应，因此会消耗体系中的 CH。从图中还可以发现，净浆处理后的钙矾石峰位消失，主要是由于钙矾石在酸性的环境中被溶解。用 pH 值为 3 的溶液处理净浆，在 XRD 图谱中 20° 之前出现很多峰，这些峰位对应的是醋酸钙。以上结果说明在体系中有过多的醋酸存在时，会与水泥中的成分，如 CH，$CaCO_3$ 等发生反应生成醋酸钙，改变水泥体系的组成成分。

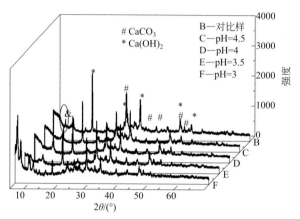

图7-6　不同pH值合成样品处理净浆后样品的XRD图谱

由于体系中醋酸钙的生成，净浆的微观形貌可能也会发生改变，利用 SEM 和 TEM 进行表征，如图 7-7 所示。从图 7-7（a）中可以看出，有大量的阵列状结构生成，放大图 7-7（b）中所示，阵列的组成部分是空心结构。从透射电镜图片［图 7-7（c）］得知其平均直径约为 85nm。高分辨透射电镜照片如 7-7（d）所示，可以看出明显的晶格条纹，晶格间距约为 0.562nm。选取电子衍射图谱可以得知，材料具有晶体结构。EDS 能谱［图 7-7（e）］中可以看出，其元素组成主要有 Ca，O，C 三种元素。Au 元素来自在扫描电镜样品制备过程中从溅射仪中 Au 靶喷到样品表面。结合上述 XRD 的组成成分分析，这些阵列结构的材料被推断为醋酸钙。而在溶液 pH 值为 3.5，4，4.5 时，在 XRD 图谱中没有明显醋酸钙的生成。因此，可以推断，pH 值为 3 的 SiO_2 低聚物处理的砂浆吸水率降低相对不明显，其原因一方面是 SiO_2 低聚物的尺寸较大，低聚物转变 SiO_2 时间较短，造成浸入水泥基材料内部的样品较少，堵孔效果和火山灰活性降低。另一方面可能是因为内部组成和形貌的改变，阵列结构相对不够致密，且内部为空心结构造成吸水率相对较高，但其吸水率还是低于未处理的砂浆。由此可以得出结论即使水泥基材料内部组成及形貌发生变化，但是 SiO_2 低聚物仍具有降低其吸水率的效果。

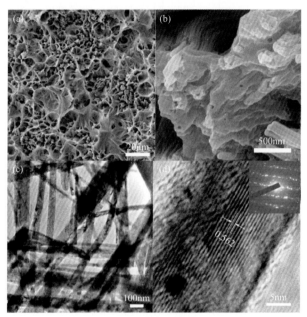

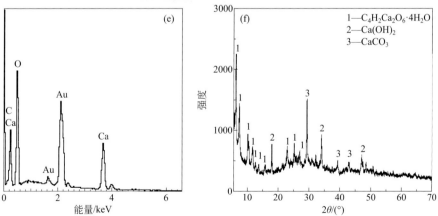

图7-7 （a），（b）用样品2处理净浆的SEM图谱，（c），（d）用样品2处理净浆的TEM图谱，（e）用样品2处理净浆的EDS图谱，（f）用样品2处理净浆的XRD图谱

3. SiO₂ 低聚物与水泥的作用机理

为了研究 SiO_2 低聚物与水泥基材料的作用机理，选用饱和石灰水（模拟水泥的碱性环境，且 CH 为水泥主要水化产物之一）与 SiO_2 低聚物反应，通过扫描电镜表征反应后产物的微观形貌。当 2 号样品和 CH 反应 1h 后，样品的微观形貌如图 7-8（a）所示，产物的形貌为颗粒状，尺寸约为 140nm，主要是以二氧化硅纳米颗粒为主。SiO_2 低聚物在 CH 的碱性环境中，会发生聚合反应生成三维网络状二氧化硅结构，即形貌多为颗粒状。通过 EDX 能谱表征样品元素的组成和相对含量［图 7-8（b）］，反应 1h 后体系中出现 C，Al，O，Si，Ca 元素，其中 Al 元素来自在样品制备中样品台的铝箔，C 元素主要来自样品制备过程中黏结铝箔和样品台的导电胶，体系中的 Ca/Si 约为 0.22。当反应进行 24h 后产物的微观形貌如图 7-8（c），从图中可以发现有花状形貌产物形成，且仍然存在颗粒结构产物。从 EDX 能谱得知，体系中的 Ca/Si 约为 0.45。

NMR 是研究物质微观结构的一种测试手段，用来研究物质内部结构中的短程相互作用。衍射测试手段（如 X 射线衍射、中子衍射、电子衍射等）用来研究物质长程整体结构，但是非晶体物质没有长程有序结构，因此 NMR 是研究非晶体结构的重要测试手段。近些年来，NMR 波谱技术在水泥基材料研究领域有大量的应用并日渐成熟。NMR 主要研究物质形态中的核与核外环境的作用关系。不同的核外环境会影响核的附加内场使其具有不同的核外相互作用，在 NMR 图谱中出现一定的区别，因此通过分析 NMR 图谱研究物质的内部结构。谱线的数目、位置和化学位移是分析 NMR 谱图的部分重要参数，可以对物质的内部结构进行定性和定量的分析。定性分析主要是通过化学位移和谱线位置的分析。物质核外电子云的屏蔽作用会造成 NMR 图谱中频率的变化，即化学位移。引起化学位移变化主要是因为原子核周围的电子密度的改变，影响因素主要是原子核周围的电子态、自旋核之间的距离、原子团结合的键型、核自旋的方向等。谱图中谱线数目的不同说明原子核处于不同的化学环境中，所以通过谱图中谱线的数目及化学位移值可以对物质的内部结构进行定性分析。NMR 谱线强度可以对物质的内部结构进行定量分析，因为在相同的化学环境中，被测自旋核的数目与谱线强度成正比，同时又与被测元素的含量成正比。

在水泥基材料的 NMR 波谱中，^{29}Si 是主要的测试对象，其化学位移值与其最邻近原子配位密切相关，配位数越高，化学位移值越小。具有四配位结构的 ^{29}Si 化学位移值的范围为 $-68 \sim -129$，具有六配位结构的 ^{29}Si 的化学位移值的范围为 $-170 \sim -220$。体系中硅氧阴离子聚合度的增加会引起 ^{29}Si 的化学位移值的减小。通常用 Q^n 表示 ^{29}Si 的化学环境分析体系中［SiO_4］四面体的种类，其中 Q 代表 SiO_4 四面体，n 表示 Si 与四面体连接的桥氧数。Q^0 代表为孤立的［SiO_4］

四面体，即［SiO₄］四面体单体；Q^1表示只与一个硅氧四面体相连的硅氧四面体，即二聚体或具有直链末端处的硅氧四面体；Q^2表示与两个硅氧四面体相连的硅氧四面体，即具有线性结构的硅氧四面体；而Q^3表示与三个硅氧四面体相连的硅氧四面体，即具有接枝状的硅氧四面体；Q^4则表示与四个硅氧四面体相连的硅氧四面体，即具有三维网络的硅氧四面体。

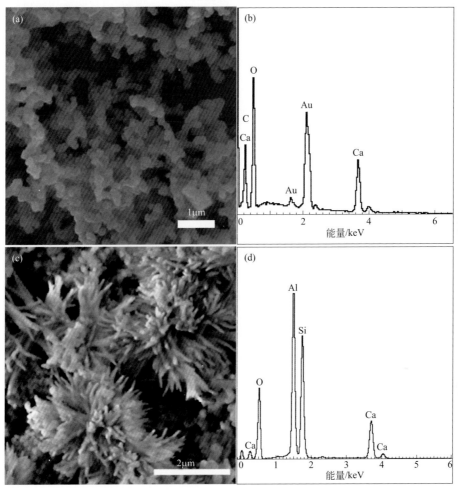

图7-8 （a），（c）样品与CH反应1h和24h后产物的SEM图谱，（b），（d）样品与CH反应1h和24h后产物的EDX能谱

在研究中，通过^{29}Si NMR 测试分析样品与 CH 的反应机理。NMR 图谱（图7-9）中可以看出有两个明显的特征峰，在 -78.8 和 -84.9 峰位处，分别对应 Si 结构的 Q^1 和 Q^2 结构，说明产物中具有二聚体或具有直链末端处的硅氧四面体，

和线性结构的硅氧四面体。在此前 SiO$_2$ 的形成过程中所提及，在酸性的体系中 SiO$_2$ 更容易形成线性结构，而在碱性环境中，会形成三维网络状结构。这个过程可能因为以下两种原因：① SiO$_2$ 低聚物和部分继续水解和缩合的产物为二聚物和线性结构；②样品已经在 CH 的条件下发生火山灰反应，形成 C-S-H 凝胶，具有 Q^2 结构。NMR 图谱中还出现其他两个明显的峰位，分别在 −99.6 和 −110.5，分别对应 Q^3 和 Q^4 的 SiO$_2$ 枝杈和 SiO$_2$ 网络状结构。说明 SiO$_2$ 低聚物通过继续的缩合反应，产物由二聚物和线性结构转变为接枝状结构，缩合反应继续进行，最终形成三维网络状结构。

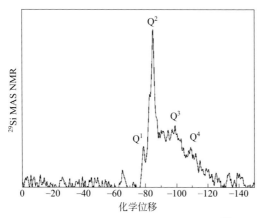

图7-9 SiO$_2$低聚物与CH反应7d后产物的^{29}Si MAS NMR图谱

三、硅基杂化材料对水泥基材料的表面改性

有机无机杂化材料是一种分散均匀的多相材料，兼备有机材料与无机材料的性能优势。至今为止，有机 - 无机杂化材料的研究已有 30 多年，这些材料的形态和性能可在很大范围内变化，既可以是通过掺杂少量的无机组分得到无机粒子改性的有机聚合物，也可以是少量有机成分改性的无机玻璃，广泛应用于涂料、薄膜、纳米复合材料、玻璃及有机陶瓷等领域。

目前对于杂化材料的制备通常采用溶胶 - 凝胶法、插层复合法和物理共混复合法三种方法。溶胶 - 凝胶法制备有机 - 无机杂化材料时优点诸多，可以在室温或略高于室温条件下引入有机小分子、低聚物或高聚物而获得具有精细结构的有机 - 无机杂化材料，通过合理设计路线，可以达到有机相与无机相间"分子复合"的水平。插层复合法是指将有机聚合物插进层状无机物层间，进而破坏无机物片层结构，并使其均匀分散在无机物基体中，实现有机高分子与无机物在纳米尺度上的复合。适用于有机聚合物和典型的层状结构无机物纳米复合材料的制备。物理共混复合法类似于聚合物的共混改性，这种方法制得的有机 - 无机杂化材料只是简单的共混，有机相与无机相之间通过范德华力、氢键或离子间作用力相互连接，无化学键键合。综合考虑各种方法的优缺点，溶胶-凝胶法以反应条件温和、产物纯度高、颗粒细小、有机 - 无机相之间结合牢固等特点成为制备有机 - 无机杂化材料的基本方法。

考虑到有机 - 无机杂化材料结合有机材料与无机材料优势的特点，以期通过制备有机-无机杂化材料表面处理剂处理水泥基材料表面，实现作用效果的叠加。

基于纳米 SiO_2 的火山灰活性与杂化材料的特点，选取硅烷对纳米 SiO_2 表面进行改性，形成纳米杂化材料 SiO_2/硅烷，用作混凝土表面处理剂，利用硅烷表面处理剂降低固体表面能实现憎水的同时，利用纳米二氧化硅超高火山灰活性的特点，与水泥基材料水化产物 CH 反应生成额外 C-S-H 凝胶，封堵孔结构。如图 7-10 所示。

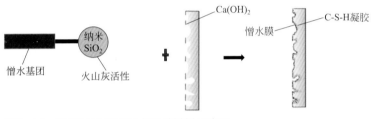

图7-10 杂化材料作用于水泥基材料示意图

采用溶胶 - 凝胶法合成硅基有机 - 无机杂化材料 SiO_2/PMHS 和 FAS/SiO_2。其具体合成方法如下：

（1）SiO_2/PMHS 硅基杂化材料合成过程[5] 将 0.1mL 无水乙二胺逐滴滴入 60mL 四氢呋喃（THF）溶液中，磁力搅拌器低速持续搅拌 0.5h，然后滴入 0.3mL 的聚甲基氢硅氧烷（PMHS），继续搅拌 0.5h 后滴入 2.6mL 正硅酸乙酯（TEOS），然后持续搅拌 12h，加入足量的去离子水加速搅拌 3h 使 TEOS 充分水解，即得到处理原液。具体过程如图 7-11 所示。

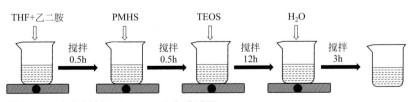

图7-11 杂化材料SiO_2/PMHS合成过程

为排除有机、无机组分（PMHS 和 SiO_2）对作用效果可能的混淆，采用对照实验法设计实验，对照实验变量如表 7-2 所示。

表7-2　对照实验4变量

对照组	四氢呋喃	乙二胺	PMHS	TEOS	去离子水
SiO_2/PMHS	60mL	0.01mL	0.3mL	2.6mL	0.1mL
NS（纳米二氧化硅）	60mL	0.01mL	—	2.6mL	0.1mL
PMHS	60mL	0.01mL	0.3mL	—	0.1mL
THF	60mL	—	—	—	—
空白	—	—	—	—	—

同时探究了不同 SiO_2/PMHS 的比例对处理效果的影响，其合成时掺量见表 7-3。

表7-3　杂化材料 SiO_2/PMHS 掺量　　　　　　　　　　　　　　　　　　　　　　单位：mL

掺量	H0.6	H0.7	H0.95	H1.2
PMHS	0.3	0.3	0.3	0.3
TEOS	1.2	1.05	0.9	0.6

（2）FAS/ SiO_2 硅基杂化材料合成过程　室温下，将 6mL 氨水加入 30mL 无水乙醇溶剂中，磁力搅拌器搅拌 0.5h 成溶液 A，将 5mL TEOS 和 0.5mL FAS 逐滴滴入另 30mL 无水乙醇溶剂，磁力搅拌器搅拌 0.5h 成溶液 B。然后将溶液 A 与溶液 B 迅速混合在一起，继续用磁力搅拌器搅拌 12h，最后将乳白色的溶液在超声分散机下分散 5min，制得 FAS/ SiO_2 硅基杂化材料原液备用。

利用浸泡法将待测水泥净浆或砂浆试样浸泡入合成好的原液及对照实验的对照组中（处理液所含成分见表 7-4），1h 后取出，放入恒温恒湿养护箱，养护 3d、28d 后取出测试。

表7-4　对照组处理液成分表

对照组	四氢呋喃	乙二胺	TEOS	PMHS	去离子水
空白					√
SiO_2/PMHS	60mL	0.1mL	2.6mL	0.3mL	1mL
NS	60mL	0.1mL	2.6mL	—	1mL
PMHS	60mL	0.1mL	—	0.3mL	1mL
THF	60mL	—	—	—	—

喷涂法用于 FAS/SiO_2 处理水泥基材料时，为保证处理液均匀覆于水泥基材料表层，采用三次间断喷涂方法，每次喷涂量为 12.5mL/m^2，间隔时间为 10min。

合成的杂化材料的表征对其作用机理的研究至关重要。杂化材料中的有机 - 无机组分间若以物理吸附的方式相结合，则涂敷在水泥基材料表面的杂化材料易脱落，若以化学键的形式相结合，则杂化材料表面处理剂的作用效果会相对持久。

硅基杂化材料 SiO_2/PMHS 是在室温下通过传统的 Stöber 法制得，四氢呋喃为有机溶剂，无水乙二胺为合成体系提供碱性环境，TEOS 作为 SiO_2 的前驱体。PMHS 中活跃的 Si—H 键可以在碱性环境下通过溶胶 - 凝胶法转化为可水解的 Si—OH 基团，如公式（7-1）所示。进而与 Si—OH 基团或 $Si—OC_2H_5$ 基团在碱性环境下发生脱水缩合反应形成 Si—O—Si 键，如公式（7-2）所示。至此，有机硅烷 PMHS 与无机 SiO_2 的前驱体 TEOS 可以通过 Si—O—Si 键有效地键接在一起。最后在足量的去离子水存在情况下，碱性环境中，TEOS 中的 $—SiOC_2H_5$ 基团进一步充分水解，形成与 PMHS 有效结合的纳米 SiO_2，即硅基纳米杂化材料 SiO_2/PMHS[6]，其反应过程如式（7-1）、式（7-2）、式（7-3）所示。

$$\text{(7-1)}$$

$$\text{(7-2)}$$

和

$$\text{(7-3)}$$

1. SiO_2/PMHS 硅基纳米杂化材料的表征

（1）形貌分析　通常而言，纳米 SiO_2 以圆球状颗粒存在，但有机 - 无机杂化材料的形貌多种多样，将合成的硅基纳米杂化材料 SiO$_2$/PMHS 的形貌通过扫描电子显微镜和透射电子显微镜来表征。

如图 7-12 所示为硅基纳米杂化材料 SiO$_2$/PMHS 的 SEM 图。从图中可知，合成的 SiO$_2$/PMHS 杂化材料为尺寸大约在（180±30）nm 的圆球状颗粒。

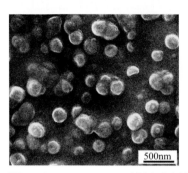

图7-12 SiO$_2$/PMHS硅基杂化材料的SEM图

图 7-13 为 Stöber 法制得的 SiO$_2$/PMHS 硅基杂化材料和纳米二氧化硅（NS）颗粒的 TEM 图。从图中可以看出，SiO$_2$/PMHS 为尺寸约为（180±30）nm 的圆球状颗粒，此结果与 SEM 结果相一致。与纯纳米二氧化硅相比，合成的 SiO$_2$/PMHS 硅基杂化材料颗粒周围包覆了一层膜状物质，形成核壳结构的颗粒。由于在合成过程中，PMHS 试剂先于 TEOS 加入四氢呋喃溶剂，TEOS 包覆在 PMHS 表面进行缩合反应，进而水解缩合形成纳米 SiO$_2$，所以形成的核壳结构 SiO$_2$/PMHS 硅基杂化材料是以纳米 PMHS 为核、纳米 SiO$_2$ 为壳、将 PMHS 包裹在中心位置的圆球状颗粒。通过图片可知，SiO$_2$/PMHS 硅基杂化材料壳的厚度为 30nm。除杂化材料外还有更小尺寸的无定形纳米 SiO$_2$。

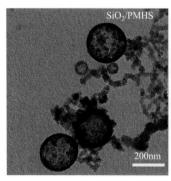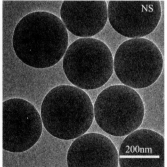

图7-13 SiO$_2$/PMHS硅基杂化材料和NS的TEM图

（2）FT-IR　将合成的 SiO₂/PMHS 硅基杂化材料原液用高速离心机在 11000r/min 下离心 5min，过滤掉上清液，加入适量无水乙醇，用超声机在 1200W 功率下分散，使 SiO₂/PMHS 均匀分散在无水乙醇中，再用高速离心机在 11000r/min 下离心 5min，重复三次得到纯的 SiO₂/PMHS 硅基杂化材料。利用红外光谱实验测试合成好的样品中是否存在 Si—O—Si 或 Si—CH₃ 基团，进而判断杂化材料的有机 - 无机组分间是否有效地结合在一起。

SiO₂/PMHS 和 NS 的傅里叶转换红外图谱如图 7-14 所示，可以发现与纯纳米二氧化硅相比，在 3448cm⁻¹、1639cm⁻¹ 与 1112cm⁻¹ 处的 O—H 伸缩振动峰、Si—O—Si 键伸缩振动峰和 Si—OH 伸缩振动峰[7]与纯纳米二氧化硅的傅里叶转换红外图谱相一致，即为 SiO₂。而 SiO₂/PMHS 硅基杂化材料样品的红外光谱在 2923cm⁻¹、2848cm⁻¹ 和 1390cm⁻¹ 处发现额外的吸收峰，根据文献可知，2923cm⁻¹、2848cm⁻¹ 和 1390cm⁻¹ 处的吸收峰，分别为 C—H 的伸缩振动峰和 Si—CH₃ 的伸缩振动峰[8, 9]。由此可知有机组分 PMHS 已与无机组分纳米 SiO₂ 发生了有效的结合，形成了有机 - 无机杂化材料 SiO₂/PMHS，但其具体结合方式（物理吸附结合或化学共价键结合）未知，需要利用其他表征手段进一步探讨，详见 XPS 表征。

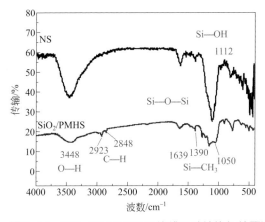

图7-14　SiO₂/PMHS和NS的傅里叶转换红外图谱

（3）XPS　为了进一步证实本实验中合成的硅基纳米杂化材料 SiO₂/PMHS 的有机组分与无机组分之间的结合并非简单的物理吸附，而是通过更稳定的化学键结合，我们用 XPS 对溶胶 - 凝胶法合成的纳米二氧化硅与硅基纳米杂化材料 SiO₂/PMHS 的 Si 原子进行了深入分析。

将制得的杂化材料用无水乙醇清洗 3 次，方法同 FT-IR 样品的制备过程，在真空干燥箱中 40℃条件下烘 48h，获得白色粉末状物质，取适量样品用压片机在

6 ～ 8MPa 条件下压制成圆片备用。

如图 7-15 所示为实验制得的硅基纳米杂化材料 SiO₂/PMHS 和纯纳米二氧化硅的 Si 2p 图谱（a）和 SiO₂/PMHS 的 Si 2p 分峰图谱（b）。从图 7-15（a）中可知，NS 和 SiO₂/PMHS 材料的峰位分别为 103.15eV 和 103.26eV。与 NS 相比较，SiO₂/PMHS 材料的 Si 元素的峰高度有所增加，且峰的位置向高键能发生了 0.11eV 的位移。通过对 SiO₂/PMHS 杂化材料的 XPS 图谱进行解卷积，得到的图谱如 7-15（b）所示，图中的解卷积结果中得出的两个特征峰分别为 103.22eV 和 105.69eV，其中 103.22eV 峰的键能跟图 7-15（a）中纯纳米二氧化硅的结果相一致，可断定为纳米二氧化硅的特征峰。根据 Greco 等的研究[10]，105.69eV 的特征峰是由 PMHS 贡献的，因此，XPS 的结果可以表明合成的硅基纳米杂化材料 SiO₂/PMHS 的有机-无机组分之间是通过化学键合的，并非有机组分 PMHS 与无机组分 SiO₂ 间简单的物理混合。但并不能排除物理混合结合方式的存在，进而无法通过 XPS 结果计算合成的杂化材料中物理吸附或化学键合的 PMHS 的含量。SiO₂/PMHS 杂化材料中物理吸附或化学键合的 PMHS 含量需借助其他表征手段，详细信息见（4）TGA。

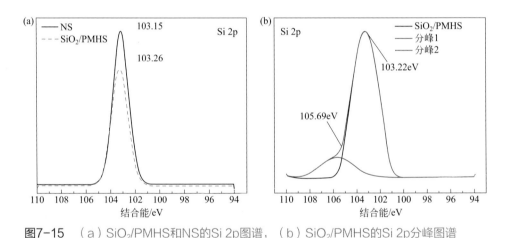

图7-15 （a）SiO₂/PMHS和NS的Si 2p图谱，（b）SiO₂/PMHS的Si 2p分峰图谱

（4）TGA　通过热重分析，我们计算出了硅基杂化材料 SiO₂/PMHS 中物理吸附与化学键合的 PMHS 的含量。

如图 7-16 所示为 SiO₂/PMHS 随温度升高而质量降低的质量损失曲线。不同的温度区间对应着不同的成分的损失，参照 Kim 等的研究[11]，根据 SiO₂/PMHS 杂化材料质量损失曲线的一阶、二阶导数曲线划分，可以将其质量损失过程大致分为三个阶段。如图所示，第一阶段在温度 30 ～ 180℃之间，此温度区间内质量损失被记为样品脱水或纳米二氧化硅的脱羟基阶段[12]。第二阶段在温度区间

160 ~ 340℃范围内，可以观察到持续的质量损失。由于 PMHS 的沸点是 205℃，所以 160 ~ 340℃温度区间范围内的质量损失可以视为物理吸附的 PMHS 脱离杂化材料 SiO_2/PMHS。第三阶段在 340 ~ 650℃之间，此阶段内的失重被记为 PMHS 与 SiO_2 的 Si—O—Si 共价键断裂，即与 SiO_2 化学键合的 PMHS 分解失重过程。

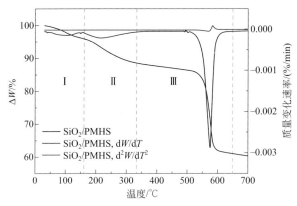

图7-16　SiO_2/PMHS热重曲线

同时，通过热重分析结果，可以计算出杂化材料中化学键合的 PMHS 占杂化材料的质量百分比，结果为 28.86%，此结果与最初的设计比 30% 相吻合。因此我们可以得出结论，实验成功合成了有机 - 无机组分间通过化学键结合的硅基杂化材料 SiO_2/PMHS，且杂化材料中 PMHS 所占比例为 28.86%。

2. 对水泥基材料表面处理效果

水泥基材料作为非均质多孔材料，其耐久性受多种因素综合作用影响，而服役环境下的侵蚀介质由外部向内部迁移的速度是影响其耐久性最主要的因素。即物质的传输性能决定了水泥基材料的耐久性，包括水、气和离子的渗透率以扩散率等。通过水泥基材料的表面处理，影响水泥基材料表层的密实度，进一步改善其传输性能，使有害物质不易侵入水泥基材料内部，从而达到延长水泥基材料的服役寿命的目的。

研究发现，硅烷、硅氧烷类有机硅质表面处理剂通过在水泥基材料表层形成一层憎水膜，阻碍水介质携有害离子侵入水泥基材料内部，从而起到保护层的作用。而无机硅质表面处理剂如硅酸钠纳米 SiO_2 等是借助与水泥水化产物的反应，生成额外的 C-S-H 凝胶密实水泥基材料，而达到表层防护的目的。此两种方法都可以在不同程度上改变水泥基材料的传输性能。

未经处理的水泥基材料表面具有较高的固体表面能，因此，当与水接触时，会在表面形成较小的接触角，呈现亲水特性。而经过硅烷材料处理具有较低的表面能，其改性后的水泥基材料表面由亲水性变为疏水性，即表面静态接触角增大。当表面接触角小于 90°时表现为亲水性，大于 90°时表现为憎水性。因此，通过水泥基材料表面静态接触角的测量，可以判断 SiO₂/PMHS 硅基杂化材料对水泥基材料表面憎水性的影响。

　　实验过程中，将龄期为 180d、尺寸为 20mm×20mm×20mm、水灰比为 0.4 的标准净浆试样切割为 20mm×20mm×3mm 的薄片，烘干后用合成的 SiO₂/PMHS 硅基杂化材料原液及对照组原液表面处理，标准养护条件下养护 3d、28d，晾干后测量被处理面的静态接触角。测量过程中，取三个平行样品的 10 个点的接触角，计算平均值和标准差，结果如图 7-17 所示。

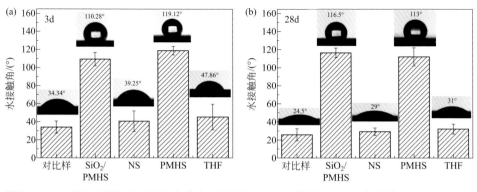

图7-17　不同处理剂处理后水泥净浆表面接触角。（a）养护3d和（b）养护28d

　　如图 7-17（a）所示为不同处理剂处理水泥基材料表面养护 3d 后表面接触角结果。未处理的水泥基材料表面接触角的平均值为 34.34°，成亲水性，与之相近的是 NS 处理和 THF 处理（未排除有机溶剂对实验结果的影响，浸泡在四氢呋喃溶液中）的样品，接触角分别为 39.25°和 47.86°。这主要是由于 SiO₂ 本身具有较好的亲水特性，且纳米 SiO₂ 表面有许多羟基，也是亲水基团。合成的硅基杂化材料 SiO₂/PMHS 和 PMHS 处理液处理水泥净浆表面后，其表面成憎水特性，接触角分别为 110.28°和 119.12°。

　　值得关注的是，当处理后试块养护时间延长到 28d，SiO₂/PMHS 处理的水泥净浆样品表面接触角并未减小，甚至略有提高，达到 116.5°。与此同时，PMHS 处理的水泥净浆样品表面接触角也稳定在 120°左右。而 NS 处理和 THF 处理以及空白样品在延长养护时间后仍保持亲水的特性，接触角在 30°左右。此实验结果说明，与硅烷处理剂相同，SiO₂/PMHS 作为水泥基材料表面处理剂可以降低水泥基材料的表面能，改变水泥基材料表面的亲水性，使水泥基材料表面憎水，表面接触角可达 110° 以上。且随处理后养护时间的增长，其憎水效果稳定。由于 NS 处理后水泥净浆试块表面呈现亲水特性，且与养护时间长短无关，所以我们可以断定，SiO_2/PMHS 硅基杂化材料作为水泥基材料表面处理剂可以使水泥基材料表面憎水，这主要是由 SiO_2/PMHS 硅基杂化材料中有机组分 PMHS 贡献的。

3．对水泥基材料传输性能的影响

表面处理方法通过改善水泥基材料的传输性能，阻碍水泥基材料内外部的水、气介质以及离子的交换，来提高水泥基材料的耐久性。表面毛细吸水率和气体渗透率是衡量水泥基混凝土材料传输性能的常用表征手段[13, 14]。因此通过借助表面处理前后水泥基材料的毛细吸水率和气体渗透率的测量，探究硅基杂化材料 SiO_2/PMHS 表面处理对水泥基材料透气性的影响。

（1）SiO_2/PMHS 对水泥基材料吸水性的影响　表面毛细吸水率是衡量水介质在毛细压力作用下被吸入材料内部快慢的指标。通过记录单位面积样品在不同时刻的吸水质量来实现。材料单位面积的吸水质量与时间的平方根成正比，该比值即为样品的表面毛细吸水速率。为保证实验数据的准确性，在测试前需将非测试面进行密封处理。具体操作过程如下：将表面处理后养护到龄期的样品从标准养护箱取出，40℃烘箱中烘干处理 12h，除需要测试的面外，其余五个面均用环氧做密封处理。

如图 7-18 所示为不同处理剂表面处理养护 3d 后水泥基材料吸水率，图 7-18（a）、（b）分别为对龄期 6 个月和 1a 的水泥砂浆试块进行表面处理，养护 3d 后的吸水率结果。结果表明，在 390min 时，NS 处理的水泥砂浆试块与空白样品相比，NS 可以降低水泥砂浆试块的毛细吸水率，但作用效果并不明显，对龄期为 6 个月和 1a 的水泥砂浆样品分别可降低吸水率 8.31% 和 23.03%，这一趋势与 Hou 等人[15]的研究结果相符，这可能是由于纳米 SiO_2 发挥了其较高火山灰活性的作用，封堵水泥基材料表面孔结构的原因。PMHS 作为有机硅烷，由于其憎水基团的作用，在毛细吸水结果中与 NS 处理剂比较显现出了其优势。以空白样品为参比，390min 时对于龄期为 6 个月和 1a 的水泥砂浆试块降低毛细吸水率分别为 38.25% 和 29.21%。有机溶剂处理的水泥砂浆试块作为对照组，其对降低毛细吸水率结果非但无正面作用，而且会有负面影响，所以有机溶剂可降低水泥基材料毛细吸水率的影响可以排除。与此同时，SiO_2/PMHS 硅基杂化材料不仅可以抵消 THF 的负面影响，且相较于 NS、PMHS 单独作用效果而言，SiO_2/PMHS 可显著降低水泥砂浆试块的毛细吸水率，降低吸水效果达 49.27%（6 个月龄期）和 85.96%（1a 龄期）。此结果表明，SiO_2/PMHS 作为水泥基材料表面处理剂，作用效果比其有机、无机组分单独作用效果好，对水泥基材料表面处理结果说明其有机组分 PMHS 具有憎水的特点，而毛细吸水率结果表明其降低水泥砂浆吸水率效果比 PMHS 单独作用好两倍以上，说明其极有可能同时综合了无机组分火山灰活性的特点。

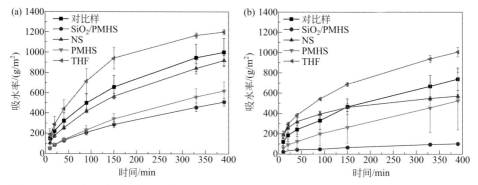

图7-18 不同处理剂表面处理养护3d后水泥基材料吸水率
（a）龄期6个月样品；（b）龄期1a样品

由于纳米 SiO_2 具有较高的火山灰活性，且随养护时间的增长，纳米 SiO_2 会持续与水泥水化产物反应，所以，如果以 NS 作为表面处理剂，其对水泥砂浆毛细吸水率降低的效果会随养护时间的增长而持续变好，而 SiO_2/PMHS 硅基杂化表面处理剂如果能保持纳米 SiO_2 的火山灰活性，其应该有相同于 NS 的趋势。因此，还讨论了养护时间对砂浆毛细吸水率效果影响，结果如图 7-19 所示。

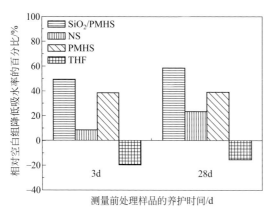

图7-19 表面处理后养护时间对砂浆吸水率影响结果

图中的数据选取样品在吸水 390min 时的结果计算而得，从砂浆试块毛细吸水率与养护时间的关系上可以看出，对于龄期为 6 个月的样品，SiO_2/PMHS 处理剂与 NS 处理剂有相同趋势，随养护时间的延长，降低吸水率效果越明显。对于 SiO₂/PMHS 处理剂，养护 3d 和 28d 后，降低毛细吸水率分别为 49.27% 和 58.42%，与此同时，NS 处理剂可降低水泥砂浆吸水率分别为 8.31% 和 23.16%。进一步印证了上述结果，SiO₂/PMHS 硅基杂化材料处理剂中无机组分纳米 SiO₂ 起到作用。相比之下，PMHS 作为表面处理剂时，其对砂浆样品吸水率改善效果随养护时间的延长无明显变化，稳定在 38% 左右。这是由于 PMHS 等硅烷处理剂对水泥基材料起保护作用的机理是在其表面形成一层憎水膜，起防水作用，因此其对水泥砂浆毛细吸水率的改善效果不会随养护时间的延长而有改变。同时，THF 作为对照实验组，无论养护时间的延长与否，其对水泥砂浆试块的毛细吸水率较空白样品而言仍显现负面影响。

然而上述结果仍不能说明杂化材料对水泥砂浆吸水率显著降低的结果是归功于合成的 SiO₂/PMHS 硅基杂化材料而不是有机 - 无机组分纯粹物理叠加的效果。因此我们先用与 SiO₂/PMHS 中等量的 SiO₂（或 PMHS）处理水泥砂浆试块，再用与 SiO₂/PMHS 中等量的 PMHS（或 SiO₂）处理（分别标记为 NS+PMHS 和 PMHS+NS）毛细吸水率结果与 SiO₂/PMHS 硅基杂化材料处理的作比研究（图 7-20）。结果表明，SiO₂/PMHS 对砂浆试块的毛细吸水率降低效果远比 NS+PMHS 和 PMHS+NS 作用效果好。即 SiO₂/PMHS 作为表面处理剂对水泥基材料的处理效果并不是有机 - 无机组分物理叠加的作用效果。而是其作为 Si—O—Si 键结合的杂化材料所特有的。

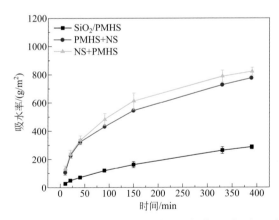

图7-20　杂化材料与两组分物理叠加作用对毛细吸水率影响效果

（2）SiO₂/PMHS 对水泥基材料透气性的影响　水泥基材料的透气性是影响其耐久性的主要因素之一。这是由于有害气体如 CO_2 等多借助充满气体的孔结构扩散入材料内部，进而发生进一步的可以对结构造成破坏的化学反应。因此通过合理的设计，降低水泥基材料的透气性，是提高水泥混凝土耐久性的基础方法之一。

以甲醇气体作为渗透气体，测量表面处理前后水泥净浆样品的透气性。Han等的研究中[16]，也使用甲醇气体作为渗透气体，与介绍的方法一致，将净浆样品密封在离心管后置于60℃恒温水浴锅，随时间增长记录每个样品的质量。

如图 7-21 所示为表面处理前后水泥净浆的透气系数结果。从图中可以看出硅基杂化材料 SiO$_2$/PMHS 可以显著降低水灰比为 0.4 的水泥净浆样品的透气性，透气系数为 1.32×10^{-19}m^2，与未处理样品相比，可降低 52.72%。NS 和 PMHS 作为水泥基材料表面处理剂也会不同程度上降低水泥净浆样品的透气性，相对空白样品降低比率分别为 56.44% 和 35.16%。由此可知，SiO$_2$/PMHS 与 NS 处理剂对降低水泥净浆样品透气性的作用效果相仿，且 NS 的作用效果较 SiO$_2$/PMHS 略好。

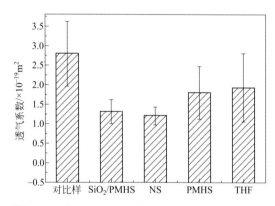

图7-21 表面处理前后水泥净浆的透气系数

4. 对水泥基材料耐久性的影响

水泥基材料表面防护材料耐久性的研究需从杂化材料对水泥基材料耐久性改善效果和杂化材料在水泥基材料表面附着性两个方面着手。

（1）SiO$_2$/PMHS 改性水泥基材料表面防护层抗 SO$_4^{2-}$ 侵蚀性能 实验室对水泥混凝土耐久性的研究一般从水泥基材料的抗硫酸盐侵蚀能力、抗氯离子侵蚀能力、抗碳化能力和抗冻融循环能力着手。由于主要是对有机-无机硅基杂化材料作为水泥基材料表面处理剂的探索性研究，目前尚未开发出大批量合成硅基杂化材料的方法，无法对较大体积试块进行表面处理。所以，在研究水泥基材料的耐久性能时，以水泥净浆样品抗硫酸盐侵蚀能力为代表，在表面处理剂的保护作用下，采用硫酸盐干湿循环法，观察硫酸盐侵蚀前期水泥净浆样品抗压强度变化及质量损失率。

如图7-22所示为表面处理后的水泥净浆样品在硫酸盐干湿循环作用下的质量损失曲线。由图可知，在硫酸盐侵蚀实验干湿循环加速侵蚀条件下，空白样品质量呈现略微升高的趋势，这是由于在侵蚀前期，硫酸根离子侵入到基体内部，从而导致样品质量升高。与之对比下，虽然PMHS处理的样品在循环16次时出现了明显的偏差（可能是实验误差导致），但是整体而言，在干湿循环加速侵蚀前期，表面处理后的水泥净浆样品质量维持稳定，基本没有增加的趋势。这说明表面处理起到了保护的作用。但单从质量变化曲线难以辨别保护效果的好坏，还需测量抗压强度，分析结果。

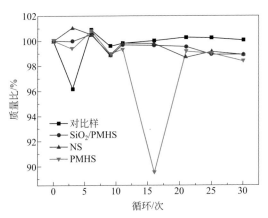

图7-22 水泥净浆样品抗硫酸盐侵蚀质量损失曲线

如图7-23所示为表面处理后的水泥净浆样品在硫酸盐干湿循环25次和30次下的抗压强度结果。结果表明，空白样品在硫酸盐侵蚀干湿循环25次和30次强度降低最快。SiO_2/PMHS和NS处理后的水泥净浆样品在循环25次和30次后强度都比空白样品高，且SiO_2/PMHS表面处理剂作用效果最佳。而PMHS则并未表现出很好的作用效果，这可能是由于在循环25次和30次后，憎水作用效果已失效，SO_4^{2-}侵入基体内部，破坏内部结构引起的。

此结果表明，SiO_2/PMHS表面处理剂对水泥基材料抗硫酸盐侵蚀前期效果好，有必要深入综合研究其对水泥基材料抗硫酸盐侵蚀作用的效果和机理。

（2）SiO_2/PMHS改性水泥基材料表面防护层耐冲刷性能　评价表面处理材料对水泥基材料保护效果时，还要考虑表面处理剂是否能在环境作用下长久地附着在其表面，维持稳定的保护效果。因为SiO_2/PMHS颗粒细小，作用在水泥基材料后肉眼观察不到也很难用仪器测定，所以无法测其附着力。考虑到水泥混凝土材料的服役环境，实验模拟雨淋冲刷环境，探究各表面处理剂对水泥砂浆吸水率改善效果的持续性，从侧面反映出 SiO₂/PMHS 的附着性能。在雨淋冲刷模拟时采用的水流速为 420mL/min，冲刷 0d、3d 和 28d 后测量水泥砂浆吸水率相较于空白样品的毛细吸水率。

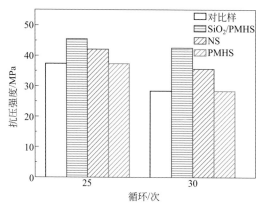

图7-23　水泥净浆样品抗硫酸盐侵蚀抗压强度

图 7-24 所示为表面处理后水泥砂浆模拟雨淋环境下的吸水率结果。结果表明，对于龄期 1a、水灰比为 0.6 的砂浆样品，420mL/min 的水流下冲刷 3d、28d 后，SiO₂/PMHS 杂化材料一直保持较好的降低砂浆吸水率的作用，其结果稳定在 80% 以上。虽然在冲刷 3d 的结果中，降低吸水率效果较 0d、28d 而言略有降低（79.31%），但结果在波动范围内，可能是实验操作导致的误差所致。NS 作为表面处理剂，对砂浆试块吸水率改善效果随冲刷天数的增加略显上升趋势，从冲刷 0d 的 23.03% 上升到 3d、28d 的 35% 左右。这可能是由于在水分充足或者足够湿度的环境下，纳米 SiO₂ 可以充分与水泥基材料反应，砂浆试块进一步得到密实，所以表现出在雨淋模拟条件下 NS 表面处理剂对砂浆吸水率效果随冲刷天数增加而改善。而 PMHS 处理剂随冲刷时间的延长，反而有对减小水泥砂浆试样吸水率效果降低的趋势，这是由于 PMHS 硅烷与水泥基材料键合能弱的原因。而冲刷 0d 的 PMHS 对水泥基材料保护作用效果不好，仅为 29.21%，但结合 PMHS 对龄期为 6 个月的砂浆试块降低的毛细吸水率达 38.25%，我们分析 1a 龄期砂浆试块 29.21% 的吸水率可能是由于实验误差的因素造成。

综上所述，SiO₂/PMHS 作为表面处理剂，可在雨淋环境作用下，保持附着在水泥基表面且其降低砂浆毛细吸水率的作用效果稳定。

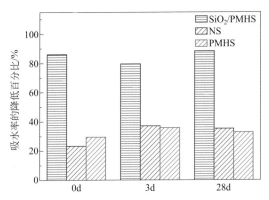

图7-24 表面处理后水泥砂浆模拟雨淋环境下吸水率

第二节
硅基-光催化水泥基材料的性能

　　环境友好型水泥基材料是近些年来研究的热点，其中光催化技术也应用于此领域，赋予建筑材料空气净化、自清洁、抗菌等性能。其中的自清洁能力是目前的研究热点之一，水泥基材料的表面可以降解微生物、有机和无机污染物等[17-21]。同时可以提高建筑表面的美观性，保障城市基础设施的卫生，降低清洁成本。

　　目前的光催化材料中，TiO_2 为重点和热门研究对象，在光催化水泥基材料中也是应用最多的光催化材料。TiO_2 是光敏性的半导体材料，它的电子结构具有导带和价带，导带和价带之间的禁带宽度为 3.2eV。当激发光子的能量大于其带隙能时，TiO_2 中价带上的电子就会跃迁到导带，在价带上产生空穴位。一些电子空穴对重新复合，其他的电子会分散到 TiO_2 的表面，与周围的污染物分子发生化学氧化还原反应，进而达到降解的目的。

　　根据之前的报道，目前将光催化剂应用于水泥基材料中最常见的方法为内掺杂，即在水泥基材料成型过程中掺入光催化剂。这个方法最为简单，但是却存在以下几点不足：①光利用率低。光催化材料需要光的激发才会具有光催化活性，水泥基体内部的光催化剂很难接受到光的激发，会造成内部大量的光催化剂失活。②水泥基体中光催化剂与污染物分子较低的接触率。当污染物分子与光催化材料有直接的接触时，光催化反应才会发生，在现实的应用中水泥基体内部的光催化剂很难直接接触到污染物分子，只有外层的光催化剂才会有更多机会发生反应，这样会造成光催化效率降低。③对现有的建筑结构具有限制性。很多的建筑，如现存的现代和古代建筑，天然原石等等，在应用的过程中会受到限制，无法应用。④高成本。利用内掺的方法成型光催化水泥基材料，若想达到光催化性能优异的效果，需要加入的光催化剂含量相对较高。而大部分的光催化剂，特别是光催化纳米材料通常具有较高的成本，因此会造成应用成本过高，进而在大规模应用过程中受到一定的限制。

基于以上内掺方法的不足，表面改性的方法可以改善以上问题。但是此方法仍然存在本身的缺点，即表面的光催化层与基体的黏结性较差，在实际的应用环境中容易发生脱落，表面光催化材料的均匀性较差。

为了解决上述问题，可以利用 SiO_2 的火山灰活性作为"黏结剂"提高光催化剂与基体的黏结性和均匀性，从另一个角度考虑，SiO_2 可以一定程度地提高光催化剂的光催化效率。选取并制备 $TiO_2@SiO_2$ 和 $SiO_2@TiO_2$ 核壳结构的复合物，利用 TiO_2 为水泥基材料提供光催化性能，SiO_2 提高 TiO_2 与水泥基体的黏结性进而提高光催化耐久性[22-24]，同时利用其火山灰活性提高水泥基体表面耐久性。

卤化氧铋 BiOX（X=Cl，Br，I）作为一类新型光催化剂，是 Bi 基半导体的种类之一，由于其独特的原子排布和电子构型，在可见光照射下具有较高的光催化活性。所有的卤化氧铋 BiOX 都属于四方氟氯铅矿结构，具有沿［001］方向与双卤原子交错的［Bi_2O_2］平板结构组成层状结构。目前有很多关于 BiOX 在可见光下光催化性能的研究，研究证明此材料具有优异的自清洁、空气净化等性能，本研究中制备了 $BiOBr@SiO_2$ 核壳结构的复合物。

一、硅基–光催化复合材料制备表征

1. $TiO_2@SiO_2$ 核壳结构复合物制备表征

（1）制备　利用商用的 TiO_2 纳米颗粒（P25）作为核材料，利用 Stöber 溶胶-凝胶法合成 SiO_2 壳层。将 0.10g 的 P25 分散到 100mL 的二次水和 80mL 的乙醇混合溶液中，超声分散 10min。依次滴加 1mL 的氨水和 0.3mL 的 TEOS 到上述的溶液中，继续搅拌 8h。合成的纳米颗粒通过离心分离的方式搜集，并放入到 110℃的烘箱里干燥，备用待测试。通过调整实验参数如温度和 P25 的量，合成其他样品，并比较不同样品的性质，具体实验参数如表 7-5 所示：

表7-5　不同样品的对应的实验参数

$TiO_2@SiO_2$	P25/g	TEOS/mL	水/g	乙醇/mL	氨水/mL	温度/℃
样品1	0.15	0.3	100	80	1	25
样品2	0.10	0.3	100	80	1	25

TiO₂@SiO₂	P25/g	TEOS/mL	水/g	乙醇/mL	氨水/mL	温度/℃
样品3	0.05	0.3	100	80	1	25
样品4	0.15	0.3	100	80	1	0
样品5	0.10	0.3	100	80	1	0
样品6	0.05	0.3	100	80	1	0

将 0.025g 的 P25 和 TiO₂@SiO₂ 纳米颗粒分别分散到 2mL 的水中，其中 TiO₂@SiO₂ 的悬浮液与 P25 悬浮液保持相同的 TiO₂ 浓度。将上述两个分散液喷涂在尺寸为 4cm×4cm×2cm 净浆和砂浆片的表面，样品 1 ~ 6 和 P25 处理到白水泥表面后的样品分别命名为 WC1 ~ 6 和 WC P25。

（2）表征　在 SiO₂ 的合成过程中，实验参数对最后形成的 SiO₂ 的尺寸和形貌有很大的影响。其中，TEOS 的含量决定了 SiO₂ 壳层的厚度，王毅课题组[25]报道了 Au@SiO₂ 和 SiO₂@Au@SiO₂ 的合成，实验过程中，增加 TEOS 的加入量，合成 Au@SiO₂ 后 SiO₂ 壳层厚度增加。熊珊及其课题组[26]以 Fe₃O₄ 为核，通过 Stöber 溶胶 - 凝胶法制备了 SiO₂ 壳层，最终形成了 Fe₃O₄@SiO₂ 核壳结构，实验过程中，调整 TEOS 的用量，控制 SiO₂ 壳层的厚度，即 TEOS 用量增加，壳层厚度增加。因此在研究中，调整了 TEOS 的用量，研究了其对壳层厚度的影响，并在下一步的研究中讨论不同壳层厚度的样品对水泥基材料性能的影响。实验研究了在 0℃和 25℃的条件下，不同 TEOS 的加入量，合成不同的样品。

图 7-25 分别为样品 1，3，4，6 的透射电镜照片，从图中可以看出，样品 1 和 4 具有较明显的核壳结构，壳层的厚度分别为 3nm 和 6nm。从样品 3 和 6 的透射电镜照片中较难看出 SiO₂ 壳层，可能由于壳层厚度较小，透射电镜的分辨率有限，很难分辨出其壳层结构。从中可知，在实验过程中加入 TEOS 越多，形成的 SiO₂ 壳层越厚。比较两个不同温度下合成的样品，在 TEOS 加入量相同的条件下，0℃条件下形成的样品具有较厚的 SiO₂ 壳层。主要是由于温度较低的条件下，TEOS 的水解和缩合速率较慢，形成的 SiO₂ 优先依附在 SiO₂ 核上，尽量减少了单独成球的可能，因此最终形成较厚的壳层。

为比较不同合成条件下得到样品的光催化活性，对其粉末样品进行罗丹明 B 的降解测试，结果如图 7-26 所示。经过 30min 的暗处理后，样品达到吸附平衡，从结果可以看出，样品 4 具有最低的浓度，随着 SiO₂ 壳层厚度的减小，其吸附越小，相比较两个温度条件下合成出的样品，在 0℃条件下合成的样品具有较大的吸附率，主要因为它们具有相对较厚的 SiO₂ 壳层。在紫外光的照射后，样品 3 在照射 90min 后，将染料全部降解，样品 2 在照射 105min 后时，染料完全降解。对于其他样品，在照射 105min 后，按降解程度的大小依次为：样品 6 > P25 > 样品 5 > 样品 1 > 样品 4。从结果中可知，合成过程中，TEOS 的加入量越多，合成

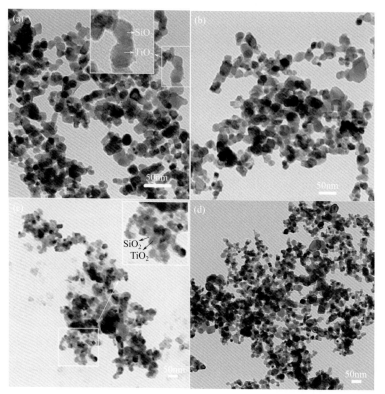

图7-25 样品1（a），3（b），4（c），6（d）的透射电镜图谱

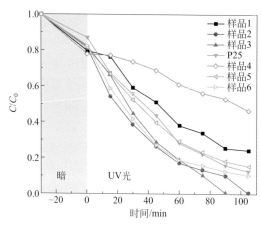

图7-26 样品1～6和P25的降解RhB的效率

样品的光催化性能相对越差，温度越低，样品的降解速率相对越低。说明 SiO₂ 壳层一定程度会使光催化剂的光催化活性降低，SiO₂ 壳层越厚，其光催化效率越

低。但是样品 2，3，6 的光催化效率均高于 P25，说明适量的 SiO_2 壳层可以提高光催化剂的光催化活性，但是当壳层较厚时反而会降低其活性。主要是因为 SiO_2 壳层会提高光催化剂的比表面积，吸附更多的染料，提高光催化剂与染料的接触面积[27]。但较厚的 SiO_2 壳层会阻碍光子的吸收，减少了光的吸收，造成光催化效率的降低。

上述光催化测试结果中，暗处理后，SiO_2 壳层越厚的样品其吸附能力越强，可能是由于其较大的比表面积，图 7-27 为三个样品的吸附 - 脱附曲线。样品 1，2 和 3 的比表面积分别为 $96.63m^2/g$，$46.63m^2/g$，$46.49m^2/g$，可以验证 SiO_2 壳层越厚，样品的比表面积越大。同时也与上述光催化的吸附结果一致，样品 SiO_2 壳层越厚，其比表面积越大，吸附能力越强。

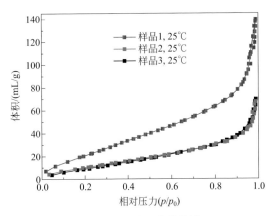

图7-27 样品1~3的吸附-脱附曲线

2. $SiO_2@TiO_2$ 核壳结构复合物

（1）制备　研究合成了两种 $SiO_2@TiO_2$ 核壳结构的复合结构，两种样品（样品 1 和 2）的壳层具有不同的 TiO_2 沉积密度。两种样品的合成过程有所区别，对于具有较大 TiO_2 沉积密度的样品 1，具体的制备过程：首先将 3mL 氨水和 60mL 乙醇搅拌，混合形成均匀透明的溶液，再将 1.8mL 的 TEOS 滴入到上述混合溶液中，然后将混合溶液加热到 50℃继续搅拌 6h。待溶液冷却到室温后，用醋酸将其 pH 值调为 7，随后加入 2.9mL 的 TBOT，继续搅拌 6h。反应之后，将上述混合液离心分离，将得到的粉末干燥后放入到马弗炉中，升温至 550℃保温 2h。对于样品 2 的制备过程，相较于样品 1，区别在于 TEOS 加入后样品 2 加入了 1mL 的二次水。其他实验过程和参数与样品 1 保持一致，具体实验参数如表 7-6 所示。

表7-6　样品合成实验参数

样品	TEOS/mL	乙醇/mL	水/mL	氨水/mL	TBOT/mL	煅烧温度/℃	煅烧时间/h
样品1	1.8	60	0	3	2.9	550	2
样品2	1.8	60	1	3	2.9	550	2

水泥净浆和砂浆切成尺寸为 4cm×4cm×2cm 的片，将 2mL 的 P25、样品 1 和 2 悬浊液（12.5g/L）分别喷涂在水泥净浆和砂浆片表面，分别命名为 WC-P25，WC-1，WC-2，motar-P25，motar-1，motar-2。并将处理后的净浆和砂浆放入养护室，直至测试。

（2）表征　样品 1 和 2 煅烧之前的透射电镜照片分别如图 7-28（a）和图 7-28（b）所示。从图中可以看出，样品 1 为核壳结构，微纳米球表面附着较大密度的纳米颗粒。而样品 2 表面的纳米颗粒附着密度较低，微纳米球表面有大量面积裸露，之所以形成此形貌主要与其合成过程和实验参数有关。在合成的过程中，首先制备 SiO$_2$ 微纳米球，之后加入 TiO$_2$ 的前驱体 TBOT，由于纳米球有较大的表面能，所以生成的纳米颗粒优先附着于微纳米球的表面，因此形成壳层结构。两个样品合成过程中的区别为，在样品 2 的形成过程中加入了 1mL 的水。

在水解和缩聚反应过程中，水起到了必要且促进反应的作用，在合成样品 1 的过程中，没有额外的水加入，水解过程中，主要依靠氨水及空气提供的水参与反应。而样品 2 合成过程中，额外加入的 1mL 的水可以加速 TEOS 的水解和缩聚过程，使其形成更多的 SiO$_2$ 微纳米球，因此，每个球表面的纳米颗粒沉积密度相对变小。

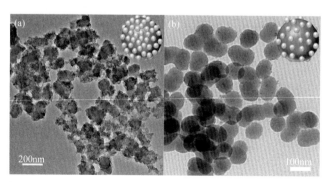

图7-28　样品1（a）和2（b）的透射电镜照片

为进一步验证 SiO$_2$ 和 TiO$_2$ 的组成及分布情况，挑选样品 2 对其进行 STEM 和 EDX 线扫的表征，如图 7-29 所示，可以直观地看出 Ti，Si，O 元素的分布情况及核壳的尺寸。元素分布图进一步可以证明样品为核壳结构，核的成分主要是 SiO$_2$，尺寸大约为 100nm，Ti 元素主要分布在壳层，壳层的厚度约为 20nm。

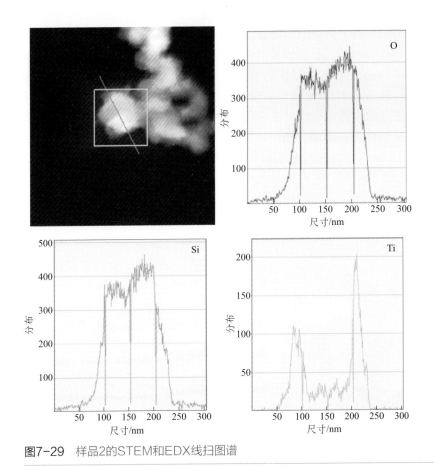

图7-29 样品2的STEM和EDX线扫图谱

图 7-30（a）为样品 1 煅烧之后的透射电镜照片，与煅烧之前的样品的形貌相比，煅烧之后样品发生了团聚现象。但是通常煅烧之后的样品结晶性相对较高，其性质更加优越。采用 XRD 对样品进行表征，如图 7-30 所示，结果说明煅烧前两个样品的结晶性较差，这是因为我们采用溶胶 - 凝胶法制备 SiO_2 和 TiO_2，通常利用此方法制备的样品大多为无定形的状态，少有晶体结构。煅烧之后，TiO_2 从无定形状态变为晶体结构，从图中可以看出煅烧之后的样品的峰位对应的是锐钛矿的 TiO_2（JCPDS 卡片号为：21-1272）。煅烧之后的样品 2 在大概 22° 的峰位具有一个宽峰，对应的是 SiO_2 的无定形峰，而煅烧之后的样品 1 的图谱中没有看到明显的峰位。主要是因为样品 2 的 SiO_2 含量较高，550℃煅烧之后 SiO_2 仍保持无定形状态。

因此，我们将煅烧前后的样品 1 和 2 分别对罗丹明 B 染料进行降解，利用紫外灯作为激发光源，其降解率如图 7-31 所示。从图中可以看出两个样品煅烧之后的降解率明显高于煅烧前的样品，产生此现象的原因主要是上面提到的煅烧可以使TiO$_2$的结晶性提高，进而使其光催化性质提高。当照射时间为180min时，煅烧前的两个样品只降解了15%的罗丹明B染料，而煅烧之后的样品1的降解率为67%，样品2在160min可以将全部的罗丹明B降解。相比较于样品1和2，样品2具有更高的光催化活性，主要和两个样品的形貌有关，样品2具有较高的SiO$_2$含量，通常此方法合成的SiO$_2$具有相对较大的比表面面积，可以吸附更多的染料提供给TiO$_2$。另一个原因是样品2表面的TiO$_2$的沉积密度较小，在SiO$_2$表面的相对分散性较高，进而提高其光催化性能。

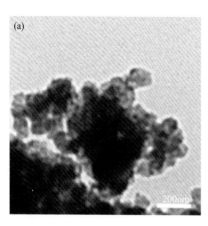
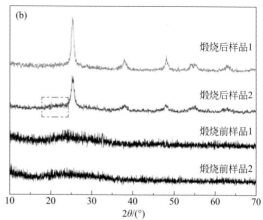

图7-30　样品1在煅烧后的TEM照片（a）及样品1和2煅烧前后的XRD图谱（b）

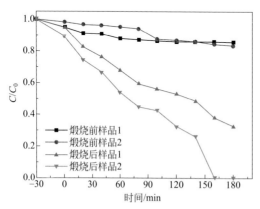

图7-31　样品1和2煅烧前后在紫外灯照射下对罗丹明B染料的降解率

3. BiOBr@SiO$_2$核壳结构复合物

（1）制备　通过溶剂热法制备 BiOX 的具体过程为：将 2mmol 的 Bi（NO$_3$）$_3$·5H$_2$O 和 2mmol 的 NaBr（NaCl 或 NaI）搅拌使其溶解在 30mL 乙二醇和 20mL 水的混合溶液中。将上述溶液转移到 100mL 的反应釜中，在 160℃的温度下加热12h。待反应釜冷却到室温后，将内部的沉淀通过离心分离的方式去除，交替加入水和乙醇清洗 6 次后放入 60℃的烘箱内干燥。

BiOX@SiO$_2$ 是通过 Stöber 法制备。将 0.5g 的 BiOX 分散在 20mL 水中，并在室温下搅拌 10min。将含有 20mL 乙醇和 30μL TEOS 的混合溶液滴加到上述混合溶液中，并搅拌 12h。为研究不同壳层厚度的 BiOX@SiO$_2$ 对水泥表面性能的影响，通过调整 TEOS 的加入量合成不同 SiO$_2$ 壳层厚度的样品。

将养护 28d 后的净浆（水灰比为 0.35）切成尺寸为 4cm×4cm×2cm 的试块，并将其放入温度为 45℃的烘箱内干燥 1d。将 0.25g 的 BiOBr 光催化剂分散到 10mL 乙醇和 10mL 水的混合溶液中，同样配制与 BiOBr 浓度相同的 BiOBr@SiO$_2$ 悬浮液。将 2mL 的 BiOBr 和 BiOBr@SiO$_2$ 悬浮液喷涂在净浆片上，并分别命名为 BiOBr-cem，BiOBr@SiO$_2$-cem。

（2）表征　为选择性能优异的光催化剂，对合成的三种不同 BiOX 光催化剂进行表征，并研究与比较光催化活性。在氙灯不同时间的激发下，三种 BiOX 样品对罗丹明 B 和甲基橙染料的降解率如图 7-32（a）和（b）所示，BiOI 的降解率最低，BiOBr 和 BiOCl 的降解率明显较高，且 BiOBr 在照射 120min 后，使染料完全降解。根据光催化理论，当 BiOX 接受光照能量大于其禁带宽度光照激发后，其内部结构电子从价带跃迁到导带，价带上形成光剩空穴，导带和价带的电子和空穴具有还原和氧化能力，与光催化剂表面的水或 OH$^-$ 和 O$_2$ 反应生成活性很高的羟基自由基 ·OH 和超氧自由基 ·O$_2^-$。BiOX 的禁带宽度随卤素原子序数的降低而增加，BiOCl，BiOBr，BiOI 的禁带宽度分别为 3.2 ~ 3.4eV，2.6 ~ 2.9eV，1.8 ~ 1.9eV。材料的禁带宽度越宽，所需要光的激发能量越高，即对可见光的利用率越低[28]。虽然 BiOI 禁带宽度最小，但是其光生空穴氧化能力不足，导致最终的光催化能力较低。BiOBr 具有合适的禁带宽度，且具有独特的电子结构和高稳定性，使其具有最高的光催化活性。罗丹明 B 具有光敏化作用，因此选用甲基橙染料作为污染物进一步验证卤化氧铋材料的光催化活性。BiOBr 选为光催化剂，对甲基橙降解率如图 7-32（b）所示。由图可知，未加催化剂的甲基橙溶液在光照后，其浓度几乎没有变化。加入 BiOBr 后，15min 后染料完全降解，结果可以说明，BiOBr 对于罗丹明 B 和甲基橙均具有很好的光催化效果。

为进一步提高光催化剂在水泥基材料表面的耐久性，设计并制备了具有核壳结构 BiOBr@SiO$_2$，包覆 SiO$_2$ 壳层前后光催化剂的透射电镜照片如图 7-33 所示。

BiOBr 光催化剂形貌为花状结构，尺寸约为 350nm，包覆之后表面出现厚度约为 4nm 的 SiO_2 壳层。通常利用溶胶 - 凝胶法制备的 SiO_2 具有相对较高的孔隙率和较大的比表面积，因此 SiO_2 的加入会增加光催化剂的比表面积。

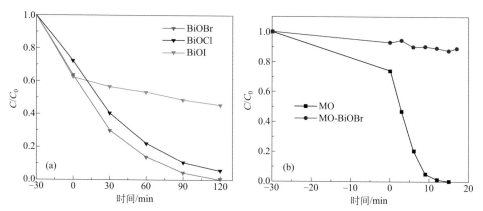

图7-32 BiOCl，BiOBr，BiOI对罗丹明B的降解图谱（a）及BiOBr对甲基橙的降解图谱（b）

图7-33 BiOBr的扫描电镜图谱（a）和BiOBr@SiO_2的透射电镜图谱（b）

包覆 SiO_2 前后光催化剂的氮气吸附图谱和孔径分布如图 7-34 所示。BiOBr 和 BiOBr@SiO_2 的比表面积分别为 38.6m^2/g 和 88.6m^2/g，插图为其脱附孔径分布图。从图中可知，BiOBr 的大部分孔径主要集中在 3nm 左右，且在 5 ~ 60nm 左右有较宽的分布。而 BiOBr@SiO_2 的孔径分布主要在 3nm 和 6nm 两部分，主要的分布范围在 5 ~ 40nm 之间。二者的平均孔径分别为 5.1nm 和 3.4nm。以上结果说明，包覆 SiO_2 后的产物比表面积增加，孔径分布较为集中，且平均孔径减小。

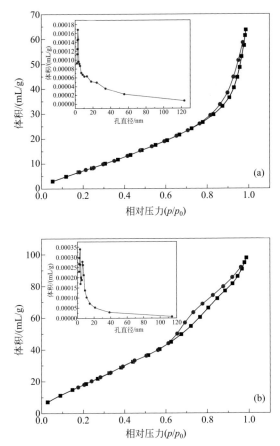

图7-34　BiOBr（a）和BiOBr@SiO₂（b）的氮气吸附-脱附等温线和孔径分布

二、硅基-光催化复合材料对水泥基体微观结构的影响

1. 微观形貌

　　SiO₂@TiO₂与水泥基体发生火山灰反应之后，会形成 C-S-H 凝胶，可以使水泥基体表面的微观形貌发生改变。利用 SEM 对养护 7d，28d 的 WC-1 和 WC-2试样进行微观形貌的表征，如图 7-35 所示。养护 28d 之后 WC-1 的试样形貌没有特别大的变化，而 WC-1 的试样表面更加密实。样品 2 相对于样品 1 具有更多的 SiO₂ 和 SiO₂ 暴露面积，因此会有更多的活性表面参与水泥基体的反应，使得最后试样的表面形貌变化更加明显。

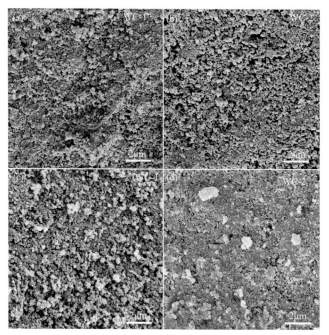

图7-35　WC-1和WC-2在养护7d（a），（b）和28d（c），（d）的SEM照片

　　图 7-36（a）和（b）为未处理水泥净浆的扫描电镜图谱，图 7-36（c）为用 BiOBr 处理水泥净浆表面后的扫描电镜和 EDX 图谱。从图中可以看出处理后的净浆表面具有大量的颗粒，且分布较为均匀，EDX 面扫图谱的 Bi，Br 和 Ca 元素的分布图谱说明净浆表面的颗粒主要包含 Bi 和 Br 元素，证明 BiOBr 光催化剂均匀地分布在净浆的表面。Ca 元素分布在颗粒的下面，即为水泥净浆的组成元素之一。样品的断面扫描电镜和 EDX 面扫图谱如图 7-37 所示，通过 Ca，Br 和 Bi 元素的分布可知，试样的表面为 BiOBr 光催化剂，厚度约为 12μm，且表面催化剂与水泥基体的连接是连续均匀的，没有出现裂纹。根据之前的研究，催化剂处理水泥基体表面后，容易出现不同程度的裂纹。Graziani 等报道了将 TiO_2 应用到黏土砖的表面，扫描电镜显示试样表面不均匀且出现开裂，且催化剂浓度越高，其开裂程度越高[29]。Mendoza 等研究了将 SiO_2 应用到水泥基材料的表面作为水泥基体和光催化剂的中间层，将 3 种商用 TiO_2 和一种制备的 TiO_2 悬浮液喷到水泥基材料的表面[30]。试样的扫描电镜显示大量的裂痕出现在表面，且从 EDX 图谱可以明显看到光催化剂与基体之间明显的分离。光催化剂与基体的连续性和均匀性为其耐久性提供了保障。

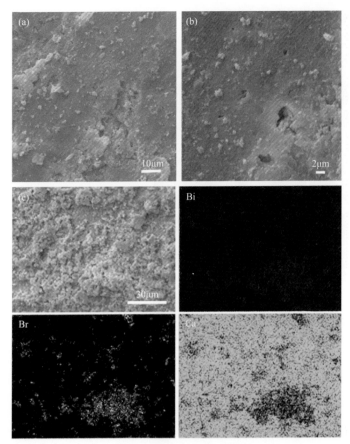

图7-36　未处理水泥净浆表面的扫描电镜图谱（a）、（b），BiOBr对水泥净浆表面处理后的扫描电镜图谱（c）和EDX图谱

　　利用扫描电镜直观地表征 BiOBr@SiO$_2$-cem 试样的微观结构。图 7-38 为三个 BiOBr@SiO$_2$-cem 试样养护 7d 之后的扫描电镜照片。从图中可以看出，随着 SiO$_2$ 壳层厚度的增加，试样表面更加密实。通过放大图可以看出，试样表面具有凝胶结构，样品中 SiO$_2$ 越多，试样表面凝胶越多。为确定其凝胶成分，通过 EDX 测试其元素的分布情况。

　　图 7-39 为养护 7d 后 BiOBr@SiO$_2$-2-cem 试样的 EDX 面扫图谱，可以看到区域内 Bi，Br，Si，Ca 元素的分布情况。其中凝胶部分主要有 Ca 和 Si 两种元素，说明其成分可能为 C-S-H 凝胶。

　　图 7-40 为 BiOBr@SiO$_2$-3-cem 试样养护 28d 之后的扫描电镜照片。相对于养护 7d 的试样，其表面明显地变得更加密实，说明在养护期间持续进行着火山

灰反应。这与上面所述的结果一致，SiO$_2$越多，会更多地发生火山灰反应，消耗 Ca（OH）$_2$生成 C-S-H 凝胶，减少基体的孔含量。

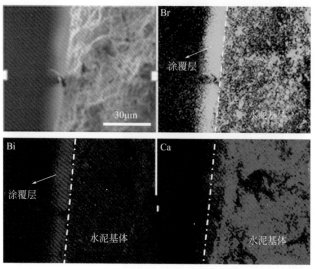

图7-37　BiOBr-cem试样的扫描电镜图谱和EDX面扫图谱

图7-38 BiOBr@SiO$_2$-1-cem（a）、（b），BiOBr@SiO$_2$-2-cem（c）、（d），和 BiOBr@SiO$_2$-3-cem（e）、（f）样品养护7d后的SEM图谱

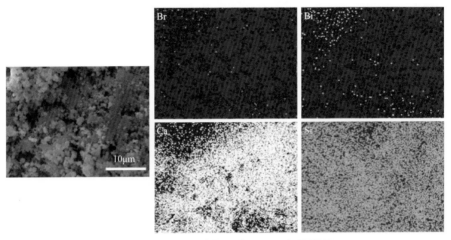

图7-39 BiOBr@SiO$_2$-2-cem样品养护7d的EDX面扫图谱

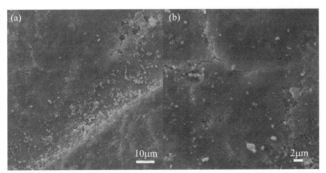

图7-40 BiOBr@SiO$_2$-3-cem样品养护28d的扫描电镜图谱

2. 孔结构

在上述结果中，SiO_2 壳层没有很大程度上减少其光催化性能。实际上，加入 SiO_2 的目的是利用其火山灰活性增强光催化剂和基体之间的连接，同时提高基体表面的密实度，减小基体孔径。图 7-41 为未处理水泥净浆和 $BiOBr@SiO_2$-cem 试样的孔径分布，相对于未处理的试样，三个 $BiOBr@SiO_2$-cem 试样在直径为 0.01 ~ 0.20μm 范围内的孔含量均明显减少。且 SiO_2 壳层厚度越厚，对应试样的孔含量越少。根据之前的报道，水泥基体的密实度可能会与体系中凝胶（C-S-H 凝胶或 SiO_2 凝胶）的含量有关。

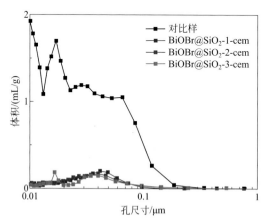

图7-41 未处理水泥净浆与 $BiOBr@SiO_2$-cem样品的孔径分布图

3. 吸水率

试样形貌变化会使得试样的性能发生改变，如吸水率。因此，测试 mortar-1，mortar-2 和未处理的砂浆的吸水率，养护 7d 和 28d 的砂浆的吸水率测试结果如图 7-42。从图中可以看出，养护 7d 时，在开始的 30min 内，mortar-1 具有较高的吸水率，随后趋于平衡状态。mortar-1 在前 20min 内吸水率增加相对缓慢，20 ~ 150min 内，吸水率逐渐增加，之后达到平衡状态。在 270min 时，mortar-1 和 mortar-2 相对于未处理的砂浆的吸水率分别减少 13.0% 和 14.9%。养护 28d 时，三者吸水率趋势与养护 7d 的结果一致，在 270min 时，mortar-1 和 mortar-2 相对于未处理的砂浆的吸水率分别减少 13.6% 和 17.8%。相对于养护 7d 的结果，吸水率降低值有轻微的增加，主要是因为试样继续发生水化，继续增加表面密实度，使得试样的吸水率继续降低。对比二者，mortar-2 吸水率降低更加明显。主要是因为 mortar-2 具有更多的 SiO_2 和 SiO_2 暴露面积，且具有更高的表面密实度，与上面结果规律一致。

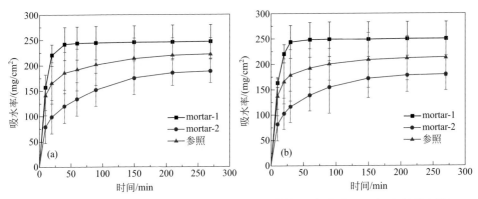

图7-42　未处理的砂浆，mortar-1和mortar-2样品养护7d（a）和28d（b）的吸水率

第三节
硅基－光催化水泥基材料的光催化性能及长效性

一、自清洁性能及长效性

　　将合成的 6 个 $TiO_2@SiO_2$ 样品和纯 P25 样品应用到白水泥的表面，对其进行罗丹明 B 的降解测试。考虑到 SiO_2 在体系中的火山灰活性，可能与水泥基材料发生反应形成 C-S-H 凝胶，材料组成发生了变化，因此其光催化活性也可能发生变化，所以将表面处理后的水泥样品放入到养护室养护两周后，再测试水泥样品的光催化活性，对比养护前后光催化效率（降解率）的变化。如果体系中 SiO_2 发生火山灰反应，其产物可能会具有稳定光催化剂的作用，我们通过实验室模拟雨淋过程，再次测试水泥样品表面的光降解率，对比养护和模拟雨淋过程前样品的光催化活性，对其性能进行评估。

　　图 7-43 为 6 个 $TiO_2@SiO_2$ 样品和纯 P25 样品应用到白水泥的表面后的样品在养护和模拟雨淋过程前后在紫外灯照射下的光降解率，从图中得到的详细光降解率如表 7-7 所示。在合成样品的过程中，合成温度为 25℃时，TEOS 的加入量越多，即 SiO_2 壳层越厚，得到的水泥样品光降解率越高。在合成温度为 0℃时，WC-4 具有最高的光降解率，WC-5 和 WC-6 的光降解率较为接近。主要原因是光催化样品的壳层越厚，其比表面积越大，吸附的染料越多，在应用到水

泥基材料后，由于吸附导致染料浓度减少的结果。水泥材料表面处理样品后直接测试的结果显示，对比 WC-1 ～ WC-3 和 WC-P25 的光降解率，照射时间为 2 ～ 14h 范围内，WC-1 和 WC-2 样品的光降解率均大于 WC-P25 光降解率。在

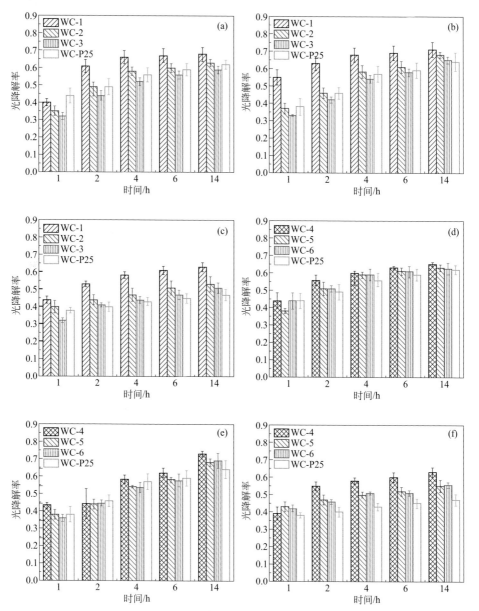

图7-43　WC-1～WC-6和WC-P25样品在直接测试（a）、（d），养护两周后（b）、（e）和模拟雨淋过程后（c）、（f）在不同的照射时间下降解罗丹明B的效率

照射 1h 时，WC-4 和 WC-6 水泥的光降解率与 WC-P25 光降解率值接近，照射时间为 2 ~ 14h 范围内，WC-4，WC-5 和 WC-6 样品的光降解率值均略大于 WC-P25 样品光降解率。在 0℃下合成的样品，WC-4 ~ WC-6 的光降解率高于 WC-1 ~ WC-3，主要是因为在温度较低的条件下，形成 SiO_2 壳层越厚，样品的比表面积越大，吸附更多的染料。养护两周后，WC-1 ~ WC-6 的光降解率均有一定程度的增加，而 WC-P25 的光降解率增加是在误差范围之内。可能是因为养护之后，SiO_2 发生火山灰反应生成 C-S-H 凝胶，具有更高的比表面积，使染料的浓度降低。模拟雨淋过程后，WC-1 ~ WC-6 和 WC-P25 的光降解率均有一定程度的降低，其中，WC-P25 降低了 24.0%，WC-1 ~ WC-6 的降低值均小于 WC-P25，说明具有不同厚度的壳层均可以起到稳定 TiO_2、减小其流失的作用。其中，壳层越厚，其作用效果越为明显，在不同温度条件下合成样品均有相同的规律，且 WC-4 ~ WC-6 的降低值小于 WC-1 ~ WC-2，WC-4 仅降低了 2.6%，造成此结果的原因是 SiO_2 壳层越厚，参与的火山灰反应越多，其稳定作用越强。WC-2 和 WC-3，WC-5 和 WC-6 的减少值极为接近，主要是由于样品的比表面积值很相近。总结以上光催化结果，当样品处理到水泥基材料表面后，样品中 SiO_2 壳层越厚，最终水泥样品光降解率越高，稳定光催化剂的作用越强。

表7-7 对应图7-43中罗丹明B的光降解率及降低值

样品	WC-1	WC-2	WC-3	WC-4	WC-5	WC-6	WC-P25
直接测量	68.1%	63.1%	59.4%	65.0%	63.1%	62.5%	62.4%
养护后	71.5%	68.1%	65.0%	73.4%	68.0%	69.1%	64.0%
模拟雨淋后	62.9%	53.4%	51.0%	63.3%	55.0%	55.6%	47.4%
降低值	7.6%	15.4%	14.1%	2.6%	12.8%	11.0%	24.0%

光催化材料应用于水泥基材料后的实际应用中，激发光源主要来源于太阳光，因此我们将煅烧之后的两个样品喷涂于水泥基材料的表面，在太阳光下测试水泥基表面对染料的降解率。为避免太阳光照射后使样品温度升高，影响光催化的效果，我们将水泥基材料放在室内的窗台上并打开空调保持测试温度为 25℃ 的恒温状态。测试结果如图 7-44 所示，未处理的纯净浆样品表面的罗丹明 B 在太阳光照射一段时间后也具有一定的褪色效果，照射 9h 后，其降解率为 32%，此结果主要是因为罗丹明 B 染料有一定的敏化效果。但是处理之后的净浆的降解率明显高于未处理的净浆，9h 后 WC-1 和 WC-2 的降解率分别为 56% 和 60%。对比两个试样，WC-2 具有更高的降解率，与上面粉末样品的光催化活性规律一致。上述结果说明在太阳光的激发下两个处理后的净浆样品可以具有较好的光催化活性。

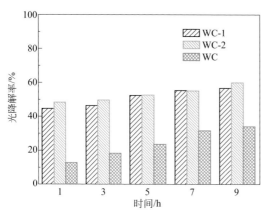

图7-44　未处理净浆（WC），WC-1和WC-2在太阳光下对罗丹明B的降解率

目前大部分对此材料的研究都把紫外光作为激发光源，TiO₂具有优异的光催化性能。关于SiO₂在此研究中起到的作用，除了上面提到提高TiO₂的分散性以外，最重要的作用是通过其火山灰活性起到黏结光催化剂和水泥基体的作用，使光催化剂均匀地分布在基体表面，在外界恶劣的环境中减少光催化剂的流失。且此核壳结构的核成分为SiO₂，目的是尽量减少或避免光催化剂表面的覆盖，影响与污染物的直接接触。但是有以下两点需要进一步考虑与研究：①SiO₂作为核壳结构中核的成分，由于TiO₂壳层的存在，在水泥表面是否能够发生火山灰反应；②如果火山灰反应发生，其反应产物是否影响光催化剂的光催化性能。因此基于以上考虑，首先测试处理后净浆在紫外光激发下的罗丹明B降解率，之后将试样放入养护室1周后再测试其效率，对比养护前后的降解率变化。在实际应用中，由于外界恶劣环境如雨水的影响，光催化剂容易脱落，为验证SiO₂在体系中对光催化剂的固定作用，将养护后的试块放在实验室模拟雨淋装置中，以130mL/h的流速冲淋5d，根据中国的2017年平均降雨情况，可以模拟24a的降雨量。冲淋后，继续测试试样对罗丹明B染料的降解性能，并对比冲淋前后的降解率。

WC-1，WC-2，WC-P25，未处理净浆（WC）养护和雨淋前后的罗丹明B降解率如图7-45所示，光照9h后不同条件下试样的具体降解率如表7-8所示。对比四个试样的直接测量值，处理之后三个试样的降解率均明显高于未处理的WC，其中WC-1和WC-2的降解率略低于WC-P25。对比WC-1和WC-2，WC-2具有更高的降解率，此结果与上述粉末光催化剂和可见光作为激发光源的实验结果规律一致。养护后，样品的降解率与养护前没有明显的差别，可能有以下两个原因：①在此过程中，没有火山灰反应发生，SiO₂@TiO₂样品仍然存在体系中；②SiO₂@TiO₂结构中的SiO₂与水泥基体发生了火山灰反应，但是反应产物对罗丹明B的降解没有负面作用。

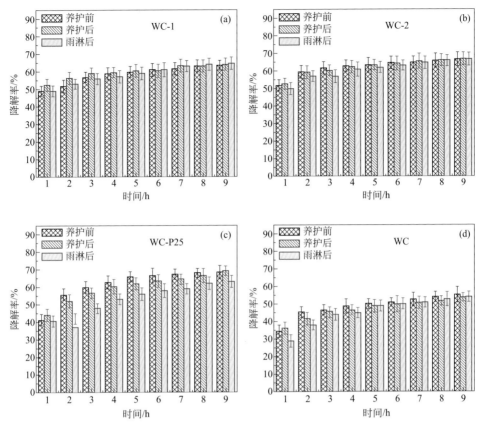

图7-45 WC-1（a），WC-2（b），WC-P25（c）和WC（d）试样在养护和雨淋前后对罗丹明B的降解率

表7-8 试样在养护和雨淋前后的罗丹明B降解率

试样	WC-1	WC-2	WC-P25	WC
直接测量	63.3%	66.6%	68.3%	55.1%
养护后	64.0%	66.9%	69.1%	53.7%
雨淋后	64.6%	66.8%	63.0%	54.2%

　　如果火山灰反应发生，TiO_2 的释放量会有一定程度的减少，因此对比试样在雨淋前后对罗丹明 B 的降解率。雨淋后，WC-P25 试样降解率大约降低了 7.8%，而 WC-1 和 WC-2 两个试样的降解率几乎没有降低。由于罗丹明 B 染料具有自敏化作用，未处理的净浆试样表面的染料仍具有一定的降解率，所以我们提出相对降解率（RE），可以更加明显地观察不同条件下降解率的变化趋势，具体计算方

法如下：

$$RE(WC\,sample) = \frac{R_{\Delta E(WCsample)} - R_{\Delta E(WC)}}{R_{\Delta E(WC)}}$$ （7-4）

式中　RE（WCsample）——相对降解率；

$R_{\Delta E(WCsample)}$——处理后净浆试样紫外光照射后降解率；

$R_{\Delta E(WC)}$——未处理净浆试样紫外光照射后降解率。

如图 7-46 所示，冲淋前后，WC-1 和 WC-2 试样的相对降解率仍能保持几乎一致，WC-P25 的降解率明显降低。结果说明，在雨淋的环境中 WC-P25 处理的试样表面光催化剂很容易流失，SiO$_2$@TiO$_2$ 光催化剂中由于 SiO$_2$ 的加入，可以与基体发生火山灰反应，起到了固定光催化剂的作用，且反应产物对罗丹明 B 的降解没有负面的作用。

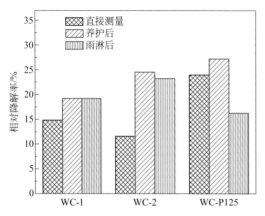

图7-46　WC-1，WC-2和WC-P25试样对罗丹明B染料的相对降解率

理论上，光催化剂表面的涂层可能会降低其自清洁能力（对染料污染物的降解），主要有以下两个方面原因：①表面壳层可能会阻碍光子的运输。光催化反应发生的条件之一即光催化剂接收能量大于或等于其能隙的入射光照射光，价带上的电子会吸收光子而被激发。涂层可能会阻碍光子的传输，进而影响其光降解率。②表面壳层可能会阻碍光催化剂与污染物之间的氧化和还原反应。价带上的光激发电子会跃迁到导带，价带留下空穴，形成电子 - 空穴对，进一步与水或氧气反应形成羟基自由基（·OH）或超氧自由基 ·O$_2^-$，可以与有机或无机染料污染物发生氧化或还原反应，从而达到降解的目的。在这个过程中，光催化的壳层可能会阻碍其氧化或还原反应。

为测试试样对染料污染物的降解能力，将罗丹明 B 染料喷涂在未处理净浆（reference），以及 BiOBr-cem 和 BiOBr@SiO$_2$-cem 试样的表面。将制备的具有不同壳层厚度的 BiOBr@SiO$_2$ 应用于净浆表面，分别命名为 BiOBr@SiO$_2$-1-cem，BiOBr@SiO$_2$-2-cem 和 BiOBr@SiO$_2$-3-cem。染料在不同照射时间后的褪色照片及降解率如图 7-47（a）和图 7-47（b）所示，从图中可知，BiOBr-cem 试样具有最高的降解率。当照射时间为 20min 和 150min 时，其褪色率分别为 78% 和 90%。其次为 BiOBr@SiO$_2$-1-cem，样品的降解率分别为 59% 和 81%。BiOBr@SiO$_2$-2-cem 和 BiOBr@SiO$_2$-3-cem 试样在 150min 后的降解率分别为 74% 和 71%，参照试样只有 27% 的降解率。通过以上结果可知，随着 SiO$_2$ 壳层厚度的增加，试样的降解率有轻微的降低。由于壳层的 SiO$_2$ 具有较低的反射率（$n \approx 1.5$），使内部光催化剂 BiOBr 可以相对地吸收更多的光子。同时 SiO$_2$ 壳层具有相对较大的比表面积，会吸附染料污染物，减少化学氧化和还原反应程度。因此 SiO$_2$ 壳层没有很大程度地降低染料降解能力，使其仍然保持相对较好的光催化活性。

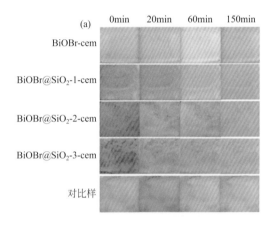

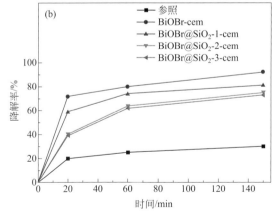

图7-47 （a）在氙灯照射下，未处理净浆，BiOBr-cem和三种不同BiOBr@SiO$_2$-cem表面罗丹明B染料的褪色照片，（b）对应的降解率

二、水泥石性能和光催化长效性提高机制

在上述的光催化实验中，表面处理后的水泥基材料样品即使在雨淋设备冲刷2周后，仍可以起到很好稳定光催化剂的作用。为研究其作用机理，模拟水泥中的环境，选取水泥水化的重要成分之一氢氧化钙作为反应物质，将样品加入到饱和的氢氧化钙水溶液中。利用 NMR 对反应前后的样品进行表征，选取样品 1 和 2 参与反应，其 NMR 图谱分别如图 7-48（a）和图 7-48（b）所示。

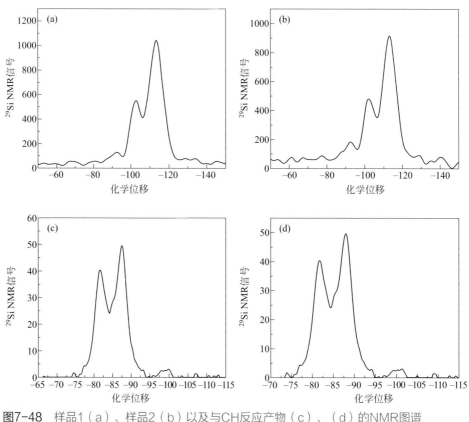

图7-48　样品1（a）、样品2（b）以及与CH反应产物（c）、（d）的NMR图谱

样品 1 的 NMR 图谱中有两个明显的峰，分别在 -102.7 和 -113.1 处，根据硅结构 Q^n 的分类，分析 SiO_4 硅氧四面体中的硅结构，样品 1 具有 Q^3 和 Q^4 类型的硅结构。且 Q^4 结构占其主要的组成部分，即 SiO_2 的典型网络状结构。样品 2 的 NMR 图谱中仍然有两个明显的峰，分别在 -101.9 和 -112.7 处，分别对应 Q^3 和 Q^4 类型的硅结构，且 Q^4 结构占主要组成部分。对比样品 1 和 2 的峰位，样

品 1 具有更负的峰位，说明样品 1 具有相对更高的聚合度的硅结构，主要是在样品 1 合成的过程中具有更多的 TEOS，使水解和缩合的过程速度加快，合成聚合度更高的产物。在样品 1 与 CH 反应后产物的 NMR 图谱中，仍然有两个明显的峰位，但是相对于反应前的峰位，明显地移向了化学位移较高的方向，峰位分别为 −81.8 和 −87.9，说明反应后的产物具有较低聚合度的硅结构，且属于 Q^2 结构。样品 2 与 CH 反应后产物的 NMR 图谱中，仍然有两个明显的峰位，峰位分别为 −81.6 和 −87.9，且两个产物中没有出现 Q^3 和 Q^4 的结构，说明样品中的 SiO_2 参与反应，并全部被消耗，说明样品具有火山灰活性并可以与 CH 发生反应，且说明样品可能与水泥中的水化产物 CH 反应，形成 C-S-H 凝胶，从而起到稳定光催化剂的作用。

在上述 $SiO_2@TiO_2$ 样品与水泥的实验结果中，体系中一部分 CH 被样品消耗，为确定并深入研究此反应过程，将两个 $SiO_2@TiO_2$ 样品与 CH 进行反应。对反应产物进行 XRD 的表征，结果如图 7-49（a）所示。对比未参加反应的 CH 的特征峰，两个反应产物中没有发现 CH 的特征峰，说明体系中的 CH 完全被消耗。在 25°，48°，54°，55° 和 63° 处的峰位对应的是锐钛矿型的 TiO_2（JCPDS 卡片号：21-1272），其他在 29°，32°，50° 的峰位对应的是 C-S-H。此结果可以说明尽管两个产物具有不同的 SiO_2 含量以及暴露面积，但都可以参加反应，并将 CH 完全消耗。产物在 22° ~ 50° 位置处出现宽峰，可能由于产物中仍存在无定形的 SiO_2 或 C-S-H。

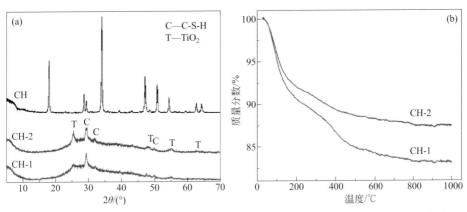

图7-49 CH、CH-1和CH-2的XRD图谱（a）及CH-1和CH-2试样的TG曲线（b）

为定量地计算样品与 CH 的反应程度，我们利用 TG 对产物进行表征，结果如图 7-49（b）所示。可知，两个反应产物的 CH 含量分别为 1.7%（质量分数）和 0.6%（质量分数），$CaCO_3$ 的分解可以忽略不计。因此，此反应程度（Degree）可以通过以下计算公式获得：

$$Degree = 1 - \frac{W(CH)}{W(\infty)}$$

（7-5）

式中　$W(CH)$——反应后剩余的质量分数，%；

　　　　$W(\infty)$——CH 完全反应所需要的质量分数，%。

式中，$W(\infty)$ 也就是反应前的含量比，$W(CH)$ 分别为 1.7% 和 0.6%。通过公式计算，二者反应程度分别为 96.9% 和 98.9%，样品 2 消耗了更多的 CH，这也与以上结果相一致。

为进一步研究样品与 CH 的反应过程和机理，将样品 1 和 2 分别和不同含量的 CH 反应，并利用 XPS 对产物进行分析，结果如图 7-50 所示。从图中可以看到反应前后的 Si 2p 图谱，反应前两个样品的峰位均在 103.6eV 处。样品 1 与不同含量 CH 反应后，产物的峰位向低键能方向移动，峰位分别为 102.3eV 和 102.2eV。此结果说明反应之后的产物的硅结构聚合度降低，主要是因为样品中的 SiO₂ 与 CH 发生火山灰反应使组成和结构发生改变。当 CH 的加入量较高时，产物的峰位在 102.2eV，峰位移动更加明显。对于样品 2，与较低和高含量的 CH

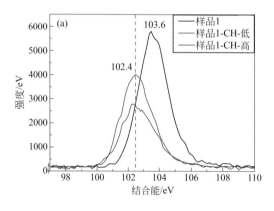

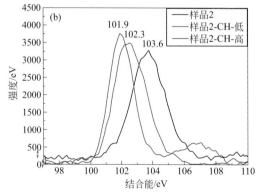

图7-50　样品1（a）和2（b）与CH反应前后产物的XPS图谱

反应之后，产物的峰位对应的键能分别为 102.3eV 和 101.9eV。比较样品 1 产物，当 CH 含量较高时，样品 2 反应产物具有更低的键能，说明产物具有聚合度更低的硅结构。这也是因为样品 2 具有较高的 SiO$_2$ 含量以及暴露面积，可以进一步与 CH 反应，形成聚合度更低的 C-S-H 凝胶。因此，样品 2 处理的水泥基材料具有更低的吸水率和更密实的表面结构。

为进一步分析产物的 Si 结构，利用 NMR 进行表征，反应前后样品及反应 7d 后的产物 ^{29}Si NMR 图谱如图 7-51 所示。图 7-51（a）和图 7-51（b）中的黑色曲线分别为反应前样品 1 和 2 的 ^{29}Si 图谱，二者峰位均在 -102.3 处。NMR 图谱可以分析硅结构 Q^n 的分类，进而分析在 SiO$_4$ 硅氧四面体中的硅结构。样品 1 是具有 Q^3 类型的硅结构，在三维网状结构中具有分枝点，当样品 1 与 CH 反应之后，产物的峰位向低化学位移方向移动，主要的峰位分别在 -85.6 和 -81.8。说明反应后的产物具有较低聚合度的硅结构，且属于 Q^2 结构。当 CH 反应含量较低时，产物的峰位除主峰位外，在 -96.2 处还出现肩峰，此峰位对应的结构为 Q^3，但相对于反应前，仍有一定程度地向低化学位移偏移。提高 CH 用量，主峰

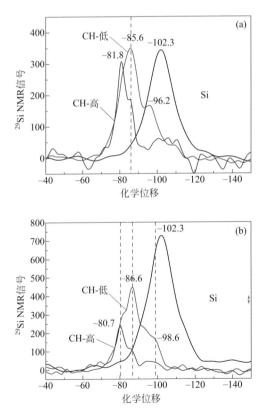

图7-51　样品1（a）和2（b）与CH反应前后产物的NMR图谱

继续向低化学位移方向移动，在 -85.6 处出现肩峰，位置与上述产物的主峰位置一致。在 -100 ～ -112 范围内，有较弱的宽峰，可能是仍有一部分的样品未参与反应。以上结果说明反应后的产物具有较低聚合度的硅结构，主要是因为与 CH 反应后，Ca 加入到结构中，生成 C-S-H 凝胶。随着 CH 含量的增加，反应进一步进行，产物的硅聚合度更低。样品 2 的反应产物结果规律与上述结果相一致，当反应物中的 CH 含量较低时，主峰的峰位在 -86.6，对应的是 Q^2 结构。但在 -80.7 和 -98.6 位置处出现其他两个肩峰，分别对应的是 Q^2 和 Q^3 结构。对比样品 1 的产物，虽然主峰位置在相对较高的化学位移，但出现了具有化学位移更低的峰位。当反应物中的 CH 含量较高时，主峰移到了 -80.7 处，其他两个峰位分别在 -86.6 和 -98.6，结果说明随着 CH 的增加，主要产物具有更低聚合度的硅结构。由于样品 2 具有更高的 SiO_2 含量以及暴露面积，使其生成的产物具有相对较低的聚合度，此结果与上面提到的 XPS 分析结果相一致。

以上结果可以证明，样品与 CH 反应后，其组成和结构均发生变化，因此反应前后的样品的形貌很可能发生变化。利用 TEM 表征反应之后产物的微观形貌，我们选用样品 1 的反应产物，TEM 图谱如图 7-52 所示。对比反应之前样品 1 的形貌，反应之后核壳结构中的核几乎消失，成为了空心结构，在壳层周围出现了箔状结构，可能是 C-S-H 凝胶。将壳层进行高分辨透射电镜的表征，可以看到清晰的晶格结构，晶格间距约为 0.351nm，对应的是 TiO_2 的（101）晶面。反应前后样品形貌的变化主要是由于发生了火山灰反应，加入 CH 后，Ca 离子通过壳层进入，与内部的 SiO_2 核反应，生成 C-S-H，由于壳层具有较高的表面能，生成的产物优先附着在壳层，当内部的 SiO_2 全部反应之后，核结构消失，变成了空心结构。图 7-53 为 $SiO_2@TiO_2$ 核壳结构的形成及与 CH 反应后形貌的变化过程。简单来说，首先合成 SiO_2，之后加入 Ti 的前驱体，分解后形成 TiO_2 附着在 SiO_2 表面，形成 $SiO_2@TiO_2$ 核壳结构。加入 CH 后，SiO_2 参与反应使内部的核消失，生成的产物 C-S-H 凝胶围绕在壳层的表面。

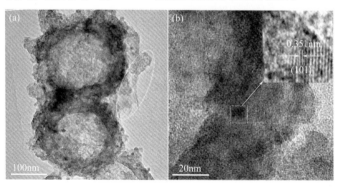

图7-52 CH-1的TEM图谱

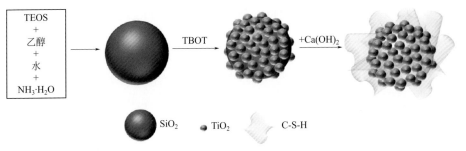

图7-53　样品合成和火山灰反应的机理图

C-S-H 是波特兰水泥水化后的重要组成部分，其含量高达 67%（质量分数），可以对水泥基体提供黏结力，使其提高耐久性、机械性能、抗冻性等。C-S-H 凝胶的结构（如聚合度和链长）也决定了它在水泥基体中的性质。在研究中，我们合成了 C-S-H 凝胶，用于研究样品对 C-S-H 凝胶的影响。利用 XRD 表征合成的 C-S-H 的组成成分，结果如图 7-54 所示，主要的峰位出现在 29°，32°，48° 处，与之前报道的 C-S-H 结果完全符合。没有其他如 CaO 或 CH 成分出现，说明反应产物完全转化为 C-S-H。

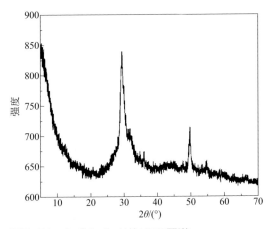

图7-54　合成C-S-H的XRD图谱

将合成的 C-S-H 与两个样品进行反应，利用 NMR 表征反应前后 C-S-H 结构的变化，反应前两个样品的 ^{29}Si 图谱如图 7-55（a）和图 7-55（b）所示。从图中可知两个样品的峰谱覆盖范围较宽，样品 1 和 2 的范围分别是 −60 ~ −130 和 −95 ~ −120。根据统计学去卷积分析方法进行分峰，可以将样品 1 的图谱分为三个部分，峰位分别在 −89.8，−96.7 和 −109.3，对应的是 Q^2，Q^3，Q^4。

其中的 Q^2 和 Q^3 可能是因为 TEOS 没有完全转变为 SiO_2，形成的中间态产物如 $Si(OSi)_2(OH)_2$，$Si(OSi)_3(OH)$。−89.8 和 −109.3 峰位处对应主要的两个峰位，说明样品中主要有 Q^2 和 Q^4 形式的硅结构。将样品 2 进行分峰后，仍然有三个部分，其中两个较强的峰在 −102.4 和 −111.4 处，对应的是 Q^3 和 Q^4 的硅结构。对比两个样品，样品 2 具有更好的聚合度，说明在合成过程中 1mL 水的加入加快 TEOS 的水解和缩合的过程，使最后的产物具有更高的聚合度，进而增加 SiO_2 的含量。

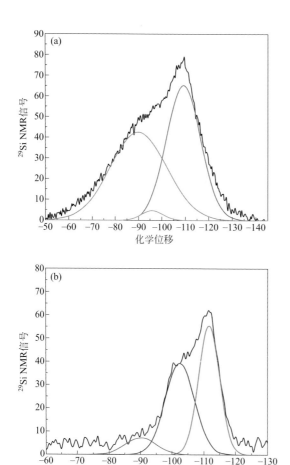

图7-55　样品1（a）和样品2（b）的 ^{29}Si NMR图谱

实验合成 C-S-H 的 NMR 图谱如图 7-56（a）所示，去卷积分峰后，有两个峰，分别在 −80.3 和 −85.6，对应的是 Q^1 和 Q^2 的硅结构。根据之前的报道，误差在 1.00 ～ 1.54 范围内，可以说明物质为纯 C-S-H。将两个样品与 C-S-H 反应，反应产物 C-S-H-1 和 C-S-H-2 的 NMR 图谱分别如图 7-56（b）和（c）所示，根据图 7-55 和图 7-56 的结果，反应前样品，C-S-H 和反应后产物去卷积分峰后对应的峰位如表 7-9 所示。C-S-H-1 的图谱中峰位在 −81.0，−84.0，−86.7 处的三个峰分别对应的是 Q^1，Q^{2b}，Q^2 结构，属于 C-S-H 典型的特征结构。相比较于纯 C-S-H，Q^1 和 Q^2 的峰位向更负的化学位移方向移动，说明原来的 C-S-H 结构已经发生变化，反应形成了具有更高聚合度的结构。而反应后的产物中出现了 Q^{2b} 结构，即产物中的硅结构具有三链结构中的桥连位置。对应 Q^4 结构的峰位的强度比反应前样品的峰强明显降低，但峰的位置没有明显的变化，说明样品参与反应被消耗。在 −90.9 处的峰位，对应的产物具有 Q^2 结构，相比较于未反应前样品的 Q^2 峰强度明显地提高。具有 Q^3 结构的峰强度有轻微的降低，二者的峰位都向更负化学位移的方向有轻微的位移。

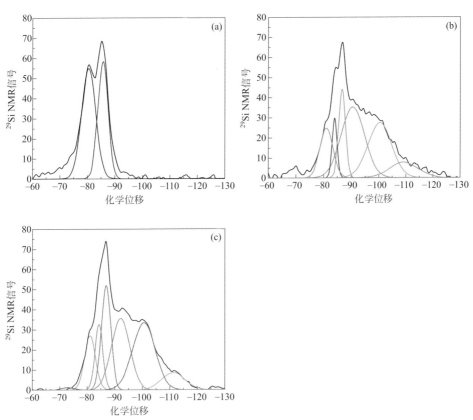

图7-56　C-S-H（a），C-S-H-1（b）和 C-S-H-2（c）的 ^{29}Si NMR图谱

表7-9   图7-55、图7-56中C-S-H与反应产物的对应峰位

样品	化学位移					
	Q^1		Q^2		Q^3	Q^4
样品1			−89.8		−96.7	−109.3
样品2			−90.0		−102.4	−111.4
C-S-H	−80.3		−85.6		−	−
C-S-H-1	−81.0	−84.0	−86.7	−90.9	−100.7	−109.3
C-S-H-2	−81.0	−84.3	−86.9	−91.8	−100.8	−111.3

上述两个峰对应峰位和强度的变化，可能有以下两个原因：①原有样品中未完全聚合，具有 Q^2 和 Q^3 结构的中间体进一步发生缩聚，形成具有更高聚合度的产物。②新反应产物的形成：反应后，样品和 C-S-H 被消耗，形成新的反应产物。总之，样品可以改变 C-S-H 的结构，同时本身被消耗。对于样品 2 的反应产物 C-S-H-2，峰位和强度的变化规律与 C-S-H-1 大体一致，但具有 Q^3 结构的峰位移向更正的化学位移方向。因此，以上两个原因中，后者更为合适，可以更好地解释反应前后峰位与强度的变化，从而提出合适的反应机理。

用 NMR 对未反应的 C_3S 和反应产物进行表征，^{29}Si 图谱如图 7-57 所示，根据图中的结果，去卷积后具体峰位如表 7-10 所示。由于 C_3S 本身与水可以发生反应形成 C-S-H 凝胶，因此将此作为对比样，对比与样品反应后产物的组成和结构变化。产物的 ^{29}Si 图谱如图 7-57（a）所示，从图中可以看出，峰谱表示产物具有三类硅结构：Q^0，Q^1 和 Q^2，其中产物中具有 Q^0 结构对应的峰位分别是−68.9，−71.6，−73.5 和−74.6，属于 C_3S 的特征峰，说明体系中仍然具有未反应的无水 C_3S。剩下的三个特征峰中，在−79.4 处的峰对应的是具有 Q^1 的产物，其他两个在−82.6 和−85.3 的特征峰对应的是具有 Q^2 的产物。此结果说明产物中存在一定含量的 C-S-H 凝胶，主要是 C_3S 与水的反应产物。在样品 1 和 2 与 C_3S 反应后的产物（C_3S-1 和 C_3S-2）的图谱中，仍然存在 Q^0 结构产物对应的四个特征峰，且具有相同的峰位，但是强度却有明显的降低。此结果说明在产物中 C_3S 的含量明显降低，更多的 C_3S 被消耗与参与反应。上述结果中对应的其他三个峰均轻微地移向更负的化学位移方向，但仍是 C-S-H 的特征峰，生成的 C-S-H 具有较高的聚合度。在峰位为−87.8 处出现一个新的特征峰，且两个产物具有相同的峰位，说明具有相似的结构。在−90 ~ −130 范围内两个产物均有连续的宽峰，通过去卷积分峰后，出现三个特征峰。C_3S-1 的三个峰位与反应前样品的峰位相比，其中产物具有 Q^2 和 Q^3 结构的两个峰，其峰位向更负的方向移动，且相比较于未反应前样品的 Q^2 峰强度，具有明显的提高，具有 Q^3 结构的峰强度有轻微的降低，其变化趋势与 C-S-H 反应的结果类似。对比 Q^4 结构的峰位的强度，反应前样品的峰强明显降低，但峰的位置没有明显的变化，说明样品参与反应被消

耗。C_3S-2 与 C_3S-1 结果相似，但具有 Q^3 结构的峰位移向更正的化学位移方向，变化趋势仍与样品 2 和 C-S-H 凝胶反应产物的结果一致。

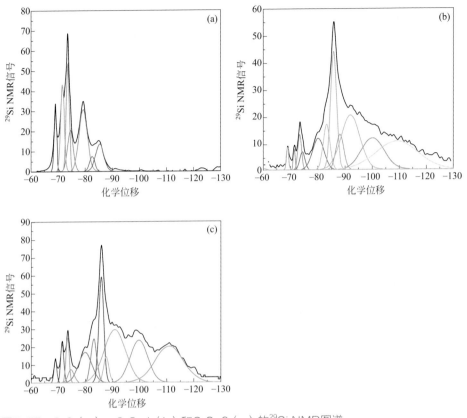

图7-57　C_3S（a），C_3S-1（b）和C_3S-2（c）的^{29}Si NMR图谱

表7-10　图7-57中各物质去卷积后的峰位

样品	化学位移										
	Q^0				Q^1		Q^2		Q^3		Q^4
C_3S	−68.9	−71.6	−73.5	−74.6	−79.4	−82.6	−85.3	−	−	−	−
C_3S-1	−68.9	−71.6	−73.5	−74.6	−79.7	−83.0	−85.7	−87.8	−91.9	−100.0	−109.3
C_3S-2	−68.9	−71.6	−73.5	−74.6	−79.7	−83.0	−85.7	−87.8	−90.8	−100.0	−111.3

以上结果说明即使两个产物具有不同的 TiO_2 附着密度和 SiO_2 含量，它们均可以与 C_3S 反应生成 C-S-H，且生成的产物具有更高的聚合度和含量，只是两个样品最后生成的 C-S-H 凝胶具有不同的结构，从而推测样品在水泥环境中也可以促进体系中 C_3S 的转化，且生成不同结构的 C-S-H。

根据以上样品与 CH，C-S-H 和 C₃S 反应后得出的结果可以得出样品在水泥基材料表面的作用机理。样品可以与水泥体系中的水化产物发生火山灰作用生成 C-S-H 凝胶，也可以改变水泥体系中 C-S-H 凝胶的结构，同时样品也可以促进水泥熟料 C₃S 的水化，形成更多的 C-S-H 凝胶。C-S-H 凝胶在水泥基材料中的含量和结构对基体的性质具有重要的影响，因此可以解释为什么处理后的水泥基材料具有更低的吸水率，表面更加密实，有助于稳定水泥基材料表面光催化剂。

参考文献

[1] Hou P, Kawashima S, Kong D, et al. Modification effects of colloidal nanoSiO₂ on cement hydration and its gel property[J]. Composites Part B: Engineering, 2013, 45(1):440-448.

[2] Matos M C, Ilharco L M, Almeida R M. The evolution of TEOS to silica gel and glass by vibrational spectroscopy[J]. Journal of Non-Crystalline Solids, 1992, 147-148: 232-237.

[3] Gnado J, Dhamelincourt P, Pelegris C, et al. Raman spectra of oligomeric species obtained by tetraethoxysilane hydrolysispolycondensation process[J]. Journal of Non-Crystalline Solids, 1996, 208(3):247-258.

[4] Clach T D, Swenson E G. Morphology and microstructure of hydrating Portland cement and its constituents I. Changes in hydration of tricalcium aluminate alone and in the presence of triethanolamine or calcium lignosulphonate[J]. Cement and Concrete Research, 1971, 1(2):143-158.

[5] Li R, Hou P, Xie N, et al. Design of SiO₂/PMHS hybrid nanocomposite for surface treatment of cement-based materials[J]. Cement and Concrete Composites, 2018, 87: 89-97.

[6] Collodetti G, Gleize P J P, Monteiro P J M. Exploring the potential of siloxane surface modified nano-SiO₂ to improve the Portland cement pastes hydration properties[J]. Construction and Building Materials, 2014, 54: 99-105.

[7] Mosquera M, Santos D, Montes A, et al. New nanomaterials for consolidating stone[J]. Langmuir, 2008, 24(6):2772-2778.

[8] Wu W, Chen H, Liu C, et al. Preparation of cyclohexanone/water pickering emulsion together with modification of silica particles in the presence of PMHS by one pot method[J]. Colloids and Surfaces A: Physicochemical and Engineering Aspects, 2014, 448: 130-139.

[9] Feldgitscher H P, Puchberger M, Kickelbick G. Structural investigations on hybrid polymers suitable as a nanoparticle precipitation environment[J]. Chemistry of Materials, 2009, 21(4):695-705.

[10] Greco P P, Stedile F C, Dos Santos J H Z. Influence of PMHS loading on the silica surface, on catalyst activity and on properties of resulting polymers[J]. Journal of Molecular Catalysis A: Chemical, 2003, 197(1-2):233-243.

[11] Kim T, Olek J. Effects of sample preparation and interpretation of thermogravimetric curves on calcium hydroxide in hydrated pastes and mortars[J]. Transportation Research Record Journal of the Transportation Research Board, 2012, 2290(1):10-18.

[12] Dugas V, Chevalier Y. Surface hydroxylation and silane grafting on fumed and thermal silica[J]. Journal of Colloid and Interface Science, 2003, 264(2):354-361.

[13] Gui Q, Qin M, Li K. Gas permeability and electrical conductivity of structural concretes: Impact of pore

structure and pore saturation[J]. Cement and Concrete Research, 2016, 89: 109-119.

[14] Domagala L. The effect of lightweight aggregate water absorption on the reduction of water-cement ratio in fresh concrete[J]. Procedia Engineering, 2015, 108: 206-213.

[15] Hou P, Cheng X, Qian J, et al. Characteristics of surface-treatment of nano-SiO$_2$ on the transport properties of hardened cement pastes with different water-to-cement ratios[J]. Cement and Concrete Composites, 2015, 55: 26-33.

[16] Han B, Yang Z, Shi X, et al. Transport properties of carbon-nanotube/cement composites[J]. Journal of Materials Engineering and Performance, 2012, 22(1):184-189.

[17] Poon C S, Cheung E. NO removal efficiency of photocatalytic paving blocks prepared with recycled materials[J]. Construction and Building Materials, 2007, 21(8):1746-1753.

[18] Maury-Ramirez A, Demeestere K, De Belie N, et al. Titanium dioxide coated cementitious materials for air purifying purposes: Preparation, characterization and toluene removal potential[J]. Building & Environment, 2010, 45(4):832-838.

[19] Cassar L. Photocatalysis of cementitious materials: Clean buildings and clean air[J]. MRS Bulletin, 2004, 29(5):328-331.

[20] Maury-Ramirez A, De Belie N. Evaluation of the algaecide activity of titanium dioxide on autoclaved aerated concrete[J]. Journal of Advanced Oxidation Technologies, 2016, 12(1):100-104.

[21] Wang D, Hou P, Zhang L, et al. Photocatalytic and hydrophobic activity of cement-based materials from benzyl-terminated-TiO$_2$ spheres with core-shell structures[J]. Construction & Building Materials, 2017, 148: 176-183.

[22] Yang P, Hou P K, Cheng X. BiOBr@SiO$_2$ flower-like nanospheres chemically-bonded on cement-based materials for photocatalysis[J]. Applied Surface Science, 2018, 30: 539-548.

[23] Hou P K, Zhang L N, Ping Yang, et al, Photocatalytic activities and chemically-bonded mechanism of SiO$_2$@ TiO$_2$ nanocomposites[J]. Materials Research Bulletin, 2018, 102: 262-268.

[24] Wang D, Geng Z, Hou P, et al. Rhodamine B removal of TiO$_2$@SiO$_2$ core-shell nanocomposites coated to buildings[J]. Crystals, 2020, 10(2):80.

[25] 王毅，谈勇，丁少华，等. Au 和 SiO$_2$ 多壳结构的制备和表征 [J]. 化学学报，2006, 64(22):2291-2295.

[26] 熊珊，江向平，李菊梅，等. Fe$_3$O$_4$/SiO$_2$ 核壳复合磁性微球的制备和表征 [J]. 硅酸盐学报，2015, 43(7):945-951.

[27] Kamaruddin S, Stephan D. The preparation of silica-titania core-shell particles and their impact as an alternative material to pure nano-titania photocatalysts[J]. Catalysis Today, 2011, 161(1):53-58.

[28] Zhang D, Wen M, Jiang B, et al. Ionothermal synthesis of hierarchical BiOBr microspheres for water treatment[J]. Journal of Hazardous Materials, 2012, 211-212: 104-111.

[29] Graziani L, Quagliarini E, Bondioli F, et al. Durability of self-cleaning TiO$_2$ coatings on fired clay brick façades: Effects of UV exposure and wet & dry cycles[J]. Building and Environment, 2014, 71: 193-203.

[30] Mendoza C, Valle A, Castellote M, et al. TiO$_2$ and TiO$_2$-SiO$_2$ coated cement: Comparison of mechanic and photocatalytic properties[J]. Applied Catalysis B: Environmental, 2015, 178: 155-164.

第八章
水泥基保温材料

能源问题是当今社会关注的重点问题，而建筑物采用外墙保温技术是最直接、最科学的节能方式之一。节能型建筑保温系统不仅能使建筑热能能耗大大降低，还有利于保护能源、资源消耗，减轻污染，提高室内舒适性。据统计，在某些发达国家，建筑能耗占社会总能耗的 30% ～ 50%[1]，而我国目前只有 20% 左右的建筑物能达到国家节能标准，同时单位建筑能耗比发达国家高出 2 ～ 3 倍[2]，因此建筑物节能问题是我们国家亟须进步发展的重要问题，且合理的墙体保温技术对于国家建筑节能的推进具有非常重要的意义。

建筑能耗是指建筑物从建筑材料制造、建筑施工，一直到建筑物交付使用的全过程能耗。其中包括建筑的日常用能，如电梯用电、空调制冷、家用天然气、热水供应等，从长远角度分析，这些才是建筑能耗中的主导部分。随着 GDP 的增长，人们越来越重视生活质量，建筑消费的重点已经不再单以结实耐用为标准，越来越多的人开始追求室内环境，因此保障室内空气品质所需的能耗将会迅速上升。用来保障室内温度的能耗所占比例很大，研究表明，约 70% ～ 80% 的热量通过围护结构以热传导的方式传递，造成了热量的损失[3]。为了减少采暖或者制冷所需的能耗，在建筑物上增加保温层成为节能的重要手段。目前应用最广泛的保温方法是墙体外保温法，可以使墙体免受冷热桥的影响，减少主体结构所受的温度应力。外墙外保温和内保温是常用的两种手段，但从热工角度分析，外墙外保温是一种更为合理的保温体系[4]，注定其存在着巨大的市场潜力，且力学性能高、保温性能好、环保节能和耐火等级高的水泥基外墙保温材料对于推动国内建筑节能事业的发展具有非常积极的意义。

一般情况下，保温材料主要是以有机高分子材料，如发泡聚苯乙烯和挤塑式聚苯乙烯，虽然都经过了阻燃处理，但是其燃烧等级仍然很难达到所需求的标准[5]。因此，有机类保温材料虽能表现出优异的保温性能，但其耐火性能较差。对于无机保温材料（如膨胀珍珠岩类[6]、发泡水泥类[7]、硅酸钙板[8]等），虽然保温性能略低，但其耐火性能良好；有机和无机复合外墙保温材料（如复合保温板[9]、水泥基 EPS 混凝土[10]等）成为目前建筑领域的一个研究热点，其兼具良好的保温性能和耐火性能。针对耐火性能的需求，可有选择地使用无机保温材料和有机 - 无机复合保温材料。其中，泡沫混凝土和硅酸钙板是无机保温材料中的代表，而 EPS 混凝土是有机 - 无机保温材料中的代表。

第一节
发泡水泥混凝土

水泥浆体的发泡过程可以概括为以下四个阶段：水泥浆体非均相形成、气泡核形成、气泡增长、气泡稳定和固化。图 8-1 为发泡过程示意图，黑色部分表示水泥浆体，白色部分为新生成的气泡核或气泡。

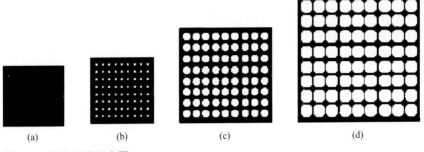

图8-1　发泡过程示意图

泡沫混凝土浆体是由水泥、增黏剂、稳泡剂和水混合，均匀搅拌而形成的，在搅拌过程中会溶入少量气体，因此该浆体是由气-液-固三相组成的多相浆体，具有一定的流动性和黏度，从而为水泥发泡创造良好的条件。

一、发泡原理

在上述水泥浆体中引入发泡剂后，气泡核开始形成。所谓气泡核是指原始的微泡，也就是双氧水发生分解反应产生气体分子最初聚集的地方。按照经典成核理论[11]，水泥浆体中的成核属于非均相成核，即在非均相中形成气泡核。当气-液-固三相共存时，在界面上会形成低能点，从而作为气泡的生长点，通常称为"热点"，以此作为诱发点，化学反应开始进行[12]。从热力学上来说[13]，是不稳定的体系，化学反应容易进行，因此双氧水开始大量分解。成核的数量取决于发泡剂分子的数量以及分解速率。

在发泡过程中，发泡剂在一定条件下分解释放出气体，气泡不断长大而形成泡沫混凝土。气泡长大过程由气泡壁所受的气泡长大驱动力和浆体对其产生的阻力共同作用决定。其中，气泡长大的驱动力来自发泡剂分解产生的气体不断增加，引起压力的增大，气泡长大理论公式如下：

$$p_{内}= nRT/V \qquad\qquad (8\text{-}1)$$

式中　$p_{内}$——气泡内压强，Pa ；

　　　n——泡内气体物质的量；

　　　R——常数，8.314J/（mol·K）；

　　　T——热力学温度，K ；

　　　V——气泡内气体体积，mL 。

阻力为气泡壁外所受的压力，即水泥浆体的重力和表面张力[14]。在气泡长大的过程中，这两种力始终存在，如图 8-2 所示，直至浆体硬化或者发泡剂不再分解。

因此，实验中控制气泡尺寸是通过调节发泡的驱动力和阻力来实现的。在一定的分解条件下，发泡剂掺量和分解率决定了发泡的驱动力。气泡长大过程中所受的阻力主要是由浆体的重力和表面张力所决定。在泡沫混凝土组成一定的情况下，气泡长大所受的阻力将保持不变，气泡尺寸仅由发泡剂掺量及其分解率决定。

在气泡长大的过程中，气泡的稳定性是关系泡沫混凝土制备工艺和性能的关键因素。从微观上讲，在多孔材料中，液膜（即水泥浆体产生的水化膜）起到分离气泡的作用，气泡的破坏就是气泡周围液膜的破裂。气泡的不稳定还表现在气泡之间相互融合而长大。气泡的稳定性主要受表面张力和水泥浆体黏度的影响。表面张力的变化引起气泡尺寸的变化，因此表面张力影响气泡的稳定性。但是水泥浆体的表面张力相对稳定，此影响因素在实验中可以不予考虑。图 8-3 是Plateau 边界示意图。$p_B-p_A=\sigma/R$ 是拉普拉斯经验公式，p_A 是指液膜中 A 点的压力；p_B 是指液膜中 B 点的压力；σ 是表面张力；R 是气泡的曲率半径。由图 8-3 可以看出，A 点的压力要比 B 点的小，这会使液体从 B 点向 A 点流动，从而导致液膜的破坏。另外一种液体的流动过程是由于重力的作用，液体垂直流动，这种流动往往过于剧烈，容易导致塌模现象。在实验中控制气泡的稳定性是通过调节水泥浆体黏度来实现的。水灰比、EVA 掺量和水化时间等因素可以影响泡沫混凝土浆体的黏度。研究水泥浆体黏度的变化规律，可更好地指导泡沫混凝土的制备。

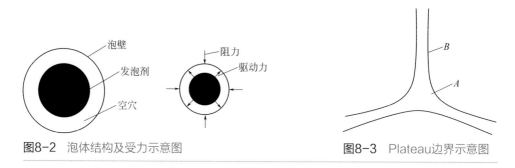

图8-2 泡体结构及受力示意图　　　　　　**图8-3** Plateau边界示意图

气泡固化主要是通过水泥浆体凝结硬化来实现的。依据发泡剂的分解规律，分解反应是持续进行的，只能通过水泥的凝结硬化使气泡稳定。这一阶段是制备泡沫混凝土的关键阶段，如果胶凝材料固化时间过长，会出现塌模现象，主要取决于胶凝材料的凝结速率。因此，准确调节水泥的凝结时间是气泡稳定固化的关键。硫铝酸盐水泥（SAC）的稳定和固化作用起着关键作用。实验中，SAC 的水化固化速率相对于发泡反应的速率要慢 10min 以上，为了与发泡反应速率相匹配，采用促凝剂 Li_2CO_3 调节水泥的固化速率。

二、力学和干密度

采用的主要材料有：硫铝酸盐水泥（SAC）、水、发泡剂（双氧水）、增黏剂（胶粉）、促凝剂。根据泡沫混凝土配合比的设计方法[15]，确定水灰比在 0.42 ~ 0.50，1kg 干物料掺入双氧水的体积为 40 ~ 60mL，胶粉掺量为 1% ~ 2%，促凝剂掺量为 0.04% ~ 0.06%。在泡沫混凝土的制备过程中，材料的组成对泡沫混凝土的性能有主要影响。实验中研究了发泡剂掺量、水灰比、胶粉和促凝剂对泡沫混凝土的影响。

1. 发泡剂

发泡剂掺量的多少主要决定其起泡高度，从表 8-1 中可以看出，发泡剂掺量在 2% ~ 4% 时，随着掺量的增加，起泡高度逐渐增大，在发泡剂掺量为 4% 时，起泡高度最高，掺量超过 4% 时，起泡高度下降。发泡剂掺量在 2% ~ 4% 时，发泡剂掺量增加，水泥浆体中产生的气泡增多。并且气泡产生的驱动力小于或者等于发泡浆体在发泡后期产生的压力，能够形成均匀的孔结构。当发泡剂掺量为 5%，此时已经有轻微的塌模现象，导致起泡高度下降，试块表面不断有鼓泡的现象，局部有小的凹陷。当发泡剂掺量为 6% 时，在发泡后期，O_2 所产生的驱动力已远大于水泥浆体对其产生的压力，气泡冲破浆体的束缚开始合并，气泡越来越多，破坏其力学结构，试块逐渐长大，直至浆体不能承受自身的重力，造成塌模。

表8-1　不同发泡剂掺量的直观效果

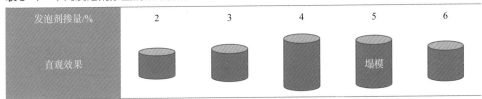

发泡剂掺量/%	2	3	4	5	6
直观效果				塌模	

图 8-4 和图 8-5 分别是发泡剂掺量对抗压强度和干密度的影响，从图中可以看出，发泡剂掺量超过 4% 时，干密度开始增加，抗压强度变化不大。与发泡剂掺量为 4% 相比，掺量在 5% 时，抗压强度仅增加 0.05MPa，干密度仅增加 21kg/m³，变化不大。当发泡剂掺量为 6% 时，干密度明显增加，抗压强度不增反降。这都是由于试样的制备过程中出现了塌模，孔结构被破坏，从而影响其宏观性能。综上所述，发泡剂掺量为 4% 时，泡沫混凝土性能最好。

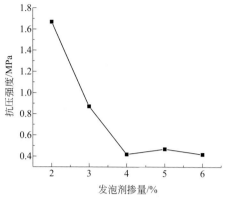

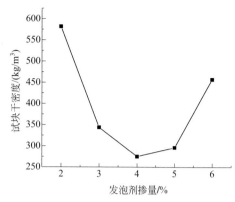

图8-4　发泡剂掺量对抗压强度的影响　　图8-5　发泡剂掺量对干密度的影响

2. 水灰比

试样养护 7d 的抗压强度如图 8-6 所示。随着水灰比的增加，抗压强度减小。这是因为，水灰比增大，使泡沫混凝土试块的毛细孔增多，作为有害孔，其数量的增加必然会导致强度的降低。同时，根据前期的实验探讨，水灰比大会使浆体黏度下降，使浆体容易流动，产生连通孔或者大孔。这种孔结构会造成应力集中，使其抗压强度下降。试样养护 7d 的干密度如图 8-7 所示，从图中可以看出，随着水灰比的增大，干密度减少。这说明水灰比增加，气泡所受的压力减少，有利于发泡反应的进行。同等摩尔质量的气体，体积变大，试块中的孔体积增大，干密度减小。水灰比对干密度的影响较小，对抗压强度的影响很大。在选择保温材料时，应综合考虑抗压强度和干密度，为了保证一定的抗压强度，选择水灰比为 0.46，此时试块性能优良。

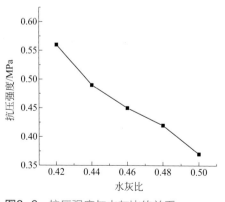

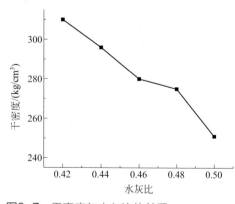

图8-6　抗压强度与水灰比的关系　　图8-7　干密度与水灰比的关系

表 8-2 为水灰比与平均孔径的关系，可以看出，水灰比在 0.42 时，平均孔径为 1.9mm，此时浆体干硬，流动性差，使气泡受力不均匀，为畸形孔或孔径不均匀。随着水灰比的增加，气泡所受压力减小，水泥浆体达到稠化状态所需的时间增长，为双氧水的分解提供了时间，因此孔径增大，气孔分布较为均匀。水灰比在 0.50 时，平均孔径已经达到 3.5mm，此时孔径已经多为大孔，分布极不均匀，抗压强度极小，已不能满足实际工程需要。综合以上实验结果，选择泡沫混凝土水灰比为 0.46。

表8-2　水灰比与平均孔径的关系

水灰比	0.42	0.44	0.46	0.48	0.50
平均孔径/mm	1.9	2.2	2.5	2.7	3.5

3. 胶粉

表 8-3 为不同胶粉掺量下的干密度实验结果，可以看出，胶粉掺量越大，试块的干密度越大，平均孔径减小。这说明，胶粉掺量增加使浆体黏度增加，气泡所受的力变大，不利于气泡合并形成大气泡。根据公式 $pV=nRT$，p 增大，气泡体积缩小，试块的干密度降低。7d 抗压强度和抗折强度如图 8-8 所示。随着胶粉掺量的增加，抗折强度和抗压强度呈增大趋势。在胶粉掺量为 0.5% 和 1% 时，干密度分别为 275kg/m³ 和 280kg/m³，7d 抗压强度分别为 0.38MPa 和 0.42MPa，平均孔径只有 0.1mm 的差距，抗折强度增加 20%，而此时两个试块的压折比分别为 1.9 和 1.7，可以说明掺加 1% 胶粉的试块比掺加 0.5% 的试块，其韧性有所改善。在水泥中加入 EVA 乳胶粉，聚合物覆盖在水泥凝胶体或颗粒表面，形成了一个完整、连续、密实的膜结构[16]，水泥水化产物与 EVA 相互穿透，增加了聚合物与水泥之间的结合，使抗折强度得到提高，改善了泡沫混凝土的抗折强度。

表8-3　胶粉掺量对干密度的影响

胶粉掺量/%	0.5	1.0	1.5	2.0
干密度/（kg/m³）	286	275	345	386
平均孔径/mm	2.4	2.5	1.9	1.5

4. 促凝剂

图 8-9 是促凝剂对水泥力学性能的影响，掺量为 0.04% 时，3d 抗压强度下降到 38.4MPa，随着促凝剂掺量的增加，强度进一步下降。这是由于 Li_2CO_3 对钙矾石晶体的形成有促进作用，水化反应早期，就生成了大量水化产物，这些水化产物紧紧附着在水泥颗粒上，使水泥颗粒难以与水反应，阻止了水泥颗粒进一步水化，导致抗压强度降低。

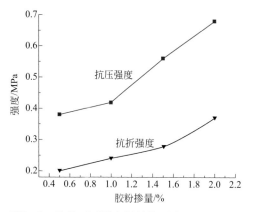

图8-8 胶粉对试样力学性能影响

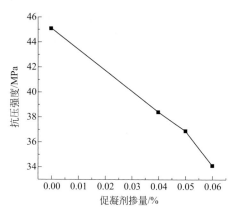

图8-9 促凝剂对试样3d抗压强度影响

为了使水泥水化速率与双氧水反应速率相匹配，研究了 Li_2CO_3 掺量对泡沫混凝土性能的影响，如表 8-4 所示。掺量小于 0.03% 时，水泥凝结过慢，过多的气孔合并成大孔，平均孔径可达 3.5mm，严重损害试块强度，强度不足 0.3MPa。在凝结时间过长的情况下，后期浆体无法承受自身重力，导致塌模；而掺量过多时，水泥凝结时间太短，使干密度过大。一方面是由于大量的 H_2O_2 分子还没有来得及分解；另一方面则是产生的氧气受到的阻力过大，气体的总体积变小，达不到理想的容重。综上所述，Li_2CO_3 的掺量要严格与双氧水的分解速率匹配，0.04% 为最佳掺量。

表8-4 促凝剂掺量对泡沫混凝土试样性能的影响

促凝剂掺量/%	0	0.03	0.04	0.05
直观效果	×	√	√	√
抗压强度/MPa	×	0.29	0.42	0.58
干密度/(kg/m³)	×	265	275	301
平均孔径/mm	×	3.5	2.7	2.0

注：× 表示试样成型时塌模；√表示试样成型正常。

孔结构也会对保温隔热性造成影响，连通孔或者直径超过 3mm 的孔，会造成热量的对流传导，热导率变大，材料保温性能变差。另外，过多的连通孔还会大大增加材料的吸水率，在实验中，发现具有较多连通孔的试样吸水率可达50%，这将大大损害材料的耐久性。因此，性能良好的泡沫混凝土必然有良好的孔结构。通常对于材料的孔结构有以下几点要求：①气孔形状为圆形或者近圆形的多边形；②气孔分布均匀；③气孔尺寸不宜过大；④气孔壁薄而均匀。

图 8-10 为采用最优实验方案制备的泡沫混凝土的断面图片，可以看出，气孔结构分布均匀，基本为密闭孔，连通孔和大孔较少，结构良好。图 8-11 是不

同浆体温度下采用优选方案制备的泡沫混凝土孔径分布图，可看出，大部分孔集中在 1 ~ 3mm 之间，浆体温度为 32℃ 时制备的泡沫混凝土孔分布集中，超过 3mm 很少；浆体温度为 28℃ 时制备的泡沫混凝土 3mm 孔最多，抗压强度较低。

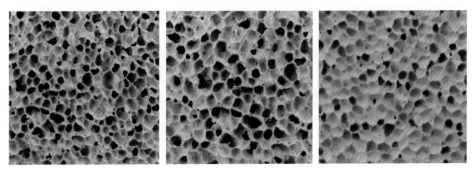

图8-10　最优方案断面图

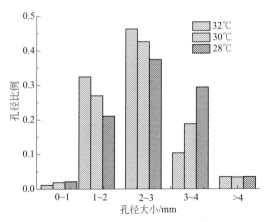

图8-11　温度对泡沫混凝土孔径分布的影响

三、添加硅酸盐水泥（OPC）

快硬 SAC 的主要特点是快硬早强，有利于制备泡沫混凝土，但是其成本相对较高。为了提高水泥浆体碱度，优化其发泡速率，同时也可降低泡沫混凝土成本，在泡沫混凝土中引入了部分普通 OPC。掺入部分普通 OPC 会影响 SAC 的碱度、凝结时间及力学性能，发泡复合水泥的浆体及其制备工艺和性能将显著区别于发泡 SAC。因此有必要对发泡复合水泥的制备工艺及其性能展开深入研究。

1. 凝结时间

在 SAC 中，分别掺加 10%、20%、30% 的 OPC，采用超大水灰比，所用 SAC 的标准稠度用水量为 27%。表 8-5 为复合水泥标准稠度用水量及凝结时间，可以看出，掺入 OPC 后，标准稠度用水量有所增加，这主要与水泥比表面积和水化速率加快有关。通过凝结时间可以看出，掺入 OPC 后，初凝和终凝时间都缩短。两种水泥复合后，OPC 碱度高，提高了体系中 Ca（OH）$_2$ 含量，促进了硫铝酸盐矿物水化，同时，消耗了 OH$^-$、C_3S 和 C_2S 的水化反应也得到了促进，加速了整个体系的水化，凝结时间缩短。并且体系中 OPC 掺量在 30% 以下时，随着 OPC 增加，浆体碱度不断增加，凝结时间缩短，这有利于制备泡沫混凝土时减少促凝剂用量。

表8-5　复合水泥的标准稠度用水量及其凝结时间

胶凝材料	标准稠度用水量	初凝时间/min	终凝时间/min
SAC	0.27	15	29
SAC+10%OPC	0.31	10	20
SAC+20%OPC	0.32	10	19
SAC+30%OPC	0.33	9	19

2. 抗压强度

制备泡沫混凝土需要水泥具有较高的早期强度。表 8-6 为复合水泥 3d 和 7d 的抗压强度。可以看出，掺入 OPC 后，抗压强度下降较为显著。此时，OPC 与 SAC 的强度不是简单的叠加，虽然对水化速率相互促进，但是，OPC 水化仍然缓慢，硅酸盐掺量越多，对早期抗压强度影响越大。

表8-6　复合水泥水化3d和7d的抗压强度

胶凝材料种类	3d强度/MPa	7d强度/MPa
SAC	49.8	57.7
SAC+10%OPC	40.8	48.3
SAC+20%OPC	37.4	42.6
SAC+30%OPC	35.3	40.6

由于不同硅酸盐产量体系的碱度不同，凝结时间也不同，发泡速率发生变化，水泥的凝结时间也有所变化。设计了水灰比在 0.46、0.48 和 0.50，搅拌时间为 4min、5min 和 6min，浆体温度为 32℃、30℃ 和 28℃，OPC 掺量为 10%、20% 和 30% 下的正交实验方案，探讨不同硅酸盐掺量体系中的最佳配合比，并对其性能进行分析。实验中固定双氧水的掺量为 4%，硬脂酸钙掺量为 1%，胶粉掺量为 1%。由于普通 OPC 和 SAC 复合有促凝作用，实验中并未掺加碳酸锂。

3．性能优化

正交实验结果如表 8-7 所示，可以看出，7d 抗压强度比 3d 抗压强度有明显提高。对实验中的 7d 抗压强度和干密度进行正交实验极差分析，分析结果如表 8-8 所示，可以看出，对于 7d 抗压强度来说，影响最大的是浆体温度和 OPC掺量。浆体温度以 3 水平最好，OPC 掺量以 2 水平最好。水灰比和搅拌时间对7d 抗压强度影响较小，分别以 1 水平和 3 水平最好。对干密度影响最大的因素是 OPC 掺量，2 水平最好。其次是水灰比，2 水平最好。由于水灰比对 7d 抗压强度的影响不是很大，因此选择 2 水平。浆体温度和搅拌时间对干密度影响不大，最优水平为 1 水平和 3 水平。但是浆体温度对 7d 抗压强度的影响是主要的，因此选择 3 水平。通过各因素对各指标的综合分析，得出较好的实验方案是：A3B2C3D2，正交实验中并未出现这组实验。A7 号孔结构优良，干密度和抗压强度合理，因此其作为正交实验验证实验的一组。

表8-7　正交实验结果

编号	A 温度/℃	B 水灰比	C 搅拌时间/min	D OPC掺量 /%	抗压强度/MPa		干密度/（kg/m³）
					3d	7d	
A1	1	1	1	1	0.32	0.40	262
A2	1	2	2	2	0.33	0.39	247
A3	1	3	3	3	0.28	0.41	275
A4	2	1	2	3	0.27	0.36	288
A5	2	2	3	1	0.25	0.35	237
A6	2	3	1	2	0.35	0.39	267
A7	3	1	3	2	0.41	0.43	260
A8	3	2	1	3	0.29	0.39	286
A9	3	3	2	1	0.32	0.38	292

表8-8　正交实验极差分析

项目	影响因素（7d抗压强度）				影响因素（干密度）			
	A	B	C	D	A	B	C	D
K_1	1.21	1.19	1.18	1.13	784	810	815	791
K_2	1.10	1.13	1.13	1.21	792	770	827	774
K_3	1.20	1.18	1.19	1.16	838	834	772	849
k_1	0.40	0.40	0.39	0.38	261	270	272	264
k_2	0.37	0.38	0.38	0.40	264	257	276	258
k_3	0.40	0.39	0.40	0.39	279	278	257	283
极差	0.03	0.02	0.02	0.03	18	21	18	25
优方案	A3	B1	C3	D2	A1	B2	C3	D2

将正交实验得出最优组作为 V1，性能较好 A7 号实验作为 V2，进行正交实验验证，实验结果如表 8-9 所示。比较两组实验，V2 性能优良，试块孔隙率为 86%，干密度为 248kg/m³，热导率为 0.078W/（m·K），28d 抗压强度为 0.47MPa。

表8-9　正交实验验证实验结果

| 编号 | A浆体温度/℃ | B水灰比 | C搅时间/min | D OPC掺量/% | 干密度/（kg/m³） | 孔隙率 | 抗压强度/MPa | | 吸水率/% |
							7d	28d	
V1	28	0.48	6	20	259	0.85	0.40	0.45	34
V2	28	0.46	6	20	248	0.86	0.41	0.47	36

在 SAC 中，掺加普通 OPC 会使凝结时间缩短，可以降低泡沫混凝土中促凝剂掺量。发泡复合水泥适宜制备条件和材料组成为：浆体温度为 28℃、搅拌时间为 6min、水灰比为 0.46、OPC 掺量为 20% 时，性能最优。此时，试块的孔隙率为 86%，干密度为 248kg/m³，热导率为 0.078W/（m·K），28d 抗压强度为 0.47MPa。

四、添加EP和纤维

为了进一步降低泡沫混凝土的干密度，提高其保温性能，需要泡沫混凝土具有较高的孔隙率，但会带来强度上的损失。膨胀珍珠岩（EP）是多孔的无机轻骨料，堆积密度在 150kg/m³ 以下，保温隔热效果好。在保证泡沫混凝土较小干密度和优良保温性能的前提下，采用一定量的 EP 替代部分气泡，有利于提高泡沫混凝土的力学性能。使用的 EP 的堆积密度为 150kg/m³，粒径在 0.5 ~ 1.5mm。

1. 膨胀珍珠岩

在制备过程中，先将 EP 与 SAC 等干物料混合均匀，加入拌合水搅拌，最后加入双氧水发泡。采用 0.2%、0.4%、0.6%、0.8% 和 1.0% EP 替代水泥（以水泥为基数），为了保证料浆流动性，水灰比选为 0.60。实验方案如表 8-10 所示。

表8-10　掺入EP的泡沫混凝土的实验方案

编号	水料比	胶粉掺量/%	碳酸锂掺量/%	硬脂酸钙掺量/%	双氧水掺量/%	膨胀珍珠岩掺量/g	水泥用量/g
A0	0.60	1	0.04	1	4	0	700
A1	0.60	1	0.04	1	4	14	686
A2	0.60	1	0.04	1	4	21	679
A3	0.60	1	0.04	1	4	28	672
A4	0.60	1	0.04	1	4	35	665
A5	0.60	1	0.04	1	4	42	658

EP 掺量对泡沫混凝土干密度、抗压强度和抗折强度的影响如图 8-12 和图 8-13 所示。从图 8-12 可以看出，随着 EP 掺量的增加，泡沫混凝土的干密度逐步上升；同时，7d、28d 的抗压强度增长较快。这是因为，气泡可以看成是强度为 0MPa 的大骨料，部分 EP 取代了原来气泡的位置，从而使泡沫混凝土强度大幅上升。当 EP 的掺量在 0.8% ~ 1.0%，干密度变化不大，仅增加了 1.4%，7d 抗压强度也仅仅提高了 0.04MPa。由图 8-13 可以看出，泡沫混凝土中 EP 的掺量在 0.2% ~ 0.8% 时，随着掺量的增加，抗折强度逐步提高；EP 掺量为 0.8% 时，抗折强度达到最大值 0.22MPa；EP 掺量继续增加，抗折强度反而下降。

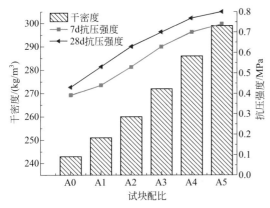

图8-12 EP对泡沫混凝土性能影响

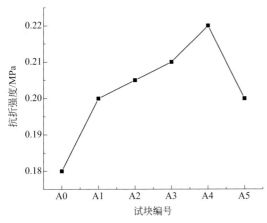

图8-13 EP对泡沫混凝土抗折强度影响

掺入少量 EP 能增加泡沫混凝土的抗折强度。但当掺入过多时,其所占物料体积比例较大,造成水泥无法很好地与 EP 颗粒胶结,导致泡沫混凝土抗折强度明显下降。EP 掺量为 0.8% 时,泡沫混凝土的力学性能最优。在对干密度要求不高的情况下,可用少量 EP 作为细骨料,增加泡沫混凝土的力学性能。

EP 干密度小,在泡沫混凝土中所占体积比例大,挤占并影响了气泡的正常长大。图 8-14 为 EP 对泡沫混凝土孔结构的影响;可以看出,未掺 EP 时,气孔壁较薄,孔径分布比较均匀,而 EP 掺量为 0.6% 时,气孔发育畸形,球形度低。这是因为 EP 的加入,物料体积变大,同样的搅拌时间内,双氧水分散不均匀。EP 吸水性也使发泡剂很难分散均匀,甚至被吸附到 EP 的空隙中,无法发挥其作用,也是导致干密度增加的一个原因。

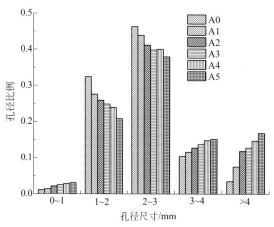

图8-14　EP对孔径分布的影响

根据吴中伟的观点,混凝土中孔径小于 20nm 的是无害孔,孔径在 20 ~ 100nm 的孔是少害孔。EP 的孔径分布在 20nm 以下的占 65%,20 ~ 80nm 的占 35%[17],即 EP 自身的孔对强度的影响不大,但 EP 填充了泡沫混凝土中的气泡空间,因此提高了泡沫混凝土的力学性能。

在水泥混凝土中掺入短切纤维,可以改善水泥混凝土本身脆性大、易开裂的缺点。聚丙烯纤维是最常见的纤维,来源广泛,成本低廉,与水泥的适应性良好,掺加在泡沫混凝土中,对泡沫混凝土的性能有所改善。实验中,分别掺加 0.1%、0.2%、0.3%、0.4% 和 0.5% 的聚丙烯纤维(以水泥为基数),分别测定 7d、28d 抗压强度和抗折强度,实验方案如表 8-11 所示。

表8-11　纤维掺量实验方案

编号	水料比	胶粉掺量/%	碳酸锂掺量/%	硬脂酸钙掺量/%	双氧水掺量/%	纤维掺量/%
B0	0.46	1	0.04	1	4	0
B1	0.46	1	0.04	1	4	0.1
B2	0.46	1	0.04	1	4	0.2
B3	0.46	1	0.04	1	4	0.3
B4	0.46	1	0.04	1	4	0.4
B5	0.46	1	0.04	1	4	0.5

2. 聚丙烯纤维

聚丙烯纤维对泡沫混凝土力学性能和干密度的影响，如表 8-12 所示，可以看出，掺入纤维能够提高泡沫混凝土的干密度，但影响甚小；随着纤维掺量的提高，泡沫混凝土 7d 和 28d 抗压强度显著提高，28d 抗折强度有所提高，但增幅不大；当纤维掺量达到 0.4% 时，泡沫混凝土抗压强度和抗折强度趋于稳定。这是因为，聚丙烯纤维掺入泡沫混凝土中，形成三维网络结构，提高了其抗压强度；聚丙烯纤维的弹性模量要高于塑性的水泥浆体，加入泡沫混凝土中，在断裂过程中，消耗了大量的能量，改善了其抗折强度；当纤维产量过多时，容易在料浆中结团，难以分散。

表8-12　聚丙烯纤维对泡沫混凝土的影响

纤维掺量/%	7d抗压强度/MPa	28d抗压强度/MPa	28d抗折强度/MPa	干密度/（kg/m³）
0	0.46	0.55	0.17	247
0.1	0.49	0.60	0.19	251
0.2	0.51	0.63	0.20	250
0.3	0.53	0.64	0.21	252
0.4	0.54	0.65	0.23	253
0.5	0.49	0.62	0.22	255

图 8-15 是泡沫混凝土的柔性系数曲线，可以看出，随着纤维掺量的增加，其柔性系数减小，韧性提高。纤维具有增加材料韧性、改善泡沫混凝土本身脆性的作用。

在泡沫混凝土中掺入聚丙烯纤维会使泡沫混凝土孔径尺寸减小。图 8-16 为不掺纤维的 B0 组和性能最优的 B4 组孔径分布图，可以看出，掺入纤维后，气泡的孔径缩小，0 ~ 3mm 的孔径增多。聚丙烯纤维的引入使气孔在生长的过程中被分割，大孔被分割成小孔，孔径更加均匀、细小，孔隙率几乎不变，这也是泡沫混凝土力学性能提高的主要原因。

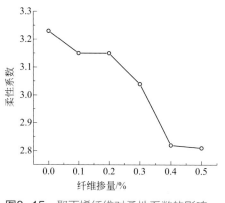

图8-15 聚丙烯纤维对柔性系数的影响　　图8-16 B0、B4组孔径分布

第二节
水泥基EPS复合保温材料

　　材料的组成是制备水泥基EPS/玻化微珠复合保温材料的基础。根据有关文献资料，初步确定影响实验的主要因素有：保温骨料的骨料级配、胶凝材料和保温骨料的配合比、水灰比。此外，外加剂的掺入对水泥基EPS复合保温材料的性能也有着重要作用。在本节中，研究获得保温骨料的最佳骨料级配，并将依次考察灰泡$_A$比、灰泡$_B$比、水灰比和外加剂等因素对保温材料性能的影响。

一、基本组成

1. 灰泡$_A$比

　　图8-17为灰泡$_A$比对水泥基EPS复合保温材料强度和干密度的影响，可以看出，保温材料的力学强度以及干密度显然随灰泡$_A$比的增大而增大，这是由于水泥基EPS复合保温材料的强度主要是由胶凝材料水泥浆体及浆体与EPS颗粒之间黏结力决定的。由于水泥的用量随着灰泡$_A$比的增大而增大，水泥基EPS复合保温材料干密度也显著增加。

　　图8-18为灰泡$_A$比对水泥基EPS复合保温材料软化系数和热导率影响，可

以看出，随着灰泡$_A$比的增大，保温材料的热导率和软化系数均增大。EPS 颗粒的热导率低，水泥的热导率高，所以随着灰泡$_A$比的增大，即水泥掺量增多，保温材料的热导率显著增大。同样随着灰泡$_A$比的增大，水泥浆体与 EPS 颗粒之间的黏结性能较好，EPS 混凝土拌合料的结构完整，吸水率降低，且吸水后的保温材料的强度降低不大。因此，软化系数也随灰泡$_A$比的增大而增大。

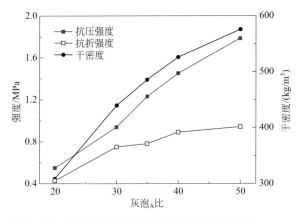

图8-17 灰泡$_A$比对保温材料强度和干密度影响

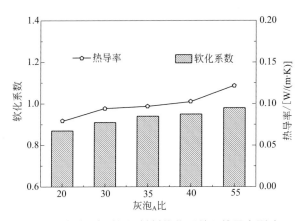

图8-18 灰泡$_A$比对保温材料软化系数和热导率影响

　　根据上述研究可以得到，当灰泡$_A$比在 20～40 范围时，水泥浆体在 EPS 颗粒的堆积空隙中填充。灰泡$_A$比在 30 之后，保温材料的力学性能、耐水性符合要求，但此时其干密度将超过 440kg/m³，热导率超过 0.094W/（m·K），这将严重限制保温材料的工程应用。因此，引入另一种较小粒径的轻质保温骨料填充在较大粒径保温骨料 EPS 颗粒的堆积空隙中来取代部分水泥，可以改善保温材料的密度、热导率和强度等性能。

2. 灰泡 B 比

表 8-13 为玻化微珠对保温材料力学性能的影响。掺入一定量的玻化微珠可以有效增大水泥基 EPS 复合保温材料的力学性能，并改善其拌合过程中的和易性，但随着玻化微珠的掺量进一步增大，水泥浆体在保温材料中占有的组分减少，从而导致保温材料的力学强度显著降低。A1 试样为灰泡 A 比为 30，A2 试样为灰泡 A 比为 40，且均未掺玻化微珠。A3、A4 和 A5 试样表示灰泡 A 比在 40 时，分别掺入 10%、15% 和 20% 玻化微珠。

表8-13 玻化微珠对保温材料力学性能的影响

编号	灰泡 A 比	玻化微珠/%	抗压强度/MPa	抗折强度/MPa
A1	30	0	0.94	0.75
A2	40	0	1.45	0.89
A3	40	10	1.79	0.90
A4	40	15	1.60	0.79
A5	40	20	0.75	0.40

掺入 10% 的玻化微珠的 A3 试样，其力学强度强于不掺玻化微珠的 A2 试样，更高于 A1 试样；同样，掺入 15% 的玻化微珠的 A4 试样，其抗压强度也高于不掺玻化微珠的 A2 试样，但其抗折强度将低于 A2 试样，这表明无机玻化微珠掺量的进一步增大，将不利于保温材料的抗折强度，即保温材料的脆性变大，然而其抗压强度也显著高于 A1 试样的抗压强度，这又表明一定掺量的玻化微珠可以有效增大水泥基 EPS 复合保温材料的力学性能；另外，掺入 20% 的玻化微珠的 A5 试样，其力学强度将低于不掺玻化微珠的 A2 试样，且也低于较小灰泡 A 比的 A1 试样，这也表明随着玻化微珠掺量的增大，且其所占的体积继续增大，将导致水泥基 EPS 复合外墙保温材料的力学性能由于水泥组分的减少而显著降低。因此，掺入合适量的玻化微珠不仅不会降低保温材料的力学性能，反而还可以优化保温材料的力学性能和保温性能。

图 8-19 为灰泡 B 比对保温材料力学强度和干密度的影响。与灰泡 A 比对保温材料性能的影响发展曲线一致，随着灰泡 B 比的增大，试样的力学强度与干密度也随之增大。灰泡 B 比在 10 ~ 20 区间时，水泥浆体在 EPS 颗粒的间隙中填充，随着灰泡 B 比的增大，即水泥掺量的增加，水泥浆体硬化产物与保温骨料之间的黏结性能好，其在水化硬化后与 EPS 颗粒牢固地黏结在一起，增加了保温材料的力学强度，也增高了干密度。在灰泡 B 比达到 15 后，随着灰泡 B 比的增大，保温材料的抗折强度增加不明显。另外，与灰泡 A 比不同的是，用玻化微

珠颗粒和 EPS 颗粒复配的保温骨料，在成型过程中，小颗粒玻化微珠能够充分填充到 EPS 颗粒堆积的空隙中，也能够在一定程度上提高保温材料的力学强度。在相似干密度的条件时，与不加玻化微珠的灰泡$_A$比的试样相比，加入玻化微珠的灰泡$_B$比的保温材料各项性能均优于不加玻化微珠的保温材料，且其热导率也显著降低，优化了保温性能。例如灰泡$_A$比为 40，其干密度 526kg/m³，抗压强度 1.45MPa，抗折强度 0.89MPa，含水率 3.73%，体积吸水率 6.31%，软化系数 0.95，热导率 0.102W/（m·K）。而灰泡$_B$比为 15 时，其干密度 515kg/m³，抗压强度 1.48MPa，抗折强度 1.02MPa，含水率 3.14%，体积吸水率 5.54%，软化系数 0.98，热导率 0.064W/（m·K）。

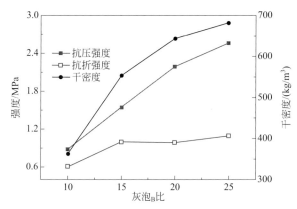

图8-19 灰泡$_B$比对材料力学强度和干密度影响

图 8-20 为灰泡$_B$比对保温材料软化系数、热导率的影响。从图可以看出，掺入玻化微珠后的保温材料，软化系数变化不大。在灰泡$_B$比为 15 时，软化系数达到最大为 0.98，说明在这个比例下，保温材料的耐水效果较好。另外，随着灰泡$_B$比的增大，热导率逐渐增大，这与灰泡$_A$比相似，主要是由于水泥的热导率明显大于保温骨料 EPS 颗粒和玻化微珠的热导率。所以随着灰泡$_B$比的增大即水泥量的增加，保温材料的热导率增大。但在相似干密度时，掺入玻化微珠的灰泡$_B$比的保温材料的保温性能显著优于不掺玻化微珠的灰泡$_A$比的保温材料的保温性能。

综合以上灰泡$_B$比对保温材料性能的影响，研究得到在水灰比为 0.45、减水剂掺量为 0.50%、纤维素醚掺量为 0.40%、玻化微珠比率为 0.65 时，要使干密度低于 300kg/m³，灰泡$_B$比必须要低于 10。在接下来的实验中，为了更好地得到各因素对保温材料性能的影响，选择灰泡$_B$比范围为 10 ~ 15 进行各因素的研究。

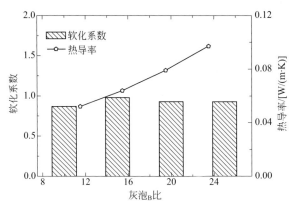

图8-20 灰泡_B比对材料软化系数和热导率影响

3．水灰比

表 8-14 为水灰比对保温材料稠度和软化系数的影响，可以看出，随着水灰比的增大，EPS 混凝土的稠度也随之增大。这是由于随着拌合水的增多，浆体流动性增强，EPS 混凝土的和易性变好。另外，随着水灰比的增大，保温材料的软化系数先降低后增大，这主要是因为水灰比增大，导致 EPS 混凝土的内部空隙增多，从而导致吸水之后保温材料的强度降低，引起保温材料的软化系数降低，但随着水灰比的进一步增大，吸水前保温材料力学性能已显著降低，从而造成软化系数值升高，但这种符合软化系数要求的保温材料的力学性能不符合要求。

表8-14 水灰比对保温材料稠度和软化系数的影响

水灰比	0.40	0.45	0.50	0.55	0.60
稠度/mm	45	65	73	83	101
软化系数	0.79	0.72	0.72	0.83	0.80

图 8-21 为水灰比对保温材料力学性能和干密度的影响。随着水灰比的增大，保温材料的力学性能和干密度将显著降低，且水灰比在 0.40～0.55 之间强度下降非常明显。这主要是由于随着水灰比的增大，水泥浆体的流动性提高，导致水泥浆体的致密度降低、浆体体积增大，从而导致保温材料的力学强度降低，这是必然结果。另外，水灰比在 0.40～0.45 范围内，干密度相差不大，但力学性能显著降低。水灰比达到 0.45 后，其干密度及力学性能的下降趋势更为显著，这更说明了选择合适的水灰比对保温材料性能具有重要影响。

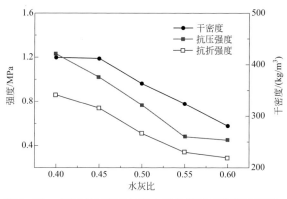

图8-21 水灰比对保温材料力学性能和干密度的影响

二、外加剂

1．减水剂

表 8-15 为减水剂对保温材料稠度和软化系数的影响。随着减水剂掺量的增大，EPS 混凝土的稠度也稍微增大，而其软化系数曲线为先降低后增大。这是由于随着减水剂掺量的增加，浆体流动性增强，EPS 混凝土的和易性变好，稠度增大。这也会导致 EPS 混凝土的内部孔隙增多，从而导致吸水之后保温材料的强度降低，引起保温材料的软化系数降低。而随着减水剂掺量的进一步增大，内部结构更加不完整，吸水前的保温材料的力学性能已经显著降低，从而造成软化系数值的升高。同样，这种符合软化系数要求的保温材料力学性能不符合要求。

表8-15 减水剂对保温材料稠度和软化系数的影响

减水剂/%	0	0.25	0.50	0.75	1.00
稠度/mm	64	67	67	69	73
软化系数	0.89	0.88	0.73	0.91	0.95

图 8-22 为减水剂对保温材料力学性能和干密度的影响。在减水剂掺量为 0.50% 时，保温材料的力学强度和干密度均为最大值。这说明减水剂掺量在 0.50% 时水泥浆体与保温骨料聚苯颗粒、玻化微珠黏结程度最好，水泥浆体内部结构致密完整，空隙少，从而导致保温材料的强度增大。随着减水剂掺量的进一步增大，水泥浆体与保温骨料之间的黏结性能下降，导致保温材料的干密度和强度均降低。

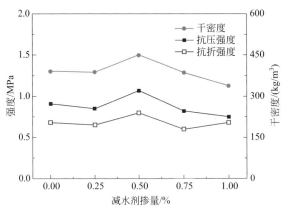

图8-22 减水剂对保温材料力学性能和干密度的影响

2. 增稠剂

在水泥基 EPS/ 玻化微珠复合保温材料中加入纤维素醚的作用是显而易见的。未加入纤维素醚时，试样出现颗粒和浆体离析分层的现象，并且 EPS 颗粒、玻化微珠与水泥浆体间的黏结性非常差，所以该掺量下试样的力学性能很低。随着纤维素醚掺量的增加，水泥基复合保温材料的黏聚性不断增大，保温骨料和水泥浆体混合较均匀，黏结性变好。

表 8-16 为在灰泡 $_B$ 比为 20、玻化微珠比率为 0.65、水灰比为 0.45、减水剂和引气剂的掺量分别为 0.50% 和 1.00% 时，纤维素醚对水泥基 EPS/ 玻化微珠复合保温材料性能的影响。由表 8-15 可得，随着纤维素醚掺量的增大，EPS 混凝土的稠度值逐渐减小，水泥浆体与保温骨料之间的黏结性增强，且保温材料的软化系数基本保持一致。

表8-16 纤维素醚对保温材料稠度和软化系数的影响

纤维素醚/%	0	0.2	0.4	0.6	0.8
稠度/mm	129	94	88	76	68
黏聚性	差	差	较好	好	好
软化系数	—	0.84	0.82	0.82	0.85

图 8-23 为纤维素醚对保温材料力学性能和干密度的影响。可以看出，随着纤维素醚掺量的增加，保温材料的力学强度基本呈先增长后降低的趋势。且在纤维素醚掺量为 0.4% 时，保温材料的力学强度最高，干密度最大。当纤维素醚掺量在 0.2% ~ 0.6% 时，由于随着纤维素醚掺量的增大，水泥浆体结构越来越完整，同时水泥浆体与保温骨料的黏结效果越来越好，导致水泥基 EPS/ 玻化微珠复合保温材料的致密度显著提高，这就增强了其力学性能。之后，随着纤维素醚

掺量的进一步增大，保温材料中的含气量增大，增加了孔隙率，导致硬化水泥浆体内部的结构变得疏松，保温材料的干密度和强度都有所降低。

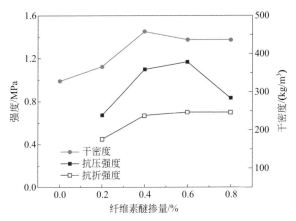

图8-23 纤维素醚对保温材料力学性能和干密度的影响

3. 引气剂

表 8-17 为引气剂对保温材料稠度和软化系数的影响。随着引气剂含量的增加，保温材料的稠度值逐渐增大，而软化系数先降低后增大。这是由于引气剂的加入让 EPS 混凝土内引入了无数小气泡，这些微小封闭气泡在 EPS 混凝土中犹如无数个滚珠，明显改善 EPS 混凝土流动性和和易性，从而增加了 EPS 混凝土的稠度值。另外，由于无数微小气泡的引入导致 EPS 混凝土的耐水性能稍有降低，从而影响了保温材料的软化系数，但随着引气剂的大量掺入，水泥基 EPS 保温材料的强度将显著降低，反而导致保温材料的软化系数增高，同样，这样的保温材料的软化系数是不合适的。

表8-17 引气剂对保温材料稠度和软化系数的影响

引气剂/%	0.10	0.20	0.30	0.50	1.00	2.00
稠度/mm	54	55	58	60	69	85
软化系数	0.92	0.85	0.86	0.90	0.89	0.91

图 8-24 为引气剂对保温材料力学性能和干密度的影响，可以看出，随着引气剂的掺入，水泥基 EPS/ 玻化微珠复合保温材料的强度和干密度逐渐降低。引气剂在 EPS 混凝土内引入的无数微小气泡使得 EPS 混凝土的孔隙率提高，浆体的密实度下降，因此降低了保温材料的干密度，导致其力学强度的下降。图 8-25 为掺入 0.20% 的引气剂后，保温材料试样的微观孔结构分布。在此引气剂掺量下，试样中微小气泡在粗骨料 EPS 颗粒和细骨料玻化微珠颗粒间的浆体内均匀填充[18]。

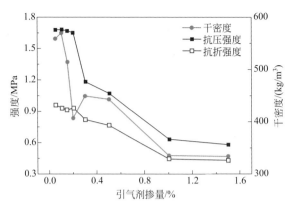

图8-24 引气剂对保温材料力学性能和干密度影响

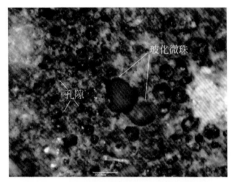

图8-25 引气剂对保温材料微观结构影响

表 8-18 为引气剂对保温材料热导率的影响。在水泥基 EPS 保温材料中掺入引气剂，无数微小气泡的引入，使保温材料的热导率显著降低。综合引气剂对水泥基 EPS 保温材料性能的影响，当引气剂掺量为 0.20% 时，保温材料的干密度和热导率显著降低，且在此掺量下保温材料的力学性能和耐水性变化不大。

表8-18 引气剂对保温材料热导率的影响

引气剂/%	0.05	0.10	0.15	0.20
热导率/[W/（m·K）]	0.093	0.072	0.080	0.065

三、造纸污泥

造纸污泥可被引入到 EPS 混凝土去改善 EPS 混凝土的韧性，而含纤维造纸污泥根据其来源的不同可大致分为生态污泥、脱墨污泥和化学污泥，依据含有有机质成分的不同分为 F70、F40、F20 和 F10。如图 8-26 所示，不同纤维含量造纸污泥无机部分的 XRD 图谱可知，四种造纸污泥拥有相近成分，都为 $CaCO_3$，而 $CaCO_3$ 的热导率很低，只有 0.05W/（m·K），这有利于改善 EPS 混凝土的热导率。造纸污泥的有机成分主要为木质纤维素和木纤维，造纸污泥有机部分的红外光谱如图 8-27 所示。可知 O—H 键的伸缩振动峰位于 3417cm^{-1}，其弯曲振动峰位于 1622cm^{-1}，表明木纤维的表面具有大量吸附水的能力。饱和烃基中的 C—H 键的伸缩振动峰和弯曲振动峰分别位于 2922cm^{-1} 和 1433cm^{-1}。芳香醚中 C—O—C 键的伸缩振动峰和不对称的伸缩振动峰分别位于 1115cm^{-1} 和 873cm^{-1}，表明木纤维中含有大量芳香烃。

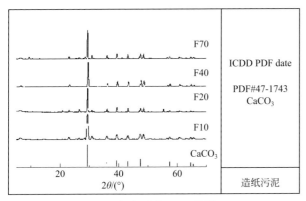

图8-26 造纸污泥无机部分的XRD图谱

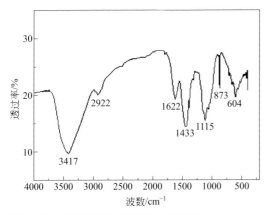

图8-27 造纸污泥有机部分红外光谱

由于水泥浆体具有高碱性，所以酸性物质可能使 EPS 混凝土性能的恶化。为了确定造纸污泥的酸碱性，四种污泥的 pH 值的测定如图 8-28 所示。由图中可知，除了 F20 的 pH 大于 11 以外，其他污泥的 pH 值都在 7 ~ 10 的范围内。而 SAC 的 pH 一般大于 9，因此，可以确定造纸污泥的掺入对 EPS 混凝土的碱度没有不利影响[19]。

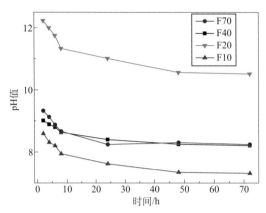

图8-28 造纸污泥的碱度随时间的变化

图 8-29 展示了不同造纸污泥掺量下 EPS 混凝土的稠度，结果显示 EPS 混凝土的稠度随着造纸污泥掺量的增加而逐渐降低，表现出与有机质成分的相关性。除了 F70 以外，其他的污泥都表现出大于 70mm 的稠度值。这可能是由于木纤维具有很大比表面积和大量的不规则空洞可以赋予造纸污泥超强的亲水性。这种现象与图 8-30 中的吸水率表现出相同的趋势，随着造纸污泥掺量的增加，吸水率都是逐渐增长。但是所有吸水率的值都要小于 10%，能够应用到建筑板材中。因此对于稠度和吸水率来说，造纸污泥的掺量必须要控制在特定的范围内。

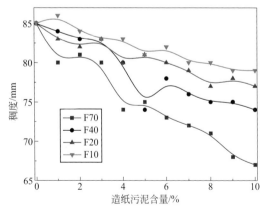

图8-29 造纸污泥对EPS混凝土稠度的影响

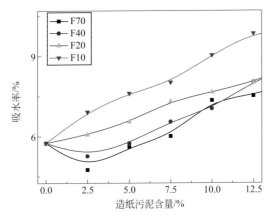

图8-30 造纸污泥对EPS混凝土吸水率影响

养护3d后的不同造纸污泥掺量下EPS混凝土的抗折强度如图8-31所示，与未掺参比样相比，造纸污泥的加入使得EPS混凝土抗折强度降低，但是由图中可以看出掺入F70和F40的EPS混凝土的抗折强度损失最小，而F20和F10的下降是极为明显的。原因是碳酸钙并没有胶凝性，掺入到EPS混凝土后会使EPS混凝土的抗折强度降低，但是，造纸污泥中带有高含量木纤维可大量阻止EPS混凝土中微裂纹的产生与拓展，在外部载荷作用下更好地传递应力，这有利于EPS混凝土抗折强度的改善。当木纤维含量在造纸污泥中急剧下降时，它的增强效应明显下降，同时过量碳酸钙的引入使得EPS混凝土的抗折强度下降得更多。

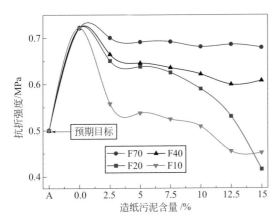

图8-31 造纸污泥对EPS混凝土抗折强度的影响

图8-32展示不同造纸污泥掺量下EPS混凝土的压折比，可知对于F70来说，当造纸污泥掺量为2.5% ~ 7.5%时，EPS混凝土的压折比随着污泥掺量的增加逐

渐下降，并达到最小值 0.93 左右。当掺量小于 15% 时，EPS 混凝土的压折比是一直小于未掺入造纸污泥的参比样的。造纸污泥中的木纤维在 EPS 混凝土中呈现主要作用，并能在早期胶凝过程中阻止裂纹扩展。实验结果也显示出了 F70 对 EPS 混凝土韧性和抗折强度的改善作用。同时，F70 的掺入会引入大量的无胶凝性的碳酸钙，对抗压强度会有很大的损失。然而当造纸污泥引入量过大时，纤维含量超过一个额定的值，使得纤维在 EPS 混凝土中很难被分散，从而产生大量的缺陷，致使抗折强度显著降低，相反，对抗压强度的影响很小。因此大量 F70 的掺入对压折比有负作用。与 F70 相比，F40、F20 和 F10 对 EPS 混凝土的压折比影响有限。由图中可以分析出，四种造纸污泥的量需要控制在 10% 以内。因此，造纸污泥中高含量的木纤维会使得 EPS 混凝土中的压折比显著降低[20]。

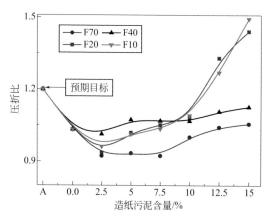

图8-32 造纸污泥对EPS混凝土压折比影响

图 8-33 展示不同造纸污泥掺量下 EPS 混凝土的干密度，可以看出，高木纤维含量的造纸污泥 F70 和 F40 能够显著增加 EPS 混凝土的干密度，分别能够达到最大值 348kg/m³ 和 322kg/m³。相反地，低木纤维含量的造纸污泥 F20 和 F10 能够轻微地降低 EPS 混凝土的干密度，并使 EPS 混凝土的干密度一直小于 300kg/m³ 以下。EPS 混凝土干密度的不同主要取决于四种造纸污泥类型的不同。

通常来说 EPS 混凝土的吸水率与干密度呈现相反的关系。图 8-34 为不同污泥掺量下 EPS 混凝土的吸水率，如图低含量木纤维的造纸污泥可以显著地增加 EPS 混凝土的吸水率。这是由于木纤维具有很大的比表面积，因而吸水能力较大。因此，低木纤维含量的造纸污泥可以提高 EPS 混凝土的吸水率。相反地，高木纤维含量的造纸污泥可以降低 EPS 混凝土的吸水率，这种现象却与木纤维吸水率高的特性相反。如之前提及的，高木纤维含量的造纸污泥将会取代大量的 EPS 颗粒。所以，在一个给定的体积下，EPS 颗粒含量的降低说明水泥浆体量的大大增加，则高木纤维含量的造纸污泥可以使得 EPS 混凝土更加致密，阻止木纤维吸收外部的自由水。

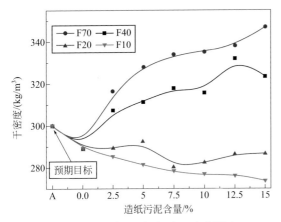

图8-33 造纸污泥对EPS混凝土干密度影响

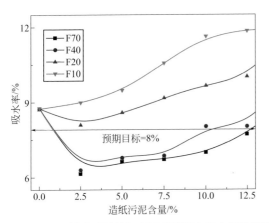

图8-34 造纸污泥掺量对EPS混凝土吸水率的影响

四、纤维和OPC

在水泥混凝土中掺入短切纤维，可改善保温材料本身脆性大、易开裂的缺点。聚丙烯纤维是最常见的纤维，来源广泛，成本低廉，并且能与水泥的水化物进行较好的黏结。纤维对保温材料力学性能和软化系数等的影响见图 8-35，可以看出，随着纤维掺量的增加，水泥基 EPS/玻化微珠复合外墙保温材料的抗折强度先增加后降低。同时随着水泥水化的进行，养护 7d 的试样较养护 3d 的试样，抗折强度基本更高，引入纤维后压折比也有稍微的增加。这是由于聚丙烯纤维在水泥 EPS 混凝土浆体中形成的三维网络结构使试块的结构更加密实，可使抗压强度提高。

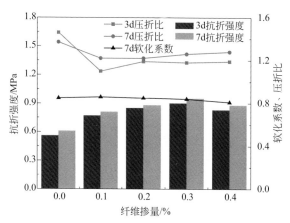

图8-35　纤维对保温材料力学性能和软化系数等的影响

另外，聚丙烯纤维弹性模量要高于塑性的水泥浆体，在水泥基 EPS/ 玻化微珠复合外墙保温材料试样断裂过程中，消耗了大量的能量，因此抗折强度也会有大幅度提高。纤维具有增加材料韧性的作用，试样的压折比降低，改善了水泥基材料本身的脆性，使其韧性有所提高。当聚丙烯纤维掺量达到 0.3% 时，保温材料的 7d 压折比降低约 8%，7d 抗压强度提高约 42%，7d 抗折强度提高约 56%。当纤维掺量继续增大时，保温材料的力学强度将不再提高。此时，纤维在泡沫混凝土中量已经达到饱和，过多纤维会在料浆中结团，从而导致试块力学性能下降。

图 8-36 为纤维对保温材料干密度和耐水性的影响。随着聚丙烯纤维掺量的增加，水泥基 EPS/ 玻化微珠复合保温材料的软化系数基本保持不变，但纤维改性后的保温材料耐水性得到改善，体积吸水率稍有些降低。这是由于聚丙烯纤维的加入增加了 EPS 混凝土的密实性，从而使 EPS 混凝土结构变得致密。同时，纤维也能够抵制 EPS 混凝土内部裂缝扩展，减少 EPS 混凝土内部的裂缝缺陷，从而降低 EPS 混凝土的吸水率。综合以上所有研究，在水泥基 EPS/ 玻化微珠复合保温材料中掺入 0.3% 的聚丙烯纤维，不仅提高了保温材料的韧性和强度，还进一步改善了其结构完整性，提高了其耐水性能。

图 8-37 为掺入 OPC 后，水泥基 EPS/ 玻化微珠复合保温材料的 7d 力学强度及压折比、软化系数。从图中可以看出，掺入 OPC 后，抗压强度有所下降。此

时，虽然水化速率两者相互促进，但对于强度，OPC 与 SAC 的强度不是简单地叠加，且从图 8-37 中可以得到，在 OPC 取代 20% 的 SAC 时，两种水泥复配的保温材料的力学性能损失最小，软化系数最好。图 8-38 为 OPC 对保温材料干密度和耐水性的影响。当硅酸盐掺量在 20% 时，保温材料的干密度增大到 325kg/m³，同时其耐水性提高，保温材料的体积吸水率降低到 6.78%。这主要是由于掺入 OPC 后，C_3S 早期水化生成水化硅酸钙并放出氢氧化钙，改变了粒子之间相互作用力，减小钙矾石结晶尺寸，改变孔隙的组成和结构形式，降低总孔体积，从而导致形成较为致密的凝聚结构和水泥石结构[21, 22]。因此，下面研究中则用 OPC 来取代 20% SAC。

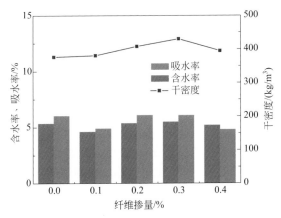

图8-36　纤维对保温材料干密度和耐水性影响

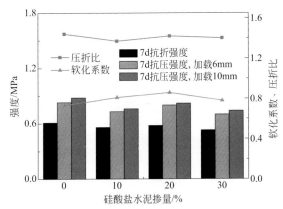

图8-37　OPC掺量对保温材料力学和软化系数影响

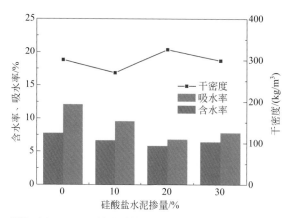

图8-38　OPC对保温材料干密度和耐水性影响

　　前面通过实验室研究制备已得到几组性能满足要求的水泥基 EPS/ 玻化微珠复合保温材料的基本配合比，为了更好地接近工程应用，实验将三组配合比的水泥基 EPS/ 玻化微珠复合 EPS 混凝土按照工程应用过程制备了工程应用展示板，如图8-39所示。水泥基 EPS/ 玻化微珠复合 EPS 混凝土建筑保温系统是由基层（即墙体）、界面层（即界面砂浆）、EPS 混凝土、抹面层（抗裂砂浆和耐碱网格布）和饰面层（腻子和涂料）构成的。EPS 混凝土的制备工艺为：先将水泥、外加剂与拌合水一起搅拌，保证浆体温度为 20℃，搅拌叶片搅拌公转速度为 125r/min，搅拌自转速度为 285r/min，搅拌时间为 5min；再将有机 EPS 加入到水泥浆体中，慢搅 1min 后继续快搅 30s；最后将玻化微珠掺入到砂浆中，慢搅 1min 即可。另外涂料饰面系统抹面层厚度应不小于 3mm，并且不宜大于 6mm，且抗裂砂浆必须在保温层充分凝固后进行，再将网格布压入防裂砂浆中去。最后，进行涂料饰面层施工即可。

图8-39　工程模拟展示板

326　　特种及功能水泥基材料

在水泥基 EPS/ 玻化微珠复合外墙保温材料中掺入 0.30% 的聚丙烯纤维，保温材料的 7d 压折比降低约 8%，7d 抗压强度提高约 42%，7d 抗折强度提高约 56%。采用 OPC 取代 20% 的快硬 SAC，可以降低水泥基 EPS/ 玻化微珠复合外墙保温材料的成本。另外，粉煤灰、矿渣可以改善保温材料的性能，经数据分析后确定最佳掺量可在复合水泥掺量 80%、粉煤灰掺量为 15%、矿渣微粉掺量为 5% 的掺量周围调配。采用实验室制得的水泥基 EPS/ 玻化微珠复合 EPS 混凝土的优化配合比，制备了两种 EPS 混凝土工程模拟展示板。

第三节
硅酸钙板

一、托勃莫来石形成机制[23]

与传统的建筑板材相比，硅酸钙板具有的优越性能主要是由于托勃莫来石的产生，其属于 $CaO-SiO_2-H_2O$ 系统中合成的一种结晶性的水化硅酸钙。托勃莫来石决定硅酸钙板的干密度和其他优良的性能，可以广泛地应用于建筑材料和化学工业上。而托勃莫来石的形成取决于一个良好的成型条件，对于现有的硅酸钙板技术来说，成型条件是一个非常模糊的概念，不同的实验原料对于成型条件的依赖是非常大的。

本节实验通过钙硅比、蒸养温度和时间来研究其对托勃莫来石形成的影响，并对其抗折强度进行分析。托勃莫来石的形成取决于水泥的水化和 $Ca(OH)_2$ 与活性石英砂的反应。因此，水泥在硅酸钙板中的掺量（即具有不同的钙硅比）将会对其水化产物有显著的影响。硅酸钙板中水泥掺量与钙硅比对应表如表 8-19 所示。本节中蒸养时间和蒸养温度分别为 6h 和 195℃。成型工艺如图 8-40 所示。

表8-19 硅酸钙板中水泥掺量与钙硅比对应表

水泥掺量/%	50	60	70	72	74	76	78	80	90	100
钙硅比	0.60	0.83	1.15	1.22	1.30	1.39	1.49	1.60	2.30	3.56

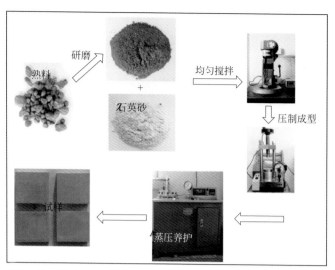

图8-40 硅酸钙板的成型工艺

1．硅钙比

图 8-41 展示了硅酸钙板中不同水泥掺量试样的 XRD 图谱，同时其矿物相与 ICCD PDF 数据库做了一定的对比。由图中可以看出水泥的掺量对矿物相具有很大的影响。托勃莫来石的衍射峰强度在掺量为 50% ~ 70% 时，随着钙硅比的升高强度逐渐升高，可以看出钙质材料的加入有利于托勃莫来石的生成。但从图谱中可以看出，SiO_2 的峰强度是占主导的，这是由于在此范围内石英砂的掺量仍然是过多的，过量的石英砂同样预示着水泥掺量的缺失。而 C_2S/C_3S 的衍射峰强度在 XRD 图谱中也是不可忽视的，这说明了水泥的反应并未完全进行。随着水泥掺量逐渐增长到 80% ~ 100%，托勃莫来石的衍射峰强度随着水泥掺量的增加逐渐降低，此时 SiO_2 的衍射峰急剧降低甚至消失。相反地，$Ca(OH)_2$ 的衍射峰开始出现并且明显增长。这些现象是由于钙质材料的增多和硅质材料的缺失引起的。同样地，C_2S/C_3S 的衍射峰在 XRD 图谱中出现，这是由于蒸养时间的不同以及硅酸钙板内部扩散速度不同引起的。自然地，这些钙质材料以不同化合物的形式存在于硅酸钙板中，但它可以通过延长蒸养时间或者提高蒸养温度的措施得到解决。

理论上托勃莫来石的钙硅比为 0.83，此时对应水泥的掺量为 60%。从图 8-41 可以看出当水泥掺量为 70% ~ 80%（钙硅比为 1.15 ~ 1.60）时托勃莫来石的峰最高，钙硅比偏高的原因是活性石英砂很难与 $Ca(OH)_2$ 反应完全，而未反应的 C_2S/C_3S 和石英砂的含量仍然很高。然而过量的水泥导致高的钙硅比的产生，但它不利于 C_2S 和 C_3S 的水化。另外，由于 SiO_2 的缺失使得 $Ca(OH)_2$ 难以继续反应。例如，对于 90% 掺量的试样，在衍射角为 7° ~ 8° 时托勃莫来石的衍射峰消失，预示着托勃莫来石的生成量开始减小。此时，在高钙硅比的情况下，C_2S 和 C_3S 的水化会产生高结晶相和大量的氢氧化钙，不利于硅酸钙板的性能。它同样可以被 100% 试样的 XRD 图谱证明，具有较差物理性能的 $Ca_6Si_2O_7(OH)_6$（jeffeite）开始出现。同样也产生了大量低性能的 $Ca(OH)_2$，很难被消耗掉。C_2S 和 C_3S 在 35 ~ 200℃ 的水化反应过程可以用以下的反应呈现。

$$Ca_3SiO_5 / Ca_2SiO_4 + H_2O \longrightarrow C\text{-}S\text{-}H(gel) + Ca(OH)_2 \longrightarrow$$
$$Ca_2(HSiO_4)OH + Ca_2SiO_3(OH)_2 \longrightarrow Ca_6Si_2O_7(OH)_6$$

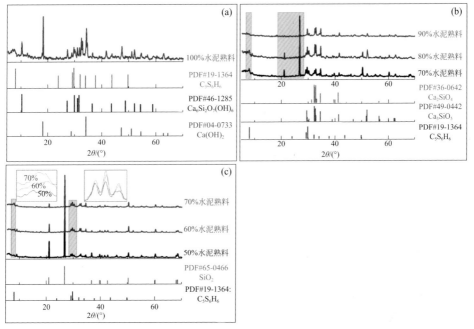

图8-41　水泥掺量对硅酸钙板试样XRD图谱的影响

在硅酸钙板中，抗折强度可以反映材料的韧性和预测托勃莫来石的含量。图 8-42 展示了不同钙硅比下硅酸钙板的抗折强度，其呈现先增大后减小的趋势，最佳的掺量范围为 70% ~ 80%。为了获得精确的掺量范围，对 70% ~ 80% 中的五个点进行了研究。抗折强度实验结果展示了合适的水泥掺量为 72%，这时的钙硅比为 1.22，高于理论的钙硅比 0.83。在掺量 72% 时，硅酸钙板的抗折强度达到了 16.1MPa，优于 JC/T 564.1 所规定的强度（它所要求的强度为 9MPa）。

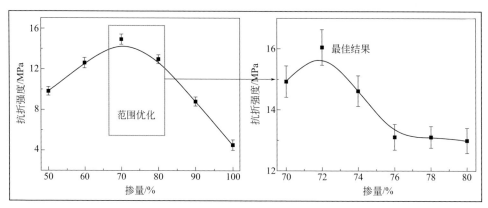

图8-42　水泥熟料掺量对硅酸钙板抗折强度的影响

以上的这些结果也可以用 SEM 来进行分析，图 8-43 展示了不同水泥掺量下的硅酸钙板 SEM 图谱。随着水泥掺量的增加，硅酸钙板中托勃莫来石的形貌在掺量为 50% ~ 80% 时呈现有规律的变化，即针状 - 片状 - 针状和由小到大在变小的过程。从掺量为 90% ~ 100% 的试样可以看出其分别呈现网状和无规则的针状，并不能提供足够的强度。

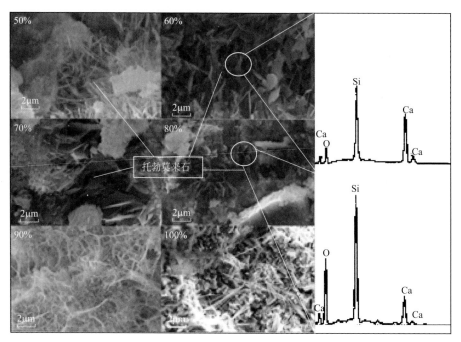

图8-43　水泥掺量对硅酸钙板SEM图谱的影响

2．蒸养温度

不同蒸养温度下硅酸钙板的 DSC-TG 曲线如图 8-44 所示。毫无疑问，在蒸养温度范围为 190 ～ 195℃时托勃莫来石转化的放热峰区域最大，此时的 DSC 曲线的温度范围为 800 ～ 830℃。在 TG 曲线中，50 ～ 150℃范围内的质量损失主要是由于托勃莫来石中结合水的失去造成的，当质量损失达到最大值时，此时的蒸养温度范围为 190 ～ 195℃，预示着在此时可以产生大量的托勃莫来石。另外，Ca（OH）$_2$ 的质量损失在 175 ～ 185℃是明显的。这些现象表明增大蒸养温度有利于 Ca（OH）$_2$ 和 SiO$_2$ 的反应以及托勃莫来石的形成。

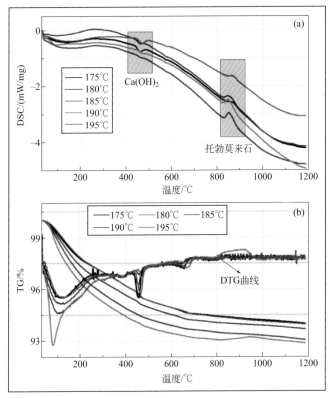

图8-44　蒸养温度对硅酸钙板DSC-TG曲线的影响

3．蒸养时间

图 8-45 展示了不同蒸养时间下硅酸钙板的 XRD 图谱，托勃莫来石的衍射峰强度随着蒸养时间的增大而增大，直到达到 8h。之后衍射峰强度逐渐减小。托勃莫来石在蒸养时间为 2h 和 10h 时的生成量很少，前者有可能是由于 C$_5$S$_6$H$_6$ 的大量生成，后者有可能是托勃莫来石向硬硅钙石的转变造成的。

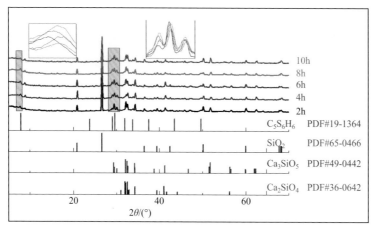

图8-45 蒸养时间对硅酸钙板XRD图谱的影响

二、含纤维造纸污泥[24]

造纸污泥属于生物质固体废弃物，含有部分有机纤维素类纤维及部分无机惰性填料成分。根据造纸种类以及木质原料和制备工艺的不同，造纸污泥通常可分为以下4种：生态污泥（EIPS）[25]和脱墨污泥（DIPS）[26]2种含纤维造纸污泥；造纸污泥灰[27]和碱回收白泥[28]2种无纤维造纸污泥。生态造纸污泥和脱墨造纸污泥的有机成分都是木纤维，只是含量不同，无机成分都是碳酸钙；造纸污泥灰的主要成分为硫酸钙（$CaSO_4$）和钙黄长石（$Ca_2Al_2SiO_7$），碱回收白泥的主要成分为碳酸钙。本节中主要研究含纤维造纸污泥掺量对硅酸钙板性能的影响。

生态污泥和脱墨污泥掺量对硅酸钙板抗折强度的影响如图 8-46 所示，当脱墨污泥掺量为0%～7.5%时，硅酸钙板的抗折强度随着脱墨污泥掺量的增加而增加，并达到最大值16.9MPa，而后随着掺量增加，抗折强度显著降低，这部分原因可能是由于两方面造成的，一是脱墨污泥本身具有无胶凝性的碳酸钙，大掺量地进入硅酸钙板使得其强度下降，二是由于脱墨污泥中纤维量的增多，在硅酸钙板中发生团聚而不易分散，使得硅酸钙板的宏观缺陷增多。而对于生态造纸污泥来说，其趋势与脱墨污泥对硅酸钙板的影响相似，但是其强度整体上要比脱墨污泥硅酸钙板低。当掺量为10%时，达到抗折强度的最大值15.5MPa。产生的原因也与前者相似，只是两者的纤维含量不同，性能有一定差异。根据以上分析，脱墨造纸污泥的最佳掺量为0%～7.5%，而生态造纸污泥的最佳掺量为0%～10%，很明显脱墨污泥对抗折强度的改善优于生态污泥。图 8-47 展示了生态污泥和脱墨污泥掺量对硅酸钙板干密度的影响，对于生态造纸污泥和脱墨造纸污泥来说，硅酸钙板的干密度都是随着两者掺量的增加而呈现下降趋势。当掺量大于20%时，硅酸钙板的干密度要小于1700kg/m³。

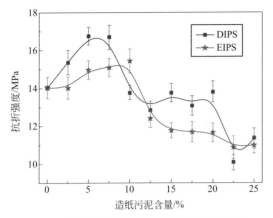

图8-46　生态/脱墨污泥对硅钙板抗折强度影响

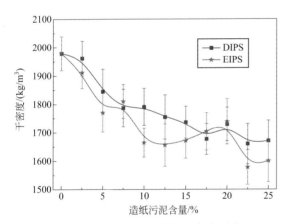

图8-47　生态/脱墨污泥对硅钙板干密度影响

主要原因还是由于木浆纤维的干密度要远低于硅酸钙板的密度，当木浆纤维的掺量变大时，下降趋势是显然的，而且大掺量的木浆纤维会引入缺陷，使得硅酸钙板不致密而干密度增大。所以要降低硅酸钙板的干密度，要尽量多掺入两种造纸污泥。

图8-48展示了生态污泥和脱墨污泥掺量对硅酸钙板吸水率的影响，由图中可以看出，两种造纸污泥的掺入都会使硅酸钙板的吸水率急剧增加，当掺量超过10%后生态污泥试样的吸水率要稍大于掺入脱墨污泥的试样，这是由于木浆

纤维的比表面积较大，表面含有大量的亲水基团，所以具有很高的吸水性，同时水泥水化所需的水不足，硅酸钙板就会从蒸养环境中吸收大量的水分，用于水泥水化作用。所以按照要求建筑板材吸水率要小于10%的要求，两种造纸污泥的掺量要限制在10%以内。图8-49展示了生态污泥和脱墨污泥掺量对硅酸钙板抗冲击强度的影响，两种造纸污泥对于抗冲击强度的影响与抗折强度相似，并且作用范围也是相似的。脱墨污泥的最佳掺量为0%～7.5%，而生态造纸污泥的最佳掺量为0%～10%，且脱墨污泥对于抗冲击强度的影响较大。综上所述，在硅酸钙板中，脱墨污泥的最佳掺入量为5%～7.5%，而生态污泥的最佳掺入量为5%～10%。

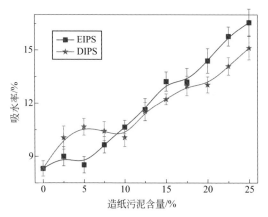

图8-48　生态/脱墨污泥对硅钙板吸水率影响

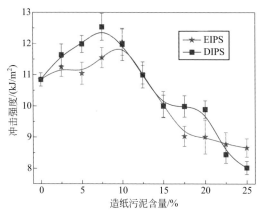

图8-49　生态/脱墨污泥对硅钙板抗冲击强度影响

根据硅酸钙板干密度和抗折强度的变化，可以确定木浆纤维在硅酸钙板中的最佳掺量为 0.4% ~ 0.9%。通过分析掺入脱墨污泥和生态污泥的硅酸钙板的性能，确定出脱墨污泥的最佳掺入量为 5% ~ 7.5%，而生态污泥的最佳掺入量为 5% ~ 10%。综上所示，造纸污泥在硅酸钙板中具有很好的适应性与实用性。

三、无纤维造纸污泥[29]

　　下面主要研究无纤维造纸污泥掺量对硅酸钙板性能的影响，通过设置不同的造纸污泥掺量，研究造纸污泥对硅酸钙板抗折强度、吸水率、干密度以及热导率等性能的影响。造纸污泥灰的主要成分为硫酸钙（$CaSO_4$）和钙黄长石（$Ca_2Al_2SiO_7$）[30]，造纸污泥灰（PSA）和造纸白泥（ARPS）的 XRD 图谱如图 8-50 所示。钙黄长石为低活性的硅酸钙材料，碳酸钙为无机惰性材料，且两者的热导率都很低，掺入硅酸钙板后可以有效地降低其热导率。并且由于其较小的粒度和干密度可以有效地改善硅酸钙板的性能。图 8-51 为水泥、石英砂和造纸污泥灰粒度分析比较，水泥与石英砂的粒度相似，主要分布在 20 ~ 50μm 的范围内。而造纸污泥灰的粒度要小于水泥与石英砂的粒度，主要分布在 5 ~ 50μm 左右。硅酸钙板中造纸污泥灰的掺入可以有效地降低其孔隙率，使得硅酸钙板的力学性能、耐水性能等得到极大的改善。

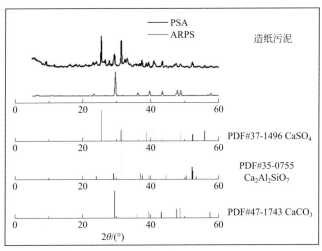

图8-50　PSA和ARPS的XRD图谱

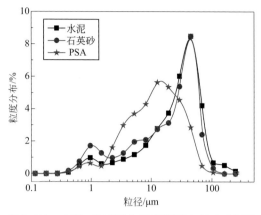

图8-51 水泥、石英砂和造纸污泥灰粒度分析比较

图 8-52 展示了不同造纸污泥灰掺量的硅酸钙板的抗折强度，可以看出 PSA 掺量在 0%～30% 时抗折强度逐渐升高，达到 30% 掺量时，抗折强度达到最高值 17.8MPa。但是当造纸污泥灰掺量大于 30% 时，抗折强度的下降是很明显的，并且保持大致的平衡。所以造纸污泥灰的掺入量在 0%～30% 时，可以很好地改善硅酸钙板的力学性能。干密度是评价硅酸钙板实用性的一个重要指标，不同造纸污泥灰掺量下硅酸钙板的干密度如图 8-53 所示。当造纸污泥灰掺量为 0%～50%，硅酸钙板的干密度变化不大，处于 1911～1975kg/m³ 之间。当造纸污泥灰掺量大于 50% 时，干密度急剧下降。这是由于造纸污泥灰的密度远低于水泥和石英砂密度，掺入硅酸钙板后显著降低其干密度。根据硅酸钙板不同性能之间的比较可以确定最佳的造纸污泥灰掺量为 30%，碱回收白泥的最佳掺量为 15%～20%。

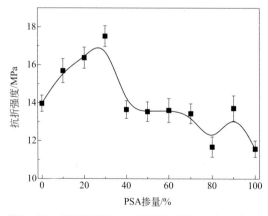

图8-52 造纸污泥灰对硅酸钙板抗折强度影响

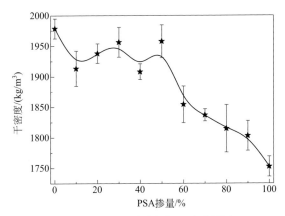

图8-53　造纸污泥灰对硅酸钙板干密度影响

　　碱回收白泥（即 ARPS）的主要成分为碳酸钙（$CaCO_3$），碳酸钙作为惰性材料，其热导率很低，只有 0.05W/（m·K），掺入硅酸钙板后可以有效地降低其热导率。并且由于其较小的粒度和干密度可以有效地改善硅酸钙板的性能。碱回收白泥掺量对硅酸钙板抗折强度的影响如图 8-54 所示，可以看出，碱回收白泥掺量在 0% ~ 15% 时抗折强度急剧升高，达到 15% 掺量时，抗折强度达到最高值 17.1MPa。但是当碱回收白泥掺量大于 15% 时，硅酸钙板的抗折强度急剧下降，与造纸污泥灰相比，抗折强度的下降趋势是尤为明显的。所以碱回收白泥的掺入量在 10% ~ 20% 时，可以很好地改善硅酸钙板的力学性能。碱回收白泥掺量对硅酸钙板干密度的影响如图 8-55 所示。当碱回收白泥掺量为 0% ~ 15%，硅酸钙板的干密度稍有增加且变化不大，处于 1980 ~ 2014kg /m^3 之间。当碱回收白泥掺量大于 15% 时，干密度急剧下降。与造纸污泥灰相比，碱回收白泥的

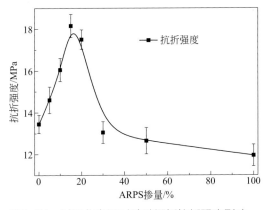

图8-54　碱回收白泥对硅酸钙板抗折强度影响

掺入使得干密度的增长趋势比造纸污泥灰要明显。这是由于碱回收白泥的密度远低于水泥和石英砂的密度，掺入硅酸钙板后将显著降低其干密度。

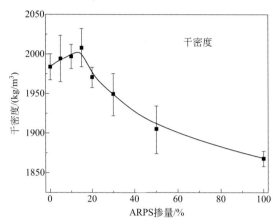

图8-55 碱回收白泥对硅酸钙板干密度影响

参考文献

[1] 徐永铭. 国内外建筑节能现状及发展 [J]. 徐州工程学院学报，2005, 020(003):71-73.

[2] 贺洁，李庆中. 中国现阶段建筑节能形势与判断 [J]. 中国电子商务，2010, 000(007):209.

[3] 付国永. 农村建筑围护结构的节能措施 [J]. 建筑工人，2013, 34(006):32-34.

[4] 苟凤华，张凯. 浅析建筑节能之外墙外保温技术优越于内保温技术 [J]. 中国高新技术企业，2010, 000(018):155-156.

[5] 葛欣国，何瑾，刘微，等. 有机保温材料燃烧烟气毒性及热性能分析 [J]. 新型建筑材料，2018, 45(4):1-4.

[6] 高欢，廖立兵，刘昊，等. 一种新型常温发泡珍珠岩基无机保温材料 [C] // 中国矿物岩石地球化学学会学术年会. 2019.

[7] 杨婷松. 发泡水泥的制备工艺及理化性能研究 [D]. 济南：济南大学，2014.

[8] 陈明旭. 造纸污泥对水泥基硅酸钙板及保温砂浆性能的影响 [D]. 济南：济南大学，2017.

[9] 薛黎明. 有机无机复合保温板及其应用技术研究 [J]. 新型建筑材料，2016, 043(001):68-71, 75.

[10] 董晓楠. 水泥基有机 - 无机复合外墙保温材料的研究 [D]. 济南：济南大学，2014.

[11] Blander M, Katz J L. Bubble nucleation in liquids[J]. AIChE Journal, 1975, 21(5):833-848.

[12] 史程瑛，刘哗. 缓冲包装材料发泡机理及泡体破坏因素的研究 [J]. 包装工程，2007, 28(7):31-33.

[13] 向帮龙，管蓉，杨世芳. 微孔发泡机理研究进展 [J]. 高分子通报，2005(6):7-15.

[14] 王芳，王录才. 发泡温度对泡沫铝孔结构的影响及机理分析 [J]. 太原重型机械学院学报，2003, 24(1):70-73.

[15] 李应权，朱立德，李菊丽，等. 泡沫混凝土配合比的设计 [J]. 徐州工程学院学报（自然科学版），2011,

26(2):1-5.

[16] 赵国荣，王培铭，等. 可再分散乳胶粉改性水泥浆体中聚合物膜结构的界面特征 [C] // 第六届全国商品砂浆学术交流会论文集. 北京：中国建材工业出版社，2016.

[17] 方萍，吴懿，龚光彩. 膨胀玻化微珠的显微结构及其吸湿性能研究 [J]. 材料导报，2009, 23(5):112-114.

[18] Dong X, Wang S, Gong C, et al. Effects of aggregate gradation and polymer modifiers on properties of cement-EPS/vitrified microsphere mortar[J]. Construction and Building Materials, 2014(73):255-260.

[19] Wang S, Chen M, Lu L, et al. Investigation of the adaptability of paper sludge with wood fiber in cement-based insulation mortar[J]. Bioresources, 2016, 11(4):10419-10432.

[20] Chen M, Wang S, Lu L, et al. Effect of matrix components with low thermal conductivity and density on performances of cement-EPS/VM insulation mortar[J]. Journal of Thermal Analysis and Calorimetry, 2016, 126(3):1123-1132.

[21] 陈娟，卢亦焱. 硅酸盐 - 硫铝酸盐水泥混合体系的实验研究 [J]. 重庆建筑大学学报，2007, 29(4):121-124.

[22] 张建波，张文生，吴春丽. 硅酸盐与硫铝酸盐复合水泥孔隙液相 pH 值变化研究 [J]. 水泥，2011(5):1-4.

[23] Chen M, Lu Li, Wang S, et al. Investigation on the formation of tobermorite in calcium silicate board and its influence factors under autoclaved curing[J]. Construction and Building Materials, 2017, 143: 280-288.

[24] Chen M, Li L, Zhao P, et al. Paper sludge functionalization for achieving fiber-reinforced and low thermal conductivity calcium silicate insulating materials[J]. Journal of Thermal Analysis and Calorimetry, 2019, 136: 493-503.

[25] 程伟娜，李光明，马红磊. 造纸污泥与市政污泥混合处理可行性研究 [J]. 中国造纸，2018, 037(010):39-42.

[26] 万月亮，孟祥美，冯琨，等. 磷酸活化法脱墨污泥活性炭的改性研究 [J]. 中国造纸学报，2019, 034(003):31-37.

[27] 卢前明，张瑞林，王震，等. 煅烧温度及冷却条件对造纸污泥灰火山灰活性的影响 [J]. 环境工程学报，2018, 12(09):213-219.

[28] 彭晓月，宋菊林. 造纸厂碱回收白泥原位改性固化处理技术 [J]. 施工技术，2018, 47 (S4):1147-1150.

[29] Chen M, Zheng Y, Zhou X, et al. Recycling of paper sludge powder for achieving sustainable and energy-saving building materials[J]. Construction and Building Materials, 2019, 229: 116874.

[30] 张拓，韩卿，阮秀娟，等. 造纸生化污泥在外墙涂料制备中的填料化利用研究 [C] //2018 全国高装饰功能型建筑及地坪涂料高峰论坛论文集. 2018.

第九章
超高强水泥基材料

超高强水泥基材料具有超高强、高耐久性、高抗爆和高抗电磁干扰等优异性能，常被用于核电站安全壳和核废料储存容器，防止核泄漏；用于极端严酷环境基础设施、石油平台、油气管道，显著提高耐久性；用于洲际导弹发射井等重要设施，提高二次核打击能力，是隐蔽工程不可或缺的材料。研究表明巨型钻地弹能穿透抗压强度 35MPa 普通混凝土达 60m 之深，但当混凝土的抗压强度达 70MPa 时，钻地炸弹只能钻进 8m，当混凝土抗压强度达 200MPa 时，可抵御巨型钻地炸弹。超高强水泥基材料种类繁多，其中最具有代表性的是无宏观缺陷（MDF）水泥基材料、均匀分布超细颗粒致密体系（DSP）水泥基材料和压力成型超低水灰比水泥基材料[1, 2]。其他超高强水泥基材料，如化学黏结陶瓷、密实增强混凝土以及聚合物水泥基材料等不断出现，掀起了水泥基材料向高力学性能、高耐久性方向发展的新高潮。

第一节
MDF 水泥基材料

水泥基材料中的宏观缺陷在材料承受载荷时会在缺陷处形成应力集中，进而导致水泥基材料低应力脆断，因此 1981 年英国 Imperial Chemical Industries（ICI）公司的 Birchall 等人从消除水泥基材料中的宏观缺陷出发，以硅酸盐水泥和有机聚合物为主要原材料，利用剪切搅拌技术制备了抗折强度可以达到 100MPa、弹性模量达到 60GPa 的超低水灰比水泥基材料[3]。研究表明这种材料抗折强度和弹性模量的大幅度提高主要是由于材料中宏观缺陷的消除，因此这种超低水灰比水泥基材料被命名为无宏观缺陷（Macro-Defect-Free）水泥基材料，简称 MDF 水泥基材料。从微米和纳米尺度来讲，MDF 水泥基材料实质上是一种聚合物 - 水泥复合材料，在这些材料中聚合物和水泥发生协同反应，形成以聚合物和水泥水化产物为网络骨架、水泥颗粒填充其中的独特微观结构，因此 MDF 水泥基材料也被称为有机水泥复合材料、高抗弯强度水泥 - 聚合物复合材料等。

一、组成与制备技术

MDF 水泥基材料作为一种有机 - 无机复合材料，其有效的组成体系主要有 3 种，即硅酸盐水泥（PC）- 聚丙烯酰胺（PAM）、硫铝酸盐水泥（SAC）或铝酸盐（CAC）（水泥）- 聚乙烯醇（PVA）体系。水泥加聚合物再辅以少量的拌合水和甘油，经过剪切搅拌和低温热压成型，即可得到 MDF 水泥基材料。现有研究表明 MDF 水泥基材料的最佳组成体系为 CAC-PVA 体系，ICI 公司确定的 MDF 水泥基材料最佳配合比为 CAC 100 份、PVA 7 份、甘油 0.7 份和水 11 份。MDF 之所以采用剪切搅拌的目的一方面是将浆体中的空气挤出以避免产生宏观缺陷，另一方面剪切力可以诱导 PVA 等聚合物的化学链发生断裂促进聚合物解聚和溶解。并且加压成型可以进一步消除材料层间缺陷和提高材料结构致密性，进而提高材料的力学强度和耐久性等性能。随着 Birchall 等人的初步发明和基本发现，越来越多的学者开始对 MDF 水泥基材料展开系统研究。Older[4] 总结大量的研究得出 MDF 水泥基材料的特性主要包括以下 4 个方面：①优异的力学性能。抗压强度、抗折强度和弹性模量等远远高于传统的水泥基材料。②水泥与聚合物的结合对材料性能至关重要。③聚合物的移除会导致 MDF 水泥基材料力学强度的急剧降低，最大降低幅度可达 90%。此外，如果聚合物移除之后所产生的空隙能够及时地被水泥水化产物所填充，则 MDF 水泥基材料的强度可以达到移除聚合物之前强度的 1/3 左右。④在湿度大于 60% 的环境中，MDF 水泥基材料的力学强度会大幅度降低乃至失效。

二、性能与应用

MDF 水泥基化学组成的特殊性和微观结构的致密性使得其具有一系列优异的性能。MDF 水泥基材料的优异性能主要体现在：①力学性能。研究表明 MDF 水泥基材料的抗折强度达到 200MPa、抗压强度达到 300MPa、杨氏模量达到 50GPa，以及断裂韧性达到 $3MPa \cdot m^{1/2}$，这种断裂韧性较高的材料可以进行各种机械加工而不致脆断。Young[5] 研究结果表明碳化硅粉末或晶须可以进一步提高 MDF 水泥基材料的抗折强度、断裂韧性和耐磨性。Alford 等 [6] 的研究表明在 MDF 水泥基材料中加入纤维束或纤维网格布可以有效地提高材料的断裂能和冲击强度，纤维改性 MDF 水泥基材料断裂能可以达到 $100kJ/m^2$、冲击强度可以达到 120kN/m。②介电性能。Alford 等 [6] 的研究表明 MDF 水泥基材料的介电常数约为 9.0，但由于剪切搅拌技术未能实现 MDF 水泥基材料微结构的均匀控制，导致 Alford 等 [6] 测定的材料体积电阻率波动幅度较大，介于 $10^9 \sim 10^{11}\Omega \cdot cm$ 之间。刘清汉 [7] 曾测得 MDF 水泥基材料的电阻率为 $10^{11} \sim 10^{12}\Omega \cdot cm$，与 Alford 等人测试的材料体积电阻率最大值一致。Young[5] 的研究证实石英微粉或硅灰的加入可以有效地降低 MDF 水泥基材料的介电常数和介电损耗。李北星等 [8] 认为石英微粉或硅灰的加入可以提高 MDF 水泥基材料的体积电阻率，但 Young[5] 测定的石英微粉掺量为 50%（体积分数）的 MDF 水泥基材料体积电阻率为 $10^{11} \sim 10^{12}\Omega \cdot cm$，这与刘清汉等人的测试相同，因此石英微粉或硅灰对

MDF 水泥基材料体积电阻率的影响还有待进一步研究。③声学性能。一般情况下材料的声学阻尼与弹性模量成反比，例如钢的杨氏模量约为 200GPa，但它的声学阻尼损耗因子仅为 0.002，因此使用钢材作为重型机械的底座仅仅可以起到支撑作用而没有减震作用。木材等材料声学阻尼性能较好，但其弹性模量相对较低，不适于用作重型机械的底座。MDF 水泥基材料杨氏模量可达 50GPa，同时其声学阻尼损耗因子可达 0.1，为钢材的 50 倍。因此，MDF 水泥基材料可作为一种减震作用良好的承重材料。④抗低温性能。研究表明 MDF 水泥基材料在低温下抗折强度、杨氏模量和应力集中系数都有所增加，这得益于 MDF 水泥基材料非常低的热导率和极高的致密度。

三、MDF水泥基材料的发展

由于聚合物的移除会导致 MDF 水泥基材料力学强度的急剧降低，因此对于 MDF 水泥基材料而言水溶性聚合物不仅仅是作为一种流变助剂，其在材料的结构组成上应该发挥着更加积极的作用。从有机 - 无机复合材料角度来看，水泥水化产物、未水化的水泥颗粒和聚合物的界面结构和微观化学反应或结合是决定 MDF 水泥基材料性能的最重要因素。1985 年 Rodger 等 [9] 借助红外光谱、孔溶液离子浓度和水化热等分析测试手段首先证明了 MDF 水泥基材料中水泥与水溶性聚合物之间存在化学反应，研究结果表明聚乙烯醇可以与羟基化的 Al^{3+} 发生化学交联、聚丙烯酰胺则是与 Ca^{2+} 发生化学交联，并进一步探究了上述化学交联对材料力学性能的重要影响。1992 年朱宏等 [10] 通过红外光谱分析（FT-IR）、X 射线衍射（XRD）分析和差热分析（DTA）证明聚丙烯酰胺与硅酸盐水泥发生化学反应并形成界面层，水泥与聚合物复合增强形成一个整体是 MDF 水泥基材料具有一系列优异性能的重要原因。Harsh 等 [11] 利用 FT-IR 和 DTA 技术间接证明了 CAC 与 PVA 界面上 Al^{3+} 通过 C—O—Al 键交联，并认为 PVA 会抑制 C_3AH_6 的形成。胡曙光 [12] 借助 X 射线光电子能谱研究了铝酸钙和聚丙烯酰胺的界面相化学反应，研究指出二者的具体键合方式为 C—O—Ca 或 C—O—Al，未水化水泥、水泥水化产物和聚合物的相互结合、穿插形成稳定的网络结构是 MDF 水泥基材料强度高、韧性大的根本原因。Drabik 等 [13] 在第九届水泥化学大会上分享的利用 ^{27}Al 核磁共振技术研究无水硫铝酸钙和羟丙基甲基纤维素的界面相反应确切地证实了水泥与聚合物之间的化学键合和 C—O—Al 键的形成。Popoola 等 [14] 利用 X 射线光电子能谱（XPS）和 ^{27}Al 核磁共振技术进一步证实了 MDF 水泥基材料微观组成中 C—O—Al 键的存在。此外，Popoola 等 [15] 还利用透射电镜（TEM）、高分辨电镜（HREM）和 X 射线微区分析（EDS）等技术研究了 MDF 水泥基材料的微观结构与组成，并得出 MDF 水泥基材料的微观结构由未水化水泥、水化产物以及水泥与聚合物的交联相组成。1996 年 Gulgun 等[16] 的研究表明移除聚合物之后 MDF 水泥基材料力学强度急剧降低的原因在于聚合物移除之后，水泥与聚合物的界面相被破坏，材料结构失效。因此，聚合物在 MDF 水泥基材料中的作用主要包括 3 个方面：①作为流变助剂，促进粉体颗粒紧密堆积；②填充粉体颗粒间的空隙；③与水泥发生键合形成界面相。

Powers 认为孔隙率是影响水泥基材料力学性能的最主要参数，降低材料孔隙率是提高其力学强度的唯一途径。然而根据该论述建立起的超细颗粒致密填充体系（DSP）水泥基材料虽然孔隙率与 MDF 水泥基材料接近，但其抗折强度远远低于 MDF 水泥基材料。因此，MDF 水泥基材料的破坏机制与传统的水泥基材料应该存在一定的差异。Birchall 等[17] 和 Alford[18] 以脆性断裂的 Griffith 方程为基础研究了 MDF 水泥基材料的破坏机制，经典的 Griffith 方程描述为：

$$e=[ER/(\pi c)]^{1/2} \qquad (9\text{-}1)$$

式中　e——抗折强度，MPa；

　　　E——弹性模量，MPa；

　　　R——断裂能，J/m²；

　　　c——最大孔尺寸，μm。

由此推断 MDF 水泥基材料的抗折强度仅取决于最大孔尺寸，与孔隙率无关。Kendall 等[19] 进一步考虑了孔隙率对弹性模量和断裂能的影响，即

$$E=E_0(1-p)^3 \qquad (9\text{-}2)$$

$$R=R_0\exp(-kp) \qquad (9\text{-}3)$$

式中　E_0——0 孔隙率时材料弹性模量，MPa；

　　　R_0——0 孔隙率时材料断裂能，J/m²；

　　　p——孔隙率，%；

　　　k——实验常数。

将 E 和 R 代入上述 Griffith 方程，得到修正的 Griffith 方程为：

$$e=[E_0R_0(1-p)^3\exp(-kp)/(\pi c)]^{1/2} \qquad (9\text{-}4)$$

式中　E_0——0 孔隙率时材料弹性模量，MPa；

　　　R_0——0 孔隙率时材料断裂能，J/m²；

　　　p——孔隙率，%；

　　　k——实验常数；

　　　c——最大孔尺寸，μm。

由此推断 MDF 水泥基材料的抗折强度不仅仅取决于最大孔尺寸，还与其孔隙率有关。Roy[20] 的实验结果与修正的 Griffith 方程拟合程度非常高，进一步证明修正的 Griffith 方程更适合用于 MDF 水泥基材料的破坏机制分析。

由于 MDF 水泥基材料中含有大量的水溶性聚合物和未水化的水泥，因此在相对湿度较大的环境中，聚合物的溶胀软化、未水化水泥的持续水化和界面相的破坏导致 MDF 水泥基材料力学强度大幅度损失，这被称为 MDF 水泥基材料的湿敏性。李北星研究发现湿度传递的主要通道是由 MDF 水泥基材料中未与水泥水化产物发生交联的聚合物提供的，大量未水化的水泥为湿度的传递提供了动力，并由此提出解决 MDF 水泥基材料湿敏性的根本措施在于切断湿度传递通道和降低湿度传递动力。目前国内外已提出如下几种方法用来克服 MDF 水泥基材料的湿敏性：采用聚合物浸渍；采用异氰酸盐化合物提高聚合物交联度；通过用硼酸、有机配合物降低聚合物水溶性；利用防水涂层降低 MDF 水泥基材料的暴露；采用憎水性聚合物；采用偶联剂对 MDF 材料进行改性。由于水分的不均匀分散，导致 MDF 水泥基材料性能波动幅度较大、稳定性较差和 MDF 水泥基材料的湿敏性问题，MDF 水泥基材料并未得到真正意义上的工程应用，但 MDF 水泥基材料为超低水灰比水泥基材料的研究和发展提供了方向和愿景。

第二节
DSP 水泥基材料

水泥基材料的理论强度远远高于其实际强度是一直以来困扰水泥行业科研工作者的一个技术难题，这主要是因为水泥基材料的内部结构决定了它的宏观性能。水泥基材料的微观结构为非均匀的多孔结构，而只有那些缺陷非常少或没有缺陷的材料才能表现出其应有的理论强度。因此按照紧密堆积理论，提高材料的均匀性和密实性，减少材料内部的孔隙和缺陷，才能进一步提高材料的性能，改善水泥基材料微观结构的方法主要包括采用细颗粒或超细颗粒对水泥基材料进行致密填充和采用较低的水灰比。1982 年丹麦工程师 Bache Han 从颗粒致密堆积的角度出发提出了超低水灰比 DSP（超细颗粒致密填充体系）水泥基材料。

一、组成与制备技术

DSP 水泥基材料是由 70% ~ 80% 的水泥、20% ~ 30% 的硅灰、较大量的高效减水剂和少量的拌合水组成的。DSP 水泥基材料是应用颗粒学原理，按照紧密堆积理论模型，通过合理的颗粒堆积使材料达到最紧密堆积状态，之后颗粒之间再通过化学反应结合而得到均匀密实的高密实材料。从 DSP 材料的发展中可以看到，其组分和配合比在不断优化，其中主要考虑两点：一是物理因素，即通过合理的颗粒级配达到最紧密堆积以及通过加入超塑化剂、消泡剂等来减小孔隙率；二是化学因素，即体系中所进行的有利于使材料进一步密实化和均匀化的各种物理化学反应，控制微结构组分，避免不利于结构发展的相生成。所考虑的这两点也是 DSP 材料达到密实的途径之一。例如掺有大剂量超塑化剂的 DSP 水泥基材料各组分可以采用普通的搅拌工艺进行强力搅拌，其水泥净浆可以浇筑成型，也可在不同加压条件下成型。根据颗粒堆积的理论模型，粗颗粒对堆积密度的影响极大，而仅仅更换细颗粒的尺寸和数量，对整体材料的堆积密度影响不大。这与显微混凝土理论都说明了为什么可以用粉煤灰、矿渣等其他超细颗粒来替代或部分替代硅粉制得 DSP 水泥基材料，从而实现在不降低其性能的同时可降低其成本，即提高性价比并使得 DSP 材料满足可持续发展的要求。

二、性能与应用

根据致密填充理论发展起来的 DSP 水泥基材料具有以下优异性能：①优异的比强度即抗压强度与密度比。比强度较高的结构材料可以在截面积和体积较小的情况下满足结构体的强度需求，同时有利于降低结构体的自身重量。DSP 水泥基材料的抗压强度约为钢材的一半，但其密度仅为钢材的 1/3，因此其比强度约为钢材的 1.5 倍。②较高的弹性模量。弹性模量能够在宏观上代表材料抵抗弹性形变的能力，在微观上反映原子、离子或分子之间的结合强度，因此弹性模量是水泥基材料最重要的性能指标之一。DSP 水泥基材料的弹性模量约为（ 5 ~ 10 ）×10^3MPa，使得该材料可以被应用于超高层建筑的底部承重。③优异的抗冻性能。耐久性是水泥基材料推广应用必须关注的问题，它决定了水泥基材料的适用性和服役寿命。抗冻性是水泥基材料耐久性的重要组成部分，也是寒冷地区工程建设中首要考虑的问题。DSP 水泥基材料在 -35 ~ -40℃才开始冻结，-50℃才有 60% 的水发生冻结，因此其抗冻性极佳。④抗 Cl⁻ 侵蚀性能。在土木工程领域，Cl⁻ 对钢筋混凝土的侵蚀一直是困扰海洋工程建设的首要难题，这主要是因为 Cl⁻ 可以与钢筋结合形成原电池，加速钢筋的锈蚀和混凝土结构的破坏，极大地缩短了混凝土的服役寿命。DSP 水泥基材料的 Cl⁻ 扩散系数约为 $10^{-9}cm^2/s$，是普通水泥基材料的 1/10 左右。

DSP 水泥基材料一系列优异的性能，使得其具有十分广泛的应用领域，主要包括以下几个方面：①高层建筑和大跨度桥梁。利用 DSP 水泥基材料优异的力学性能，尤其是其较大强度与密度比，可以减小结构构件的截面和体积，减轻自重，节省工程综合造价。②海洋工程。利用 DSP 水泥基材料优异的抗冻性和抗侵蚀性能，能够极大地降低冻融循环作用和有害离子侵蚀对混凝土的破坏作用，提高混凝土服役寿命。③路面材料。利用 DSP 水泥基材料优异的耐磨性能，将其应用于高等级路面材料、停车场、除冰盐路面及城市地铁等。④其他领域。DSP 水泥基材料结构致密、孔隙率低、耐腐蚀性能好，不仅能抵御外部侵蚀介质的侵害，还能阻止放射性物质的泄漏，因此 DSP 水泥基材料是制备新一代放射性废弃物储存容器的理想材料。

三、DSP水泥基材料的发展

DSP 水泥基材料优异的宏观性能来源于其致密的微观结构与微观组分的有效结合。对于 DSP 水泥基材料微观结构的理论模型主要有 3 种：致密填充理论、显微混凝土理论和集料级配包围埭密理论。致密填充理论是指 DSP 材料主要利用致密填充原理或填充效应来降低孔隙率、提高密实度，这种填充包括物理填充和化学填充。物理填充是指在大量超塑化剂的作用下，充分发挥超细颗粒的密度效应、微集料效应、形貌效应和分散效应使 DSP 水泥基材料中超细颗粒均匀填充在水泥颗粒之间，以获得颗粒级配合理、结构致密、性能优异的 DSP 水泥基材料。化学填充一方面是利用超塑化剂降低粉体颗粒微观作用力进而降低水灰比，另一方面是利用粉体颗粒吸附超塑化剂形成双电层结构，对水泥水化所形成的"絮凝结构"有解絮作用，从而具有"分散效应"。显微混凝土理论是指 DSP 水泥基材料硬化后，其矿物组成比较复杂、微观结构均匀性较差，因此被称为显微混凝土。由于 DSP 水泥基材料水灰比较低，其内部的水泥仅为表层水化，大量未水化的水泥颗粒在体系中也是仅起到填充作用。因此理论上来讲可以采用大量的惰性颗粒取代 DSP 水泥基材料中未水化的水泥颗粒，而 DSP 水泥基材料的宏观性能基本不发生改变，这便是显微混凝土理论。刘崇熙[21]通过研究掺合料在混凝土中的作用在实验层面上证明了显微混凝土理论的正确性。这为开发大掺量掺合料高性能水泥基材料提供了理论基础。同时也可以根据显微混凝土理论将 DSP 水泥材料中大部分未水化的水泥用其他混合材进行替代，以减少水泥用量等。集料级配包围埭密理论是指在水泥基材料中紧密堆积的基础上大颗粒被小颗粒群所包裹，小颗粒又被再小一级的细小颗粒所包裹，细小颗粒再被微粒子所包裹，直到水泥水化产物将所有未水化的组分包裹，形成坚固的整体。

DSP 水泥基材料的制备技术和性能优化研究主要围绕两个方面展开，其中之一是完善颗粒堆积模型以及借助超塑化剂、消泡剂等外加剂进一步降低 DSP 水泥基材料孔隙率，另一个方面是通过调控 DSP 水泥基材料的水化反应提高 DSP 水泥基材料微结构的均匀性。研究表明大掺量超塑化剂 DSP 水泥基材料可以实现浇筑成型，也可以加压脱水成型。此外，根据粉体颗粒级配理论模型，粗颗粒对 DSP 水泥基材料的堆积密度影响较大，细颗粒的尺寸、数量和种类对 DSP 水泥基材料的堆积密度影响较小。因此可以采用一些工业废渣粉取代部分未水化的水泥，在保证性能的前提下进一步降低 DSP 水泥基材料的成本。

影响 DSP 水泥基材料颗粒堆积密实度的因素主要包括颗粒级配、颗粒形状、颗粒表面特性和颗粒粒度分布等。颗粒级配与粒度分布一方面会影响 DSP 水泥基材料的堆积密度，另一方面还会影响体系的水化，从而影响材料的致密度。研究表明优化水泥与其他粉体颗粒的颗粒级配与粒度分布能够有效地提高 DSP 水泥基材料力学强度及密实性。国内外围绕 DSP 水泥基材料所做的工作主要包括材料粉体颗粒堆积特性、孔结构与界面微观结构以及干湿循环作用对 DSP 水泥基材料耐久性的影响。目前 DSP 水泥基材料还存在以下问题：①微结构的均匀性和性能的稳定性问题。DSP 水泥基材料微结构的均匀性决定了其性能的稳定性，但如何实现 DSP 水泥基材料超细颗粒的均匀分布、低水灰比下拌合水的均匀分布依然是制约 DSP 水泥基材料应用的首要问题。②外加剂与材料体系相容性的问题。DSP 水泥基材料组成体系十分复杂，不仅包括水泥、大量的细颗粒，还包括大量的超塑化剂、聚合物和偶联剂等外加剂组分，其材料的相容性问题十分复杂。③如何实现真正意义上的致密填充。颗粒特性、堆积特性和堆积理论有待进一步系统性研究，真正意义上实现致密填充。④ DSP 水泥基材料的早期自收缩及微裂纹问题。DSP 水泥基材料早期自收缩较大进而导致微裂纹的产生极大地影响了 DSP 水泥基材料耐久性的发展。

DSP 水泥基材料作为一种致密体系结构材料，已成为高性能水泥基材料的一个重要组成部分。DSP 水泥基材料优异的性能使其具有广泛的应用前景，满足可持续发展的要求。DSP 水泥基材料的研究已取得一定的进展，其致密原理为水泥基材料高性能化提供了很好的思路，但该类材料微结构的均匀性和性能的稳定性问题、材料体系相容性的问题、早期自收缩过大及微裂纹问题依然突出，因此 DSP 水泥基材料应用于实际工程还需要进行更加深入的研究。

第三节
压力成型超低水灰比水泥基材料

在水泥基材料的诸多组分中，如水泥、骨料、水和外加剂，拌合水在很大程度上决定了水泥基材料的工程性能、力学性能和孔结构。水泥基材料的强度、体积稳定性、吸水率和其他工程性能以及水泥基材料孔结构随着水泥基材料初始水灰比的降低而逐渐优化。Rao[22] 在"水胶比在含有硅灰的砂浆强度发展过程中的作用"一文中指出砂浆各龄期强度均随水胶比的降低而增大；Schulze[23] 的研究证实水泥基材料的收缩率和吸水率与初始水灰比呈函数关系，且收缩率和吸水率随水灰比的降低而降低。因此，降低新拌水泥基材料的含水率或初始水灰比是改善水泥基材料性能的一种重要而高效的手段。我们必须注意到一个事实，那就是新拌水泥基材料的工作性会随初始水灰比的降低而显著下降，这严重制约了低水灰比在水泥基材料领域的应用。人们往往采用超塑化剂来降低新拌水泥基材料初始水灰比和保持新拌水泥基材料的工作性。一般而言所采用的超塑化剂为有机聚合物，它通过屏蔽或降低水泥基材料中粉体颗粒之间的吸引力，如范德华力和静电力，来提高新拌水泥基材料的工作性。由于超塑化剂的有效利用，低水灰比高性能水泥基材料才得以推广应用。但是，从水泥基材料结构和组分角度出发，超塑化剂的应用存在两个主要弊端。其中一个弊端是超塑化剂的使用是有一定限度的，对于超低水灰比水泥基材料而言，即使采用大量的超塑化剂粉体颗粒依然无法均匀地分布在整个体系中，进而导致水泥基材料结构的差异性，使水泥基材料性能劣化。另一个弊端是超塑化剂的使用进一步增加了水泥基材料成分的复杂性，使其各组分之间的相互作用更难以被研究，其性能优化也变得越发复杂。因此，压力成型技术被应用于制备组分简单、结构均匀的低水灰比基材料。

一、低压成型

1. 制备与表征

超低水灰比水泥基材料理论上结构致密、力学性能优异，但在超低水灰比水泥基材料制备过程中，水泥颗粒或其他粉体颗粒间极易形成液桥，而液桥的形成会导致颗粒间吸引力显著增大，造成粉体颗粒发生微团聚，进而导致水泥基材料硬化体结构的不均匀和性能剧烈波动，极大地限制了超低水灰比水泥基材料的推广应用。在以往的研究中，一些特殊的制备技术被用来制备超低水灰比水泥基材料，如剪切搅拌技术、致密填充技术和压力脱水技术等。但这些借助外力或毛细管力迫使超低水灰比水泥基材料中水分迁移的技术无法从根本上消除已经形成的液桥，因此粉体颗粒微团聚、材料微结构不均匀和性能不稳定的问题依然存在 [24, 25]。因此，济南大学程新等从无初始液桥的角度出发，提出了固态拌合水超低水灰比水泥基材料微结构均匀控制技术 [26-31]，并从超低水灰比水泥基材料力学性能的稳定性、孔结构的波动性、微米尺度下材料三维立体结构的匀质性、硬化水泥浆体内部相同粒径水泥颗粒水化程度的一致性和超声波传输的稳定性 5 个方面对超低水灰比水泥基材料微结构的均匀性进行表征。本书提出了 3 种制备方法，分别命名为制备方法 A（Method A）、制备方法 B（Method B）和制备方法 C（Method C），并以普通制备方法为对照组研究制备方法对超低水灰比硬化水泥浆体微结构均匀性的影响[24]。

水泥基材料微结构的均匀性决定了其宏观力学性能的稳定性，因此水泥基材料宏观力学性能的稳定性可以间接地反映其微结构的均匀性。制备方法对硬化水泥浆体抗压强度稳定性的影响如图 9-1 所示。由图 9-1 可以看出，对照组样品抗压强度平均值仅为 20.1MPa，但其强度波动达到 ±5.60MPa。采用实验提出的 3 种制备方法制备的样品，抗压强度明显高于对照组且强度波动明显低于对照组。其中采用制备方法 A 制备的硬化水泥浆体抗压强度值为 28.6MPa，强度波动为 ±2.33MPa；方法 B 制备的硬化水泥浆体抗压强度达到 37.9MPa，强度波动仅为 ±1.89MPa；方法 C 制备的硬化水泥浆体抗压强度为 36.4MPa，强度波动为 ±1.96MPa。因此，与对照组相比，制备方法 A、B 和 C 制备的硬化水泥浆体抗压强度的波动性更小，这代表了上述 3 种方法制备的硬化水泥浆体力学性能的稳定性更好，其中最佳制备方法为制备方法 B。

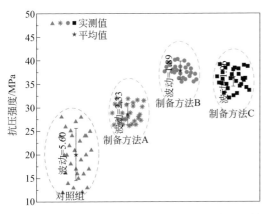

图9-1 制备方法对硬化水泥浆体抗压强度稳定性的影响

由于拌合水的不均匀分散会导致超低水灰比水泥基材料局部水灰比过大，进而导致水泥基材料硬化后在上述区域产生较大的空隙，并且该空隙尺寸理论上远远大于水泥干粉压实体的最大孔尺寸。制备方法对水泥干粉压实体和硬化水泥浆体孔结构的影响如图 9-2 所示。由图 9-2 还可以看出对照组和以制备方法 A 制备的样品内部存在 8～200μm 的微观孔隙，由于水泥干粉压实体中并不存在大于 8μm 的微观毛细孔，因此上述 2 组样品中的 8～200μm 的毛细孔是由于水分的聚集和不均匀分散导致的，证明对照组和制备方法 A 未能实现超低水灰比水泥基材料的微结构均匀控制。以制备方法 B 和制备方法 C 制备的超低水灰比硬化水泥浆体中未发现大于 8μm 的微观孔隙，证明以制备方法 B 和制备方法 C 制备的样品不存在水分聚集和不均匀分散的问题，也就是说从孔结构的角度分析制备方法 B 和制备方法 C 实现了超低水灰比水泥基材料的微结构均匀控制。

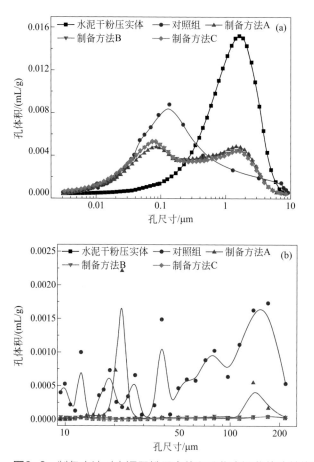

图9-2　制备方法对水泥干粉压实体和硬化水泥浆体孔结构的影响；（a）孔尺寸范围 0.002～10μm；（b）孔尺寸范围10～300μm

　　三维 X 射线显微镜（X-CT）可以对水泥基材料进行断层 X 射线扫描，建立水泥基材料的三维立体结构模型，真实地反映材料结构的匀质性。硬化水泥浆体的 X-CT 测试结果如图 9-3 所示。由图 9-3（a）可以看出采用制备方法 B 制备的样品具有匀质的致密结构，其内部不存在大于 9μm 的缺陷，证明制备方法 B 可以实现超低水灰比水泥基材料的微结构均匀控制，也揭示了以制备方法 B 制备的样品力学性能稳定性较好的原因。并且制备方法 B 制备的样品 X-CT 测试结果与利用压汞法得到的样品孔结构结果是一致的，即制备方法 B 制备的样品中不存在大于 9μm 的微观缺陷。但根据 X-CT 测试结果可以看出对照组样品的微观结构是非匀质的，其存在大量大于 9μm 的微观缺陷。由于水泥干粉压实体中并不存在大于 9μm 的微观缺陷，因此该缺陷是在超低水灰比水泥基材料制备过程中产生的。由此可以推断，采用普通的制备方法制备超低水灰比水泥基材料时，由于液桥的产生和液桥巨大的作用力，会导致水泥颗粒发生聚集，样品中局部水灰比远远大于设计水灰比，最终导致硬化水泥浆体微结构的非匀质性和力学性能的波动。

图9-3 硬化水泥浆体三维立体结构匀质性的X-CT分析；（a）制备方法B制备的样品X-CT测试结果；（b）对照组样品X-CT测试结果；（c）对照组样品X-CT测试平面图；（d）对照组样品X-CT测试立体图

从微观角度上来讲，在具有匀质微结构的超低水灰比水泥基材料硬化体内部，具有相同颗粒尺寸的水泥颗粒其水化程度应该是相同的。硬化水泥浆体的岩相分析如图 9-4 所示，利用 ImageJ 软件对岩相实验结果进行处理（图 9-5），利用统计学原理获得未水化水泥颗粒的平均粒径与粒径波动（图 9-6）。由图 9-6 可以看出，对照组样品未水化水泥的平均颗粒尺寸为 89.8μm，实验提出的 3 种制备方法制备的样品略小于未水化水泥的平均颗粒尺寸，分别为 80.9μm、83.4μm 和 78.9μm。因此，对照组样品未水化水泥的平均颗粒尺寸略大于实验提出的 3

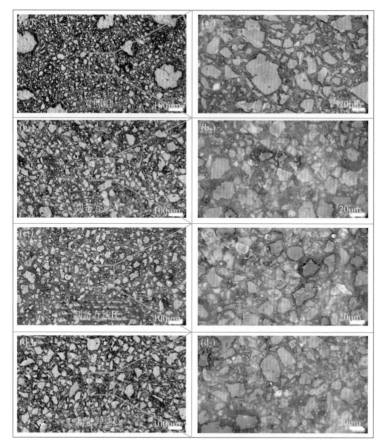

图9-4　等粒径水泥颗粒水化程度一致性的岩相分析

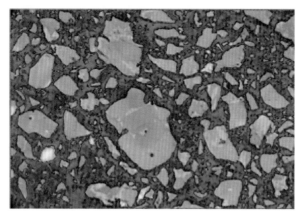

图9-5　实验数据提取示意图

种制备方法制备的样品。对照组样品未水化水泥颗粒尺寸的波动达到 ±23.1μm，而实验提出的 3 种制备方法制备的样品未水化水泥颗粒尺寸的波动为 ±13.2μm、±8.8μm 和 ±10.1μm。由于实验中使用的标记物水泥颗粒尺寸为 130 ~ 150μm，即其颗粒尺寸的波动幅度约为 ±10μm。因此对照组样品未水化水泥颗粒尺寸的波动远大于实验提出的 3 种制备方法制备的样品，反映了实验提出的 3 种制备方法制备的样品中水泥颗粒的水化程度一致性较对照组有显著改善，进一步证明实验提出的 3 种制备方法尤其是制备方法 B 可以有效地提高超低水灰比水泥基材料微结构的均匀性。

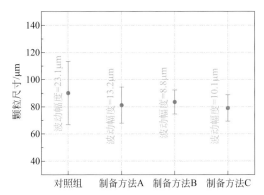

图9-6 未水化水泥颗粒粒径波动

水泥混凝土超声波检测技术是利用所测定的声学参数与混凝土的结构、性能参数相联系，反映水泥混凝土的裂缝、微观孔隙、弹性模量和力学强度等质量信息。水泥基材料的微观结构的均匀性决定了其宏观性能的稳定性，在小于超声波发射频率范围内，超声波在水泥混凝土中的传输性能与其孔结构紧密相关，结构越致密、越均匀的水泥基材料超声波传输越稳定，其快速傅里叶变换图谱波动性越小。制备方法对硬化水泥体超声波传输图谱的影响如图 9-7 所示，对实验获得的超声波图谱进行快速傅里叶变换可得到图 9-8。由图 9-8 可以看出对照组样品超声波传输振幅仅为 0.54V，以制备方法 B 制备的样品超声波传输振幅高达 1.05V，与对照组相比超声波传输振幅提高 94.4%。超声波传输振幅越高意味着超声波传输的能量损失越小，间接证明水泥基材料微观结构的均匀性越好。在小于超声波发射频率范围内，对照组样品超声波传输的傅里叶变换曲线的积分值（S）高达 143.3，但以制备方法 B 制备的样品超声波传输的傅里叶变换曲线的积分值仅为 68.9，与对照组相比积分值降低 51.9%。以制备方法 B 制备的样品超声波传输最大振幅远远大于对照组，而其傅里叶变换曲线的积分值却明显低于对照组，表明超声波在以制备方法 B 制备的样品中传播的稳定性远远优于对照组，间接证明以制备方法 B 制备的超低水灰比水泥基材料微结构均匀性显著改善。

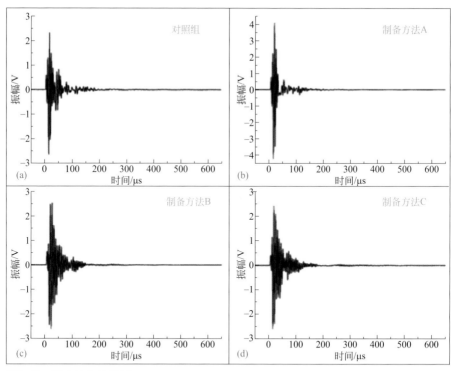

图9-7　超声波传输性能

2．水化特性与水化机制

凝结时间和早期强度是水泥基材料应用的关键参数，水泥的早期水化特性决定了水泥基材料的凝结时间和早期强度，因此水泥的早期水化特性和动力学是学术界和工程界共同关注的问题。在传统的研究中，由于未能克服由粉体颗粒间液桥的形成导致的水分的不均匀分散、粉体颗粒微团聚和材料结构不均匀的问题，因此其对超低水灰比水泥水化特性的研究存在较大的争议。本书采用固态拌合水制备技术，实现了超低水灰比水泥基材料微结构的均匀控制，并在此前提下研究匀质微结构超低水灰比水泥水化特性、水化机制和水化动力学[32]。

硅酸盐水泥水化的总体规律如图9-9所示，其水化过程一般分为五个阶段：Ⅰ即初始水化期；Ⅱ即诱导期；Ⅲ即加速期；Ⅳ即减速期；Ⅴ即结构形成和发展期。然而，由于难以精确测量减速期与结构形成和发展期水化过程的分割点，因此目前上述两个水化阶段的分割点几乎是相对任意的。相反硅酸盐水泥水化过程的分割点可以由热流曲线的一阶导数曲线来确定，特别是对于减速期与结构形成和发展期分割点的确定，如图9-10所示。超低水灰比水泥水化特性包括以下几点：

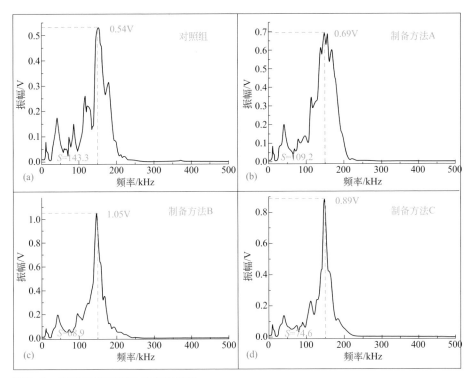

图9-8 超声波快速傅里叶变换图谱

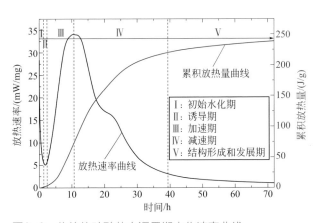

图9-9 传统的硅酸盐水泥早期水化速率曲线

（1）随着水灰比的增加，硅酸盐水泥水化过程的加速期（Δt_1）延长。水灰比为0.08的水泥浆体的加速期仅为4.93h。水灰比为0.16和0.30的水泥浆体的加速期达到7.18h和8.69h，比水灰比为0.08的水泥浆体高45.6%和76.3%。这种现象可以归因于 C-S-H 凝胶的生长空间随水灰比的增大而增大。关于硅酸盐水泥水化的加速期结束和减速期的开始，主要有两种观点。根据经典的 Avrami 方程，当 C-S-H 凝胶在其生长区域开始发生接触和挤压，外层 C-S-H 凝胶将水泥颗粒完全包裹时，硅酸盐水泥水化加速期结束。此外，Bazzoni 等[33]认为硅酸盐水泥的水化加速期受 C-S-H 凝胶结晶成核和晶体生长的控制。C-S-H 凝胶在水泥颗粒表面成核和生长，当颗粒表面完全被凝胶覆盖时减速结束。因此，C-S-H 凝胶生长的有效空间和为 C-S-H 凝胶沉淀提供结晶位点的水泥颗粒表面是控制硅酸盐水泥水化过程加速期的关键。本书中水泥颗粒堆积的空隙率（即总体积和绝对体积之差）达到 47.4%，表明如果水灰比小于 0.30，则水泥颗粒堆积的空隙不能由水完全填充，由于粉体颗粒对水分的吸附力，水分围绕水泥颗粒分布，如图 9-11 所示。由水占据的区域是 C-S-H 凝胶生长的可用空间，并且上述空间随着水灰比的增加而增加，如图 9-12 所示。在相对较小的空间内，C-S-H 凝胶很容易发生挤压，C-S-H 凝胶被迫沿水泥颗粒表面生长（图 9-13）。此外溶液的碱度（即 pH 值）取决于 Na^+ 和 K^+ 在早期水化过程中的溶解，溶液的 pH 值可能随着水灰比的降低而升高，水化反应速率随溶液 pH 值的增加而提高。

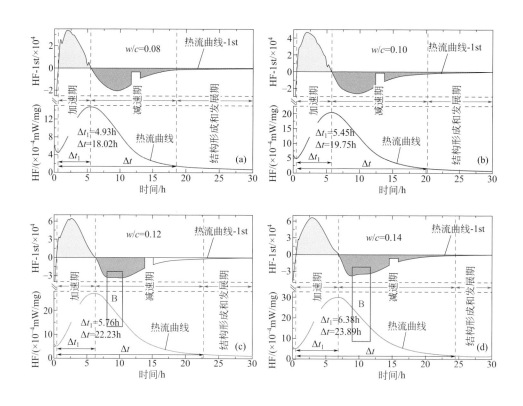

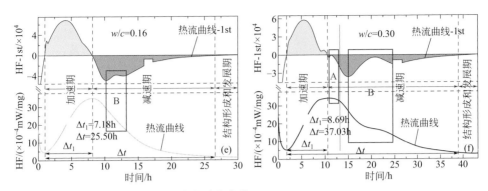

图9-10 超低水灰比硅酸盐水泥水化速率曲线

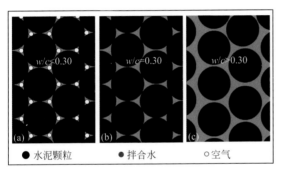

图9-11 水泥颗粒、拌合水和空气在水泥浆体中的分布示意图

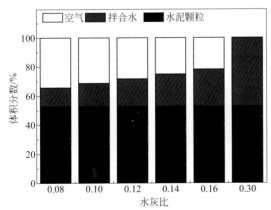

图9-12 水泥颗粒、拌合水和空气在不同水灰比水泥浆体中的体积分布

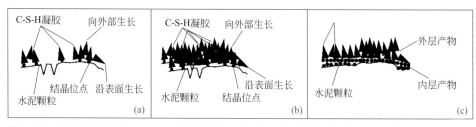

图9-13 不同水化阶段C-S-H凝胶的生长示意图；（a）外层水化产物形成初始阶段；（b）外层水化产物大量形成与生长阶段（$w/c>0.3$）；（c）外层水化产物大量形成与生长阶段（$w/c<0.3$）

（2）随着水灰比的增加，硅酸盐水泥主要放热峰的持续时间（Δt，即加速期和减速期）增加。水灰比为0.08的水泥浆体的主要放热峰的持续时间仅为18.02h。当水灰比达到0.30时，主要放热峰的持续时间增加105.5%，达到37.03h。更重要的是，图9-14展示了主要放热峰的持续时间和水灰比之间的相关性，揭示了两个参数之间存在显著的线性相关性。然而文献表明将水灰比从0.4增加到0.8对主要放热峰的持续时间没有太大的影响。这种差异可以归因于两个原因：第一，C-S-H凝胶生长的可用空间随水灰比的增加而增加，这导致加速期的持续时间增加；第二，减速期运行的机制与加速期不同，在减速期水泥水化过程由内层C-S-H凝胶与外层C-S-H凝胶之间的水的渗透压控制（图9-13）。当水灰比不大于0.30时，水的渗透压随水灰比的增大而增大。然而，当水灰比大于0.30时，随着水灰比的增加，水泥颗粒与拌合水的分布状态基本不再变化（图9-11），其与拌合水的接触面积以及水的渗透压基本不变。因此，当水灰比小于0.30时，减速期的持续时间（即Δt和Δt_1之间的差异）增加。

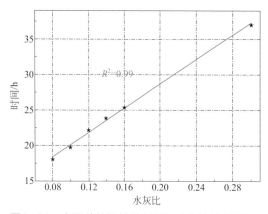

图9-14 主要放热峰持续时间与水灰比的关系

（3）在水灰比为0.30的硅酸盐水泥的水化过程中，可以直观地看到第一和第二肩峰。Bullard等[34]关于水泥水化机制的研究表明，第一肩峰是由铝酸三钙

（C_3A ：C=CaO，A=Al_2O_3）重新溶解形成三硫型钙矾石（AFt：$C_3A \cdot 3C\overline{S} \cdot H_{32}$，$\overline{S}$=$SO_3$，H=$H_2O$）引起的，第二肩峰是由硫酸铝钙水合物［AFm（单硫型钙矾石）：$C_3A \cdot C\overline{S} \cdot H_{12}$］的形成引起的，如图 9-15 所示。根据热流一阶导数曲线，AFm 相的形成始于实验开始后 15h，这一结果与 Minard 等的研究结果一致。Minard 等关于石膏与 C_3A 的水化反应机制研究证明在约 15 ~ 18h 内石膏被耗尽，C_3A 与 AFt 的反应（即 AFm 的形成）开始加速。但水灰比为 0.08 ~ 0.16 的硅酸盐水泥在水化过程中没有明显的低压和第二肩峰，并且 AFm 形成的开始时间随着水灰比的降低而缩短。导致这种现象可能的原因是水灰比的降低限制了 C_3A 的水化和 AFt 的形成，以及水灰比较低的水泥浆体更容易发生 AFt 和 AFm 的临界过饱和，从而导致 AFt 和 AFm 的提前形成。

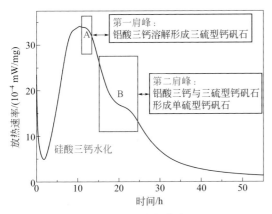

图9-15　硅酸盐水泥水化速率曲线

（4）图 9-16 展示了硅酸盐水泥早期水化放热速率和累积水化放热量。当水灰比为 0.08 时，硅酸盐水泥 3d 累积水化放热量仅为 60.01J/g；当水灰比为 0.16 时，硅酸盐水泥 3d 累积水化放热量增加了 142.2%，达到 145.34J/g；当水灰比为 0.30 时，硅酸盐水泥 3d 累积水化放热量达到 239.08J/g，比水灰比为 0.08 的样品增加 3 倍。因此，在相同水化时间内，硅酸盐水泥累积水化放热量随水灰比的增大而增大，反映为硅酸盐水泥的水化程度和水化产物的量随水灰比的增大而增大。此外，本书还建立了硅酸盐水泥累积水化放热量与水灰比之间的关系，如图 9-17 所示。累积水化放热量与水灰比的相关性系数达到 0.98，证明两个参数之间存在显著的线性相关关系，这种现象可归因于硅酸盐水泥水化程度主要由水灰比和水化产物生长的可用空间决定。在研究中，在水灰比小于 0.16 的情况下，最大水化放热速率（即图 9-16 中的 HF_{max}）随水灰比的增加而增加。水灰比为 0.16

时，HF_{max} 达到 34.51×10^{-4} mW/mg，比水灰比为 0.08 的水泥浆体提高 135.2%。水灰比为 0.16 的样品和水灰比为 0.30 的样品 HF_{max} 值相差很小，差异小于 1.2%。这一结果与 Bazzoni 的研究结果不一致。Bazzoni 对硅酸盐水泥早期水化的研究表明，即使水灰比达到 0.80，HF_{max} 也随着水灰比的增加而显著增加。这可能是因为溶液 pH 值随着水灰比的降低而升高，在较高的 pH 值下，水泥中所含矿渣在溶液中的水化速度加快（图 9-18）。因此，HF_{max} 的差异可归因于：①钙矾石形成的开始时间提前；②矿渣微粉水化放热峰与 C_3S 水化放热峰重合。

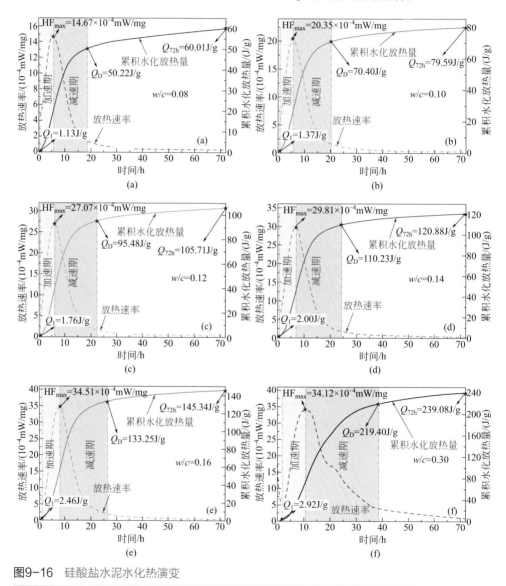

图9-16 硅酸盐水泥水化热演变

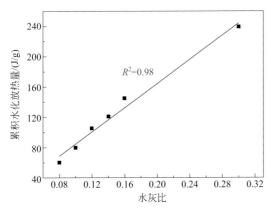

图9-17 硅酸盐水泥水化3d累积水化放热量与水灰比的关系

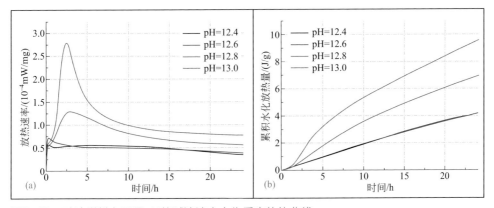

图9-18 矿渣微粉在不同pH值碱溶液中水化反应放热曲线

　　硅酸盐水泥水化在加速期前（即初始水化期和诱导期）释放的热量不超过累积水化放热量的2%（图9-16），在水化动力学参数计算中可以忽略不计。水化程度 [$\alpha(t)$] 可由式（9-5）确定，$d\alpha/dt$ 可由式（9-6）确定，$1/Q(t)$ 和 $1/Q_{max}$、$1/(t-t_0)$ 之间的关系可由 Kundsen 公式建立，即式（9-7）；根据公式可确定 $Q(t)$ 与 Q_{max}、$t-t_0$ 之间的关系。为了确定 Q_{max} 和 t_{50}，根据方程（9-8）对累积放热曲线进行非线性拟合。其余的动力学参数（即 n，K_1'，K_2' 和 K_3'）可分别根据公式进行线性拟合确定。图 9-19 显示了水泥浆体水化动力学参数的确定过程。

$$\alpha(t) = \frac{Q(t)}{Q_{max}} \tag{9-5}$$

$$\frac{d\alpha}{dt} = \frac{1}{Q_{max}} \times \frac{dQ}{dt} \tag{9-6}$$

$$\frac{1}{Q(t)} = \frac{1}{Q_{max}} + \frac{t_{50}}{Q_{max}(t-t_0)} \tag{9-7}$$

$$Q(t) = \frac{Q_{max}(t-t_0)}{(t-t_0)+t_{50}} \tag{9-8}$$

式中　$\alpha(t)$——水化程度，%；

　　　$Q(t)$——累积水化放热量，J/g；

　　　Q_{max}——最大累积水化放热量，J/g；

　　　$d\alpha/dt$——水化速率；

　　　dQ/dt——水化放热速率；

　　　t_{50}——累积水化放热量达到 Q_{max} 二分之一时的时间，h。

根据确定的水化动力学参数即可计算出硅酸盐水泥的水化速率，结果如图 9-19 和表 9-1 所示。$F_1(\alpha)$ 和 $F_3(\alpha)$ 曲线与 $d\alpha/dt$ 曲线拟合良好；除水灰比为 0.30 的样品外，$F_2(\alpha)$ 曲线与 $d\alpha/dt$ 曲线的拟合存在明显的偏差（图 9-20）。这证明了 Krstulovic-Dabic 模型适用于表征水灰比为 0.08 ~ 0.16 和 0.30 的硅酸盐水泥的水化热演化，水灰比为 0.08 ~ 0.16 的硅酸盐水泥的水化不受相边界反应过程的控制。水化机理和动力学参数见表 9-1。

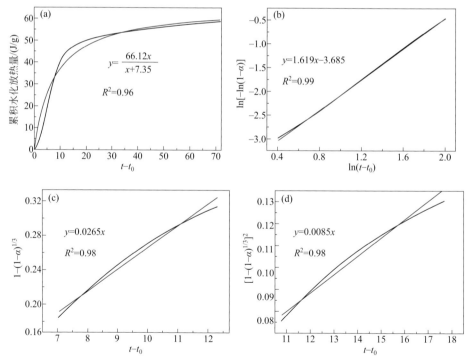

图9-19　水灰比为0.08时水泥浆体水化动力学参数计算

表9-1 不同水灰比硅酸盐水泥浆体水化动力学参数

w/c	n	K_1'	K_2'	K_3'	水化机制	α_1	α_2	$\Delta\alpha$	t_{50}/h	Q_{max}/(J/g)
0.08	1.619	0.1027	0.0265	0.0085	NG-D	—	0.371	—	7.35	66.12
0.10	1.716	0.1018	0.0260	0.0081	NG-D	—	0.358	—	7.68	89.72
0.12	1.834	0.0994	0.0251	0.0078	NG-D	—	0.352	—	8.11	120.99
0.14	1.886	0.0933	0.0235	0.0072	NG-D	—	0.341	—	8.83	140.38
0.16	1.983	0.0862	0.0216	0.0065	NG-D	—	0.337	—	9.94	170.56
0.30	1.853	0.0526	0.0109	0.0027	NG-I-D	0.188	0.311	0.123	21.44	326.75

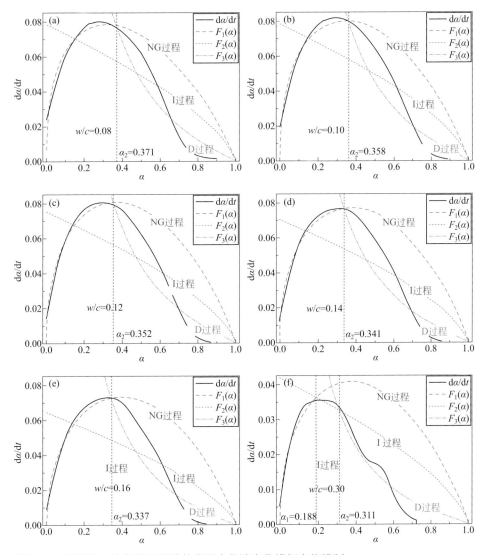

图9-20 不同水灰比条件下硅酸盐水泥水化速率曲线与水化机制

表 9-1 说明水灰比为 0.08 ~ 0.16 的硅酸盐水泥的水化机制与水灰比为 0.30 的硅酸盐水泥不同。当水灰比不大于 0.16 时，晶体几何生长指数（n）随水灰比的增大而增大。当水灰比为 0.16 时，晶体几何生长指数达到 1.983。因此，改变水灰比对硅酸盐水泥水化过程中几何晶体生长指数有显著影响，结晶成核与晶体生长（NG）过程的水化反应速率常数（即 K_1'）明显高于相边界反应（I）过程的水化反应速率常数（即 K_2'）和扩散（D）过程的水化反应速率常数（即 K_3'），表明结晶成核与晶体生长（NG）过程的水化反应速率远快于相边界反应（I）过程和扩散（D）过程。K_1'，K_2'，K_3' 随水灰比的增大而减小，说明水灰比低的样品水化反应速率快于水灰比高的样品。这一现象还可以解释为，随着水灰比的降低，孔溶液的 pH 值升高；随着孔隙水溶液 pH 值的升高，水泥水化反应速率增大。此外，累积放热达到最大累积水化放热量（Q_{max}）50%（即 t_{50}）的时间随水灰比的增加而增加。这一结果与图 9-16 一致，在图 9-16 中，随着水灰比的增加，主要水化热演变时间增加。如图 9-20 和表 9-1 所示，水灰比为 0.08 ~ 0.16 的硅酸盐水泥的水化过程包括两个过程：结晶成核与晶体生长（NG）过程和扩散（D）过程。早期水化反应以结晶成核与晶体生长（NG）过程为主，扩散（D）过程在后期水化过程中起重要作用。水灰比为 0.30 的硅酸盐水泥的水化机制为结晶成核与晶体生长（NG）- 相边界反应（I）- 扩散（D）（图 9-20 和表 9-1），这与水灰比为 0.08 ~ 0.16 的硅酸盐水泥水化机制不同。这可能是由于水灰比降低，溶液 Na$^+$、K$^+$ 浓度和孔溶液 pH 值升高，硅酸盐水泥的水化速率加快。

硬化水泥浆体孔溶液的碱度（即 pH 值）如图 9-21 所示。在水化时间为 0.5h，水灰比为 0.08 的硬化浆体孔溶液碱度可达 13.82。当水灰比为 0.16 时，硬化浆体孔溶液的碱度降低了 0.18，达到 13.64。显然，随着水灰比的增加，硬化浆体孔溶液的碱度降低。这种趋势随着水灰比的增加而继续。当水灰比为 0.30 时，硬化浆体孔溶液的碱度降至 13.35，比水灰比为 0.08 时降低 3.4%。因此，在相同水化时间内，随着水灰比的增加，硬化浆体孔溶液的碱度降低。水泥的碱金属离子（即 K$^+$ 和 Na$^+$）主要以硫酸盐和固溶体的形式存在，硫酸根形式的碱金属离子在水泥和水混合时迅速溶解。孔溶液中 K$^+$ 和 Na$^+$ 的浓度随水灰比的增加而降低（图 9-22）。1h 后，随着水化时间的延长，孔溶液的碱度降低，尤其是在 1 ~ 3h 内。水灰比为 0.08 和 0.30 的硬化浆体，在水化 3h 孔溶液的碱度分别降低到 13.59 和 12.81，这可归因于 K$^+$ 和 Na$^+$ 被 C-S-H 凝胶吸收，孔溶液中 K$^+$ 和 Na$^+$ 浓度的降低（图 9-22）。有一个值得注意的现象：当水化时间小于 12h，水灰比为 0.08、0.12 和 0.16 的硬化浆体的碱度大于 13。当浸出时间大于 6h，水灰比为 0.30 的硬化浆体的碱度小于 12.60。众所周知，水化反应速率随着溶液的碱度的增加而增加。因此，水灰比为 0.16 的浆体比水灰比为 0.30 的浆体的最大水化放热速率（HF$_{max}$）大（图 9-16）以及水化机制的变化（表 9-1）可归因于低水灰比浆体孔溶液的较高碱度。

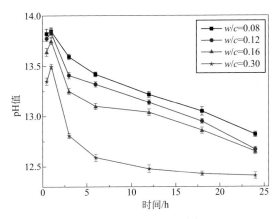

图9-21 硬化水泥浆体孔溶液的碱度

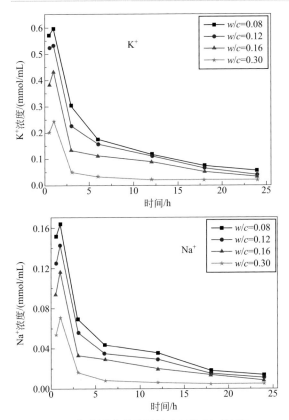

图9-22 硬化水泥浆体孔溶液中K$^+$和Na$^+$浓度

  TG 分析和 X 射线衍射数据如图 9-23 和图 9-24 所示。水化浆体的总质量损失随着水灰比的增加而增加（图 9-23），水灰比对水化浆体的矿物组成没有影响

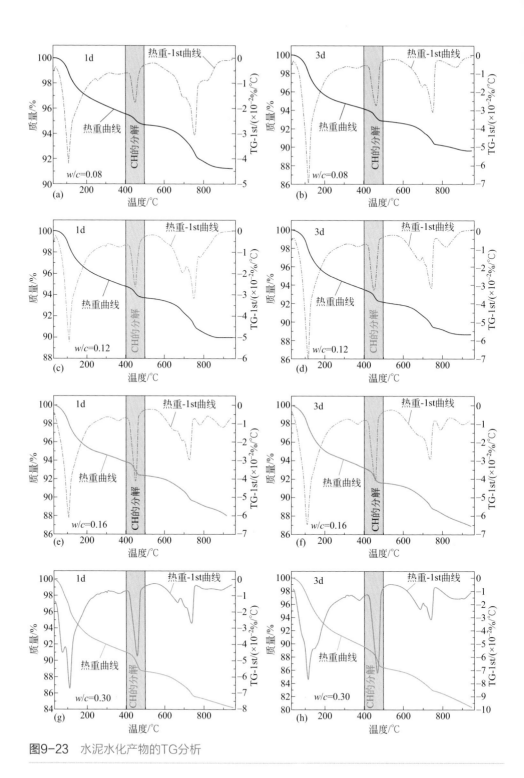

图9-23 水泥水化产物的TG分析

（图 9-24）。因此，水化产物含量和水泥水化程度随水灰比的增加而增加。水灰比为 0.08 的 3d 龄期水化浆体总质量损失为 10.4%。当水灰比为 0.16 时，3d 龄期水化浆体总质量损失增加了 26.0%，达到 13.1%。当水灰比达到 0.30 时，3d 龄期水化浆体总质量损失增加到 19.6%，比水灰比为 0.08 的水化浆体增加 88.5%。这一结果与图 9-16 一致，图中 3d 的累积水化放热量随着水灰比的增加而增加。这可能归因于水化产物生长的可用空间的变化（图 9-11），以及水化反应的可用水量随着水灰比的增加而增加。此外，水灰比小于 0.16 的水化浆体在 50 ～ 300℃ 和 400 ～ 500℃ 下的总质量损失随水灰比的增加而增加，这分别对应 C-S-H 凝胶和 CH 的分解。水化产物含量的增加有利于降低硬化浆体的孔隙率，提高其断裂能。

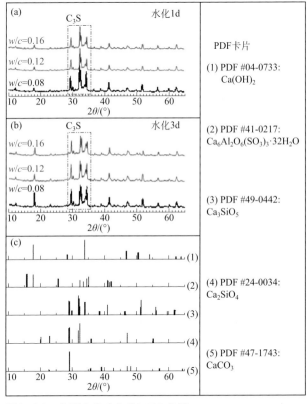

图9-24 水泥水化产物的XRD分析

　　图 9-25 展示了 3d 养护龄期硬化水泥浆体的孔结构。当水灰比小于 0.16 时，硬化水泥浆体累积孔体积随水灰比的增大而减小。水灰比为 0.08 的硬化浆体累积孔体积为 0.156mL/g，水灰比为 0.16 时，硬化浆体累积孔体积降至 0.088mL/g，比水灰比为 0.08 的硬化浆体减少 43.6%。累积孔体积的减少主要是由于直径小于

1μm 的微观孔减少。这一现象可以解释为样品的初始孔隙率是一定的,当水灰比小于 0.16 时,水化产物生长的空间(图 9-11)和水化产物的数量(图 9-16 和图 9-23)随着水灰比的增加而增加。而水灰比为 0.30 的硬化浆体的累积孔体积达到 0.158mL/g,反而高于水灰比为 0.08 的硬化浆体的累积孔体积,这应该是由于拌合水没有完全参与水泥水化,未参与水化反应的自由水占据的空间便形成空隙,以及水泥浆体搅拌过程中气泡的引入。

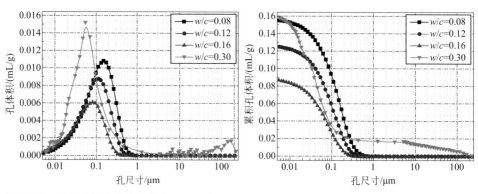

图9-25 硬化水泥浆体的孔结构

因为水化产物所占的体积小于反应物(水泥和水)的体积,因此水泥水化过程中会产生体积收缩,化学收缩是水泥浆体的绝对体积收缩。在目前的研究中,水泥浆体的化学收缩主要发生在早期水化过程中(图 9-26)。水灰比为 0.16 的水泥浆体的 1d 和 28d 化学收缩率为 0.1178mL/g 水泥和 0.2617mL/g 水泥。Ye 对水泥浆体中毛细孔渗透的研究表明,低水灰比水泥浆体在早期水化过程中,由于水化产物沉积在拌合水占据的空间中,其连续孔道可能会被破坏,因此水泥浆体的

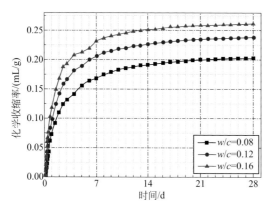

图9-26 水泥浆体的化学收缩

早期化学收缩在总化学收缩中起主导作用。此外，水泥浆体的化学收缩率随水灰比的增大而增大。水灰比为 0.08 的水泥浆体 28d 化学收缩率为 0.2028mL/g 水泥。当水灰比为 0.16 时，28d 化学收缩率达到 0.2617mL/g 水泥，比水灰比为 0.08 的水泥浆体增加 29.0%。因此，降低水灰比有利于降低水泥浆体的化学收缩。

3. 结构演变与破坏机制

结构与破坏是评价水泥基材料的重要指标，水泥基材料的微结构决定了它的宏观性能和破坏特性，而其破坏特性又间接地反映了微结构的均匀性和密实性。因此研究结构演化和破坏特性对于水泥基材料微结构的调控和性能的提升具有重要意义。但由于以往的研究中未能实现超低水灰比水泥基材料微结构的均匀控制，因此其研究结果的代表性和普适性问题依然存在较大争议。本书采用固态拌合水制备技术[35-37]，实现了超低水灰比水泥基材料微结构的均匀控制，并在此前提下，研究匀质微结构超低水灰比硬化水泥浆体的结构演化与破坏特性[38]。

硬化水泥浆体的吸水率和孔隙率如图 9-27 所示。随着水灰比的增大，硬化水泥浆体的吸水率逐渐降低。当水灰比由 0.08 增大至 0.16，28d 龄期的硬化浆体的吸水率降低至 6.8%（质量分数），与水灰比为 0.08 的样品相比，其吸水率降低了 49.3%。开口孔隙率的测试数据也展现出了相同的变化趋势，即水灰比为 0.16 的样品孔隙率比水灰比为 0.08 的样品低 43.5%。这个结果与 Živica[1] 的研究结果是不一致的，在 Živica 的研究中硬化水泥浆体的孔隙率随水灰比的降低而降低。导致这种差异的原因是硬化水泥浆体的初始孔隙率是由成型压力决定的，在 Živica 的研究中，降低水灰比的同时，成型压力逐渐增大，这意味着硬化水泥浆体的初始孔隙率逐渐降低。但在本实验中，由于成型压力是固定的，所以硬化水泥浆体的初始孔隙率是相同的，而水泥水化产物随水灰比的增大逐渐增多。因此，硬化

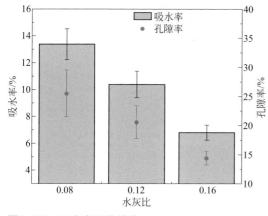

图9-27 吸水率和孔隙率

水泥浆体的孔隙率随水灰比的增大逐渐降低。此外，有研究表明硬化水泥浆体的吸水率与其孔隙率呈线性关系，因此本书建立了上述二者的关系（图9-28）。如图9-28所示，硬化水泥浆体的吸水率与其孔隙率之间的线性相关性系数达到0.998，因此二者之间存在显著的线性关系，同时也证实了孔隙率降低是硬化浆体吸水率降低的主要因素。图9-29展示了硬化水泥浆体的干密度和骨架密度。如图9-29所示，硬化水泥浆体骨架密度之间的差异不超过3%，因此水灰比对硬化水泥浆体的骨架密度没有明显的影响。与此不同的是硬化水泥浆体的干密度随水灰比的增大逐渐增大。与水灰比为0.08的样品相比，水灰比为0.16的样品干密度增大了11.5%。此外，图9-28还揭示了硬化水泥浆体孔隙率和干密度之间的相关性，两个参数之间的相关性系数高达0.992。因此，干密度的增加可以归因于硬化浆体孔隙率的降低。

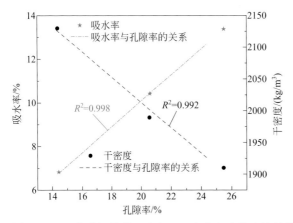

图9-28 硬化水泥浆体吸水率、干密度和孔隙率的关系

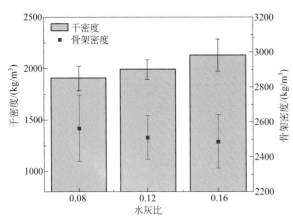

图9-29 干密度和骨架密度

图 9-30 展示了水泥干粉压实体（即水化 0d）和 1d、3d 和 28d 龄期硬化水泥浆体的孔径分布。水泥干粉压实体的毛细孔主要集中在 0.1 ~ 8μm 处，临界孔径为 1.62μm。有文献 [2] 表明在 18.3MPa 的成型压力下，水泥干粉压实体的毛细孔孔径小于 6μm，临界孔径约为 1.35μm，这可能是由于文献中水泥的比表面积较大、水泥颗粒尺寸较小导致的。水化 1d 后，直径为 0.3 ~ 8μm 的毛细孔明显减小，而 0.01 ~ 0.3μm 范围内的毛细孔则明显增大。因此，孔径分布曲线由单峰曲线变为双峰曲线（一峰位于约 1.35μm 处，另一峰位于约 0.08μm 处）。这一结果与 Shen 等 [2] 的研究结果一致，其中水泥水化 1d 后的孔隙结构实验结果也呈现出双峰曲线。此外，随着水灰比从 0.08 增加到 0.16，双峰曲线的值也减小。水化 3d 后，所有直径大于 1μm 的毛细孔全部消失。3d 龄期样品的阈值和最大孔径随水灰比的增加而降低。随着水灰比从 0.08 增加到 0.16，3d 龄期样品的阈值孔径从 0.15μm 减小到 0.08μm。对于固化 28d 的样品的阈值和最大孔径可以找到相反的趋势。对于普通硬化水泥浆体，降低水灰比有利于减小毛细孔径。相反，在这种情况下，毛细孔径随水灰比从 0.08 增加到 0.16 而减小。这一结果与普通硬化水泥浆体的结果相反。Chen 等对低水灰比硬化水泥浆体的孔结构演变的研究表明，在同一养护时间内，随着水灰比的降低，硬化水泥浆体的总孔隙率和毛细孔径减小。这是研究中水灰比对毛细孔径影响的一个重要发现。总孔隙率的演化如图 9-31 所示。在相同水灰比下，硬化水泥浆体的总孔隙率随水化时间的延长而降低。此外，本书中孔隙率的降低主要是由于直径大于 1μm 的大孔隙造成的（图 9-30 和图 9-32）。这可归因于水化产物，尤其是直径小于 0.1μm 的 C-S-H 凝胶，其水化产物随固化时间的增加而增加。此外，随着水灰比从 0.08 增加到 0.16，MIP 测定的总孔隙率降低，这与采用水真空饱和法测定的孔隙率结果一致（图 9-27）。与水灰比为 0.08 的样品相比，水灰比为 0.16 的样品的 3d 和 28d 总孔隙率分别降低了 39.6% 和 46.1%，其原因可能是水化产物的数量随着水灰比从 0.08 增加到 0.16 而增加。

硬化水泥浆体的非蒸发水含量如图 9-33 所示。水泥水化产物的热重（TG）分析数据和 CH 的含量如图 9-34 所示。试样的非蒸发水（图 9-33）和 CH（图 9-34）含量随水灰比的增加而增加，这表明水泥水化产物的量随水灰比的增加而增加。由于初始孔隙率（即水泥干粉压实体的孔隙率）为 36.6%（图 9-31）是由 25MPa 的成型压力确定的，毛细孔隙可以由水泥的水化产物填充，孔隙直径（图 9-30）、总孔隙率（图 9-31）、吸水率（图 9-27）随水化程度的增加而减小。然而直径小于 0.1μm 的毛细孔（图 9-32）的体积分数随着水化产物含量的增加而增加，这是因为主要水化产物（即 C-S-H 凝胶）是孔径小于 0.1μm 的多孔材料。此外，由于水泥水化产物的密度比未水化水泥的密度低，所以 28d 干密度的变化（图 9-29）可以用非蒸发水含量的实验数据来解释。

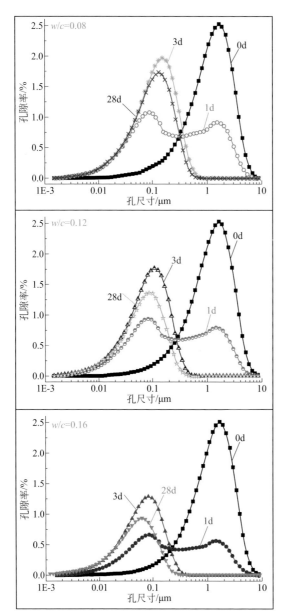

图9-30 硬化水泥浆体的孔径分布

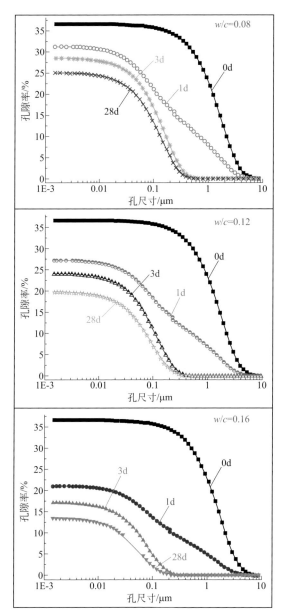

图9-31 硬化水泥浆体的总孔隙率

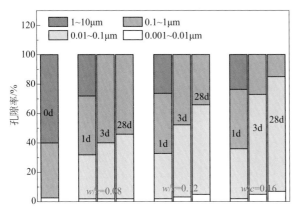

图9-32　硬化浆体孔径分布的统计学分析

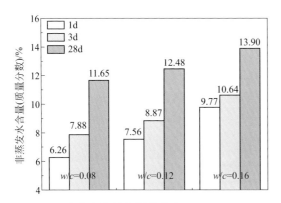

图9-33　水化产物的化学结合水

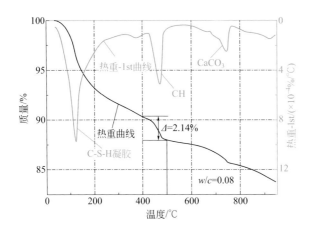

　特种及功能水泥基材料

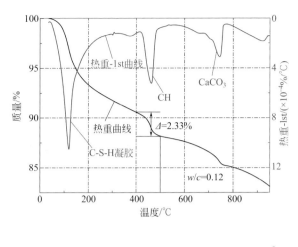

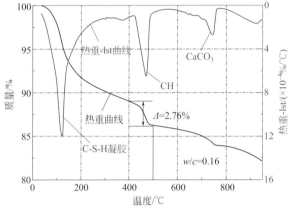

图9-34 水泥水化产物的TG分析

水泥水化产物的 XRD 分析如图 9-35 所示，如图所示，水灰比对水泥水化产物的矿物组成没有影响。水化产物（如 CH、钙矾石、非晶相）的量随水灰比的增加而增加，未水化矿物（即 C_3S）的量随水灰比的增加而减少（表 9-2）。从水泥中 C_3S、CH、钙矾石和非晶相的相对含量来看，水灰比在 0.08 ~ 0.16 范围内，水分的增加促进了水泥的水化，尤其是 C_3S 的水化，这一结果与图 9-30 和图 9-31 的实验结果相符。其中图 9-30 和图 9-31 中硬化水泥浆体毛细孔孔径和总孔隙率随水灰比从 0.08 增加到 0.16 而减小。此外，这一结果也与图 9-33 和图 9-34 的实验结果相一致。其中图 9-33 和图 9-34 中非蒸发水含量和水化产物的量随水灰比从 0.08 增加到 0.16 而增加。

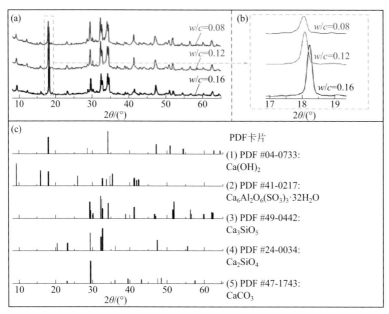

图9-35　水泥水化产物的XRD分析

表9-2　水泥水化产物的XRD定量分析

水灰比	硅酸三钙/%	硅酸二钙/%	氢氧化钙/%	钙矾石/%	非晶相/%	其他/%
0.08	35.92	11.79	1.58	2.00	40.71	8.00
0.12	33.05	11.84	1.72	2.08	46.13	5.18
0.16	29.43	11.89	2.01	2.19	49.55	4.93

　　硬化水泥浆体的抗压强度（如图9-36所示）和抗折强度（如图9-37所示）在同一养护时间随水灰比的增大而增大。水灰比为0.08的硬化浆体3d抗压强度和抗折强度分别为41.7MPa和5.4MPa。水灰比为0.16时，固化3d的硬化浆体抗压强度和抗折强度分别提高了148.0%和170.4%，分别达到103.4MPa和14.6MPa。水灰比为0.08的硬化浆体28d抗压强度和抗折强度分别为75.5MPa和7.2MPa，水灰比为0.16的硬化浆体28d抗压强度和抗折强度分别为127.5MPa和17.0MPa。与水灰比为0.08的样品相比，水灰比为0.16的样品28d抗压强度增长率达到168.9%，28d抗折强度增长率大约为236.1%。Kendall等[19]和Schulze[23]对硬化水泥浆体抗压强度与总孔隙体积关系的研究表明，这两个参数之间存在反比关系。因此，本实验的抗压强度结果与图9-31的实验结果相一致，即随着w/c比值从0.08增加到0.16，硬化膏体的总孔隙体积减小。

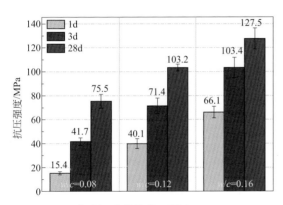

图9-36 硬化水泥浆体的抗压强度

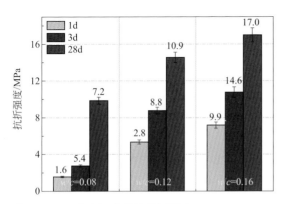

图9-37 硬化水泥浆体的抗折强度

对于硬化水泥浆体的抗压强度与总孔隙率之间的关系，有三个被广泛接受的函数：Balshin 函数、Ryshkewitch 函数和 Schiller 函数[1]。上述表达式如下：

$$\text{Balshin函数} \qquad S_C = S_0(1-P)^n \qquad\qquad (9\text{-}9)$$

$$\text{Ryshkewitch函数} \qquad S_C = S_0 \exp(-bP) \qquad\qquad (9\text{-}10)$$

$$\text{Schiller函数} \qquad S_C = c\ln(P_0/P) \qquad\qquad (9\text{-}11)$$

式中　P——孔隙率，%；

　　　S_C——总孔隙率为 P 时材料抗压强度，MPa；

　　　S_0——0 孔隙率时材料抗压强度，MPa；

　　　n——实验系数；

　　　b, c——经验常数；

　　　P_0——0 强度时材料总孔隙率，%。

本书根据 Balshin 函数、Ryshkewitch 函数和 Schiller 函数建立了抗压强度与总孔隙率的关系，结果如图 9-38 所示。由图可以看出，所有的实验数据和模型之间的相关系数都不低于 0.92（即 $R^2 \geqslant 0.92$）。此外，内部研究的预测模型残差范围在 $-2 \sim 2$ 之间，证明了抗压强度与总孔隙率之间的关系可以通过 Balshin 函数、Ryshkewitch 函数和 Schiller 函数来建立。由函数表达式可知，总孔隙率是决

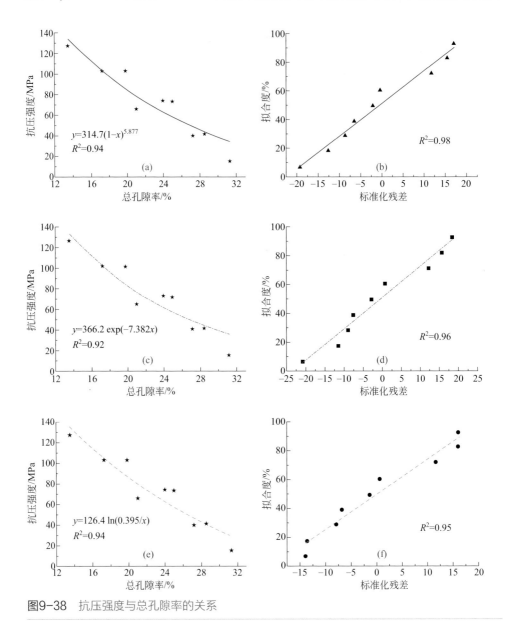

图9-38 抗压强度与总孔隙率的关系

定低水灰比硬化水泥浆体抗压强度的重要因素。这一结果与 Li 等的研究结果一致，其中抗压强度与总孔隙率的关系也符合 Balshin 函数，硬化水泥膏体的抗压强度由总孔隙率决定。因此，这也解释了抗压强度与图 9-31 一致，图 9-31 中总孔隙率随着 w/c 比从 0.08 增加到 0.16 而减小。

二、高压成型

在初始孔隙率一定的条件下，水化产物对初始孔隙的填充率提高，硬化水泥浆体孔隙率降低、力学强度提高。因此，应该在初始孔隙率一定的条件下尽量提高初始水灰比。由于成型压力决定了水泥基材料的初始孔隙率，而初始孔隙率又决定了材料的最大初始水灰比（即体系所能容纳的最大拌合水用量，超过该用量，多余的水分会在加压过程中被挤出，造成水泥浆体微泌水和微离析），因此建立成型压力与材料堆积初始孔隙率的函数关系，进而确定在特定压力下的体系最大初始水灰比是研究成型压力对匀质微结构硬化水泥浆体结构与性能影响的前提。因此实验首先采用饱和吸无水乙醇法研究成型压力对水泥基材料堆积初始孔隙率的影响，并确立二者之间的函数关系进而确定最大水灰比。并在此前提下，结合本书提出的固态拌合水微结构均匀控制技术，研究成型压力对匀质微结构硬化水泥浆体结构与性能的影响。实验采用饱和吸无水乙醇法测定特定压力下的拌合水容纳量、堆积孔隙率和水灰比。成型压力与初始孔隙率的函数关系如图 9-39 所示。由图 9-39 可以看出，成型压力与初始孔隙率之间满足 $y=A\exp(-Bx)+C$ 的函数关系。成型压力与理论最大水灰比如图 9-40 所示，由图 9-40 设计的具体成型压力与水灰比见表 9-3。

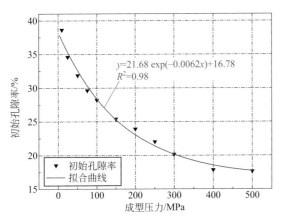

图9-39　成型压力与初始孔隙率函数关系

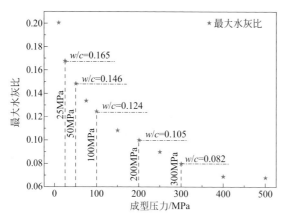

图9-40 成型压力与理论最大水灰比

表9-3 实验中真实采用的成型压力与水灰比

编号	成型压力/MPa	最大水灰比	实际水灰比
CP 25	25	0.165	0.16
CP 50	50	0.146	0.14
CP 100	100	0.124	0.12
CP 200	200	0.105	0.10
CP 300	300	0.082	0.08

　　成型压力对硬化水泥浆体吸水率和开口孔隙率的影响如图 9-41 所示。随着成型压力的增大，硬化水泥浆体的吸水率逐渐降低。当成型压力由 25MPa 增大至 300MPa，28d 龄期的硬化浆体吸水率降低至 3.8%（质量分数），与成型压力为 25MPa 的样品相比，其吸水率降低了 44.1%。开口孔隙率的测试数据也展现出相同的趋势，即成型压力为 25MPa 的样品比成型压力为 300MPa 的样品开口孔隙率明显降低，降低幅度达到 35.4%。这种硬化水泥浆体吸水率、孔隙率随成型压力降低的趋势与 Roesler 和 Odler 等人的研究结果是一致的。此外，图 9-41 表明当成型压力超过 300MPa，硬化水泥浆体的吸水率和孔隙率随成型压力增大而降低的幅度非常小，这与图 9-39 与图 9-40 的结果是一致的。但在 Roesler 和 Odler 等人的研究中，该成型压力的转折点为 650 ～ 700MPa，由此说明与超高压脱水技术相比，超低水灰比水泥基材料微结构均匀控制技术能够有效地提高材料微结构的匀质性，降低成型压力，简化制备技术。硬化水泥浆体的吸水率与其孔隙率的关系如图 9-42 所示，硬化水泥浆体的吸水率与其孔隙率之间的线性相关性系数达到 0.99，因此证明二者之间存在良好的线性关系，同时也证实了孔隙率降低是硬化水泥浆体吸水率降低的主要因素。成型压力对硬化水泥浆体干密度

和骨架密度的影响如图 9-43 所示，随着成型压力的增大，硬化水泥浆体干密度和骨架密度逐渐增大。当成型压力增大至 300MPa，硬化水泥浆体干密度增大至 2600kg/m³，骨架密度增大至 2865kg/m³。与成型压力为 25MPa 的样品相比，硬化水泥浆体干密度和骨架密度分别增大了 22.1% 和 15.3%。此外，图 9-42 还揭示了硬化水泥浆体干密度与孔隙率之间的关系，两个参数之间的线性相关性系数高达 0.98，表面硬化水泥浆体干密度的增加可以归因于材料开孔率的降低。

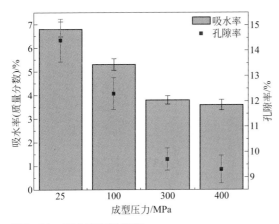

图9-41　吸水率和孔隙率

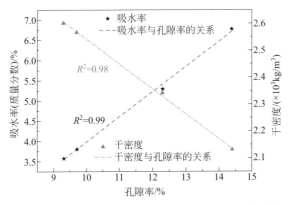

图9-42　硬化水泥浆体吸水率、干密度与孔隙率的关系

成型压力对硬化水泥浆体抗压强度和抗折强度的影响如图 9-44 和图 9-45 所示。当成型压力不超过 300MPa，相同养护龄期的硬化水泥浆体的抗压强度（图 9-44）和抗折强度（图 9-45）随成型压力的增大而增大。成型压力为 25MPa 的硬化水泥浆体 3d 抗压强度和抗折强度分别为 103.4MPa 和 10.7MPa，28d 抗压强

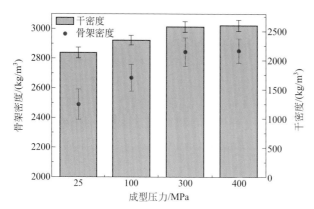

图9-43 干密度和骨架密度

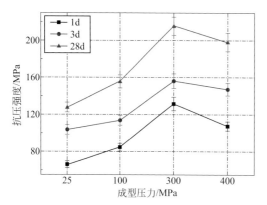

图9-44 硬化水泥浆体抗压强度

度和抗折强度分别为 127.5MPa 和 17.0MPa。成型压力为 300MPa 的硬化水泥浆体 3d 抗压强度和抗折强度分别为 156.1MPa 和 21.7MPa，28d 抗压强度和抗折强度分别为 215.4MPa 和 27.5MPa。与成型压力为 25MPa 的样品相比，成型压力为 300MPa 的超低水灰比硬化水泥浆体 3d 和 28d 抗压强度分别增长为 51.0% 和 68.9%，3d 和 28d 抗折强度分别增长 102.8% 和 61.8%。这种强度增长的趋势与 Balshin 等和 Ryshkewitch 等的研究结果是一致的，并且 Balshin 等和 Ryshkewitch 等认为成型压力的增大，初始孔隙率的显著降低是硬化水泥浆体力学性能改善的最主要因素。但在本实验中，当成型压力超过 300MPa，硬化水泥浆体的抗压强度和抗折强度开始降低，这与初始孔隙率和孔隙率随成型压力的增大而降低是不一致的，这可能是因为当成型压力超过 300MPa，在样品加压成型过程中会产生微裂纹，导致硬化浆体力学性能劣化。

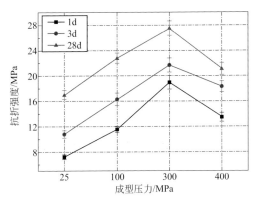

图9-45　硬化水泥浆体抗折强度

　　成型压力对超低水灰比水泥水化产物矿物组成影响的 XRD 分析结果和 TG 分析结果如图 9-46 和图 9-47 所示。成型压力对水泥水化产物的矿物组成基本没有影响（图 9-46），但水泥水化产物的量随成型压力的增大逐渐降低。成

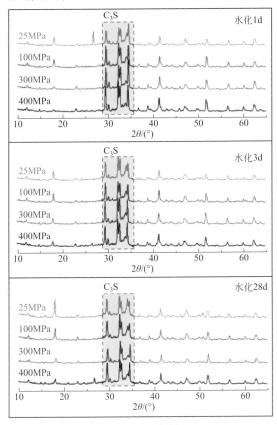

图9-46　水化产物的XRD分析结果

型压力为 25MPa 时，28d 龄期样品 TG 分析总质量损失为 16.2%，而成型压力为 300MPa 时，28d 龄期样品 TG 分析总质量损失降低至 11.3%。此外，在 50～300℃和 400～500℃下的质量损失随成型压力的增加而降低，这分别对应于 C-S-H 凝胶和 CH 的分解。这意味着水泥水化化学结合水含量随成型压力的增大逐渐减少，表明水泥水化程度随成型压力的增大逐渐降低。这主要是因为随成型压力的增大，样品制备的水灰比逐渐降低。

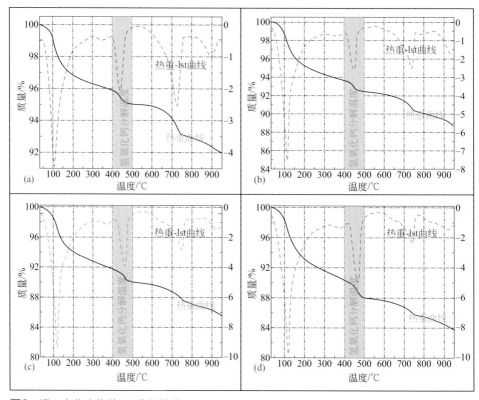

图9-47 水化产物的TG分析结果
（a）25MPa；（b）100MPa；（c）300MPa；（d）400MPa

成型压力对水泥干粉压实体和超低水灰比硬化水泥浆体孔结构的影响如图 9-48 所示。随成型压力的增大，水泥干粉压实体最大孔尺寸［图 9-48（a）］和累积孔体积［图 9-48（b）］逐渐降低，减少的孔主要为 0.01～8μm 的微观孔隙。28d 养护龄期的超低水灰比水泥基材料硬化浆体累积孔隙率也随成型压力的增大逐渐降低。由于随成型压力的增大，水灰比降低，水泥水化程度逐渐降低，水化产物的量是逐渐减少的，因此水化产物对孔隙的填充度也是逐渐降低的，因此本实验中硬化浆体孔隙率的降低应该主要归因于初始孔隙率的大幅度降低。

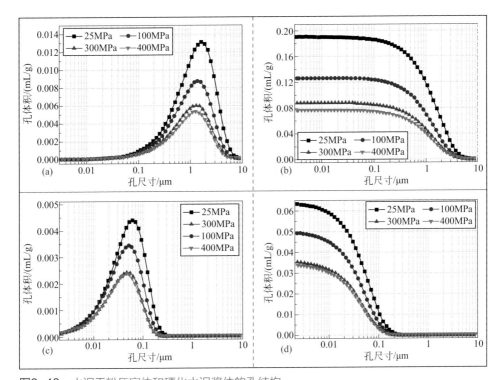

图9-48　水泥干粉压实体和硬化水泥浆体的孔结构

（a）干粉压实体孔尺寸；（b）干粉压实体累积孔体积；（c）28d养护龄期硬化浆体孔尺寸；（d）28d养护龄期硬化浆体累积孔体积

三、超高压成型

　　斯洛伐克国家科学院 Živica 教授[1]以波特兰水泥制备超低水灰比（w/c）水泥基材料，其 w/c 为 0.115、0.095 和 0.075，通过在所谓的"最佳压力（它表示糊状物中加入的水没有被抽出时的压力）"下按其新拌混合料进行实验估计而制备。当 w/c 为 0.115 时压力为 46MPa，w/c 为 0.095 时压力为 102MPa，w/c 为 0.075 时压力为 210MPa。制备的试样为直径和高度为 30mm 的圆柱体。为了进行比较，使用 20mm 的立方体为参比试样，在 w/c 为 0.40 和震动密实条件下制备。新拌水泥浆体的制备是将给定的水量加入到水泥中，参比试样的搅拌时间为 3min，超低水灰比水泥浆体搅拌时间为 8min。之后采用超高压脱水技术制备水泥浆体，其压力达到 130000MPa、290000MPa 和 540000MPa，并保持压力 5min，已达到迫使水分均匀分散的目的。

　　实验结果表明，随着压实压力的增大，超低水灰比硬化水泥浆体的抗压强度增大。在 46MPa、102MPa 和 210MPa 的压实压力下，抗压强度增大了 87.0%，

129.4% 和 162.8%。同时，压实压力对超低水灰比硬化水泥浆体总孔隙率发展的影响是相反的。总孔隙率下降 44.3%、49.6% 和 55.0%，孔隙中值下降 25.4%、22.5% 和 19.4%。此外，所有这些效应都与非常低的水灰比有非常紧密的联系。所用低 w/c 的一个直接而重要的结果是所得到的孔隙结构。通过对比可以看出，随着 w/c 从 0.40 降低到 0.075，孔隙分布曲线在较小的孔尺寸范围内变得更加陡峭，表明其孔尺寸更小。

此外，SEM 图像显示 w/c 为 0.40 的硬化水泥浆体中含有大量的、结晶良好的氢氧化钙和钙矾石晶体，以及大量的纤维状与针状 C-S-H 凝胶。随着 w/c 的降低，SEM 显微镜下颗粒的晶型变得不明显，尺寸变得更加均匀。在 w/c 为 0.075 时，C-S-H 产物以非常细小、不规则的球形或圆柱形颗粒的形式出现，紧密地连接在一种致密的材料中。低 w/c 的硬化水泥浆体的孔结构特征与参考硬化水泥浆体的孔结构特征的显著差异也得到证实。在参考硬化水泥浆体中，其抗压强度与孔隙中值呈抛物线关系。但在较低的 w/c 下是线性的。这可能是由于 SEM 显微镜观察到的孔结构不同所致。抗压强度与硬化水泥浆体中容重和结合水含量存在线性关系。水化物的量可以近似地表征结合水含量。研究结果表明，随着 w/c 的降低和抗压强度的增加，各直线的斜率显著增加，其在划定的区域内逐渐移动。随着水化产物生成量的减少，硬化水泥浆体的抗压强度增加。这种现象可能是水灰比降低的两个因素导致的结果。两个因素为：①少量水化产物填充硬化水泥浆体的孔隙是必要条件；②随着含水率的降低，孔隙结构和基质发生了主要变化。

除了已知的 w/c 随抗压强度增加而减小的影响（表 9-4）外，还表明初始和最终孔隙中值之间的差异减小。结果表明，随着 w/c 的减小和压实压力的增大，超低水灰比硬化水泥浆体的孔结构均匀性增大。最后一个是导致低水灰比的非相干水泥混合物转变为致密水泥体系的主要因素，这使得使用极低水灰比对硬化水泥浆体性能发展的积极影响的潜在成为可能。压力压实产生的一个显著的积极影响是初始孔隙率显著降低，力学强度显著提高。w/c 为 0.075 时，初始孔隙率比

表9-4　超高压成型超低水灰比水泥基材料的主要性能指标

性能指标	w/c=0.40	w/c=0.115	w/c=0.095	w/c=0.075
脱水压力/MPa	—	$13×10^4$	$29×10^4$	$54×10^4$
成型压力/MPa	—	46	102	210
抗压强度/MPa	69.5	130.0	159.4	182.6
孔隙率/%	34.5	22.0	20.1	17.9
中值孔径/nm	420	270	240	212
初始孔隙率/%	37.9	22.6	15.2	12.7
钙硅比	1.60	2.40	—	2.68
氢硅比	2.42	1.47	—	1.09

w/c 为 0.40 的参考混合物降低了 66.5%。此外通过给定的形貌变化，*w/c* 的降低也导致了钙硅比的增加和氢硅比的降低。

超低水灰比（*w/c*=0.115 ~ 0.075）水泥浆体在一定条件下由松散、不相干的水泥体系压密转化为致密材料，表现出以下效应：众所周知的总孔隙率、孔隙率的降低和强度的提高。此外，其他重要影响也已经被关注：钙硅比的增加和氢硅比的降低，其结果是在水化产物中形成较细的球形和圆柱形颗粒时，颗粒形态发生变化，表现为晶体性质逐渐松散、结合能力增加以及在细颗粒和颗粒形成的基础上孔隙结构均匀性的增加。水化产物的持续生成导致水泥颗粒之间的结合逐渐增强，形成非常致密的结构。这些因素似乎是极低水灰比和压力压实作用的原理。

四、压力成型超低水灰比水泥基材料的发展

随着我国基础设施建设的快速发展，许多重要建筑工程或特殊工程构件均需要高性能水泥基材料，如大跨度梁和板、高速公路铁路桥梁和板、高强军事防护工程及民用建筑工程特殊构件或制品等。但水泥基材料的多孔结构和较高的孔隙率严重制约了水泥基材料的高性能化，通过降低水泥基材料初始水灰比和采用加压成型技术是提高致密度并实现其高性能化的有效途径。压力成型超低水灰比水泥基材料的发展经历了低压脱水成型、高压脱水成型和超高压脱水成型三个阶段。但是降低水灰比会造成水在水泥中不能均匀分散，使部分富水颗粒之间极易形成"液桥"，导致水泥颗粒发生非均匀团聚，以及部分贫水颗粒非均匀水化，造成水泥基材料组成和微结构的不均匀，其性能大幅度波动。因此，解决在加压和低水灰比条件下水的均匀分散性问题是低水灰比水泥基材料高性能化的关键。由于"液桥"一旦形成便很难彻底消除，因此南京工业大学邓敏教授提出"毛细管吸水"技术制备超低水灰比水泥基材料，济南大学程新教授和芦令超教授团队提出"固态拌合水"微结构均匀控制技术制备超低水灰比水泥基材料，解决了超低水灰比水泥基材料水分分布不均匀、材料性能大幅度波动的问题。此外，超低水灰比水泥基材料的脆断性问题也是制约其推广应用的重要问题之一，因此纤维增强超低水灰比水泥基材料也是当前的研究热点之一。

参考文献

[1] Živica V. Effects of the very low water/cement ratio[J]. Construction & Building Materials, 2009, 23(12):3579-3582.

[2] Shen Y, Deng M, Lu A. Structural evolution of hydrated cement compacts[J]. Materials Structure, 2011, 44: 1735-1743.

[3] 李北星，张文生. MDF 水泥基复合材料的性能及其应用 [J]. 中国建材科技，2000(1):37-41.

[4] Odler I. Special inorganic cements: MDF cements[M]. London: E & FN Spon, 2000: 105-112.

[5] Young J F. MDF cement[J]. MAETA Workshop on High Flexural Polymer-Cement Composite, 1996, 10: 1-12.

[6] Alford N M, Birchall J D. Fibre toughening of MDF cement[J]. Journal of Materials Science, 1985, 20(1):37-45.

[7] 刘清汉. 超高强水泥材料的研制 [J]. 混凝土与水泥制品，1990, 2: 14-17.

[8] 李北星，张文生. 高强无宏观缺陷水泥基复合材料 [J]. 材料导报，1998, 6: 65-68.

[9] Rodger S A, Brooks S A, Sinclair W, et al. High strength cement pastes-Part 2. Reactions during setting[J]. Journal of Materials Science, 1985, 20: 2853-2860.

[10] 朱宏，吴学权，唐明述. 高强 MDF 水泥的增强机理 [C] // 第四届水泥学术会议论文选集. 北京：中国建筑工业出版社，1992: 554-558.

[11] Harsh S, Naidu Y C. Chemical interaction between PVA and hydraulic HAC[C] // The 9th International Congress on the Chemistry of Cement, 1992: 406-412.

[12] 胡曙光. 聚合物水泥基复合材料其界面增强机理研究 [D]. 武汉：武汉工业大学，1992.

[13] Drabik M. Chemistry and porosity in modelled MDF cement minerals[C] // The 9th International Congress on the Chemistry of Cement, 1992: 386-392.

[14] Popoola O O, Kriven W M. Interfacial structure and chemistry in ceramic/polymer composites[J]. Journal of Materials Science, 1992, 7(6):1545-1552.

[15] Popoola O O, Kriven W M, Young J F. Microstructural and microchemical characterization of a calcium aluminate-polymer composite[J]. Journal of America Ceramics Society, 1991, 74(8):1928-1933.

[16] Gulgun M A, Kriven W M, Tan T S. Evolution of mechano-chemistry and microstructure of a calcium aluminate-polymer composite[J]. Journal of Materials Research, 1996, 11(7):1739-1747.

[17] Birchall J D, Howard A J, Kendall K. Flexural strength and porosity of cements[J]. Nature, 1981, 289(29):388-389.

[18] Alford N. A theoretical argument for the existence of high strength cement pastes[J]. Cement and Concrete Research, 1981, 11(4):605-610.

[19] Kendall K, Birchall J D. Porosity and its relationship to the strength of hydraulic cement pastes[J]. Materials Research and Society, 1985, 42: 143-150.

[20] Roy D M. New strong cement materials-chemically bonded ceramics[J]. Science, 1987, 235: 651-658.

[21] 刘崇熙. 显微混凝土理论的应用和掺合料活性的探讨 [J]. 长江科学院院报，1995, 11: 114-129.

[22] Rao A G. Role of water-binder ratio on the strength development in mortars incorporated with silica fume[J]. Cement and Concrete Research, 2001, 31: 443-447.

[23] Schulze J. Influence of water-cement ratio and cement content of the properties of polymer modified mortars[J]. Cement and Concrete Research, 1999, 29: 909-915.

[24] 李来波. 超低水灰比水泥基材料的制备及组成、结构与性能研究 [D]. 济南：济南大学，2020.

[25] 闫振. 低水灰比高致密水泥板的制备与性能研究 [D]. 济南：济南大学，2020.

[26] 程新，李来波，芦令超，等. 一种低水灰比高强水泥基板材的制备方法 [P]: 中国，201710004608.5. 2017-11-03.

[27] 程新，李来波，芦令超，等. 一种高致密硅酸钙板及其制备方法 [P]: 中国，201710760339.5. 2018-01-12.

[28] 程新，李来波，芦令超，等. 一种高致密混凝土道路的制备方法 [P]: 中国，201710760338.0. 2017-11-24.

[29] 芦令超，李来波，程新，等. 一种水泥板及其半干法制备工艺 [P]: 中国，2018116368897. 2019-04-12.

[30] 芦令超，李来波，程新，等. 水泥吊顶板及其制备方法 [P]: 中国，2018116418665. 2019-03-12.

[31] 芦令超，李来波，程新，等. 一种可调节湿度的水泥吊顶板及其制备方法 [P]: 中国，2019100284769. 2019-04-19.

[32] Li L B, Lu L C, Cheng X, et al. Early-age hydration characteristics and kinetics of Portland cement pastes with super low w/c ratios using ice particles as mixing water[J]. Journal of Materials Research and Technology-JMR&T, 2020, 9(4):8407-8428.

[33] Bazzoni A, Ma S, Wang Q, et al. The effect of magnesium and zinc ions on the hydration kinetics of C_3S[J]. Journal of America Ceramics Society, 2014, 97: 3684-3693.

[34] Bullard J W, Jennings H M, Livingston R A, et al. Mechanisms of cement hydration[J]. Cement and Concrete Research, 2011, 41: 1208-1223.

[35] 芦令超，闫振，程新，等. 具有电磁屏蔽功能的水泥吊顶板及其半干法制备工艺 [P]: 中国，201910086775.8. 2019-04-16.

[36] 芦令超，闫振，程新，等. 电磁屏蔽水泥板及其半干法制备工艺 [P]: 中国，201910068789.7. 2019-01-24.

[37] 芦令超，闫振，程新，等. 一种低水灰比水泥基板材及其制备工艺和应用 [P]: 中国，201911348169.5. 2020-05-08.

[38] Li L B, Lu L C, Cheng X, et al. Pore structure evolution and strength development of hardened cement paste with super low water-to-cement ratios[J]. Construction and Building Materials, 2019, 227: 117108.

第十章

生态水泥基材料

生态混凝土又称植生混凝土、绿化混凝土，在实现安全防护的同时又能实现生态种植，是一种能将工程防护和生态修复很好地结合起来的新型护坡材料。其主体以特定粒径骨料作为支承骨架，通过生态胶凝材料（因水泥具有强碱性，制备需用生态胶凝材料）和骨料包裹而成，具有一定孔隙结构和强度。其具备三个特点：①强度高，材料本身具有与普通混凝土相当的强度；②构造独特，具备类似于"沙琪玛"一样的骨架，具有较多的连通孔隙，能够为植物的穿透生长提供条件；③低碱环境，种植混凝土碱度较低，适宜植物生长，将其护砌至坡面，在合适的条件下能够实现安全防护与生态绿化一体化，具备三重防护的功效。

第一节
固土护坡型混凝土

一、应用背景与研究现状

随着全球经济的飞速发展，全国掀起了新一轮基础建设高潮。然而在基础设施建设的过程中会形成大量的边坡，其周围环境也遭到了严重的破坏，尤其是坡度较大的区域，土壤很容易受到雨水侵蚀而发生山体滑坡、塌方等自然灾害，不仅影响主体工程的安全稳定，而且严重危害人类的生命安全。仅靠自然的力量，这些边坡恢复到生态平衡需要漫长时间。因此研究既能保证边坡稳定又能保护生态环境的护坡技术是迫在眉睫的重要任务，且具有十分重要的意义。

多孔生态混凝土护坡技术是建筑材料学与生物学等多个学科相交叉而形成的前沿学科[1]。20世纪90年代日本开始研究多孔生态混凝土，以达到稳定和绿化边坡的目的[2]，为了进一步加快多孔生态混凝土的发展，日本在2000年组织建立了生态混凝土工学会。该学会通过调整混凝土制备方法和配合比方法设计出28d抗压强度大于10MPa，同时孔隙率大于22%的多孔生态混凝土，并为其大面积生产提出了合理建议。日本为了推进多孔生态混凝土的大面积使用，于2001年4月推出了多孔生态混凝土护坡法。与此同时，日本株式会社与韩国一起研发了多孔生态混凝土砖，利用铺砌预制混凝土的方式达到护坡的目的[3]；美国及欧洲也在20世纪末对多孔生态混凝土进行了深入的研究与应用，但是主要引进日本的技术。1936年美国Angeles Crest将多孔生态混凝土应用到生态护坡中[4]；Wekde[5]对多孔生态混凝土的抗旱指数进行了深入的研究得出，厚度为

150 ～ 300mm 的多孔生态混凝土的抗旱指数与厚度为 300mm 的优质土壤相当。

我国对多孔生态混凝土的研究起步比较晚，东南大学高建明等[6]及代文燕[7]对植物生长型多孔混凝土的制备、耐久性和应用展开研究，得出骨灰比控制在 4 ～ 7 之间，水灰比控制在 0.20 ～ 0.32 之间，振动时间控制在 20s 左右可以制备出孔隙率约 25%、抗压强度高达 15MPa 的高性能植被型多孔生态混凝土；梁丽敏[8]对多孔生态混凝土内部结构和伪装性能进行了分析，利用 MATLAB 软件可以直观地分析多孔生态混凝土内部的孔结构，而且此种材料具有良好的吸波效果，对电磁波的反射率都小于 −10dB；吴磊[9]对多孔生态混凝土的制备过程进行了优化，提出了水泥裹石法搅拌工艺，此种搅拌工艺结合 5MPa 表面压力和 45s 振动时间，可以制备出孔隙率大于 20%、渗透系数大于 1.5cm/s 的多孔生态混凝土；张朝辉[10]对多孔生态种植材料展开了研究，并提出利用石膏土制备种植材料及施工方法；李化建等人[11]提出一种自适应植被混凝土，该混凝土具有自动适应植物生长环境、自供给植物生长所需元素的特点。

虽然多孔生态混凝土在生态效益、自净效益、防洪效益、景观效益和经济效益上存在众多优点，已被广泛关注，但其广泛应用还存在以下难题：

（1）碱度过高，利用普通硅酸盐水泥制备的多孔生态混凝土试件，其胶凝材料水化后混凝土孔隙内 pH 达 13.5 左右，而最适宜植物生长的土壤是略微偏酸性的土壤，因此植物难以正常生长，而这是限制多孔生态混凝土广泛应用的最大难点。

（2）强度比较低，众所周知混凝土的强度与其孔隙率是一对矛盾体。多孔生态混凝土中孔隙率高达 30%，因此其强度很难保障。而且为了降低混凝土内部的碱度，在配合比中大量降低胶凝材料的用量，这会导致多孔生态混凝土强度进一步降低。

（3）目前为止多孔生态混凝土依然尚无统一、合理的配合比方法。

（4）由于多孔生态混凝土中存在大量蜂窝状连通孔隙，在被利用到护坡工程时很容易受到冻融、碳化和各种离子的侵蚀。而如今对多孔生态混凝土耐久性能的研究很少，无具体数据可以依据。

二、低碱度胶凝材料制备

碱度是影响植物生长的一个关键因素，常见的护坡植物适宜的 pH 值范围一般在 5.5 ～ 9.5 之间，而普通水泥混凝土孔隙内的 pH 值则高达 13 左右，这会对植物的正常生长产生不利的影响，所以降低混凝土内部孔隙的碱度尤为重要。

目前降低多孔生态混凝土内部孔隙碱度的方法主要有：掺加矿物掺合料、自然碳化和封碱法，前两者不仅不能有效地降低混凝土内部碱度，而且还导致混凝土力学性能大幅度降低；封碱法所用的高分子化合物毒性强，高温下易分解，施工成本高，三种方法皆不能从根本上克服生态混凝土内部碱度过高的缺点。因此，应该寻找一种能够从根本上降低多孔生态混凝土内部碱度且不会影响其内部微观结构的方法[12-15]。

众所周知，混凝土呈现的碱性主要来源于水泥，水泥水化后，其表面含有大量的碱性物质，具体可分为非可溶性碱和可溶性碱，非可溶性碱对孔隙内水环境基本无影响；而可溶性碱主要来自：①水泥水化时产生的氢氧化钙，约占水泥固相的20%～25%，这是碱度的主要来源；②生产水泥的原料和煤燃烧带入的Na^+、K^+；③外加剂的引入；④骨料中的碱，由于水蒸发析出而带到孔隙中。

钱觉时教授认为能够有效降低混凝土内部碱度的方法有三种：①改变水泥种类，这是降低内部碱度的根本方法；②采用酸性的土壤对混凝土内部碱中和；③利用封碱技术，隔绝水泥中碱性物质的溶出，从而降低混凝土内部碱性。而从根本上改善多孔生态混凝土孔隙内碱度的方法是改变制备多孔生态混凝土的水泥种类。

表10-1为水泥水化产物稳定存在的极限pH值，从表中可以看出几种水化产物能在低碱度下存在的为硫铝酸盐水泥水化产物钙矾石，其稳定存在的最低碱度为7.95。而且从$CaO-Al_2O_3-CaSO_4-H_2O$四元系统相图可以得出其水化产物同时存在一个三相平衡不变点，此平衡点的pH值为9.0左右。因此实验通过研究硬石膏、石灰石和矿物掺合料对硫铝酸盐水泥熟料力学性能和碱度的影响，制备出满足多孔生态混凝土性能要求的低碱度胶凝材料。

表10-1 水泥水化产物稳定存在的极限pH值

水化产物	最低碱度
$2CaO \cdot SiO_2 \cdot 1.7H_2O$	11.20
$6CaO \cdot 6SiO_2 \cdot H_2O$	10.67
$5CaO \cdot 6SiO_2 \cdot 5.5H_2O$	10.00
$2CaO \cdot 3SiO_2 \cdot 2.5H_2O$	9.78
$4CaO \cdot Al_2O_3 \cdot 19H_2O$	8.15
$3CaO \cdot Al_2O_3 \cdot CaSO_4 \cdot 12H_2O$	7.95

1. 硬石膏和石灰石对改性硫铝酸盐水泥性能影响及其作用机理

实验首先采用硬石膏和石灰石对硫铝酸盐水泥熟料进行改性，在实验中为了保证净浆实验数据与混凝土实验数据的一致性，其最佳水灰比是通过本书第四章所介绍的浆体流动度来确定的（流动度在180～220mm时为最佳），实验配合比见表10-2。

表10-2　实验配合比

组号	硬石膏掺量/%	石灰石掺量/%	硫铝酸盐水泥熟料/%	水灰比
A1	60		40	0.25
A2	50		50	0.24
A3	40		60	0.21
A4	30		70	0.20
A5	20		80	0.19
B1	30	10	60	0.23
B2	20	20	60	0.21
B3	10	30	60	0.19

（1）硬石膏和石灰石对改性硫铝酸盐水泥性能的影响　图 10-1 和图 10-2 为不同硬石膏、石灰石掺量的改性硫铝酸盐水泥净浆抗压强度和碱度值。从图 10-1 和图 10-2 可以得出硬石膏的掺入导致胶凝材料的抗压强度和碱度显著降低，尤其是后期强度下降较明显。这主要是由于在水化刚开始的时候 AFt 主要起强度作用，当水泥浆体达到一定的强度后，继续形成 AFt 主要为膨胀作用。随着硬石膏掺量的增加，后期产生的 AFt 使水泥浆体结构疏松，力学性能明显下降。当单掺石膏高于 50% 时，胶凝材料 3d 和 7d 的碱度都低于 10，这远低于普通硅酸盐水泥试样的碱度。综合考虑强度和碱度两项因素，单掺硬石膏最佳掺量为 40%，此时低碱度胶凝材料的 28d 净浆抗压强度为 76.49MPa，28d 碱度值为 9.78。而在硅酸盐水泥中石灰石是惰性混合材，不与熟料矿物发生反应；与之相反，石灰石在硫铝酸盐水泥中却是活性掺合料，能与熟料矿物发生各种水化反应，对水泥水化有利。

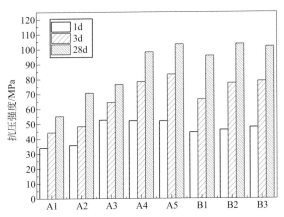

图10-1　硬石膏和石灰石掺量对改性硫铝酸盐水泥抗压强度的影响

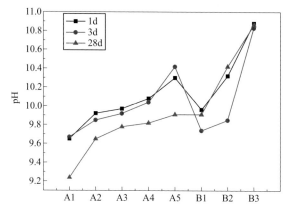

图10-2 硬石膏和石灰石掺量对改性硫铝酸盐水泥碱度的影响

同时，从图10-2也可以得出：硫铝酸盐水泥熟料比例不变，随着石灰石比例的增加，硬石膏所占的比例减少，改性硫铝酸盐水泥碱度增加。这主要是由于硬石膏掺量的降低，改性硫铝酸盐水泥水化生成的氢氧化钙导致液相碱度的升高。而石灰石粉的掺入不仅可以在碱度相当的情况下减少强度的损失值，而且还可以降低改性硫铝酸盐水泥的干缩值。同时，从图10-2还可以看出随着养护龄期的增长，改性硫铝酸盐水泥的碱度都呈现出降低的趋势。

（2）硬石膏和石灰石对改性硫铝酸盐水泥性能影响的机理分析

① 硬石膏和石灰石对改性硫铝酸盐水泥水化相矿物的影响　图10-3为硬石膏改性硫铝酸盐水泥水化硬化体的 XRD 图谱。从图10-3可以得出：胶凝材料主要水化产物为钙矾石（AFt：$3CaO \cdot Al_2O_3 \cdot 3CaSO_4 \cdot 32H_2O$）和二水石膏（Gypsum：$CaSO_4 \cdot 2H_2O$），此外还有反应剩余的硬石膏（Anhydrite：$CaSO_4$）和无水硫铝酸钙（Yeelimite：$3CaO \cdot 3Al_2O_3 \cdot CaSO_4$）。

比较不同硬石膏掺量的改性硫铝酸盐水泥水化衍射峰得知：在改性硫铝酸盐水泥中，当硬石膏掺量低于 50% 时，在 XRD 图谱中 $2\theta=23° \sim 25°$ 时有无水铝酸钙出现，这说明胶凝材料 28d 水化后有无水硫铝酸钙剩余，即至少掺加 50% 的石膏才能使熟料中的无水硫铝酸钙完全反应生成钙矾石。胶凝材料的主要水化反应如下：

$$3CaO \cdot 3Al_2O_3 \cdot CaSO_4 + 2CaSO_4 + 38H_2O \longrightarrow 3CaO \cdot Al_2O_3 \cdot 3CaSO_4 \cdot 32H_2O + 2(Al_2O_3 \cdot 3H_2O) \quad （10-1）$$

$$Al_2O_3 \cdot 3H_2O + 3Ca(OH)_2 + 3CaSO_4 + 26H_2O \longrightarrow 3CaO \cdot Al_2O_3 \cdot 3CaSO_4 \cdot 32H_2O \quad （10-2）$$

当加入足量的硬石膏时，硫铝酸盐水泥中的 Ca（OH）$_2$ 完全与铝胶发生反应生成钙矾石，而钙矾石在较低的碱度下也可以稳定地存在。但是过高硬石膏掺量会导致水泥的体积膨胀增加，影响水泥的体积安定性。综合在改性硫铝酸盐水泥中主要发生的水化反应，在反应式（10-1）中，消耗 2mol 的硬石膏生成 1mol 的 AFt；在反应式（10-2）中，消耗 3mol 的硬石膏生成 1mol 的 AFt。改性硫铝酸盐水泥的主要水化反应为（10-1），按照反应（10-1）计算 $CaSO_4/$ $3CaO \cdot 3Al_2O_3 \cdot CaSO_4$ 的质量比为（2×136/610）×100%=45%。但是实际实验中由于石灰石的存在，这个比例要高于 45%。当 $CaSO_4/$ $3CaO \cdot 3Al_2O_3 \cdot CaSO_4$ 的比值<42% 时，AFt 形成量少，改性硫铝酸盐水泥干缩率低，因此这里选择 40% 的掺量为硬石膏的最佳掺量。

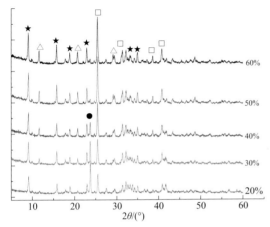

图10-3　硬石膏改性硫铝酸盐水泥水化硬化体的XRD图谱
★ 钙矾石；△ 二水石膏；● 无水硫铝酸钙；□ 硬石膏

图 10-4 为石灰石改性硫铝酸盐水泥水化硬化体的 XRD 图谱。从图 10-4 可知，B1 ～ B3 组水化后都含钙矾石（AFt：$3CaO \cdot Al_2O_3 \cdot 3CaSO_4 \cdot 32H_2O$）、二水石膏（$CaSO_4 \cdot 2H_2O$），此外还有反应剩余的硬石膏（Anhydrite：$CaSO_4$）、无水硫铝酸钙（$3CaO \cdot 3Al_2O_3 \cdot CaSO_4$）和碳酸钙（$CaCO_3$）。碳酸钙在硫铝酸盐水泥体系中可以参与如下反应：

$$3(3CaO \cdot 3Al_2O_3 \cdot CaSO_4)+3(CaSO_4 \cdot 2H_2O)+2CaCO_3+3Ca(OH)_2+92H_2O \longrightarrow$$
$$2(3CaO \cdot Al_2O_3 \cdot 3CaSO_4 \cdot 32H_2O)+2(3CaO \cdot Al_2O_3 \cdot CaCO_3 \cdot 11H_2O)+5(Al_2O_3 \cdot 3H_2O) \quad (10-3)$$

随着石灰石掺量的增加，水化产物中二水石膏（Gypsum）和硬石膏（Anhydrite）的含量减少，水化剩余的碳酸钙的含量增加，未进行水化反应的无水硫铝酸钙 $C_4A_3\overline{S}$（Yeelimite）的含量有所减少。当石灰石含量大于 20% 时，就已经有相当一部分的碳酸钙剩余了，硬石膏含量已经不足，无法继续进行上述反应。这恰好说明了，从 B2、B3 组的强度增加很少，而碱度却急剧增加的原因。

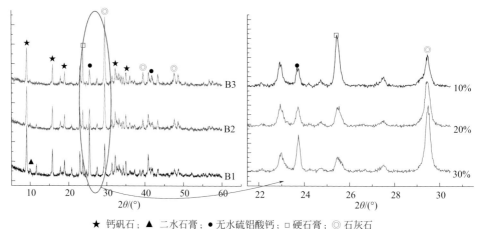

★ 钙矾石； ▲ 二水石膏； ● 无水硫铝酸钙； □ 硬石膏； ◎ 石灰石

图10-4 石灰石改性硫铝酸盐水泥水化硬化体的XRD图谱

② 硬石膏和石灰石对改性硫铝酸盐水泥水化硬化体微观结构影响 图 10-5 为 A3 与 B2 组改性硫铝酸盐水泥水化产物微观形貌的扫描电镜照片。从图 10-5 可以看出：与 B2 相比，试样 A3 中 AFt 晶体较粗大，这主要是由于 A3 试样疏松结构为 AFt 的生长提供了足够的空间。而由于石灰石的掺入导致 B2 试样的整体结构密实，这与 B2 组力学性能优于 A3 组的结果相符。结合能谱分析得出 A3 和 B2 主要水化产物为钙矾石。A3 中有硬石膏剩余，而 B2 中无硬石膏剩余，但是其石灰石过量。

2. 矿物掺合料对改性硫铝酸盐水泥性能的影响

粉煤灰、矿渣等作为矿物掺合料加入，不仅可以在水泥水化中发生二次火山灰反应消耗氢氧化钙，控制孔隙内液相碱度，而且还可以起到物理填充的作用，改善其硬化浆体的强度等性能。实验通过外掺低钙粉煤灰、矿渣研究矿物掺合料对改性硫铝酸盐水泥的影响，水灰比的选择同上，实验配合比见表 10-3。

图 10-6 为矿物掺合料对改性硫铝酸盐水泥力学性能和碱度的影响。从图 10-6 可以得出：粉煤灰和矿渣的掺入会导致改性硫铝酸盐水泥中水泥熟料所占的比例降低，因此其强度与 B2 相比有所降低。与硬石膏相比，矿物掺合料不能明显地降低改性硫铝酸盐水泥水化液相的碱度。粉煤灰 SiO_2 含量大于矿渣的 SiO_2 含量，而 CaO 含量却小于矿渣，所以掺入粉煤灰的改性硫铝酸盐水泥孔隙内部的 pH 值低于矿渣和粉煤灰混掺的 pH 值。

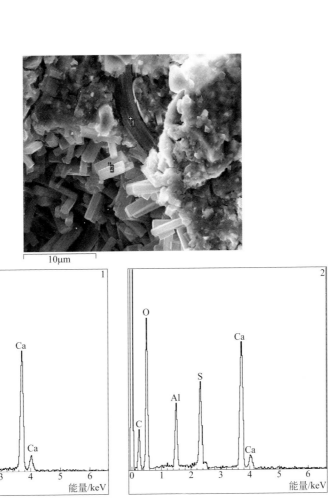

(A3)

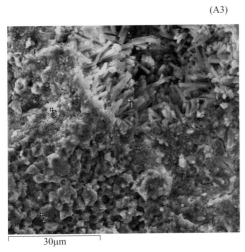

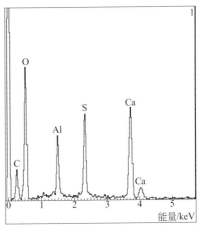

图10-5

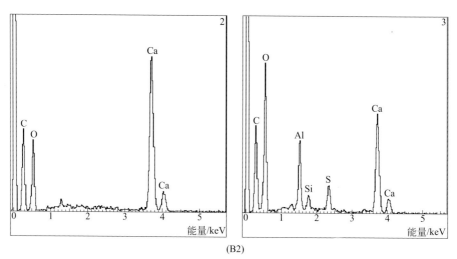

图10-5　A3和B2组SEM-EDS分析

表10-3　粉煤灰、矿渣改性硫铝酸盐水泥实验方案

编号	硬石膏掺量/%	石灰石掺量/%	外掺粉煤灰/%	外掺矿渣/%	水灰比
F20S0	20	20	20	0	0.22
F15S5	20	20	15	5	0.21
F10S10	20	20	10	10	0.21
F5S15	20	20	5	15	0.20
F0S20	20	20	0	20	0.20

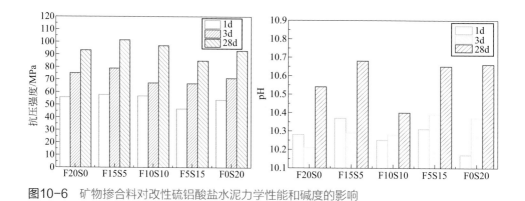

图10-6　矿物掺合料对改性硫铝酸盐水泥力学性能和碱度的影响

　　综合以上研究得出改性硫铝酸盐水泥的最佳配合比为：硫铝酸盐水泥熟料60%，硬石膏20%，石灰石20%。此时，改性水泥的强度和碱度都比较适合植物

的生长，本书选择此最佳配合比为制备多孔生态混凝土的低碱度胶凝材料。图10-7为低碱度胶凝材料与几种常见水泥以及熟料的碱度对比。从图10-7可以得出：与普通硅酸盐水泥相比，B2组的碱度降低了23.0%，而强度仅损失了7.8%。

最后本书分别利用普通硅酸盐水泥、硫铝酸盐水泥和低碱度胶凝材料制备多孔生态混凝土，研究低碱度胶凝材料在力学性能方面的利弊。结果表明：低碱度胶凝材料早期强度和后期强度都明显地增高，普通硅酸盐水泥3d强度仅为28d抗压强度的48.8%，而低碱度胶凝材料的3d强度则为28d强度的82.6%。且低碱度胶凝材料的抗压强度优于其他水泥种类，28d抗压强度为103.5MPa。在工程应用中，多孔生态混凝土的力学性能固然重要，但是混凝土凝结时间也是必须要考虑的一个重点，选择低碱度胶凝材料作为制备多孔混凝土的水泥，不仅多孔混凝土强度高，而且凝结时间短，可以大幅度缩短工期。

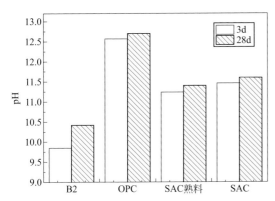

图10-7 低碱度胶凝材料与OPC、SAC和SAC熟料的碱度对比

三、配合比设计与制备工艺调控

与传统混凝土不同，多孔生态混凝土既要保证多孔性，又要维持一定的力学性能。然而，材料的孔隙率与其力学性能是矛盾的统一体，要设计出符合要求的多孔生态混凝土，需要深入开展其配合比方面的研究，控制多孔生态混凝土的水灰比、骨料级配和水泥用量等指标。

1．水灰比对多孔生态混凝土性能的影响

对于多孔生态混凝土而言，水灰比是一个重要的参数，它既可决定多孔生态混凝土的工作性，又对其抗压强度、孔结构和透水性能有一定影响。选择合适的水灰比是成功制备多孔生态混凝土的第一步。至今国内尚无水灰比具体的确定方法，实验选择粒径为9.5～16mm的玄武岩碎石制备多孔生态混凝土，灰骨比为

1/6，水灰比为 0.18 ~ 0.24，采用人工插捣以及振动与压制相结合成型方式，标准养护。探讨水灰比对多孔生态混凝土 28d 抗压强度和孔隙率的影响，结果如表 10-4 所示。

表10-4 水灰比对浆体流动度及多孔生态混凝土性能的影响

水灰比	浆体流动度/mm	灰骨比	骨料粒径/mm	28d抗压强度/MPa	孔隙率/%
0.18	168.3	1/6	9.5 ~ 16	6.16	28.57
0.20	207.5	1/6	9.5 ~ 16	12.46	28.01
0.22	219.6	1/6	9.5 ~ 16	9.89	27.44
0.24	—	1/6	9.5 ~ 16	7.33	27.13

从图 10-8 和图 10-9 可以看出，对于某一种特定的水泥，在骨料级配、骨灰比和成型养护工艺相同的情况下其水灰比存在一个最佳值。当水灰比从 0.18 增加到 0.20 时，多孔生态混凝土抗压强度呈现出上升趋势。这主要是因为水灰比较小时浆体易成团，骨料表面包裹不均匀，相互之间摩擦力大幅度升高，搅拌不充分，其强度比较低；当水灰比大于 0.20 后，在制备多孔生态混凝土的过程中，浆体会由于自身的重力作用从骨料上滑落并沉积在混凝土底部。这不仅引起混凝土上部分的胶结材料明显减少，试块上下密实度不同，整体抗压强度降低，而且水泥浆富集在多孔生态混凝土底部，形成致密的水泥浆层，严重影响孔隙的连通性。当水灰比为 0.20 时，水泥浆体流动度适中，骨料表面均匀包裹一层浆体，结构整体稳定性高，混凝土的 3d、28d 抗压强度分别为 12.46MPa、13.85MPa。

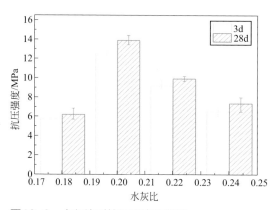

图10-8 水灰比对抗压强度的影响

参照《水泥胶砂流动度测定方法》（GB/T 2419）测定不同水灰比下的浆体流动度，探讨流动度对多孔生态混凝土力学性能和孔隙率的影响。从表 10-4 和图 10-10 可以看出，水灰比决定着浆体流动度，而流动度决定着混凝土骨料包裹层的均匀程度。当水灰比小于 0.18 时,浆体流动度低于 170mm,浆体干硬易成团,不能均匀包裹骨料,新拌混凝土很松散且干涩、无光泽;当水灰比为 0.18 ~ 0.22 时,流动度在 170 ~ 220mm 之间,新拌混凝土外观得到改善,表面呈现光泽,浆体不流淌且黏聚性好;而当水灰比大于 0.22 时,流动度大于 220mm,新拌混凝土出现浆体流淌现象,骨料黏聚差,此时浆体会由于自重而沉降到试件底部,导致混凝土底部孔隙部分或全部阻塞,透水系数大幅度降低。因此,在配合比设计时可以通过测量浆体流动度来确定多孔生态混凝土水灰比,从而制备出孔隙率和力学性能都满足要求的多孔生态混凝土。实验选取的硫铝酸盐水泥浆体水灰比宜控制在 0.20 ~ 0.22 之间,且在 0.20 时为最佳。

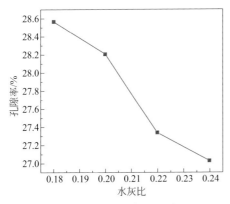

图10-9　水灰比对孔隙率的影响

0.20　　　　　　　　　　　0.24

图10-10　水灰比为0.20和0.24时浆体包裹骨料状态

2. 骨料级配对多孔生态混凝土性能的影响

骨料级配是影响多孔生态混凝土性能的又一重要指标,它直接影响混凝土的力学性能、孔结构和透水性能。由于多孔生态混凝土的特殊结构，在研究骨料级配的过程中应该严格控制水泥用量，本书根据《透水水泥混凝土路面技术规程》（CJJ/T 135—2009）规定的绝对体积法进行配合比设计，骨料级配分为单骨料级配和各占 50% 的两组分混合骨料级配，各原料配合比和实验结果如表 10-5 和表 10-6 所示：

表10-5　不同骨料级配下多孔生态混凝土配合比

编号	骨料粒径/mm	设计孔隙率/%	骨料/（kg/m³）	水泥/（kg/m³）	水/（kg/m³）	减水剂/（kg/m³）
S1	9.5～16.0	26	1538.60	311.20	62.24	3.11
S2	16.0～19.0	26	1520.31	323.35	64.67	3.23
S3	19.0～26.5	26	1501.36	335.94	67.19	3.36
B1	9.5～16.0+19.0～26.5	26	1553.63	301.22	60.24	3.01
B2	9.5～16.0+16.0～19.0	26	1552.32	302.08	60.42	3.02
B3	16.0～19.0+19.0～26.5	26	1547.09	305.56	61.11	3.06

表10-6　不同骨料级配下实验结果

编号	骨料粒径/mm	3d抗压强度/MPa	28d抗压强度/MPa	平面孔隙率/%	体积孔隙率/%	透水系数/（mm/s）	有效孔径/mm
S1	9.5～16.0	7.20	16.90	24.97	26.12	12.0	5.2
S2	16.0～19.0	4.50	15.00	26.05	26.28	16.7	7.0
S3	19.0～26.5	3.80	14.80	26.57	26.51	19.4	7.8
B1	9.5～16.0+19.0～26.5	4.23	12.96	26.60	26.66	15.6	6.0
B2	9.5～16.0+16.0～19.0	8.63	12.20	26.30	26.43	15.9	6.2
B3	16.0～19.0+19.0～26.5	9.70	13.97	26.75	27.03	18.2	7.5

（1）骨料级配对力学性能的影响　　由于多孔生态混凝土是由表面包裹一层水泥浆，然后胶结而成的具有多孔结构的特种功能性建筑材料，其强度主要来源于浆体的黏结力和骨料之间的嵌挤作用。多孔生态混凝土中浆体用量一般比较少，所以粗骨料之间的嵌挤作用对其性能的影响凸显出来。骨料级配通过影响骨料间接触点的数量和面积来影响多孔生态混凝土的力学性能和孔结构。

图 10-11 为骨料级配对多孔生态混凝土抗压强度的影响，其中 S1～S3 组为单一粒径的粗骨料，B1～B3 组为两组分混合骨料级配的粗骨料。从图 10-11 可以看出，随着单一级配骨料粒径的增大，多孔生态混凝土的 3d 和 28d 抗压强度均逐渐减小，这是由于多孔生态混凝土强度主要来自其内部的水泥浆体接触点，而骨料粒径越大，骨料之间总接触面积越小，水泥浆体接触点数量越少，当力作用在多孔生态混凝土上时，越容易破坏，其抗压强度也就越小。同时从图 10-11 可以看出两组分混合骨料级配的多孔生态混凝土的抗压强度明显低于单一级配骨

料的抗压强度。这是由于绝对体积法在配合比设计中单一粒径级配的混凝土的水泥用量明显大于两组分混合骨料级配的混凝土中水泥用量，包裹粗骨料后剩余的水泥浆体将会填充粗骨料之间的孔隙，因此单一粒径级配混凝土的抗压强度明显高于两组分混合骨料级配混凝土。

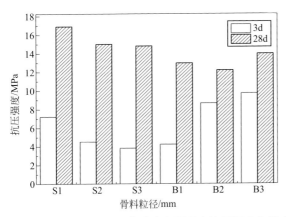

图10-11　骨料级配对多孔生态混凝土抗压强度的影响

（2）骨料级配对孔结构的影响　为了保证多孔生态混凝土上植物长期正常地生长，根系必须穿过混凝土基体到达下层土壤层中吸收养分。因此，孔隙率是衡量多孔生态混凝土成功与否的一个重要因素。多孔生态混凝土中主要存在三种孔隙结构：第一种是封闭孔隙；第二种是一端封闭，一端与其他孔隙连接的半连通孔隙，这两种孔隙会严重影响植物的正常生长；第三种是贯穿且连续的有效孔隙，它是植物根系深入到基层土壤的通道，因此有效孔隙是影响植物生长的最主要因素。

图 10-12 为骨料级配对多孔生态混凝土体积孔隙率和平面孔隙率的影响，从图 10-12 可以看出平面孔隙率与体积孔隙率具有很好的相关性，这与立体测试学理论相符（当测量样本的数量很大时，平面孔隙率与体积孔隙率将会重合）。利用 ImageJ 图像处理软件测得不同骨料级配的多孔生态混凝土的平面孔隙率和实际测量的体积孔隙率趋势基本相同，而且误差范围在 ±5% 以内，因此利用 ImageJ 图像处理软件来表征多孔生态混凝土的孔结构是可行的。同时可以看出随着骨料粒径的增大，多孔生态混凝土的孔隙率在不断地上升，这与其抗压强度的降低具有很好的对应关系。

多孔生态混凝土中的孔结构无规律性可循，因此紧靠孔隙率很难充分反映出混凝土内部的孔结构。图 10-13 为骨料级配对多孔生态混凝土等效孔径频率分布和累积频率分布的影响。从图 10-13 可以看出，随着骨料粒径的增大，多孔生态

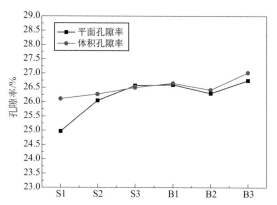

图10-12　骨料级配对多孔生态混凝土体积孔隙率和平面孔隙率的影响

混凝土内部孔径中大孔所占的比例不断升高。骨料级配为 9.5 ~ 16mm 的混凝土内部孔径在 1 ~ 2mm 范围内的比例占 37.5%，骨料级配为 16 ~ 19mm 的混凝土内部孔径在 1 ~ 2mm 范围为 31.7%，而骨料级配为 19 ~ 26.5mm 的混凝土内部孔径在 1 ~ 2mm 范围占 16.1%。两组分混合骨料制备的多孔生态混凝土中内部孔径的大小趋势与单骨料级配的趋势相似。等效孔径频率分布为累积频率分布一半时所对应的孔径的大小。从表 10-7 还可以得出：随着骨料尺寸的增大，多孔生态混凝土有效孔径的大小在不断地增大，这与孔径分布中大孔所占的比例增大的趋势是一致的，当骨料粒径为 19 ~ 26.5mm 时，多孔生态混凝土的有效孔径高达 7.8mm，这完全满足植物根系生长的要求。

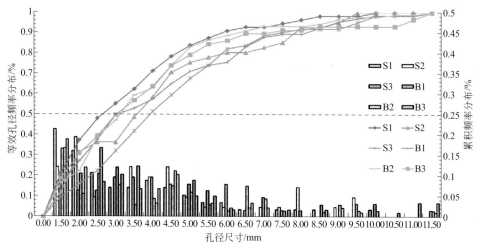

图10-13　骨料级配对多孔生态混凝土等效孔径频率分布和累积频率分布的影响

表10-7 骨料级配对多孔生态混凝土有效孔径的影响

骨料级配/mm	9.5~16	16~19	19~26.5	9.5~16+16~19	9.5~16+19~26.5	16~19+19~26.5
有效孔径/mm	5.2	7.0	7.8	6.2	6.0	7.5

（3）骨料级配对透水系数的影响　为了满足植物的正常生长，多孔生态混凝土需要必要的透水透气性能。透水系数可以直观地反映多孔生态混凝土中孔隙的多少和连通情况。实验基于 Darcy 定律，按照日本《透水性混凝土河川护堤施工手则》提出的恒定水头法测定多孔生态混凝土的透水系数，试件尺寸为 ϕ110mm×150mm 的圆柱体，实验结果如表 10-8 所示：

表10-8 骨料级配对多孔生态混凝土透水系数的影响

骨料级配/mm	透水系数/（mm/s）
9.5~16.0	12.0
16.0~19.0	16.7
19.0~26.5	19.4
9.5~16.0+19.0~26.5	15.6
9.5~16.0+16.0~19.0	15.9
16.0~19.0+19.0~26.5	18.2

实验配合比设计采用绝对体积法，预设孔隙率为 26%，但是从表 10-8 中可以看出，骨料级配对多孔生态混凝土的透水系数影响显著，随着骨料粒径的增大，多孔生态混凝土的透水系数逐渐增加，两组分混合级配骨料配制的多孔生态混凝土透水系数比单一骨料级配要低，不同级配骨料配制的混凝土的孔隙率相差很小，因此透水系数对孔隙率不太敏感。图 10-14 为有效孔径与透水系数之间的关系，从图 10-14 可以看出透水系数与有效孔径呈现良好的二次函数关系，相关系数 R^2 高

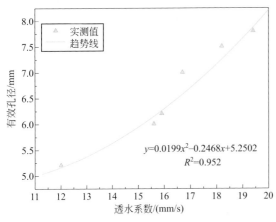

图10-14 有效孔径与透水系数之间的关系

达 0.952，即有效孔径可以作为衡量透水系数的一个重要参数。孔径越大，水通过孔隙时受到的阻力越小，透水系数越大。因此，在多孔生态混凝土的成型过程中，既要注意混凝土中孔隙个数的多少，也要重视其孔径的大小，即要选择合适的骨料级配。结合以上研究，选定粒径为 16 ～ 19mm 的骨料为最佳的骨料级配。

四、植物相容性表征

利用多孔生态混凝土将失稳的坡面改造成稳定的坡面，然后播种植物，最终依靠自然本身的恢复力形成稳定的坡面植被，这是多孔生态混凝土护坡的主要目的。但是，多孔生态混凝土内部的生长环境与天然土壤存在很大的差别，因此开展植物与多孔生态混凝土相容性的研究具有重要意义。

1. 植物种类、种植材料

（1）植物种类　选择正确的植物种类是护坡成功的一半，因此科学地选择适宜于多孔生态混凝土孔隙生长的植物种类是恢复边坡生态的关键之一。不同的植物对环境的适应性不同，而针对多孔生态混凝土护坡所用植物应遵循以下几个原则：适应当地的环境气候；抵抗不利环境的能力（简称抗逆性，如植物的抗寒、抗旱、抗盐、抗病虫害等）强；适应当地的土壤条件（保水效果、碱度、土壤特性等）；根系为须根系，且发达，植物能在短期内成坪；适应于粗放管理；生命周期长，可持续成活多年；种子容易获得并且成本低。

植物根系依据其组成特点可分为直根系和须根系两种，直根系由主根和侧根共同构成，主根发达（粗又长）；而须根系由不定根和侧根组成，根系一般为直径小于1mm的须根。在多孔生态混凝土护坡工程中，由于直根系主根发达，很容易破坏多孔生态混凝土基体结构，因此护坡植物应选择须根系的草本类植物。

山东处于北过渡带上，年平均气温 -1.0 ～ 15.0℃，年平均降水量480 ～ 1090mm，表10-9分析了适合北过渡带生长的草种植物的根系情况、地上高度及其抵抗不利环境的能力，以便选择出更适合护坡的草种。单一草种建植的草坪往往很难适

表10-9　适合北过渡带生长的常用草种及抗逆性能

名称	根系情况	地上高度/mm	抗旱性	抗热性	抗寒性	抗贫瘠性
黑麦草	良好	45 ～ 70	C	B	B	B
草地早熟禾	良好	50 ～ 75	C	C	A	B
结缕草	发达	12 ～ 15	A	A	C	A
高羊茅	发达	60 ～ 80	A	B	A	B
白三叶	一般	15 ～ 25	B	B	A	B
狗牙根	发达	10 ～ 30	A	A	B	A

注：表中 A 表示良好，B 表示一般，C 表示较差。

应严酷的生长环境，容易退化。基于以上原因和山东地区的特殊气候，实验选用百绿公司开发的绿景五号组合草种，其选用五种以上优秀草种混合而成，比任何单个和简单混配草种对环境的适应性都强。

（2）种植材料　植物的正常生长离不开土壤，而在植物扎入坡内土壤之前，植物生长所需要的水分和营养物质需要从灌注在多孔生态混凝土孔隙内的植物培养基中获得。因此多孔生态混凝土护坡技术必须在孔隙结构和坡面营造适宜植物生长的类似土壤环境，提供植物生长所需的各种养分。植物种植材料为种子萌发和初期的生长提供所需的水、养分，因此植物种植材料的选择、配制及填充效果至关重要。

与自然土壤不同，植物种植材料在配制选择时应该具有合理的酸碱度、孔隙率和水分含量。实际配合比中应遵循几个原则：种植材料容易填充于多孔生态混凝土孔隙中；种植材料具有一定的吸水保水能力；种植材料肥料缓释能力强；种植材料含有植物生长所需要的营养元素；环境和经济性好。根据以上的选用原则，种植材料由如下几个部分组成：

① 泥炭土　泥炭土又称草炭土，是指在某些河湖沉积低平原及山间谷地中，由于长期积水在缺氧情况下，分解不充分的含有特殊有机物的土壤。泥炭土无菌、无毒、无污染，通气性能好，质轻、持水、保肥，有利于微生物活动，增强生物性能，营养丰富。泥炭土能够显著改善土壤团粒结构，减少土壤容重，增加总孔隙率，提高土壤蓄水保水能力。

② 有机肥料　在草坪草的生长过程中，为了使之生长良好，较好的养护管理措施是必不可少的，而施肥就是其中之一，不同的化肥类型在土壤中的变化及其对草坪植物发挥肥效的条件各不相同。有机肥料养分完全，肥效长远而且稳定；改良土壤，培肥地力。

③ 自然土壤　自然土壤来源广泛，原料易取，价格便宜。不仅能够满足植物生长的营养学要求，且对当地植物的适应性好。

④ 沸石　沸石是一种优越的土壤改良剂，其吸水性、阳离子交换性及化学成分特性，使其起着保肥、保水、储水、透气和矿物肥料等多重作用。

由于实验条件限制，实验选择此四种材料的混合物作为种植材料，其质量分数为：自然土壤43%、泥炭土7%、保水剂6%、肥料0.2%、水42.8%、减水剂1%。在实验室中选择渗透法作为植物种植材料的填充方式，即：按照合适比例配制植物种植材料，加入适量水和减水剂调整基质的扩展度在180～240mm之间，然后将种植材料灌注入多孔生态混凝土的孔隙中；而在工程应用中选用挤压泵浆种植材料压力注入多孔生态混凝土。

2. 植物生长状况研究

（1）多孔生态混凝土植生实验研究　有覆土情况下植生实验研究与在自然土

壤中生长不同，多孔生态混凝土种植材料中的植物根系需要穿过混凝土内部蜂窝状的结构，这必然会带来多孔生态混凝土本身性能的变化。为了研究植物与多孔生态混凝土的相容性，实验选取 9.5 ~ 16mm 玄武岩质骨料和 16 ~ 19mm 的石灰石质粗骨料分别成型 300mm×300mm×80mm 和 100mm×100mm×100mm 的试件。

图 10-15、图 10-16 为多孔生态混凝土中绿景五号生长情况。从图中可以看出绿景五号在 3d 左右开始发芽，7d 后植物根茎继续生长并有大量的发芽，28d 后植物根茎一般都大于 10cm。与自然土壤相比，种植在混凝土中的植物出芽时间基本不变，但是后期增长的速度明显低于自然环境。而且，随着骨料粒径的增大，植物长势趋好。这主要是由于骨料粒径越大，等效孔径的尺寸越大，植物越容易穿过混凝土到达底部基层吸收营养物质。

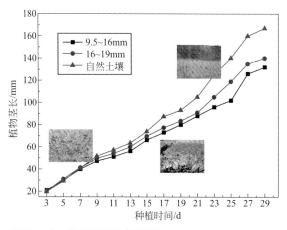

图 10-15　绿景五号生长状况

(a) 9.5~16mm　　　　　　　　　　(b) 16~19mm

图 10-16　绿景五号 28d 茎长和根长的生长情况

图 10-16、图 10-17 为有覆土情况下 28d 植物根系生长情况。从图中可以看出植物根系都成功穿过多孔生态混凝土到达下层土壤。与自然土壤相比，种植在多孔生态混凝土上的绿景五号植物根系有略微的降低，这是由于混凝土蜂窝状的结构阻碍了植物根系的发展。同时，从图中可以看出球形度好的玄武岩骨料虽然粒径小，但是其根系密度和根系长度都优于石灰石质的 16～19mm 的骨料。这主要是由于石灰石质骨料球形度太低，在紧密堆积后容易导致其孔结构中有效孔隙的降低。

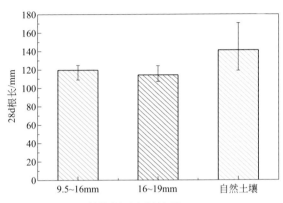

图10-17 28d植物根系生长情况

在多孔生态混凝土的应用过程中，表面覆土会严重限制其应用范围。如在楼顶绿化和植生混凝土停车场等应用中，表面土壤会导致楼顶和停车场的污染，因此实验探讨了表面无覆土而直接注入含有植物种子的营养物质的多孔生态混凝土植生情况。选取 9.5～16mm 的石灰石质骨料，成型 300mm×300mm×80mm 的试件，养护 1d 后将注浆材料（自然土壤 75.5%，营养土 18.8%，蛭石 4.9%，草种 0.8%）灌入多孔生态混凝土孔隙内，覆草栅养护。

图 10-18 为有覆土与无覆土条件下绿景五号生长情况。从图中可以得出，无覆土情况下，混凝土表面经常干涸开裂，而且种子暴露于空气中，从而使得其得不到充足的水分和营养物质的供给，植物种子发芽率低且长势很差。而在有覆土的情况下，种植材料自身保水作用使得种子处于湿润的状态，植物生长状态良好。因此，在工程应用中必须在多孔生态混凝土表层覆土。

（2）植物生长对植生混凝土力学性能的影响 植物根系在多孔生态混凝土生长过程中必然会对混凝土的力学性能产生一定的影响，而且植物根系分泌产生的酸性物质会导致混凝土水化产物的变化。选用 9.5～16mm 玄武岩和 16～19mm 石灰石质骨料进行实验，灰骨比为 1/6.5，水灰比为 0.20，成型 100mm×100mm×100mm 的标准试件，选取 3 块在标准养护室中养护 28d 后测量其力学性能，另选取 3 块在标准养护室中养护 1d 后取出植生，待植物生长 27d 后测试其植生后力学性能。见图 10-19、图 10-20。

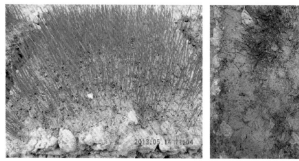

(a) 有覆土   (b) 无覆土

图10-18　有覆土与无覆土条件下绿景五号生长情况

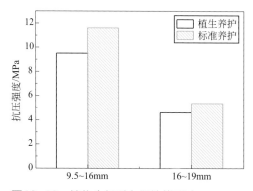

图10-19　植物生长对力学性能影响

图10-20　植物种植28d后强度测量示意图

第二节
肥效缓释型混凝土

一、应用背景与研究现状

多孔生态混凝土是一种植物相容型生态混凝土[16]。多孔生态混凝土利用自身的孔隙达到了透气透水等性能，种植植物后根系可以贯穿整个混凝土，达到加筋稳固、绿化美化的效果。

最早对多孔生态混凝土开展研究并进行工程应用的是发达国家。20世纪40年代左右，欧洲国家最早发现了多孔混凝土材料的优异特性，并对其展开了研究及应用，但由于孔隙率与强度间的矛盾，限制了它的大面积推广。随后，考虑到公路边坡防护工程中对材料的强度要求较低，生态混凝土被应用到了加利福尼亚州的公路边坡防护工程中[17]。随着这种混凝土配合比设计方法的研究及公开，以及相关专利的申请及公布，多孔混凝土被广泛应用到了美国的透水停车坪、透水人行道以及广场等。由于对这种混凝土越来越大的需求，美国出现了专业的透水多孔混凝土公司专门供应这一特种混凝土。美国政府也于1991年成立了相关的部门对这种混凝土技术提供专门的指导及管理。随后，大量的相关研究开始展开。1995年，Nader Ghafoori针对多孔混凝土特殊的孔隙要求，探究了其合适的成型方法，发现低频振动成型最适宜其工程使用，此外还对多孔混凝土的配合比及性能进行了相关的研究。多孔特性必然会为物质及能量传递提供通道，加速混凝土的侵蚀，于是，Miguel Ángel Pindado等[18]在制备过程中加入了有机聚合物，改善了多孔混凝土的耐久性。

日本对多孔混凝土也展开了相关的研究，主要侧重在其植草绿化方面，并且是最早开始使用多孔混凝土作为多孔骨架，然后填充种植材料进行植物种植，并用于固土护坡及绿化工程的国家，并在护坡工程中取得了一定的绿化效果。为了推广及规范该产品，日本政府相继成立了生态混凝土研究委员会、透水性混凝土的设计及施工方法的研究委员会，并制定了多孔生态混凝土河川护岸工法手册，进一步推进了多孔生态混凝土的应用进程。针对多孔混凝土的植生性能，研究发现：多孔混凝土用于植物生长时铺设厚度在150～300mm时，抗旱能力与同等厚度的自然土壤相当。由于这种混凝土特殊的孔隙结构，种植植物后水渗透性能依然较高，因此其耐水涝性能与普通土壤基本相同，即使使用在水量较多的护堤工程中，植物依然可以长期生存，在工程应用中取得了良好的生态绿化效果。由于其特殊的孔结构特性，植物生长后根系纵横贯穿于混凝土孔隙之间，使其具备了超高的抗冲刷性能及水土保持特性。此外，多孔生态混凝土的研究在荷兰、德国、新加坡等国也逐渐展开。

相比之下，我国对多孔生态混凝土研究开展还比较晚，虽然与发达国家的水平还有一定的差距，但到目前为止，也取得了很多相应的研究成果。

国内许多高校及科研院所相继对多孔混凝土的配合比、制备工艺及性能做了大量研究，并取得了一定成果[19-21]。

为了解决混凝土骨架碱度高、不适于植物生长的问题，济南大学芦令超教授等人利用硫铝酸盐水泥熟料为基体，研制了低碱度胶凝材料，并对多孔生态混凝土的制备工艺及配合比设计方法进行了探讨，对耐久性及植草性能进行了研究。此外，Yan等[22]通过设计不同的胶凝材料包裹厚度，研究了胶凝材料包裹厚度对多孔生态混凝土孔结构、透水系数以及抗压强度等性能的影响。

对于植生混凝土的肥料及养分供给机制，董建伟[23]针对多孔生态混凝土的特性，分析了多孔生态混凝土上的草坪植物对各种营养元素的需求情况，并结合多孔生态混凝土的特点，提出了植物所需的各种营养元素供给的原则和方法。国内学者曲烈等[24-26]也研究了水泥基植生固土护坡材料中植物所需的三大元素的释放特性，研究了水泥基植生固沙材料的制备方法及其水、肥释放特性，提出了用于恢复植被的，具有可抗干旱、保肥、耐冲刷、符合植物生长周期性、满足植物相容性和环境适应性的多功能薄层植生型水泥基固沙材料。聂丽华等[27, 28]对植物相容性及生物学特性进行了研究，探讨了绿化混凝土的组成机理、结构及理化特性，研究了自然土等对碱度、肥效释放特性及生物酶活性的影响。

但是，多孔生态混凝土中植物所需养分的供给机制缺乏相应的研究。多孔生态混凝土本身不具有肥效组分，此外，多孔生态混凝土特殊的结构，种植植物后施肥比较困难，肥料利用率低，不能保障植物生长所需的营养成分，导致植物无法长期健康存在。

二、肥料对水泥性能的影响

多孔混凝土本身不具备植物所需要的营养成分，并且由于其材料及结构的特殊性，导致多孔生态混凝土施肥后肥料利用率低，此外其应用环境也限制了后期养护，因此，多孔生态混凝土种植植物后，植物常因营养匮乏而枯萎，导致多孔生态混凝土固土与绿化效能丧失。肥效匮乏问题很大程度上制约了多孔生态混凝土的技术推广及其工程应用。

为了使多孔生态混凝土本身具备植物所需要的营养成分，实验将尿素及磷酸氢二铵作为氮肥及氮磷复合肥分别与低碱度硫铝酸盐水泥预先混合，利用硬化水泥浆体的多孔特性，实现对肥料的吸附及缓释，达到长期供应植物生长需求的效果。

尿素及磷酸氢二铵对水泥性能的影响，到目前为止还没有相关研究。实验中对尿素及磷酸氢二铵都设置了 9 个不同的掺量（质量分数），分别为 0、0.2%、1.0%、1.5%、2.0%、2.5%、3.0%、3.5%、4.0%。研究了两种肥料对硫铝酸盐水泥净浆流动度、凝结时间、水化热、抗压强度、水化产物及孔结构的影响。最后，对掺加肥料后的硬化水泥浆体的氮、磷两种元素的释放量及累积释放率进行了测试。

1．凝结时间

图 10-21、图 10-22 分别展示了尿素及磷酸氢二铵对硫铝酸盐水泥凝结时间的影响。可以明显看出：尿素及磷酸氢二铵的掺入使硫铝酸盐水泥的初、终凝时间都有一定延长。硫铝酸盐水泥的初凝和终凝时间分别为 19min 和 36min（w/c=0.27），29min 和 46min（w/c=0.29）。随着尿素掺量的增加，硫铝酸盐水泥的初、终凝时间均逐渐延长，当尿素掺量达到 2.0%（质量分数）及 4.0%（质量分数）时，初凝时间分别为 47min 及 69min，均达到了 GB 20472—2006 的要求，终凝时间也达到了 67min 及 89min，稍短于国标要求。从图 10-22 可以看出：低掺量的磷酸氢二铵对凝结时间延缓作用较弱，当掺量超过 1.5%（质量分数），凝结时间明显延长，当磷酸氢二铵掺量达到 2.0%（质量分数）及 4.0%（质量分数）时，初凝时间分别达到了 62min 及 187min，均达到了国标 GB 20472—2006 的要求，终凝时间也达到了 85min 及 349min。

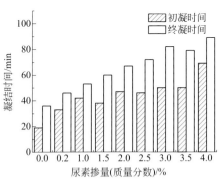

图10-21　尿素对凝结时间的影响

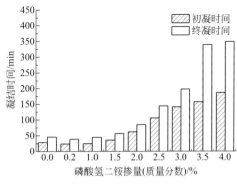

图10-22　磷酸氢二铵对凝结时间的影响

2. 净浆流动度

图 10-23、图 10-24 分别为掺加尿素及磷酸氢二铵后硫铝酸盐水泥浆体的流动度。测量净浆流动度时，所使用的水灰比均为 0.45。从图 10-23 中分析得：尿素的掺入使水泥净浆流动度增大，并且尿素掺量越多，净浆流动度数值越大，当尿素掺量达到 1.5%（质量分数）时，流动度值可以达到 133.0mm，是空白试样流动度值的 1.6 倍，但是当掺量超过 1.5%（质量分数）时，流动度增长速率减缓，当掺量为 4.0%（质量分数）时，流动度值为 149.3mm。从图 10-24 可以看出：低掺量的磷酸氢二铵使硫铝酸盐水泥流动度显著增大，当磷酸氢二铵掺量为 0.2%（质量分数）时，水泥净浆流动度值达到了 115mm，是空白试样流动度值的 1.44 倍，但是随着磷酸氢二铵掺量继续增加，流动度逐渐减小，当掺量超过 2.5%（质量分数）时，硫铝酸盐水泥净浆流动度数值小于空白样，当磷酸氢二铵掺量为 4.0%（质量分数）时，流动度值为 61.5mm，仅是空白试样流动度的 76.9%。

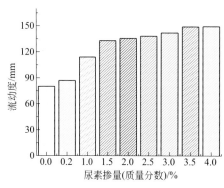

图10-23　尿素对净浆流动度的影响

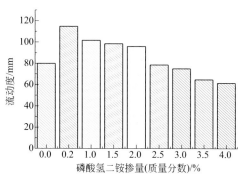

图10-24　磷酸氢二铵对净浆流动度的影响

3. 抗压强度

掺加尿素及磷酸氢二铵后的硫铝酸盐水泥在不同龄期的抗压强度分别如图 10-25、图 10-26 所示。掺加尿素及磷酸氢二铵都会使硫铝酸盐硬化水泥浆体早期的抗压强度降低，其中磷酸氢二铵对硬化水泥浆体抗压强度极为不利，当磷酸氢二铵掺量达到 4.0%，硬化浆体 1d 抗压强度丧失；尿素掺量在 1.0%~2.0% 范围内时，养护到 28d 后，试样的抗压强度相比空白试样还有一定的增加，当尿素掺量为 2.0%，硫铝酸盐硬化水泥浆体 28d 抗压强度为 124.0MPa，相对于空白的硫铝酸盐水泥，有 2.0% 左右的提高。

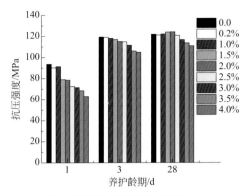

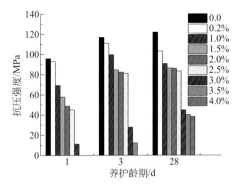

图10-25　尿素对抗压强度的影响　　　图10-26　磷酸氢二铵对抗压强度的影响

4．水化放热速率及累积水化放热量

掺加尿素的硫铝酸盐水泥水化放热速率情况如图 10-27 所示。水化初期（<0.5h），$C_4A_3\bar{S}$（硫铝酸钙）和 C_4AF 迅速水化，并放出大量热，造成了最初的第一放热高峰，水化反应公式为公式（10-4）和公式（10-5）。尿素掺量在 0.2%～1.5% 范围内，都有初始水化的第一放热高峰，随着尿素掺量增加，第一放热峰峰高逐渐降低，当尿素掺量超过 2.5% 时，第一放热高峰消失，并且出现了吸热峰，尿素掺量越大，吸热峰峰值越高。这主要是由于尿素溶解时吸收热量，尿素溶解后与水反应产生氨气［公式（10-7）］又吸收部分热量，吸热量大于水泥初始水化放热量，将放热峰掩盖，并逐渐变为吸热峰。水化 2h 后水化速率明显不同，掺加尿素的硫铝酸盐水泥水化放热曲线上与 AFt 相关的第二放热高峰出现晚于空白样，并且掺量越多，延迟时间越长，第二放热高峰前期为水泥水化过程中的诱导期，也即尿素的加入延长了硫铝酸盐水泥水化的诱导期。并且从图中可以看出：当尿素掺量为 3.5% 时，诱导期比未掺加尿素的硫铝酸盐水泥延迟了 2.1h。根据诱导期形成的保护层理论：公式（10-7）中尿素与水反应生成碳酸，碳酸电离产生的 CO_3^{2-} 与水泥矿物溶解产生的 Ca^{2+} 结合为碳酸钙，不仅导致 Ca^{2+} 浓度降低，并且产生碳酸钙沉淀包裹在未水化的矿物外层，阻碍了水泥颗粒的进一步水化。

石膏充足条件下，掺加尿素的硫铝酸盐水泥水化过程中涉及的反应公式：

$$C_4A_3\bar{S} + 2(CaSO_4 \cdot 2H_2O) + 34H_2O \longrightarrow C_3A \cdot 3CaSO_4 \cdot 32H_2O + 2(Al_2O_3 \cdot 3H_2O) \quad （10\text{-}4）$$

$$C_4AF + 3(CaSO_4 \cdot 2H_2O) + 30H_2O \longrightarrow C_6A\bar{S}_3H_{32} + FH_3 + Ca(OH)_2 \quad （10\text{-}5）$$

$$C_3S + nH_2O \longrightarrow C\text{-}S\text{-}H + Ca(OH)_2 \quad （10\text{-}6）$$

$$(NH_2)_2CO + 2H_2O \longrightarrow H_2CO_3 + 2NH_3 \quad （10\text{-}7）$$

$$CO_3^{2-} + Ca^{2+} \longrightarrow CaCO_3 \quad （10\text{-}8）$$

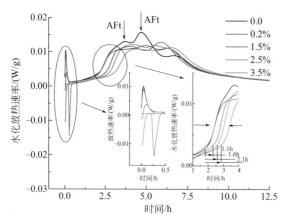

图10-27　尿素对水化放热速率的影响（w/c=0.5，30℃）

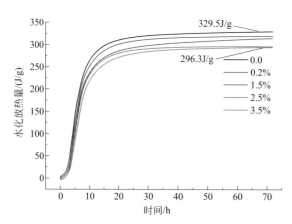

图10-28　尿素对水化放热量的影响（w/c=0.5，30℃）

图 10-28 显示了掺加尿素后硫铝酸盐水泥的累积水化放热量。从图中数据可以看出：硫铝酸盐水泥水化 3d 后，随着尿素掺量的增加，累积水化放热量在逐渐降低，当尿素掺量为 3.5% 时，累积水化放热量为 296.3J/g，而空白的硫铝酸盐水泥累积水化放热量高达 329.5J/g。这也说明了尿素对硫铝酸盐水泥的缓凝作用。

图 10-29 显示了不同磷酸氢二铵掺量下硫铝酸盐水泥的水化放热速率曲线。磷酸氢二铵是一种磷酸盐，溶解时会吸收大量的热量，这造成了放热曲线上在水化早期跟掺加尿素一样的现象，随磷酸氢二铵掺量增加，第一放热峰逐渐降低，甚至出现吸热现象。磷酸氢二铵溶解后产生的 HPO_4^{2-} 及其电离后产生的 PO_4^{3-} 与硫铝酸盐水泥中的 Ca^{2+}、Mg^{2+} 等阳离子产生不溶的磷酸（氢）盐沉淀，不仅使水溶液中 Ca^{2+} 浓度下降，而且产生的磷酸盐难溶性沉淀附着在水泥颗粒表面，水泥颗粒水化被阻挡，从而导致诱导期被延长，极大地延缓了水泥的水化速率。

从图中可以看出：磷酸氢二铵掺量为 0.2% 时，水化放热速率没有明显变化，当磷酸氢二铵掺量达到 1.5% 时，硫铝酸盐水泥水化热流曲线中诱导期被延长到 2.5h 左右，并且随掺量增加诱导期延长效果越明显，加速期的起始时间也逐渐延后，加速期的峰值也明显越来越低。当磷酸氢二铵掺量达到 3.5% 时，水泥水化诱导期被极大延长，加速期开始的时间在 33h 左右。通过资料得知：水泥的初凝是在诱导期结束的时候，而终凝时间多发生在诱导期之后的加速期当中，一般发生在加速期的中间阶段，这也解释了磷酸氢二铵掺量过高时，出现水泥不凝结、1d 强度丧失的现象。

从图 10-30 中掺加磷酸氢二铵后累积水化放热量曲线可以看出：掺加磷酸氢二铵后，累积水化放热量随磷酸氢二铵掺量增加而降低，低掺量下，累积水化放热量没有明显变化，当磷酸氢二铵掺量达到 2.5%，热量大量放出的时间被延迟了 18.5h 左右，并且累积水化放热量也开始明显降低，当磷酸氢二铵掺量为 3.5% 时，硫铝酸盐水泥水化 3d 后的累积水化放热量仅有 273.5J/g，而空白试样的累积水化放热量为 329.5J/g。此外，从水化热量大量放出的时间分析，磷酸氢二铵掺量的增加，热量大量放出的时间逐渐被延迟，这在一定程度上反映了磷酸氢二铵的掺入延缓了硫铝酸盐水泥的水化进程。

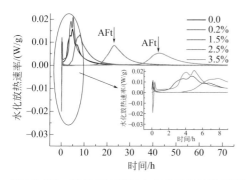 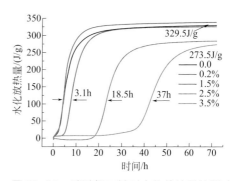

图10-29　磷酸氢二铵对水化放热速率的影响　　图10-30　磷酸氢二铵对水化放热量的影响

5. 水化产物组成

图 10-31 展示了不同养护龄期下，尿素对硫铝酸盐水泥水化硬化浆体的 X 射线衍射图谱的影响。从图中可以看出：不论是否掺加尿素，硫铝酸盐水泥水化 1d、3d 后的特征峰基本相同，钙矾石是最主要的水化矿物。图 10-32 为掺加尿素后硫铝酸盐水泥水化硬化浆体 1d 后的 DSC/TG 分析，从中可以看出，在 100～150℃钙矾石失水的范围内，硫铝酸盐水泥水化 1d 后的硬化浆体的质量损失率随着尿素掺量的增加而减小，当尿素掺量为 0.0% 时，质量损失率为 7.241%，当尿素掺量为 3.5% 时，质量损失率为 6.577%，质量损失率减小，即钙矾石的失

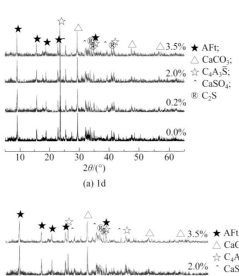

(a) 1d

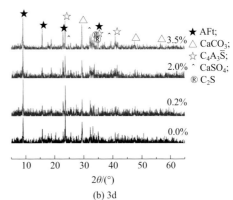

(b) 3d

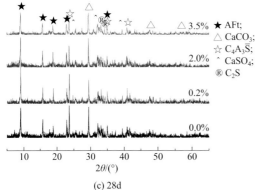

(c) 28d

图10-31　尿素对水化产物组成的影响

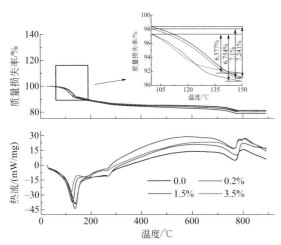

图10-32　掺加尿素的硫铝酸盐硬化水泥浆体的DSC/TG分析

水量减少，也就是说钙矾石的含量变低，这就说明尿素的加入一定程度上阻止了钙矾石的形成，从而解释了为什么掺加尿素后硫铝酸盐水泥早期强度会降低。从表10-10掺加尿素后硫铝酸盐硬化水泥浆体水化不同龄期后各矿相含量的定量分析结果中可以看出：当水化到28d时，水化产物各矿相的相对含量没有明显区别，这说明在水化后期，尿素对硫铝酸盐水泥水化产物没有明显影响。

表10-10 掺加尿素后硫铝酸盐硬化水泥浆体中各矿相的相对含量

尿素掺量（质量分数）/%	养护龄期/d	相对含量/%			
		$C_4A_3\bar{S}$	C_3S	C_2S	AFt
0.0		41.35	18.99	28.2	11.46
0.2	1	41.44	19.68	28.17	10.71
2.0		41.5	21.79	28.43	8.28
3.5		41.82	23.08	28.52	6.58
0.0		32.46	12.14	37.87	17.53
0.2	3	32.72	12.93	37.7	16.65
2.0		32.8	13.44	38.25	15.51
3.5		33.35	14.59	38.4	13.66
0.0		2.61	5.57	51.68	40.14
0.2	28	2.37	6.01	51.94	39.68
2.0		2.83	5.79	52.11	39.27
3.5		2.55	6.12	52.3	39.03

图10-33为磷酸氢二铵对硫铝酸盐水泥水化1d、3d及28d后XRD图谱的影响。从图中可以明显看出：掺加磷酸氢二铵后，硫铝酸盐水泥水化龄期为1d、3d时，AFt的衍射峰非常弱，并且无水硫铝酸钙的衍射峰强度较高，这说明磷酸氢二铵的掺入严重阻碍了硫铝酸盐水泥的水化，也阻碍了AFt的形成。这在一定程度上揭示了掺加磷酸氢二铵后硫铝酸盐水泥强度显著降低的原因。

6. 孔径分布及孔隙率

图10-34、图10-35分别展示了掺加尿素和磷酸氢二铵对硫铝酸盐硬化水泥浆体水化28d后孔径分布及孔隙率的影响，掺加尿素和磷酸氢二铵后硫铝酸盐硬化水泥浆体的孔径分布如表10-11、表10-12所示。两种肥料的掺入对硫铝酸盐硬化水泥浆体总孔隙率都有一定的影响，掺量越大，总孔隙率都在增大，其中尿素对总孔隙率影响较小，当尿素掺量为3.5%时，总孔隙率为4.7%，而空白试样的总孔隙率仅为3.2%。但是，磷酸氢二铵对孔隙率的影响就比较突出，当磷酸氢二铵掺量为3.5%时，硬化浆体的总孔隙率达到了19.5%，而空白试样的总孔隙率仅为4.0%。这主要是由于：磷酸氢二铵溶解后产生铵根离子（NH_4^+），水

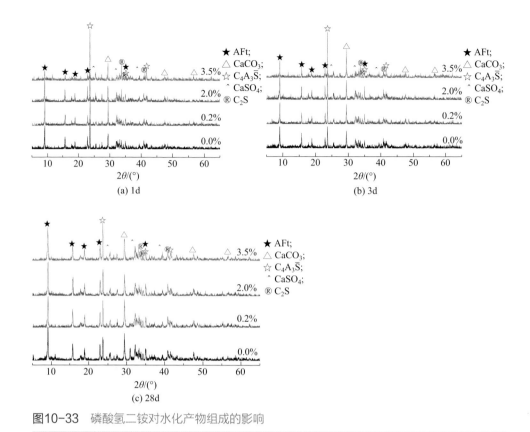

图10-33 磷酸氢二铵对水化产物组成的影响

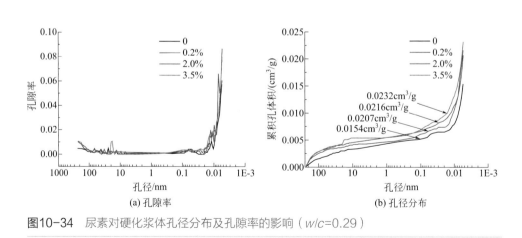

图10-34 尿素对硬化浆体孔径分布及孔隙率的影响（w/c=0.29）

泥水化会产生碱性物质，造成碱环境，从而促进了反应 $NH_4^+ + OH^- \longrightarrow H_2O + NH_3$，产生的氨气造成了硬化水泥浆体较高的孔隙率，但是，尿素分解产生氨气的过程比较缓慢，并没对硬化水泥浆体孔隙率造成很大影响。此外，肥料阻止了水泥水化进程，水化产物形成量减少，孔隙结构未能得到充分填充，这在一定程度上也导致了硬化水泥浆体孔隙率的增大。

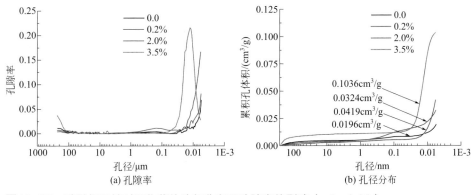

图10-35　磷酸氢二铵对硬化浆体孔径分布及孔隙率的影响（w/c=0.29）

表10-11　不同尿素掺量下硫铝酸盐硬化水泥浆体孔径分布

尿素掺量（质量分数）/%	<0.1μm/%	0.1~0.6μm/%	>0.6μm/%	总孔隙率/%
0.0	22.1	11.0	66.9	3.2
0.2	22.2	7.2	70.6	4.1
2.0	21.8	8.3	69.9	4.4
3.5	23.3	6.5	70.2	4.7

表10-12　不同磷酸氢二铵掺量下硫铝酸盐硬化水泥浆体孔径分布

磷酸氢二铵掺量（质量分数）/%	<0.1μm/%	0.1~0.6μm/%	>0.6μm/%	总孔隙率/%
0.0	62.1	13.4	24.5	4.0
0.2	68.8	17.3	13.9	6.4
2.0	88.1	3.8	8.1	8.1
3.5	88.8	0.9	10.3	19.5

三、制备工艺设计与调控

　　多孔生态混凝土特殊的工作性能要求其具备较高的孔隙结构，并且要求其具有一定的连通性。多孔混凝土骨架结构多由单一粒级或非连续粒级的粗集料经过水泥包裹，骨料间相互黏结并形成多孔结构。对于多孔混凝土的制备工艺已经有了相关的研究，常用的搅拌方法主要是"裹浆法"。但是，再生骨料除了具有强度低、吸水率高、堆积密度低及孔隙率高等特点外，其外观棱角较多，纹理也较粗糙，此外，肥料的掺加也改变了水泥这种胶凝材料的特性，为使肥效达到较好的缓释效果，肥料组分的加入顺序及其与再生骨料的结合方式也非常重要，这都要求对多孔混凝土的制备工艺做出相应的调整。

1. 制备工艺的设计

胶凝材料及骨料性能的变化要求在制备多孔混凝土过程中工艺有一定的调整，搅拌方法、成型方法的不同都会改变外层水泥浆体的厚度及均匀程度，从而对多孔混凝土的各项物理性能产生不同的影响。针对胶凝材料及废旧骨料性能的特点，实验中设计了三种不同的搅拌方法：两步搅拌法、骨料预浸泡法、裹浆法；三种不同的成型方法：振动、加压及捣实成型。采用不同的搅拌方法及成型方法结合的方式探究制备工艺对多孔混凝土性能的影响规律，通过测试制备试样各项性能，最终优选出合适的肥效缓释型多孔混凝土制备工艺。

（1）搅拌方法设计　普通混凝土的搅拌过程比较简便，工序少，操作也简单，但是，由于多孔混凝土无砂、水少的干硬特性，使这种传统的搅拌方法用于制备多孔混凝土时，水泥往往自己成球而不能均匀包裹骨料，造成多孔混凝土性能较差；针对多孔混凝土的干硬性特点，已有研究提出并使用了具有"滚珠"效应的裹浆搅拌法，有效改善了多孔混凝土中水泥包裹不均匀、孔隙率低的问题，但是这种方法加料顺序复杂，搅拌过程烦琐。针对一次搅拌法及裹浆搅拌法存在的问题，实验中提出两步搅拌法。此外，针对再生骨料高吸水率高的问题，实验中提出了骨料浸泡法，有效降低了因骨料吸水率高导致搅拌后新拌混凝土过早干硬而不能成型问题。实验对比了两步搅拌法、骨料浸泡法及裹浆搅拌法对多孔混凝土性能的影响。

搅拌方法 A：两步搅拌法

第一步：将全部骨料和全部的拌合水投放到搅拌机中，并搅拌 30s；

第二步：在搅拌过程中将全部水泥均匀加入，持续搅拌 120s。

搅拌方法 B：骨料预浸泡法

第一步：将预先称量的骨料于水中浸泡至吸水饱和；

第二步：将骨料从水中捞出并控干水分，连同 50% 水泥一并加入到搅拌机，搅拌 30s；

第三步：加入拌合水和余下 50% 水泥，继续搅拌 120s。

搅拌方法 C：裹浆法

第一步：加入骨料和 50% 拌合水，并搅拌 30s；

第二步：加入 50% 水泥搅拌 60s；

第三步：加入剩余的 50% 拌合水和 50% 水泥，继续搅拌 120s。

（2）成型方法设计　目前，制备混凝土常用的成型方法主要有三种：振动、加压和捣实成型。针对振动成型，实验中设计了 5 个不同的振动时间，分别为 3s、6s、9s、12s、15s；针对加压成型，实验中设计了 4 个不同的压力，分别为 0N、400N、600N、800N；捣实成型过程中使用了分两层捣实的方法，每层使用混凝土捣棒均匀插捣 25 次左右。为了探究不同搅拌方法与成型方法结合对多孔混凝土性能的影响，实验中设计了一系列不同的组合，如表 10-13 所示，图 10-36 为不同的制备工艺的流程图。

表 10-13　多孔混凝土的制备工艺

编号	搅拌方法	成型方法	备注
A1t（t=3s、6s、9s、12s、15s）	两步搅拌法	振动成型	振动时间分别为3s、6s、9s、12s、15s
A1	两步搅拌法	振动成型	振动时间9s
A2f（f=0N、400N、600N、800N）	两步搅拌法	加压成型	成型压力分别为0N、400N、600N、800N
A2	两步搅拌法	加压成型	成型压力为600N
A3	两步搅拌法	捣实成型	
B1	骨料预浸泡法	振动成型	振动时间9s
B2	骨料预浸泡法	加压成型	成型压力600N
B3	骨料预浸泡法	捣实成型	
C1	裹浆法	振动成型	振动时间9s
C2	裹浆法	加压成型	成型压力600N
C3	裹浆法	捣实成型	

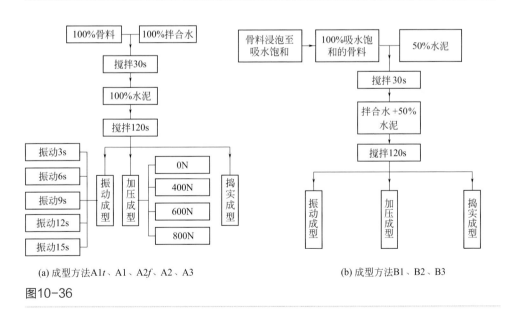

(a) 成型方法A1t、A1、A2f、A2、A3　　　　(b) 成型方法B1、B2、B3

图10-36

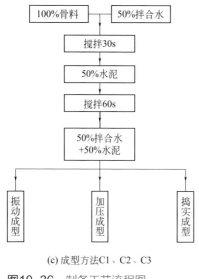

(c) 成型方法C1、C2、C3

图10-36 制备工艺流程图

2．振动时间对多孔混凝土性能的影响

振动时间延长会降低混凝土的紧密程度。多孔混凝土对孔结构有特殊要求，振动时间过长必定会使水泥浆体沉降在多孔混凝土底层，造成底部孔结构堵塞，导致多孔混凝土失去使用价值。

为了研究振动时间对多孔混凝土的影响，进行了以下实验：选取粒径为19～26.5mm的再生骨料，采用的配合比为：水灰比为0.33，骨灰比为1/5，使用两步搅拌法搅拌混凝土，混凝土搅拌后装入模具，振动时间分别3s、6s、9s、12s、15s，1d后脱模并置于20℃、95%RH的标准养护室中养护，通过测试并比较多孔混凝土试块的各项物理性能，优选出最佳的振动时间，总结振动时间对性能的影响规律。

（1）振动时间对孔隙率的影响　从图10-37可以看出，随着成型振动时间从3～12s依次延长，孔隙率与振动时间成反比。当振动时间在6s时，孔隙率开始明显下降，而当振动时间超过9s后，孔隙率下降趋势减缓。这主要是由于，随着振动时间的延长，骨料之间相互堆积的状态从疏松逐渐紧密，孔隙率下降，但是，如果振动时间过长，多孔混凝土底部连通性降低，将不能用于透水及植物生长。通过对振动时间对总孔隙率和连通孔隙率的影响分析，振动时间在6～12s范围内是合适的，这也与已有的研究结论相似。图10-38中展示了振动时间分别为9s和12s的多孔混凝土底面图像，可以明显看出，振动12s后，底部的孔隙率已经很低。当然，根据不同的水泥用量、不同的水灰比，最佳振动时间肯定是不同的，这需要在应用中根据具体的配合比去测试，针对本实验中的配合比，振动时间在 6 ~ 9s 之间最佳。

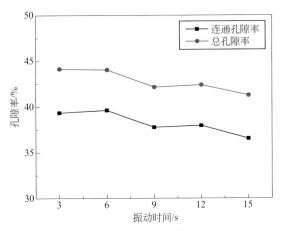

图10-37　振动时间对孔隙率的影响

图10-38　不同振动时间下多孔混凝土底面孔隙率图像

（2）振动时间对抗压强度的影响　从图 10-39 不同振动时间后的抗压强度中可以看出，振动时间延长，养护 1d 后的抗压强度呈现出先上升后下降的趋势，振动 9s 时强度值为 1.9MPa，达到最大值；养护龄期超过 1d 后，抗压强度与振动时间没有明显的关系，3d 的抗压强度约为 2.5MPa，28d 的抗压强度约为 4.0MPa。这主要是由于：在混凝土成型过程中，振动时间增加，骨料的堆积密度逐渐提高，孔隙度下降，骨料之间齿合紧密。此外，短时间振动会使流动的水泥浆体聚集在骨料间的接触点位置，增大接触面积，从而使多孔混凝土整体强度在短时间振动下有上升的趋势，但是，随振动时间继续增加，更多的水泥浆体沉降到底层，骨料的包裹层厚度下降，上层水泥浆体量减少，水泥在试块整体中的分布不均匀，从而导致整个试件的强度下降。因为实验中使用的水泥是具有快硬早强特性的硫铝酸盐水泥，水泥浆体本身强度在 3d 时就能够超过再生骨料的强度，所以在 3d 及以后测试多孔混凝土的抗压强度，多孔混凝土破坏部分多为骨料破碎，而不是骨料间的接触位置，由于使用的骨料种类是相同的，所以强度也不再有显著差别。综合各龄期的强度值分析，最适宜的振动时间为 9s。

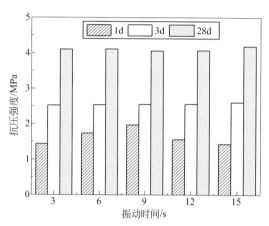

图10-39　振动时间对抗压强度的影响

（3）振动时间对透水系数的影响　从图 10-40 振动时间对透水系数的影响中可以看出：振动时间与透水系数成反比，时间延长则透水系数下降，当振动 9s，并且不超过 12s 时，透水系数趋于稳定，基本上能够稳定在 2.75cm/s。但是，当振动时间超过 12s，透水系数又开始下降。可见，振动时间对透水系数的影响与其对孔隙率的影响规律相似。振动时间小于 9s 时，透水系数的下降主要是由于骨料间堆积趋于紧密状态，孔隙率下降造成的，当振动时间超过 12s 后，更重要的原因是，水泥浆体沉降在多孔混凝土底部，底面孔隙开始降低，如果振动时间继续延长，更多水泥浆体沉降于多孔混凝土底部，底面孔隙消失，导致多孔混凝土透水性能完全丧失。因此，在本实验配合比前提下，振动时间在 9～12s 时透水系数较高。

本实验中配合比下，综合考虑振动时间对孔隙率、强度及透水性三项指标的影响结果，最佳的振动时间为 9s。

3. 成型压力对多孔混凝土性能的影响

选取 19～26.5mm 单一粒径的再生骨料制备多孔混凝土，使用 0.33 的水灰比、1/6 的骨灰比，采用两步搅拌法搅拌后装入准备好的边长为 100mm 的立方体模具中，使用压力机对填入模具的混凝土加压，压力设置分别为 0N、400N、600N、800N，1d 后脱模并置于 20℃、95%RH 的标准养护室，通过测试多孔混凝土试块的各项物理参数，探索成型压力对性能的影响规律。

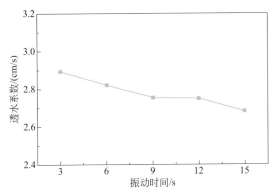

图10-40　振动时间对透水系数的影响

（1）成型压力对孔隙率的影响　从图 10-41 可以看出：当成型压力为 0N 时，即自由落体成型情况下，制备的试样总孔隙率高达 47.1%，基本就是骨料本身的堆积空隙率，此时连通孔隙率也能达到 43.4%。成型压力在 0～400N 之间增大时，总孔隙率和连通孔隙率都在急剧下降，当成型压力为 400N 时，多孔混凝土的总孔隙率下降为 44.0%，连通孔隙率为 39.6%；当压力超过 400N 后，下降速率趋向平缓。这主要是由于，随着成型压力的增大，骨料之间相互堆积的状态从疏松逐渐紧密，骨料间齿合更加密切，总孔隙率下降，相应的连通孔隙率也有所

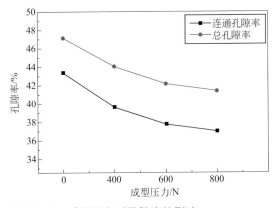

图10-41　成型压力对孔隙率的影响

下降。随着成型压力继续增大，骨料之间相互接触，阻碍了体积的继续缩小，从而使孔隙率下降趋势减缓。但是，随着成型压力的进一步增大，骨料开始破碎，体积继续减小，孔隙率下降。当成型压力分别达到 600N 及 800N 时，多孔混凝土的总孔隙率分别为 42.1%、41.4%，两者之间已经没有明显的差距。

（2）成型压力对抗压强度的影响　从图 10-42 成型压力对抗压强度的影响中看出：三个龄期的抗压强度随着压力的增大表现出先增后减的趋势，当成型压力为 600N 时，各龄期的抗压强度均达到最大值，分别为 1.4MPa、2.4MPa、3.2MPa；当成型压力大于 600N 后，强度开始下降，当成型压力为 800N 时，三个龄期的强度分别为 1.1MPa、1.8MPa、2.3MPa。在混凝土成型过程中，成型压力的增大使骨料间的间隙减小，齿合更加紧密，此外，压力也会使骨料接触面积增大，水泥浆体凝结后整体的孔隙率下降、强度增加，因此，在一定的成型压力范围内，成型压力跟试件的抗压强度成正比。但是，废旧混凝土再生骨料本身的性能较差，强度较低，压碎指标较高，成型过程中压力增大到一定程度后，骨料本身开始破碎，即使水泥浆体后期正常硬化，骨料本身已经存在的裂纹也会使多孔混凝土整体的抗压强度下降。

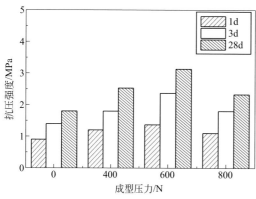

图10-42　成型压力对抗压强度的影响

因此，采用压制成型时，成型压力需要在适当的范围内，防止在成型时就将骨料压碎而导致制备的多孔混凝土的抗压强度下降。综上所述：针对本实验中使用的废旧混凝土再生骨料，成型压力对制备的多孔混凝土的抗压强度的影响的转折点为 600N，所以，用于本实验的再生骨料制备多孔混凝土时最佳的成型压力不能超过 600N。

（3）成型压力对透水系数的影响　从图 10-43 多孔混凝土成型压力与透水系数之间的关系图中可以看出：成型压力与透水系数基本成反比关系，压力增大导致了透水性的下降。成型不施加压力时，制备的试样的透水系数为 3.36cm/s，当成型压力增至 400N 时，多孔混凝土的透水系数下降为 3.18cm/s。成型压力继续增加，多孔混凝土的透水系数继续下降，但其下降速率减缓，这一规律与成型压力对多孔混凝土孔隙率的影响规律相似，当成型压力为 600N 及 800N 时，多孔混凝土的透水系数分别为 3.09cm/s 及 3.05cm/s，两者之间已没有明显差距。归结其原因不难看出，影响规律与压力对孔隙率影响的规律相似：成型压力增加，骨料之间堆积越来越紧密，孔隙率下降的同时透水系数也下降，成型压力增大到一定程度后，骨料之间达到最紧密程度，骨料相互接触阻碍体积继续降低，孔隙率下降速率减慢，从而透水系数下降速率也减缓，逐渐趋向于不变，稳定在 3.1cm/s 左右。

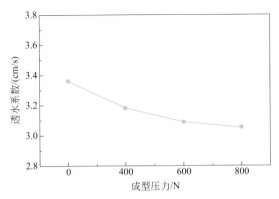

图10-43　成型压力对透水系数的影响

针对本实验中使用的骨料种类及配合比，综合考虑振动时间对多孔混凝土孔隙率、抗压强度及透水系数三项综合性能的影响，成型压力为 600N 比较适合于多孔混凝土成型。

4. 制备工艺对多孔混凝土性能的影响

通过振动时间以及成型压力对肥效缓释型多孔混凝土各项性能的影响规律得出：采用振动成型制备多孔混凝土时，最佳的振动时间为 9s，而采用压制成型时，适用于制备多孔混凝土最佳的成型压力为 600N。将实验中提出的振动成型、压制成型及捣实成型方法与三种不同的搅拌方法结合，一共提出了 9 种不同的制备工艺，分别为 A1、A2、A3、B1、B2、B3、C1、C2、C3，其中 A1、B1、C1 的振动时间均为 9s；A2、B2、C2 的成型压力均为 600N；A3、B3、C3 均使用捣实成型，成型时分两层填装混凝土，使用混凝土捣棒，每层均匀插捣 25 次左右。

选取 19 ～ 26.5mm 单一粒径的再生骨料制备多孔混凝土，使用 0.33 的水灰比、1/5 的骨灰比，采用实验中设计的 9 种制备工艺制备多孔混凝土，成型 1d 后脱模并置于水泥混凝土标准养护室中养护，然后测试多孔混凝土试块的孔隙率、不同龄期的抗压强度及透水系数，讨论不同制备工艺对多孔混凝土性能的影响，优选出最合适的制备工艺。

图 10-44、图 10-45 与图 10-46 分别展示了不同制备工艺下多孔混凝土的抗压强度、孔隙率及透水系数三项基本物理性能。从图 10-44 制备工艺对抗压强度的影响规律中可以看出，不同制备工艺下，抗压强度较高的前五个制备方法组合分别为 B3＞B1＞A3＞C3＞A1；从图 10-45 制备工艺对孔隙率的影响可以看出，不同制备工艺下，孔隙率较高的前五个制备方法组合分别为 C2＞A3＞A1＞B2＞B1；从图 10-46 制备工艺对透水系数的影响规律可以看出，不同制备工艺下，多孔混凝土透水系数较高的前五个制备方法组合分别为 A2＞A3＞C2＞A1＞B2。

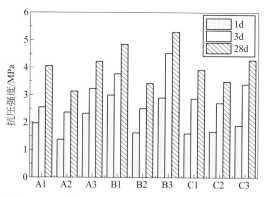

图10-44　制备工艺对抗压强度的影响

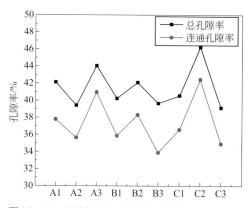

图10-45　制备工艺对孔隙率的影响

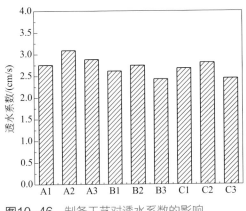

图10-46 制备工艺对透水系数的影响

三种搅拌方法与三种成型方法结合后不同的制备工艺下制备再生骨料多孔混凝土，综合考虑制备试样的各项物理性能指标，最终发现搅拌方法 A 与成型方法 3 的结合是最佳的制备工艺，即适用于再生骨料制备多孔混凝土最佳的制备工艺是两步搅拌法和捣实成型结合。

四、肥效缓释性能表征与调控

选择粒径为 19 ~ 26.5mm 单一粒径的再生混凝土粗骨料，并选取标号为42.5 的硫铝酸盐水泥，骨灰比为 6/1，水灰比为 0.33，聚羧酸减水剂的掺量为1.1%，缓凝剂硼酸的掺量为 0.4%，并且掺加 0.2%、2.0%、3.5% 的尿素或磷酸氢二铵，制备具备肥效缓释效果多孔生态混凝土，分别测试其抗冻性能、干缩性能、碱度变化及多孔混凝土的肥效释放特性。此外，使用石灰岩骨料制备多孔混凝土做对比实验。实验配合比设计如表 10-14 所示。

表10-14 配合比设计

序号	再生骨料/（kg/m³）	硫铝酸盐水泥/（kg/m³）	拌合水/（kg/m³）	尿素（质量分数）/%	磷酸氢二铵（质量分数）/%	缓凝剂（质量分数）/%	减水剂（质量分数）/%
R7	1217	202.83	60.24	0.2		0.4	1.1
R8	1217	202.83	60.24	2.0		0.4	1.1
R9	1217	202.83	60.24	3.5		0.4	1.1
R10	1217	202.83	60.24		0.2	0.4	1.1
R11	1217	202.83	60.24		2.0	0.4	1.1
R12	1217	202.83	60.24		3.5	0.4	1.1

实验中将肥料组分掺入胶凝材料，使多孔混凝土具备了肥效缓释特性，为了探究肥效缓释型多孔生态混凝土的肥效释放特性，实验中选取了单一的氮肥尿素和氮磷二元素复合肥磷酸氢二铵两种肥料，在制备多孔混凝土过程中分别设计了三个不同的掺量，然后参考国标 GB/T 23348—2009《缓释肥料》中的实验方法，将试样养护到不同龄期后取出浸泡液，并根据 HJ 636—2012《水质　总氮的测定　碱性过硫酸钾消解紫外分光光度法》、GB T11893—89《水质　总磷的测定　钼酸铵分光光度法》中的测试要求，使用 UV-5200 PC 光度计分别测试浸泡溶液中的总氮及总磷含量。

图 10-47 显示了掺加尿素后多孔混凝土的 N 元素释放量及累积释放率。从图中可以看出：尿素掺量越大，在同一龄期下的 N 元素释放量也越大，当尿素掺量（质量分数）分别为 0.2%，2.0% 和 3.5% 时，当养护到 1d 后测得 N 元素的释放量分别为 7.89mg/L，481.58mg/L 和 1017.27mg/L，养护到 28d 后测得 N 元素的释放量分别为 17.71mg/L，394.55mg/L 和 571.46mg/L。此外，同一掺量下，浸泡时间延长后 N 元素的释放量也在逐渐下降。尿素掺量在 0.2% 情况下，分别养护到 1d、14d 及 28d 后，N 元素的释放率分别为 4.15%，15.66% 及 25.00%；尿素掺量在 2.0% 情况下，分别养护到 1d、14d 及 28d 后，N 元素的累积释放率分别为 25.39%，51.20% 及 72.00%；尿素掺量在 3.5% 情况下，分别养护到 1d、14d 及 28d 后，N 元素的累积释放率分别为 30.64%，74.79% 及 92.00%，可以看出：氮元素的累积释放率随着养护龄期的延长而越来越高，并且，在同一龄期下，尿素掺量越多，累积释放率越高。

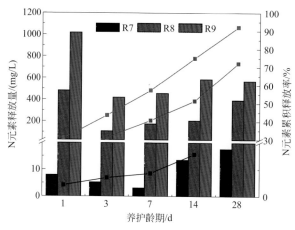

图10-47　掺加尿素后多孔混凝土N元素释放量及累积释放率

图 10-48 显示了掺加磷酸氢二铵后多孔混凝土 N、P 元素释放量及累积释放率。从图中可以看出：磷酸氢二铵掺量越大，在同一龄期下 N、P 元素的释放量也越大；相同磷酸氢二铵掺量下，养护龄期越长，N、P 元素的释放量也越低；N、P 元素的累积释放率随着养护龄期的延长而越来越高，并且，在同一龄期下，磷酸氢二铵掺

量越多，累积释放率越高。更重要的是，养护到 28d 时，N 元素的累积释放率可以达到 18.00% ~ 70.00%，但是 P 元素的累积释放率却非常低，最高也仅有 0.035%。这主要是由于：通过国标 GB 11893—89 中规定的测定方法检测的磷浓度只能是有效磷含量，自然环境下不能被吸收或通过转化也不能被吸收的磷元素称为无效磷，此方法是检测不到的。磷酸氢二铵遇水后分解为 NH_4^+ 及 HPO_4^{2-}，其中 HPO_4^{2-} 又可水解为 H^+ 与 PO_4^{3-}，PO_4^{3-} 及 HPO_4^{2-} 都能够与水泥中的 Ca^{2+}、Mg^{2+} 等离子生成难溶性的磷酸盐沉淀，这些含磷的盐类因为无法水解而成为无效磷，不能被植物吸收，也不能检测到，所以检测时磷元素的释放量及累积释放率都较低，释放率仅有 0.01% ~ 0.03%，可见，磷元素确实不适用于在制备多孔混凝土过程中掺加。

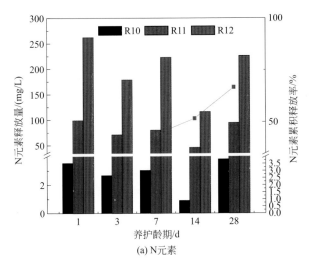

(a) N 元素

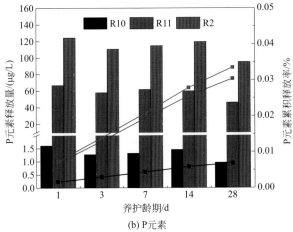

(b) P 元素

图10-48　掺加磷酸氢二铵后多孔混凝土N、P元素释放量及累积释放率

参考文献

[1] 李来波. 保水保肥型植生水泥基材料的制备与性能研究 [D]. 济南：济南大学，2016.

[2] 许志兰，廖日红，楼春华，等. 城市河流面源污染控制技术 [J]. 北京水利，2005(5):26-28.

[3] 董建伟，朱菊明. 绿化混凝土概论 [J]. 吉林水利，2004(3):40-42.

[4] Gray Donald H, Sotir Robbin B. Biotechnical stabilization of high way cut slope[J]. Journal of Geotechnical Engineering, 1992, 118(9):1395-1409.

[5] Wekde. Porous concrete slabs and pavement drain water[J]. Concrete Construction, 1983, 28(9):685-688.

[6] 高建明，吉伯海，吴春笃，等. 植生型多孔混凝土性能的实验 [J]. 江苏大学学报（自然科学版），2005, 26(4):345-349.

[7] 代文燕. 植生混凝土肥效缓释调控及其对植物生长性能的影响 [D]. 济南：济南大学，2018.

[8] 梁丽敏. 生态种植型混凝土的制备、多孔结构及其伪装特性 [D]. 南京：南京航空航天大学，2010.

[9] 吴磊. 生态植草混凝土工程应用研究 [D]. 武汉：武汉理工大学，2011.

[10] 张朝辉. 多孔植被混凝土研究 [D]. 重庆：重庆大学，2006.

[11] 李化建，杨永康. 自适应植被混凝土耐久性评价的探讨 [J]. 建材技术与应用，2006(5):71-72.

[12] 黄晓乐. 草本植物根系对植被混凝土基材浅层抗剪强度的影响 [D]. 宜昌：三峡大学，2011.

[13] 毛伶俐. 生态护坡中植被根系的力学分析 [D]. 武汉：武汉理工大学，2007.

[14] 周政. 生态护坡中植物根系对边坡稳定性能的影响研究 [D]. 武汉：湖北工业大学，2011.

[15] 胡在良. 生态护坡材料微孔分形特性的实验研究 [D]. 武汉：武汉理工大学，2008.

[16] 周德培，张俊云. 植物护坡工程技术 [M]. 北京：人民交通出版社，2003.

[17] 位建召. 生态混凝土技术的应用研究 [J]. 黑龙江交通科技，2010(4):1-2.

[18] Miguel Ángel Pindado, Antonio Aguado, Alejandro Josa. Fatigue behavior of polymer-modified porous concretes[J]. Cement and Concrete Research, 1999, 29(7):1077-1083.

[19] 王桂玲，王龙志，张海霞，等. 植生混凝土的含义、技术指标及研究重点 [J]. 混凝土，2013(1):105-113.

[20] 王桂玲，王龙志，张海霞，等. 植生混凝土的配合比设计、碱度控制、植生土及植物选择 [J]. 混凝土，2013(2):102-109.

[21] 王桂玲，王龙志，张海霞，等. 植生混凝土施工技术研究 [J]. 混凝土，2013(5):151-157.

[22] Yan Xiaobo, Gong Chenchen, Wang Shoude, et al. Effect of aggregate coating thickness on pore structure features and properties of porous ecological concrete[J]. Magazine of Concrete Research, 2013, 65(16):962-969.

[23] 董建伟. 绿化混凝土上草坪植物所需营养元素与供给 [J]. 吉林水利，2014(2):1-5.

[24] 曲烈，杨久俊，乐俐，等. 干湿循环下植生固沙材料 N、P、K 元素释放特征研究 [J]. 干旱区资源与环境，2013(27):171-174.

[25] 曲烈，杨久俊. 水泥 - 土基植生固沙材料的制备及水、肥释放特征研究进展 [J]. 材料导报，2011, 25(2):87-92.

[26] 曲烈，乐俐，杨久俊，等. 水泥 - 粉煤灰基植生固沙材料的正交优化和氮、磷、钾初期释放速率研究 [J]. 水土保持研究，2010, 17(3):148-152.

[27] 聂丽华. 绿化混凝土的植物相容性与生物学特性的研究 [D]. 福州：福建农林大学，2008.

[28] 聂丽华，冯辉荣，林洁荣，等. 绿化混凝土的植物相容性及亚热带草种选择 [J]. 新型建筑材料，2006(3):47-50.

缩略语

CFSC——碳纤维增强硫铝酸盐水泥

SAC——硫铝酸盐水泥

OPC——硅酸盐水泥

PAC——磷铝酸盐水泥

w/c——水灰比

HF——水化放热速率

HF_{max}——最大水化放热速率

C-S-H——水化硅酸钙

AFt——三硫型水化硫铝酸钙（钙矾石）

AFm——单硫型水化硫铝酸钙

C_3S——硅酸三钙

C_2S——硅酸二钙

$C_4A_3\bar{S}$——硫铝酸钙

C_4AF——铁铝酸钙

C_3A——铝酸三钙

Q——累积水化放热量

Q_{max}——最大累积水化放热量

CH——氢氧化钙

索引